JN445738

완벽하지 않은 것이 살아남는다

A Darwinian Survival Guide: Hope for the Twenty-First Century
Copyright © 2025 Daniel R. Brooks and Salvatore J. Agosta
Korean Translation Copyright © 2025 by Gilbut Publishing Co., Ltd.
Korean edition is published by arrangement with MIT Press
through Duran Kim Agency.

이 책의 한국어판 저작권은 듀란킴 에이전시를 통한 MIT Press와의 독점계약으로 길벗(더퀘스트)에 있습니다. 저작권법에 의하여 한국 내에서 보호를 받는 저작물이므로 무단전재와 무단복제를 금합니다.

완벽하지 않은 것이 살아남는다

대전환의 시대를 건너는 진화론적 생존 법칙

대니얼 R. 브룩스,
살바토레 J. 에이고스타 지음
장혜인 옮김

더퀘스트

들어가며

이 책을 더 잘 이해할 수 있도록 먼저 밝혀둘 점이 있다. 우리 두 필자는 현장생물학자field biologist다. 우리는 알렉산더 폰 훔볼트Alexander von Humboldt, 앨프리드 러셀 월리스Alfred Russel Wallace, 알도 레오폴드Aldo Leopold의 뒤를 잇는 사람들이며, 더 넓게 보면 300만 년 동안 생물권을 탐험해온 인류의 후손이기도 하다. 현장생물학자가 다른 과학자보다 더 뛰어난 것은 아니지만, 우리는 자연과 직접 관계 맺으며 특별한 지식을 습득한다. 호기심과 열린 태도로 자연에 가까이 다가가 시간을 들여 자연을 살필 때 비로소 생물계의 다양한 모습을 경험하고 이해할 수 있다고 생각하기 때문이다. 현장생물학자는 실망하는 법이 없다. 철학자 테야르 드 샤르댕Teilhard de Chardin은 《인간 현상Le phénomène humain》에서 야생의 땅에 발을 디디면 때로 풍경이 빛을 발하며 비밀을 드러내는 것 같다고 적었다. 그 비밀은 물질세계의 일부이지만 그럼에도 많은 현장생물학자가 생물권을 탐구하며 영적인 느낌을 받곤 한다.

이 책은 현장생물학자로 살아온 우리가 직접 겪은 이야기를 중심으로 쓰였다. 뒤에서 다시 언급하겠지만 우리는 코스타리카의 한 지역에서 비슷한 연구 프로젝트를 진행하며 특별한 인연을 맺었다. 개인적 경험이란 언제나 지극히 주관적이지만, 우리는 자연사에 특히 주목하는 과학 이론을 매개로 주관적 경험과 객관적 현상의 접점을 찾고자 했다. 자연의 재량과 자연이 부리는 변덕은 인간의 생존에 꼭 필요하지만, 자연을 모르면 자연이 주는 통찰을 제대로 이해할 수 없다. 그리고 인간 역시 자연의 일부임을 느끼고 자연이 이끄는 대로 따르지 않으면 결코 자연을 이해할 수 없다. 자연사를 모르면 객관적 세계에 기반하지 않은 허황된 이야기를 좇게 되고 결국 극적인 드라마나 마법에 현혹되고 만다. 시인 로버트 그레이브스Robert Graves 역시 낭만주의 시에서 개인적인 통찰을 얻을 수 있을지 몰라도, 자연의 진리는 자연의 패턴과 합일을 이루었던 고대 인류 사회에서 유래한 자연사를 통해서만 얻을 수 있다고 말한 바 있다.

현장생물학자는 경험을 바탕으로 위기를 예상하고 사회적 유대감을 바탕으로 위기에 대처한다. 과학자들의 모임에서 가장 많이 등장하는 단어는 1인칭 대명사이고("이 연구 내가 한 거예요" "그 상 내가 받았죠") 그다음은 1인칭 소유격이다('내 보조금' '내 연구실' '내 팀' '내 새로운 아이디어'). 전공이 다른 과학자들이 모일 때면 현장생물학자도 비슷한 신경전을 벌인다. 하지만 우리끼리 술집이나 호텔 방에 모이면 완전히 다른 광경이 펼쳐진다. 지난 모임 이후 현장에서 벌어진 돌발상황들을 이야기하기에 바쁘다. 우리는 보기보다 훨씬 깊은 진흙탕에 무작정 걸어 들어가는 등 어리석은 실수를 하기도 하고, 차축이 고장 나거나 타이어에 구멍이 나는 등 생각지도 못한 변수를 맞닥뜨리기도 한다. 이때 핵심은 예상 밖의 오류나 사고에서 어떻게 빠져나왔는지다. 벌레 물린 자국, 독 있는 식물에 스쳐 생긴 발진, 가벼운 식중독, 이따금 찾아오는 질병, 염좌나 골절은 모두 명예로운 훈장이다. 일촉즉발의 상황이 벌어지기도 한다. "캐나다 브리티시컬럼비아주 펨버턴 근처에서 야영을 한 적이 있어요. 해가 떨어진 뒤 저녁 식사를 하고 포도주 한 병을 마신 다음, 텐트 속 침낭으로 비틀거리며 기어 들어갔죠. 남은 음식은 그대로 두고요. 아침에 일어나 보니 글쎄 밤새 곰이 텐트를 다 뜯어놨더라고요. 좋은 텐트였는데 말이죠." 이야기가 끝나면 꼭 누군가 이렇게 묻는다. "그래도 표본은 구했죠?" 대답은 항상 똑같다. "당연하죠." 현장답사란 아무리 세세한 부분까지 꼼꼼하게 계획해도 무언가 틀어지기 마련인 상황에서 중요한 지식을 얻어내는 일이며, 모든 자연사 수집품은 그 기록이 된다.

현장생물학자는 언제나 예상 밖의 일을 각오해야 한다. 현장답사가 완벽하게 마무리되는 경우는 없지만, 그럼에도 언제나 얻는 것이 있다. 확실한 성공에서 통찰을 얻기도 하지만 확실한 실패에서 얻는 경우가 더 많다. 현장생물학은 리더십과 협력의 산물이다. 서로의 장점을 잘 알기 때문에 상황에 따라 누구든 리더가 될 수 있다. 친밀함, 개인의 주도성, 협력과 신뢰가 중요하다. 경험도 마찬가지다. 경험은 한 세대에서 다음 세대로 전달되어야 한다. 현장생물학이란 우리가 손에 쥔 것을 활용해 그때그때 비상 상황에 대처하는 생존법이다.

젊은 나이에 뱀 생물학의 세계적 권위자 반열에 올랐던 조 슬로윈스키Joe Slowinski는 2001년 9월 11일 미얀마에서 뱀에 물렸다. 당시 상황을 기록한 영상을 보면, 그는 뱀독이 퍼져 서서히 죽음에 이르는 순간에도 학생들에게 이제 무슨 일이 일어날지, 어떻게 해야 할지 침착하게 설명했다. 악천후에 시기도 좋지 않아 미국 대사관과 구조 활동을 조율하기가 어려운 상황에서도 팀원들은 그를 구하기 위해 갖가지 방법을 시도했다. 결국 구조는 수포로 돌아갔으나 그들은 끝까지 뱀을 탓하지 않고 기지를 발휘해 위기에서 빠져나올 방법에만 집중했다. 조는 사망했지만 나머지 팀원들은 살아 돌아왔다. 현장생물학에서는 자연에서 배우는 것도 중요하지만 교훈을 전달하는 것 역시 중요하다. 조의 사건 이후에 뱀 생물학자가 된 사람이라면 누구나 그의 이야기에서 교훈을 얻는다.

현장생물학자에게 변화란 생명의 자연스러운 한 부분이다. 그렇다면 더 나아가 아주 크거나 아주 작은 변화, 살아남을 수 없는 변화란 어떤 것일까? 진화의 역사를 살펴보면 과거 환경이 달라지면서 특정 종이 멸종한 사례가 수없이 발견된다. 이 책에서는 주로 인간이 더 큰 생물권 안에서 어떻게 기능했는지 알아볼 것이다. 우리는 이런 탐구 방식이 바로 생존의 열쇠라고 믿는다. 극한의 대멸종이 찾아온 시기에도 분명히 어떤 종은 살아남아 다양한 생물권을 새롭게 형성했기 때문이다. 무엇보다 현장생물학자는 자연이 꼼꼼하게 기름칠한 기계처럼 작동하는 것이 아니라, 조금 헐렁하고 비효율적으로 보이지만 기회에 따라 유연하게 움직인다는 사실을 잘 알고 있다. 찰스 다윈

Charles Darwin은 종이 스스로 변화하며 변화에 대처함을 알려줬다. 바로 지금, 인류는 이런 교훈을 따라야 한다.

우리는 이 책이 재밌게 읽히기를 바라지만 그렇다고 이 책을 단지 재미를 위해 쓰지는 않았다. 전 지구적 기후 변화가 더욱 빠르고 광범위하게 일어나고 있다. 위험은 커지고 시간은 부족하며 인류는 아직도 대비가 안 되어 있다. 하지만 기술 문명을 뒤엎지 않더라도 지금과 다르게 행동하면서 전 지구적 기후 변화라는 파도를 헤쳐나갈 시간은 아직 있다. 동시에 인류가 제때 행동하지 못할 경우를 대비해, 앞으로 어떻게 회복해나갈 것인지 모색하기에도 결코 이른 것은 아니다. 인간은 자신이 이해하지 못하는 선택지 너머를 볼 수 없다. 따라서 복잡한 현상을 이해할 수 있게 만들어야 한다. 그저 단순화하는 게 아니라 이해할 수 있게 말이다. 인간은 극적인 것을 좋아하고 마법에 현혹되며 나쁜 소식을 싫어한다. 특히 그 나쁜 소식에 개인의 책임이 수반될 때는 더욱 그렇다. 이런 경향을 극복하려면 인류가 함께 합리성과 자각을 발휘해야 한다.

1950년대 공상과학 소설이 다룬 공통 주제는 '인류의 기술력이 인간의 지혜를 앞질렀는가'였다. 당시 근본적 관심사는 핵무기였지만 같은 질문을 전 지구적 기후 변화에도 해볼 수 있다. 답은 '그렇다'다. 이때 유토피아나 아포칼립스가 아닌 해결책을 상상하기란 쉽지 않다. 하지만 진화론은 꼭 유토피아에 도달해야만 종말을 피할 수 있는 것이 아니라는 사실을 보여준다. 따라서 다윈의 진화론을 이해한다면 좀 더 쉽게 해법을 찾을 수 있을 것이다.

차례

1장

지속 가능성에서 생존 가능성으로

A Darwinian Survival Guide

인류는 위태로운 시대를 살고 있다. 과학자들은 전 지구적 기후 변화 때문에 인류의 거주 환경이 완전히 바뀌었으며 지금도 바뀌고 있음을 한 세기 넘게 경고해왔다. 전 지구적 기후 변화는 당장에 인류, 적어도 기술을 사용하는 인류의 생존을 위협한다. 하지만 역설적으로 인간은 습관의 동물이어서 환경이 달라져도 행동을 쉽게 바꾸려 하지 않는다. 인류는 이 역설을 해소하기 위해 '지속 가능성sustainability'이라는 개념을 만들어냈다. 이 개념은 인간의 행동이 근본적으로 정당하며, 우리가 어떤 행동을 조금 덜 하거나 더 효율적이고 공정하게 한다면 환경이 '정상으로 돌아갈' 것이라는 믿음을 전제로 한다. 곧, 굳이 행동 자체를 바꾸지 않고 '평소대로' 살아도 된다는 관성적인 사고방식을 고수하는 것이다. 그러나 코로나바이러스감염증-19COVID-19(이하 코로나19) 팬데믹으로 전 세계 의료 기반 시설과 공급망, 금융 체계가 무너지고, 이어 러시아가 우크라이나를 침공하며 전 세계에서 에너지 및 식량 위기가 발생하자, 마침내 인류는 '평소대로' 행동

"이걸 귀에 대보면 생물권의 목소리가 들릴 거야.
'나는 네가 있든 없든, 네가 한 선택을 진화시키고 있어.'"

그림 1.1 생물권이 인류에게 보내는 메시지

할 수 없다는 사실을 깨달았다.

그럼에도 지속 가능성은 인류의 미래를 논할 때 사실상 의심할 여지가 없는 신조가 됐다. '평소대로' 행동하자는 생각에서 '위기관리'라는 개념이 나왔다. 그러나 전 지구적 기후 변화는 점점 빨라졌고 세상은 더욱 복잡해졌다. 새로운 문제는 현재 상태를 유지하려는 인간의 노력을 계속 앞질러 발생한다. 게다가 지속 가능성 개념은 지구와 생물권의 '정상normal' 상태가 '정적인stasis' 상태라고 암묵적으로 가정한다. 하지만 이는 사실이 아니다. 생물권은 늘 그래왔듯이 이미 스스로 변화하면서 오늘날의 전 지구적 기후 변화에 대응하고 있다. 생물권은 인류의 허락을 구하지 않으며, 인류가 해결사가 될지(생존) 낙오

자가 될지(멸종) 결정될 때까지 기다려주지 않는다**(그림 1.1)**. 결국 일반적 의미의 지속 가능성을 통해 당면한 문제를 해결하려던 인류는 되려 그 노력에 역행하는 실존적 위기를 맞았다.

따라서 이 책에서는 '지속 가능성'에서 '생존 가능성survivability'으로 담론을 전환하려고 한다. 높아진 인구밀도, 광범위한 환경 변화, 복잡해진 인간의 행동 앞에서 현대의 기술화된 생활방식은 흔들리고 있다. 지금의 상황은 인간과 그들의 생존에 필수적인 생태계가 뒤얽혀 있다. 진화생물학은 생존을 다루는 과학이다. 따라서 앞서 말했듯이 담론의 중심이 바뀔 때, 우리 같은 생물학자가 인류의 미래를 둘러싼 논의의 최전선에 진화의 원리를 끌어올 기회가 생긴다.

인류가 살아남을 유일한 방법이 진화의 원리를 엄격하게 적용하는 것이라거나, 진화의 원리가 지금의 세계에 현실적으로 잘 들어맞는다고 주장하는 것이 아니다. 다만 인류가 이윤이나 권력이 아닌 생존과 지속에 진정으로 관심이 있다면, 다양하고 놀라운 지구 생물이 40억 년 동안 생존을 위해 따라온 과정을 모방하는 편이 도움이 되리라는 뜻이다. 오랫동안 끊임없이 이어진 생존의 역사를 보면 오늘날의 암담한 상황에서도 희망을 얻을 수 있다. 이 책에서 다루는 중심 원리를 바탕으로 지금 당장 인류에게 도움이 되는 방향으로 행동을 바꾼다면, 기술 인류는 고통과 고난을 최소화하며 전 지구적 기후 변화에서 살아남을 수 있다. 설령 가까운 시일 내에 인류의 행동을 변화시키지 못하더라도, 다가올 병목현상이나 붕괴에서 살아남은 종들은 마찬가지로 진화의 원리를 통해 다시 일어나 삶을 재건할 것이다.

우리의 권고를 활용할 무대를 마련하려면 과거의 생물학적 유산과 최근의 경향에서 나타나는 불편한 현실을 살펴보고, 무엇을 유지하거나 되살릴지, 무엇을 극복하거나 내려놓을지 결정해야 한다.

철학자 수전 니먼Susan Neiman은 《근대 사상에서의 악Evil in Modern Thought》에서 서구 사회가 1755년 리스본 대지진을 계기로 오늘날 '자연재해'라고 부르는 자연적 악natural evils과 도덕적 악moral evils을 구분하게 됐다고 주장했다. 이때부터 인간은 점차 환경 교란을 신이 내리는 벌이 아닌 자연 현상으로 보기 시작했고, 자연이 휘두르는 무기에 대처할 수 있다고 생각했다. 전 지구적 기후 변화는 자연적 악인 셈이다. 생물권에 속한 인간은 자연계 바깥에 있는 존재가 아닌 자연계의 일부로서 오늘날의 기후 변화에 큰 영향을 끼쳤다. 따라서 인류는 생존을 위해 더욱 적극적인 역할을 할 수밖에 없다.

그렇다면 인간은 당면한 실존적 위협에 왜 이토록 형편없이 대처할까? 인류는 공동의 책임감을 느끼면서 자연 현상에 대처하기를 어려워한다. 인간이란 본디 조심스럽고 겁이 많은 종이기 때문이다. 인류는 과거 다른 포식자의 먹잇감이었고, 먹잇감의 삶은 '두려움의 생태학ecology of fear'이라는 생물학적 개념을 바탕으로 한다. 현장에서 영장류를 관찰해본 사람이라면 이 사실을 잘 알 것이다. 영장류는 포식자임을 알고 있는 생물이나 (생물학자처럼) 그 능력과 의도를 알 수 없는 동물과 마주치면 꼼짝없이 얼어붙어 상황을 파악한다. 그러다 위험할지도 모르는 상대가 안전지대로 한 발짝만 넘어와도 곧장 달아난다. 사냥감의 후손이자 경계심과 의심을 갖춘 영리한 영장류의 자손인 인류의 조상은 오래 살아남아 진화로는 얻지 못한 '도구'를 만들었다. 인간은 얼마 전까지 위험한 포식자였던 종과 먹잇감이었던 종을 상대로 이런 도구를 시험하고 성공을 거두면서 스스로를 사냥꾼으로 여기기 시작했다. 다른 종을 사냥할 수 있게 된 진화적 전환은 중요한 사건이었지만, 그렇다고 해서 '알지 못하는 존재를 마주한 두려움'이라는 원초적 공포가 사라지지는 않았다.

초기 인류는 신체적으로 허약했기 때문에 주변 환경의 독특한 특성과 일반적 특성을 모두 정확하게 파악해야 했다. 위험을 과소평가하면 다른 동물의 먹잇감이 되고 위험을 과대평가하면 굶어 죽었다. 진화는 이런 점에서 제대로 작동했다. 지능과 자각 능력을 키우면서 주변 환경을 더욱 정확하게 인식하고 평가할 수 있게 된 것이다. 그런데 인간은 불확실하고 복잡한 환경을 그토록 정확하게 평가할 수 있는데도 왜 단순한 설명을 고집할까? 니먼은 "주변 환경을 단순하게 만들면 안전하다고 느낄 수 있기 때문"이라고 대답했다. '좋다'란 '단순하다' '일반적이다'와 동의어가 됐다. 신뢰할 수 있다면 무엇이든 좋은 것이고, 불확실하고 예측할 수 없다면 나쁜 것이며 두려운 것이다. 인간은 불확실성을 신뢰하지 않는다. 불확실한 곳에서 검치호랑이, 동굴곰, 빙하기, 질병, 귀신이 출몰하기 때문이다. 인간은 여러 경험을 바탕으로 세상이 불확실하다고 생각하게 됐다. 세상은 복잡하기 때문이다. 세상은 단순하지 않으며 정확하게 알 수 없다. 게다가 세상에 관해 더 많이 알수록 세상은 더욱 복잡하고 불확실해진다. 인간은 세상의 일부만 통제할 수 있다는 사실에 불안해한다. 그저 '무슨' 일이 일어났는지에 관한 설명이 '왜' 그런 일이 일어났는지에 관한 설명보다 항상 더 편안하게 느껴지는 까닭이 바로 이 때문이다.

지금의 인류도 과거 조상처럼 불확실성을 위험으로 여기며 두려워한다. 최초의 인류는 불확실하지만 그럭저럭 생존할 수 있을 만큼은 아는 세상에서 진화했다. 지금의 세상도 세세한 부분만 다를 뿐 마찬가지다. 우리가 사는 환경은 두려우며, 이 두려움은 사실을 부정하게 만들거나 반대로 진정한 본질을 탐구하게 만든다. 우리는 무엇으로부터 숨는가? 두려움이다. 우리는 무엇을 가장 두려워하는가? 알지 못하는 것이다. 하지만 동시에 인류는 언제나 알지 못하는 것을 탐구해왔다. 인간은 '모르는 것'을 '잘 아는 것'으로 바꾸어 위험하지 않은 것, 궁극적으로 접근하고 통제할 수 있는 것으로 만들고 싶어한다. 그래야 안전하게 호기심을 채울 수 있기 때문이다. 현장생물학자도 '깜짝' 놀라고 싶어하지는 않는다. 인간은 알지 못하는 것을 두려워하기 때문에 세상을 (지나치게) 단순화한다. 그런다고 삶이 더 안전해지는 것도 아닌데 말이다. 더 많이 알수록 세상은 점점 더 복잡해진다. 그래도 인간은 그럭저럭 살아갈 수 있다. 사실 인간은 갖가지 복잡한 상황에서도 잘 살아간다. 복잡한 세상이라고 해서 반드시 혼란스러운 것은 아니기 때문이다. 사람이 얼마나 다양한지 보라. 사람은 저마다 개성이 있지만 서로 구별되는 고유한 특성보다 인간으로서의 공통점이 훨씬 더 많다.

고위도에 살던 고대 인류는 동지에 의식을 치렀다. 태양이 사라져서 다시 돌아오지 않을까 봐 걱정해서는 아니었다. 그들은 자세한 이유는 몰랐어도 어쨌든 계절이 순환한다는 사실을 알았다. 낮이 점차 길어지고 따뜻해지면 식물이 자라기 시작하고 동물들이 다시 움직이리라 '예상했고' 그런 기대를 하며 동지를 기념했다. 그들이 두려워한 것은 일식처럼 드물고 예상치 못한 사건이었다. 인간은 두려움 때문에 이런 사건에 관한 예지력과 지식을 혼자만 간직한 사람에게 권력을 부여했다. 미지未知에 대한 두려움을 이용해 이득을 보는 사람들로부터 권력을 되찾아온 것은 바로 과학이었다. 과학을 통해 모두가 일식의 본질을 알게 되자 더 이상 일식을 이용해 사람들을 통제할 수 없게 됐다. 과학자는 인간 존재가 경이롭고 가치 있으면서도 단순하기를 바란다. 인간이 자연에서 살아남기 위해 변화에 저항할 것이 아니라 스스로를 바꾸며 변화에 대처해야 한다는 사실을 받아들인다면, 우리는 서로에게 도움이 되는 방향으로 행동하기가 덜 두려워질 것이다. 이것이 바로 다윈 진화론의 핵심이다.

현장생물학의 선구자인 훔볼트는 두려움이 없었다. 그는 복잡하고 불확실한 세상을 받아들인다는 의미로 자신의 방대한 저서에 "코스모스kosmos"(고대 그리스어로 '우주'라는 뜻-옮긴이)라는 제목을 붙였다. 찰스 다윈은 훔볼트나 앨프리드 러셀 월리스보다 현장 경험이 부족했지만 자연사와 현장생물학을 깊이 이해했다. 에든버러에서 공부하던 그는 할아버지 이래즈머스 다윈Erasmus Darwin과 영향력 있는 스승들을 비롯해 많은 지식인과 토론하며 자신의 아이디어를 발전시켰다. 다윈은 열린 마음으로 자연에 접근해 대다수가 놓친 사실을 조용히 관찰하면서 현장에서 자신의 아이디어를 키웠다. 훔볼트가 사망한 지 불과 5개월 뒤 다윈은 《종의 기원On the Origin of Species》을 발표했다. 그는 이 책에서 지구상 모든 생명이 진화할 수 있다고 확신하며 진화 과정을 설명했다. 생명은 시계 같은 메커니즘에 따라 작동하는 것이 아니다. 생명은 공학이 아니며 통제할 수 없다. 생명은 본래 강하고 견고하며 회복력이 뛰어나다. 생명은 예측 가능하면서도 놀라우며, 스스로 생활 조건을 탐색하거나 이용한다. 대다수가 자연에서 완벽함을 찾으려고 했던 반면, 다윈은 당면한 생활 조건에 잘 대처하고 예상치 못한 변화에 대응할 잠재력만 충분하다면 어떤 종이든 무한히 생존할 수 있다고 생각했다.

다윈은 현실을 합리화하거나 간단하게 단순화하지 않았다. 그는 복잡한 진화에서 위대한 아름다움과 거대한 비극을 모두 간파하고 실용적 이론을 고안해 생물권을 설명했다. 진화의 역사에는 경이로운 사건과 불쾌한 사건이 공존하지만 어쨌든 생물이 생존한 기록은 끊임없이 이어졌다. 다윈은 모든 것이 확실하지는 않더라도 생명이 살아남고 번성할 수 있음을 보여줬다. 그러나 다윈이 준 통찰에도 불구하고 인간은 전 지구적 기후 변화가 존립을 위협하는 지금 이 순간에도 뭘 해야 할지 갈피를 잡지 못하고 있다. 인간은 불확실성을 두려워한다. 두려움이 커지면 상황을 부정하고, 부정하면 할수록 '평소대로' 하자는 생각을 고수하게 된다. 그런 생각이 실효성이 없는데도 말이다. 하지만 인간의 힘은 두려움을 뛰어넘는다. 우리는 회복력과 끈기를 발휘할 수 있다. 그럼에도 오늘날 인류는 자신의 힘이 두려움을 넘어서지 못한다는 듯 행동하며 생존에 필요한 지침을 내놓지 못하고 있다.

인간의 언어는 불확실한 세상에서 두려움을 극복하는 데 요긴한 능력이다. 처음 언어가 발명됐을 때는 효과가 좋았다. 인류는 언어를 이용해 효과적으로 협력하고 함께 생존했다. 언어를 이용해 과거의 경험에서 교훈을 얻고, 이 교훈을 후대에 가르쳤다. 시간의 흐름에 따라 이야기처럼 들려주는 방법이 가장 효과적이었다. 인간은 이야기를 통해 과거의 교훈을 전하고 미래로 나아가려는 열망을 후대에 투영한다. 인간은 이야기로 얻은 공통의 발판 위에서 공통의 가르침을 얻고 이를 활용하며 후손이 미래를 준비하게 돕는다. 출처를 알 수 없는 오래된 영어 속담에 비슷한 말이 있다. "문제를 나누면 반이 된다."

진화의 교훈은 어디에나 있다. 우리는 그 교훈을 가르치고 배우고 이용한다. 이제 진화의 기본 원리를 바탕으로 인류의 역사가 다윈의 진화론을 따라 얼마나 오래 이어져왔는지, 그 역사가 언제 어떻게 달라졌는지 알아보자. 먼저 이런 배경을 이해해야 오늘날의 변화가 현대 인류에 미친 영향을 살펴볼 수 있고, 다윈의 원리를 지금의 상황에 적용하자는 주장이 얼마나 효과적일지 합리적으로 판단할 수 있다. 다음과 같이 세 부분에 걸쳐 이야기해보겠다.

자연은 어떻게 작동하며(2~3장) 이 작동 방식으로 인류 역사의 어떤 부분을 설명할 수 있을까(4~6장)? 오늘날 인류는 인간이 탄생하고 자라온 진화적 궤적에서 벗어나 이에 반하는 길을 걸어왔다. 이런 관점을 이해하려면 먼저 자연의 작동 방식을 알아야 한다(2~3장). 우리는 전작 《진화가 말하는 것The Major Metaphors of Evolution》에서 이 관점을 자세하게 논했다. 과거부터 현재까지 이런 생각이 어떻게 이어졌는지 살핀 상세한 분석과 기술적 세부사항에 관심 있다면 전작을 참고하기 바란다. 전 지구적 기후 변화는 생물계에서 발생해 생물계에 영향을 끼칠 뿐 아니라 인류의 미래를 위협한다. 지구상 모든 생물은 진화를 거쳐왔다. 따라서 전 지구적 기후 변화라는 문제를 해결할 인류의 효과적인 행동 계획을 논하려면 진화에서 시작해야 한다.

이 책에서는 서로 다른 이해관계를 지닌 우리 모두의 관점을 통합해 인류의 미래에 이바지할 통합적인 틀을 마련하고자 한다. 진화론은 과학과 사회가 맺는 사회계약으로 '작동'해야 한다. 지금까지는 전 지구적 기후 변화, 생물다양성, 인류의 운명에 관한 대중적 논의에 진화의 원리가 끼어들 틈이 없었다. 직관적으로 받아들이기 어려운 동떨어진 얘기처럼 보였기 때문이다. 따라서 이 책에서는 진화의 원리를 좀 더 이해하기 쉽게 설명하겠다. 우리는 남아프리카공화국에 있는 스텔렌보스 고등연구소에 머물며 이 책 대부분을 썼다. 이곳은 토착종과 외래종 동식물이 어우러진 거대한 식물원 같다. 유럽 참나무와 다양한 아프리카 수목 사이에서 회색다람쥐가 고향인 북아메리카 숲에서처럼 즐겁게 뛰놀고, 토착종인 아프리카 새들도 야생을 떠나와 도시에 어울려 살아간다. 이는 스스로 변화하고 변화에 대처하는 생물권의 능력을 보여주는 증거였고, 사무실 천장에 붙어 있던 도마뱀붙이와 함께 우리에게 끊임없이 영감을 주었다.

다윈이 일찍이 남긴 메시지를 20~21세기에 등장한 새로운 데이터에 적용해보면, 전 지구적 기후 변화가 일어나는 오늘날에 진화생물학이 제시하는 효과적인 인류 행동 계획에 관한 중요한 통찰을 얻을 수 있다. (우리는 전작의 마지막 장에서 이런 통찰을 살폈다.) 생물은 엄청난 '진화적 잠재력evolutionary potential'을 만들고, 살아 있는 유기체와 그들이 이룬 생태계에 이 잠재력을 저장하면서 끊임없이 변화하는 세상에서 무한히 생존한다. 종은 특정 장소, 특정 시간에 이 잠재력의 일부를 사용한다. 나머지 잠재력은 변화하는 환경에서 생물권이 스스로 변화하며 생존할 힘이 된다.

이런 사실을 통해 전 지구적 기후 변화가 가속되는 세상에 맞서 분명한 메시지를 얻을 수 있다. 인류의 미래를 보장하려면 진화적 잠재력을 파악하고 이를 최대한 많이 보존해야 한다는 것이다. 인류가 앞으로도 계속 살아남으려면 진화적 잠재력을 활용해 그 잠재력을 만든 생물계를 더욱 잘 모방하는 공공 정책을 수립해야 한다. 여기에서 출발해 다윈의 진화론에 바탕을 둔 원칙을 적용해 전 지구적 기후 변화에 대처할 새로운 길을 모색해야 한다.

4~6장에서는 초기 인류의 역사를 살피면서 인류가 어떻게 생존하고 이어지며 다양해졌는지에 주목한다. 인류가 살아온 과정을 보면 다윈의 진화론을 따르는 세계에서 자연이 어떻게 작동하는지 분명히 알 수 있다. 이 과정을 모두 살피면 인류가 약 9,000년 전부터 삶의 경로를 얼마나 급격하게 바꾸었는지 이해할 준비를 마친 셈이다.

인류는 어쩌다 지금의 혼란을 자초했을까(7~9장)? 인류의 역사를 설명할 때 대다수는 인류가 어떻게 놀랍도록 훌륭하고 독특한 종이 됐는지에 집중하거나, 반대로 인류가 어떻게 좋은 시절을 버리고 문제를 자초했는지에 집중한다. 인간은 기후 변화를 눈부신 발전으로 상쇄되는 사소한 문제로 여기거나, 반대로 인류가 자초한 몰락의 징후로 여겨 이를 극복할 수 없다고 생각한다. 어느 쪽이든 목적론이나 운명론으로 점철되어 있으며 서로 칭찬하거나 비난할 대상을 찾는 데 급급하다. 그러나 인류는 자신이 마주한 혼란을 어떻게 자초했는지 이해하고 그 혼란에 책임을 질 때 비로소 온전히 살아남고 그 경험을 바탕으로 더욱 현명해질 수 있다. 누군가를 칭찬하거나 비난할 것이 아니라 최대한 다윈의 진화론에 따라 실용적으로 접근해야 한다. 인류가 자초한 전 지구적 기후 변화가 심각해지기 훨씬 전부터 인간은 지금의 곤경에 이르는 길을 스스로 선택해왔다. 한때 좋은 생각 같았고 한동안 효과가 있었던 모든 결정이 어쩌다 지금의 상황으로 한 발 한 발 이어졌는지 살펴보자.

인류의 혼란은 '인류세Anthropocene'라는 용어로 더욱 널리 알려졌다. 이 용어는 1980년대에 미국의 생물학자 유진 필모어 스토머Eugene Filmore Stoermer가, 2000년에 네덜란드 대기화학자 파울 요제프 크뤼천Paul Jozef Crutzen이 각자 비공식적으로 고안했고, 2000년에 이르러 공식적으로 논문에서 언급됐다. 인류세 개념은 여러 가지이며 지난 1만 5,000년 가운데 언제부터 인류세가 시작되었는지에 대한 의견도 제각각이다. 어쨌든 모든 인류세 개념에는 적어도 기술 인류가 직면한 실존적 위기를 어떻게 벗어날 것인가를 모색하는 폭넓은 논의의 일부가 포함돼 있다. 의도는 좋다.

그 시작점으로 가장 오래된 시기를 지목한 인류세 개념은 2003년에 미국의 고생물학자 윌리엄 러디먼William Ruddiman이 제안한 것이다. 러디먼은 인류세가 약 1만 2,500년 전, 곧 '마지막 최대 빙하기Last Glacial Maximum, LGM'가 끝날 무렵에 시작됐다고 주장했다. 러디먼은 당시 대기 중 이산화탄소가 증가한 현상이 최초로 영구 정착 및 농업 생활을 시작한 인간의 활동과 관련 있다는 증거를 들었다. 우리는 이 시기를 인류세의 '대전환Great Transition'이라고 부르겠다.

1만 년 전부터는 농업 생산력이 높아지고 영구 정착지의 규모가 커졌다는 증거가 분명히 나타난다. 정착생활과 고생산 농업으로 특정 장소의 수용력이 늘자 인구밀도도 높아졌다. 터키, 시리아, 메소포타미아 북부를 중심으로 한 할라프 문화Halafian culture, 메소포타미아 남부를 중심으로 한 우바이드 문화Ubaid culture, 레반트 지역(서아시아 동지중해 일대-옮긴이)의 나투프 문화Natufian culture 등 독특한 초기 도시 문화가 등장했다. 인류세의 이 시기를 '대확장Great Amplification'이라고 부르겠다.

언제부터인지는 명확하지 않지만 도시생활이 등장한 직후, 인류 조상 중 일부는 기존 환경이 더 이상 살 만하지 않게 변했음에도 살던 곳을 떠나지 않았다. 왜 그런 결정을 내렸을까? 분명 기후 변화 초기에는 변화를 부정하는 사람들이 있었을 것이다. 그런 사람들은 정착지에서 일어나는 환경 변화가 다른 곳에서 일어나는 변화보다 덜 심각하거나 한시적이라고 여겼고, 따라서 단기적으로 비용이 들더라도 제자리에 머무는 편이 장기적으로는 이득이라고 생각했다. 무엇보다 당시 초기 도시 사회에는 혼자 살아가는 데 필요한 지식이 부족한 사람이 상당수였다. 어쨌든 도시화한 사람 일부가 정착지를 떠나지 않고 갈등에 대처하기로 했을 때, 이들은 인구수가 자원을 넘어서거나 환경이 달라져 가용 자원이 줄며 발생하는 갈등을 전통적 진화 메커니즘을 통해 해결한다는 선택지를 스스로 버린 셈이었다.

대략 9,000년 전에는 조직적인 전쟁이 일어났다는 최초의 증거가 나타난다. 이 시기 이후 영구 정착, 고생산 농업, 환경 교란 때문에 조직적 폭력이 일어났다는 고고학적 증거가 속속들이 발견된다. 그전에도 폭력이나 집단 간 갈등이 발생했다는 증거는 있지만 갈등의 성격과 기간은 제한적이었다. 반면 전쟁은 오래 지나지 않아 인간의 생활방식으로 자리 잡았다. 필수 자원이 바닥나고 거래할 물건이 줄며 상황이 나빠져도 기존 환경을 떠나지 않았던 조상들은 생존을 위해 대규모 폭력을 행사했다. 나쁜 환경에서 탈출해 다른 곳에서 새로 시작하는 게 아니라 다른 사람의 몫을 강탈해 문제를 해결하려는 사람이 점점 늘었다. 기후 변화와 인구 증가 문제에 이런 식으로 대응한다면 인류세는 지속될 수 없다. 그러나 한동안은 이 사실이 명확히 드러나지 않았다. 인류세의 이 시기를 '대비극Great Tragedy'이라고 부르겠다.

8~9장에서는 주로 유럽의 상황을 살핀다. 인류가 직면한 전 지구적 기후 변화 위기를 일으킨 사회·경제·기술적 사건 대부분이 유럽에서 시작됐기 때문이다. 인류세를 설명하는 가장 대중적 개념은 산업혁명과 더불어 일어난 '대변곡Great Inflection'이다. 산업혁명은 증기

기관이 최초로 산업적으로 이용된 1753년에 갑작스럽게 시작됐다. 인구가 비약적으로 늘어난 시기이기도 하다. 이때부터 인간의 기술로 말미암아 환경이 급격히 달라졌고, 환경 변화로 일어난 문제를 해결하기 위해 타인에게 폭력을 행사할 수 있다는 사회적 협의가 널리 퍼졌다. 새로운 도시의 산업 중심지에는 지역에서 생산하는 식량으로 부양할 수 있는 인구보다 훨씬 더 많은 사람이 살고 있었다. 많은 청년이 새로운 고임금 일자리를 찾아 농촌을 떠나 도시로 갔고 농업 생산량은 더욱 줄었다. 결국 지역 식량 생산이 고갈됐다. 산업 생산의 상당 부분이 식량 생산을 늘리는 기술과 자원은 많지만 무기는 갖추지 못한 사람에게 필요한 물자를 빼앗는 기술 개발에 집중됐다. 기술이 인류를 구원하리라는 믿음은 여기에서 시작됐다.

가장 최근의 인류세 개념은 2015년, 미국의 기후학자 윌 스테판Will Steffen과 동료들이 《앤트로포신리뷰Anthropocene Review》에 공동으로 기고한 논문에서 나왔다. 이들은 전 세계 환경 및 사회경제적 요인의 변화 추세를 수집한 끝에 인류의 생활 조건을 구성하는 수많은 요소에서 '대가속Great Acceleration'이 일어나고 있다는 증거를 발견했다. 인류 문명은 1950년 무렵부터 더욱 빨라졌고 더 많이 연결되기 시작했다는 것이다.

스테판과 동료들은 대가속이 인류세의 진정한 시작이라고 생각했다. 하지만 우리는 대가속이 인류세 종말의 시작이라고 생각한다. 대가속에서 반세기가 지난 지금도 지구 곳곳에서 무력 충돌이 이어지고 있다. 부유한 국가는 자국민을 위험에 빠뜨리지 않으면서도 경제 성장이라는 이득을 얻기 위해 가난한 국가에서 대리전을 치르게 한다. 전쟁이 일부 지역에서만 일어나도 그 끔찍한 결과는 멀리 사는 사람들에게까지 전해진다. 기후 변화가 가속되면서 홍수, 가뭄, 신종 전염병 같은 재난이 점점 더 자주 일어난다. 인류세는 단 한 번도 지속 가능한 적이 없었고 이제 생존 가능성도 얼마 남지 않았다. 이 책은 인류가 스스로를 구하려면 어떻게 행동해야 할지에 관해 몇 가지 지침을 제안하려고 한다.

그렇다면 인류는 어떻게 이 혼란에서 벗어날 수 있을까(10~14장)? 인류는 지금의 혼란 속으로 제 발로 들어왔다. 따라서 이 혼란에서 빠져나갈 방법 역시 스스로 생각해내야 한다. 어떤 종이 스스로를 중요하게 여기든 말든 진화는 특정 종이 아닌 전반적인 생물을 선호한다. 만약 인류가 지금의 전 지구적 기후 변화 사건에서 살아남은 종 가운데 하나가 되고 싶다면 최대한 진화적 과정을 모방해야 한다. 그래야 우리에게 유리한 방향으로 생존 가능성을 키울 수 있다. 물론 행동은 상상보다 훨씬 더 어렵다. 인류는 자신의 생존에 도움이 되는 일을 제대로 실행하지 못하고 있으며, 지난 9,000여 년 동안 진화의 흐름을 따르기는커녕 거스르려고 애썼다. 그러고는 이제 배를 저을 노를 잃어버린 것은 아닌지 걱정한다. 우리는 인류세가 저무는 가을에 이르렀다. 이제 다음에 일어날 일을 진지하게 고민할 때다.

홍적세Pleistocene(플라이스토세)로 돌아가자는 뜻이 아니다. 그런 세상에서라면 인류의 절반에 달하는 도시 인류가 빠르게 소멸할 것이다. 인류세에서 얻은 긍정적 산물을 포기하자는 말도 아니다. 어떤 사람들은 우리가 기술 때문에 전 지구적 기후 변화라는 위기에 직면했고 따라서 기술로 문제를 해결할 수 없다고 주장한다. 이들은 기후 변화라는 현실을 부정하거나 그저 다 잘될 거라는 고집스러운 기대로 후퇴한다. 하지만 기술은 문제가 아니다. 진짜 문제는 우리의 잘못으로 일어난 모든 결과를 기술을 통해 해결하고 구원받을 수 있다고 순진한 사람들을 속이는 것이다. 인류에게는 상당한 기술력이 있지만 생존하려면 행동을 바꿔야 한다. 우리에게는 그럴 능력이 있다. 다만 행동을 바꾸려면 많은 대가를 치러야 하고 불편을 감수해야 한다.

지금의 상태를 유지하려 하거나 존재하지도 않았던 목가적 과거로 돌아가려는 시도는 실패하기 마련이다. 인류가 나머지 생물권과 상호작용하는 방식, 사람끼리 상호작용하는 방식이 달라져야 한다. 여러 상호의존적 지역 공동체가 사회제도를 받아들이고 협력을 촉진하는 방식이 달라져야 한다. 자기인식self-awareness은 인간만의 특성은 아니지만 분명 인간에게 있는 특성이다. 하지만 자기인식만으로는 예측 불가능하고 치명적인 위험이 가득한 세상에서 살아남을 수 없다. 인간의 자기인식은 심리적 부정과 얽혀 있고, 부정은 양날의 검이다. 부정을 통해 세상의 위험을 피할 수 있다고 멋대로 믿으면서 자연에 적응할 방식을 찾아내려고 애쓸 수도 있다. 반대로 주변에서 인지한 위협에 적극적으로 대응하지 못하고 잘못된 결정을 내릴 수도 있다. 인간은 불확실한 내일과 확실한 필멸성을 두려워하며, 이 때문에 자연계의 바깥에 머무르면서 세상을 통제하겠다는 환상을 품는다.

이것이 인류세의 오만이다. 우리는 산들바람을 일으키려 했지만 돌아온 것은 회오리바람이었다. 그러나 희망은 있다.

이 책은 다윈의 통찰을 적용해 인간이 나머지 생물권, 다른 인간, 지난 1만여 년 동안 만든 사회제도와 어떻게 상호작용할지에 관해 몇 가지 제안을 하려 한다. 인간이 진화적 관점에서 자연에서의 자기 위치를 이해한다면 더 많이 협력하고 행동하면서 기후위기에 대처해야 할 이유를 쉽게 깨달을 것이다. 진화란 근본적으로 생존이다. 이 책에서는 인류가 첨단 기술부터 고도의 예술에 이르기까지 되도록 많은 긍정적 성취를 이루면서도 생존할 방법을 모색해보고자 한다.

생존하려면 이제 인류세의 연장을 진지하게 고민하는 동시에 인류세 다음을 계획해야 한다. 시간이 별로 없다. 자, 시작하자.

2장

'적당히 부족해야' 살아남는다

A Darwinian Survival Guide

재생 가능한 자원 가운데 지구상에서 가장 풍부한 것은 생물이다. 전 지구적 기후 격동기에도 생물의 생존 잠재력은 끄떡없어 보인다. 바람 한 점 없는 물속, 물 한 방울 없는 사막, 빛 한 줄기 들지 않는 심해 등 어디에나 생물이 산다. 생물은 재생할 수 있다. 그것도 자가재생self-renew(세포가 반복 분열을 통해 스스로 재생하는 과정으로 자기재생, 자기복제라고도 한다-옮긴이)하고 자기영속self-perpetuating한다. 산소를 이용해 이산화탄소를 생산하는 생물도 있고 이산화탄소를 이용해 산소를 생산하는 생물도 있다. 생물 대부분은 태양열에 의지하거나 그로부터 많은 혜택을 얻는다. 게다가 생물 대부분은 100퍼센트 생분해된다. 꽤 괜찮은 이야기처럼 들린다. 하지만 생물권이라는 생물 집단과 그 구성원인 인간의 생존을 살펴보면 한 가지 걱정스러운 점이 있다.

인간이 생존하려면 무엇보다 자연 전반의 작동 방식을 이해해야 한다. 여기서 '작동working'을 눈여겨보자. 유기체는 쉴 때도 결코 가만히 있지 않는다. 최초로 자각self-aware을 하기 시작한 인류 조상이 가장 먼저 깨달은 사실은 자연이 끊임없이 변화한다는 점이었다. 자연의 변화는 대체로 주기적이다. 무언가가 규칙적으로 사라졌다가 되돌아온다는 뜻이다. 우기가 시작됐다가 건기로 바뀌더니 다시 우기가 돌아온다. 더운 여름 다음에 추운 겨울이 이어지다가 다시 여름이 찾아온다. 먹을 수 있는 동식물이 특정 시기에 나타났다가 사라지고 이듬해 같은 시기에 다시 나타난다. 하지만 주기적으로 일어나지 않는 현상도 있다. 여성은 출산한 뒤에도 똑같은 여성이지만 어머니가 낳은 자손은 고유한 개별 인격체로 자라나 살다가 죽는다. 인간은 누구나 태어난 뒤 유년기에서 성년기, 노년기를 거쳐 죽음을 맞이한다. 환생이라는 개념에조차 현재의 아이가 과거에 죽은 사람과 물리적으로 동일하지 않다는 생각이 깃들어 있다. 사후세계를 믿더라도 그런 세계가 지금 이곳이 아닌 다른 어딘가에 있다고 여긴다.

순환성과 선형성을 상징하는 고대 나선 조각과 그림이 곳곳에서 발견된다는 사실을 보면 조상들이 오래전부터 시간의 본질이라는 보편적 신비를 깨달았음을 알 수 있다. 인간은 이야기를 통해 집단 기억을 만들기 시작하면서부터 더 많은 주변의 변화를 알아차렸다. 올해는 전보다 봄이 일찍 찾아왔고, 저 빙하는 5년 전보다 더 가까워졌으며, 저 산은 기억하는 한 처음 폭발했다. 기후가 변하면 인간이 의존하는 동식물이 변화하는 일반적 주기도 달라졌다. 인간은 이런 변화를 눈치채고 기억하며 변화에 대응하는 법을 배워야 했다.

자연의 작동 방식을 둘러싼 논의는 모든 생물이 진화를 겪었다는 사실을 이해하는 것에서 시작해야 한다. 이런 사실을 우리에게 알려준 사람은 다름 아닌 다윈이다. 그는 수십 년 동안 여행을 하면서 수많은 것을 발견하고 주의 깊게 관찰했으며, 다른 사람의 연구 결과를 탐독하고 그들과 의견을 주고받으면서 진화에 관한 자신의 관점을 세심하게 다듬어나갔다. 지금의 생물이 40억 년간 이어진 지구 진화 체계의 일부라는 사실은 여전히 대다수에게 일상과 동떨어진 낯선 이야기다. 내일도 오늘과 다를 바 없는데 어떻게 100만 년 뒤에 모든 것이 달라진다는 말인가? 300만 년 전 조상들도 오늘날 살아 있는 동식물과 완전히 똑같지는 않아도 비슷한 동식물을 보았다는 말인가?

진화의 원리가 직관적으로 이해하기 어렵고 먼 이야기처럼 들리는 탓에, 진화론은 전 지구적 기후 변화, 생물다양성, 인류의 운명에 관한 논의에 잘 끼어들지 못했다. 그러나 전 지구적 기후 변화는 부분적으로는 생물계 때문에 발생하고, 생물계에 영향을 끼치며, 인류의 미래를 위협한다. 지구상의 모든 생물이 진화를 겪었으므로 오늘날의 현상 역시 진화로 설명할 수 있어야 한다. 그럼에도 이에 관한 진화적 관점이 부족하다. 2가지 이유가 있다. 첫째, 대부분의 사람은 진화가 일상에서 얼마나 큰 부분을 차지하는지 잘 모른다. 둘째, 진화 과정은 너무 긴 시간에 걸쳐 일어나기 때문에 진화를 좀 아는 사람 중에도 진화가 지금의 기후 변화, 생물권, 인류에 직접적 영향을 끼치지 못한다고 생각하는 경우가 많다. 이 책에서는 이런 잘못된 인식을 바로잡고, 진화가 우리 삶 전반에 스며 있다는 사실을 깨닫는 일이 왜 중요한지 보여줄 것이다.

다윈은 1859년 처음 발표한 유명한 저서 《종의 기원》 제5판 1장의 두 번째 단락에서 자신의 관점을 다음과 같이 요약했다(강조는 필자).

> (진화에는) 2가지 요소가 있다. 바로 **유기체의 본질**과 **조건의 본질**이다. 둘 중에는 유기체의 본질이 훨씬 더 중요해 보인다.

다윈은 특정 환경이나 조건의 본질 때문에 진화가 일어난다는 개념을 거부했다. 그에 따르면 환경은 유기체를 '더 나아지도록' '밀고' '당기고' '다듬는' 일을 '담당하는' 창조적 힘이 아니다. 조건의 본질은 유기체가 사는 '장arena'이다. 유기체는 조상에게 물려받은 정보나 '능력capacity'을 이용해 우연히 자신이 살게 된 조건에서 최선을 다해 생존하고 번식해야 한다. 다윈이 보기에 진화란 대물림받은 능력을 천천히 바꾸는 유기체와, 끊임없이 달라지는 환경 간의 상호작용에 따른 결과다. 여기에서 '자연선택natural selection'이라는 개념이 등장했다. 자연선택은 고유한 특성과 시간 감각을 지닌 유기체와, 유기체의 필요와 무관하게 고유한 특성과 시간 감각을 지닌 환경이 상호작용할 때 나타난다.

그렇다면 이런 요소들이 어떻게 결합할 때 다윈이 생물권을 이루는 "가장 아름답고 경이로우며 무한한 형태"(《종의 기원》 마지막 문장의 한 부분-옮긴이)라고 말한 것이 만들어질까?

유기체의 본질:
대사와 대물림

생물은 약 40억 년 동안 끊임없이 자가재생을 거듭해왔다. 따라서 영속과 지속은 생물의 특징이다. 생물은 대사하며 끊임없이 재생하므로 모든 유기체는 시공간에서 지속된다. 무엇보다 유기체는 주변과 상호작용하며 스스로 생존하고 번식할 기회를 더 만들어내는 응집력 있는 기능적 총체다.

유기체는 '대사metabolism'를 한다. 곧 고급 에너지를 소비하고, 이 에너지를 저장하거나 분해해 시스템을 작동하고, 하급 에너지를 시스템 바깥으로 내보내며 '끊임없이 생존'한다. 이 과정은 완벽하게 지속 가능하다. 손에 쥔 자원보다 더 많은 자원을 소모하는 유기체는 없다. 유기체는 대사하며 작동 속도를 늦추거나, 자원을 저장하고 재사용하며 가진 자원을 최대한 활용한다. 생명을 다한 유기체는 100퍼센트 생분해된다.

유기체는 대사라는 방법으로 주변 환경을 '활용exploit'해 살아남을 '시간을 번다'. 유기체는 그저 살아가는 데에만 생애 전반에 걸쳐 대부분의 자원을 소모한다. 유기체는 대사하며 '유지비용'에 해당하는 필수 기능과 번식에 필요한 성장, 발달, 기타 활동에 연료를 공급한다. 하지만 모든 유기체는 결국 죽기 마련이다. 그렇다면 생물은 어떻게 40억 년 동안 계속 이어졌을까? 답은 유기체가 대사의 극히 일부분을 이용해 수행하는 한 가지 중요한 기능에 있다. 바로 '대물림

inheritance' 곧 '유전'이다. 한 계통은 대물림을 통해 그 계통의 개별 개체보다 오래 지속될 수 있다.

유기체는 전체 에너지 예산 중 극히 일부만 사용하는 대물림을 통해 무한히 지속된다. 생물이 번식과 대물림을 통해 자가재생하면서 대물림 체계는 개별 개체의 수명을 넘어 이어진다. 대물림 체계의 핵심은 정보를 저장하고 자손에게 전달하는 것이다. 이 정보는 새로운 유기체의 발달, 그 유기체의 전체 대사 체계, 이 유기체가 주변과 기능적으로 상호작용하는 능력을 구체적으로 알려준다. 이것이야말로 다윈이 진화에서 조건의 본질보다 유기체의 본질을 더 중요하게 본 핵심적인 이유다.

대물림의 4가지 근본 측면을 살펴보면 진화에서 유기체의 본질이 우선한다는 사실을 분명히 이해할 수 있다. 첫째, 자손이 태어날 조건이 어떻든 유기체의 본질은 가능한 한 자손을 많이 낳는 것이다. 다람쥐를 숲에서 키우든 실험실에서 키우든 결국 나오는 것은 다람쥐다. 대물림 체계에서는 조건이 수용할 수 있는 것보다 훨씬 많은 자손을 낳을 수 있다는 뜻이기도 하다. 생물학자들은 이런 현상을 '번식 과잉reproductive overrun'이라고 부른다. 둘째, 대물림은 매우 보전적이다. 그래서 유기체들은 주변 조건에 관계없이 서로 많이 닮았다. 번식 과잉으로 태어난 유기체들이 상당히 비슷한 자원을 필요로 한다는 뜻이다. 셋째, 대물림은 대부분 역사적이다. 다윈의 주요 통찰 가운데 하나는 유기체가 주변 환경보다 조상에게 더 많은 것을 빚지고 있다는 점이다. 동부회색다람쥐가 다람쥐처럼 보이고 다람쥐처럼 행동하는 이유는 그 부모가 다람쥐이기 때문이다. 이 다람쥐의 부모가 다람쥐처럼 보이고 다람쥐처럼 행동하는 이유 역시 그들이 여러 세대를 거쳐 이어진 다람쥐의 후손이기 때문이다. 유기체는 저마다 고유하지만 친척이나 조상과 상당히 닮았다. 유구한 가족 유사성에는 방대한 진화의 역사가 들어 있다. 다람쥐에게 털이 있는 이유는 이들이 포유류이기 때문이고, 포유류의 역사는 적어도 6,500만 년은 됐다. 이보다 역사가 더 짧은 유사성도 있다. 동부회색다람쥐는 약 3,500만 년 전 발생한 다람쥐 전체의 특성을 공유한다. 다만 동부회색다람쥐끼리는 다른 다람쥐종보다 서로 훨씬 더 많이 닮았는데, 이들은 불과 약 50만 년 전에 공통 조상으로부터 발생했기 때문이다. 이처럼 대물림이란 단일 대물림 체계 안에서뿐 아니라 밀접한 다른 대물림 체계 사이에서도 어떤 내력을 오래 유지시키는 수단이다. 넷째, 대물림 체계는 매우 보전적이지만 변이variation도 만든다. 다윈은 '환경 조건과 관계없이 매우 비슷하면서도 변이가 있는 자손을 만든다'라는 대물림의 본질이 진화를 이해하는 데 필수적임을 깨달았다.

다윈의 진화론이 효과적으로 작동하려면 생물권에 다양한 유전 정보가 무수히 많아야 한다. 그 수를 정확히 셈할 수는 없지만 대물림 체계가 일종의 '디지털' 데이터이자 '조합'으로 이루어져 있다는 사실을 알면 그 엄청난 규모를 가늠할 수 있다. 유기체는 응집된 아날로그 총체인 동시에 디지털 복제기이기도 하다. 모든 유기체는 잠재적으로 대물림을 통해 언제든 자신이 대물림받은 정보를 전달할 수 있다. 말하자면 대물림 체계는 노트북이나 데스크톱 컴퓨터에 든 것과 같은 생물권의 임의접근기억장치random access memory, 곧 램RAM인 셈이다. 예를 들어 1,000 디지털 단위인 무언가를 램에 저장하고 싶다고 치자. 각 단위는 0 또는 1로 구성되므로 디지털 서열 정보의 내용은 이진법으로 계산된다. 1,000단위의 총정보량은 1,000비트bit다(0과 1로 된 이진법 단위binary units라는 뜻이다). 만약 DNA 염기가 1,000단위라면 정보량은 2,000비트가 된다(DNA 염기는 A, G, C, T 네 종류이므로 정보량은 $\log_2 4$, 곧 2를 1,000에 곱하면 된다). 여기까지는 특별한 점이 없다.

하지만 모든 유기체의 DNA는 디지털 정보이자 조합으로 이루어지므로 단일 염기부터 염기 집단, 전체 서열까지 여러 수준에서 여러 번 읽을 수 있다. 여러 단계에서 여러 번 같은 정보에 접근할 수 있으므로 비교적 짧은 디지털 서열에 잠재적 정보가 대량으로 저장된다. 1980년대 후반에 수학자 조너선 스미스Jonathan Smith는 이런 관점에서 DNA 서열에 저장될 수 있는 정보량을 계산했다. DNA 서열이 1,000개의 염기쌍으로 이루어져 있다고 치자. 이 시스템이 디지털 정보이자 조합으로 이루어져 있다면 가능한 총 개별 판독값은 전체 서열을 딱 한 번만 읽을 때보다 최대 1,000배 많은 2,000,000비트가 된다. 이렇게 보면 상당히 놀랍다.

이 잠재 정보가 어떻게 유기체 조직으로 바뀔까? 번식과 발달을 일종의 알고리즘이라고 생각해보자. 디지털 정보(DNA 서열 및 기타 분자 구성 요소)를 아날로그 결과물(유기체)로 변환하는 알고리즘이다. 디지털카메라나 휴대전화 카메라는 이미지를 디지털 서열로 캡처해 저장한다. 사진을 보고 싶다면 컴퓨터나 휴대전화 앱에서 디지털 서열을 아날로그 결과물인 실제 이미지로 변환하면 된다. 일단 디지털 이미지를 램에 저장해두면 새로운 정보 없이도 많은 비용을 들이지 않고 얼마든지 이미지를 복제할 수 있다.

번식은 그저 주형template을 반복해서 복제하는 과정이므로 유기체의 대사 예산 중 극히 일부만 사용해도 된다. 하지만 DNA를 유기체로 변환하는 알고리즘과 복사한 주형을 사진으로 변환하는 알고리즘은 한 가지 중요한 면에서 다르다. 사진 이미지는 사람이 몇 개까지 사본을 만들지 결정할 수 있지만 유기체는 그럴 수 없다. 대물림 알고리즘은 조건의 본질과 무관하게 작동한다. 그 결과 유기체를 수용할 수 있는 자원을 초과해 더 많은 유기체가 발생하기도 한다. 또한 유기체 변환 알고리즘은 이미지를 생성하는 컴퓨터 알고리즘만큼 완벽하지 않다. 여러 주형을 사용하고, 복제 과정에서 주형이 달라지기도 하며, 이러한 변화가 다음 복사본에 영향을 끼치기도 한다. 따라서 생물학적 복제 과정은 매우 효율적이지만 그 과정에서 변이도 많이 발생한다. 사진의 운명이 사진작가와 구매자에 따라 달라진다면 유기체의 운명은 환경 조건에 따라 달라진다.

어떤 시점에서든 생물권의 램에 저장된 생물학적 정보는 방대하지만 새로운 정보를 생성하는 잠재력은 이보다 훨씬 더 크다. 대물림은 무한한 변이를 만드는 정보 체계다. 또한 다양성은 다양성을 낳는다. 어떤 결과물이 나오면 언제나 새로운 가능성이 생긴다.

환경 조건의 본질:
기회

다윈은 대물림이 보전적이라는 점을 미루어볼 때, 유기체는 주변 조건의 본질과 관계없이 조상과 상당히 비슷하면서도 변이가 있는 자손을 많이 만드는 환경에 살려는 본성이 있음을 간파했다. 그리고 이런 유기체의 본질 때문에 번식 과잉, 다시 말해 유기체가 먹고살 수 있는 자원을 초과해 자손을 생산하는 현상이 일어난다고 보았다. 생존하려면 자원을 이용하는 능력과 그 자원을 사용할 기회가 맞아떨어져야 한다. 그러나 필요와 기회가 항상 딱 맞아떨어지지는 않는다. 대물림은 유기체에 주변을 이용할 '능력'을 쥐여주지만 이때 주변 환경이 어떤지는 고려하지 않는다. 자손은 주어진 조건의 본질을 예측할 수 없고, 그 조건이 달라질 때 그에 맞춰 자신을 적당히 바꿀 수도 없다. 물론 자원이 부족할 때 성체의 몸집이 작아지는 등 유기체가 어느 정도 유연성을 발휘해 형태와 기능을 바꾸면서 주변 환경에 대처하기도 한다(생물학에서는 이런 능력을 '표현형 가소성phenotypic plasticity'이라고 부른다). 하지만 대물림의 제약에 비하면 이런 조정은 사소하다. 그러므로 모든 생물이 어디에서든 살 수 있는 것은 아니다.

다윈은 2가지 요인 때문에 이런 현상이 일어난다고 생각했다. 첫째, 대물림 규칙은 앞서 살펴봤듯이 조건에 무관하다. 동시에 조건 역시 조건이 만든 유기체의 필요와 무관하다. 둘째, 변이가 생기기는 하지만 대물림은 상당히 보전적이므로 새로운 변이가 출현하더라도 조건 변화보다 늦게 나타날 수밖에 없다. 다시 말해 유기체와 환경이 완벽하게 맞아떨어지는 경우는 드물고, 설령 맞아떨어지더라도 잠깐일 뿐 조건은 계속 달라진다. 《종의 기원》 1장의 두 번째 단락으로 돌아가 다음 구절을 마저 살펴보자(강조는 필자).

> 여기에는 2가지 요소가 있다. 바로 **유기체의 본질**과 **조건의 본질**이다. 둘 중에는 유기체의 본질이 훨씬 더 중요해 보인다. **우리 판단에는 거의 비슷한 변이가 서로 다른 조건에서 발생하기도 하고, 반대로 거의 동일해 보이는 조건에서 서로 다른 변이가 발생하기도 하기 때문이다.**

이는 광범위한 현장 경험이 있는 사람만이 얻을 수 있는 통찰이다. 열대 지방에 가본 적이 없는 유럽 지식인들은 자비로운 신이 창조했든 자비로운 물리적 과정이 만들었든, 모든 유기체 종이 주변 환경에 고유하게 적합하다고 생각했다. 다윈도 유기체가 주변 환경에 적응하는 능력을 몰라본 것은 아니다. 다만 뛰어난 관찰력 덕분에 다음의 결정적인 사실을 놓치지 않았다. 유기체는 주변 환경에 최대한 적응하지만 완벽하게 적합한 경우는 드물다. 생성된 변이는 모두 살아남을 만큼은 적합하다. 하지만 다양한 변이를 만드는 체계라면 환경에 조금 더 적합한 변이를 내놓을 수도 있다. 게다가 조건이 달라지면 과거의 조건에 특히 잘 맞았던 일부 변이가 주변으로 밀려나거나 반대로 과거의 조건에 그다지 잘 맞지 않았던 변이가 중심을 차지하기도 한다. 최근에는 이런 개념을 다윈의 필수 부적합Darwin's necessary misfit이라고 부른다. 유기체와 환경이 잘 들어맞지 않을 때 유기체가 환경 교란에서 살아남을 가능성도 생긴다. 역설적이지만 바로 이것이 생존의 핵심이다.

생물계가 주변 환경에 대처하는 방식은 '적합도fitness'라는 개념으로 요약할 수 있다. 유기체는 스스로 생존하고 번식하는 모든 조건에 적합하다. 특정 유기체가 생존하고 번식할 수 있는 조건의 집합이 그 유기체의 '적합도 공간fitness space'이다. 다윈의 진화는 최고가 살아남는 '적자생존survival of the fittest'이 아니라 당면한 조건에 대처할 수 있을 만큼 적당히 적합한 것이 살아남는 '적합생존survival of the fit'이다. 다윈이 《종의 기원》에서 언급했듯 가장 적합한 것 곧 '적자the fittest'는 생존할 만한 모든 개체의 집합이다.

'기본 적합도 공간fundamental fitness space'은 특정 종의 구성원이 살 수 있는 구역을 말한다. 여기서 구성원이 실제로 사는 구역은 그 종의 '실현 적합도 공간realized fitness space'이다. 적합도 공간은 유기체와 주변 환경이 상호작용하며 만들어지지만 유기체의 특성상 필연적으로 '헐렁하다sloppy'. 유기체는 조상에게 물려받은 유산을 바탕으로 주어진 조건에서 살아가므로 유기체의 능력은 언제나 기회를 넘어선다. 다시 말해 유기체가 활동할 수 있는 공간인 기본 적합도 공간과 실제로 활동하는 공간인 실현 적합도 공간에는 항상 차이가 있다. 적합도 공간이 얼마나 헐렁한지를 나타내는 이 차이는 유기체가 변화에 대처하는 능력에 비례한다. 유기체가 진화하려면 언제나 적합도 공간에서 '가능한 것'과 '실현된 것' 사이에 어느 정도 차이가 있어야 한다. 생물의 보편적 특성으로 보이는 이 점이 바로 다윈의 진화론에서 적합도가 이중적인 특성을 갖는 이유다. 지금의 조건에 매우 잘 적응하면 단기적으로는 유리하지만 장기적으로는 불리하다. 따라서 우리는 가장 적합한 것이 살아남는 '적자생존'에서 적당히 적합한 것이 살아남는 '적당생존survival of the fit enough'으로 초점을 옮겨야 한다. 진화의 성공 여부를 판가름하는 근본 기준은 효율성efficiency이 아니라 충분함sufficiency이다.

가장 효율적인 변이를 선택하면 다양성이 줄어들어 조건이 달라졌을 때 대처하기가 어려워진다. 반면 그럭저럭 충분한 변이를 선택하면 다양성이 빈번하게 발생하기 때문에 앞으로 다가올 환경 문제를 해결할 방법이 많아진다.

환경과 유기체는 갈등한다

다윈은 주어진 환경이 수용할 수 있는 개체수를 넘어서서 비슷한 환경 자원을 필요로 하거나 선호하는 자손을 생산한다는 것은, 결국 적합한 조건에 사는 유기체가 끊임없이 '생존 투쟁struggle for survival'을 해야 한다는 뜻이라고 보았다. 따라서 갈등conflict은 삶에서 영속적인 요소다. 그런데 다윈은 갈등이 불가피하긴 하지만 생물이 진화하려면 갈등을 해결할 메커니즘이 계속 있어야 한다고 생각했다. 유기체는 적합도 공간을 헐렁하게 만듦으로써 선호하던 적합도 공간 일부에서 아직 사용되지 않았거나 덜 사용된 적합도 공간 일부로 이동하며 갈등에 대처한다. 이렇게 하면 간당간당하게 적합한(적당히 적합한) 유기체도 생존하고 유지될 수 있다. 여기서 다윈의 필수 부적합과 헐렁한 적합도 공간이 연결된다. 만약 보전적인 대물림으로 발생한 유기체와 환경이 본질적으로 일치한다면 갈등이 발생할 때 적합도 공간 안에서 움직일 여지가 없을 것이다.

유기체는 2가지 방식으로 주변과 갈등한다. 첫째, 모든 대물림 체계는 조건과 관계없이 자손을 만든다. 따라서 머지않아 자손 수는 자원이 수용할 수 있는 한도를 넘어선다. 이런 상태를 '자신이 이룬 성공의 희생양victim of your own success'이 된다고 한다. 둘째, 대물림 체계가 '환경의 희생양victim of circumstance'이 될 수 있다. 조건 자체가 달라져 유기체가 필요로 하거나 선호하는 자원이 줄거나 사라지면 이런 일이 발생한다. 2가지 경우 모두에서 다윈의 갈등 해결이 일어난다. 다윈은 자연선택이라는 용어를 이용해 조건이 달라질 때 지리적 분포와 대물림 패턴도 함께 달라진다는 사실을 짚었다. 자연선택은 다윈의 갈등 해결이 가능하며 지금도 진행되고 있다는 사실을 알려준다. 대물림 체계는 주변 환경과 별개로 자체적인 규칙이 있지만, 그 규칙이 작동하려면 주변 환경에서 자원을 얻어야 한다. 따라서 자연선택은 필연적으로 창발성emergent property(개별 요소에는 없는 특성이 그 요소들이 모인 집합 체계 등 상위 수준에서 새롭게 나타나는 것-옮긴이)이 있다. 자연선택이 무언가를 창조하지는 않는다는 뜻이기도 하다. 자연선택으로 대물림 체계의 결과물이 제거, 증폭, 교란, 강화되기는 하지만 주변 환경에 부합하는 것은 오직 대물림 체계로만 만들어진다.

《종의 기원》에 실린 유일한 도판은 오늘날 우리가 '생명의 나무 tree of life'라고 부르는 것이다. 대다수는 이 도판이 단순히 '모든 종이 하나의 진화적 역사로 이어진다'는 다윈의 믿음을 드러내기 위함이라고 생각한다. 이는 놀라운 발견이지만, 다윈은 그림을 통해 더 중요한 사실을 암시했다. '생명의 나무'는 옛 종이 새로운 종으로 대체되는 선형적인 구조가 아니라 가지를 친 구조다. 다윈은 진화란 생존 투쟁에 참여한 여러 구성원이 함께 생존하는 과정이라는 사실에 주목한 것이다. 그는 옛것을 새것으로 대체하는 갈등이 아니라 다양성을 축적하는 갈등 해결 방식에 주목했다. 다시 말하지만 생존하기 위해 당면한 조건에서 가장 효율적인 종이 될 필요는 없다. 그보다는 적당히 충분하게 대처하며 생물권의 주어진 시공간에 다양한 변이가 축적되고 공존할 수 있게 해야 한다.

갈등에서 벗어나기:
보상적 변화와 생태적 적응

생물계에서는 같은 것을 원하는 유기체가 한곳에 너무 많이 모여들어 모두가 생존하기 힘들어지는 상황이 언제나 발생한다. 이때 다윈이 말한 생존 투쟁이 일어난다. 하지만 이 투쟁은 폭력이나 치명적 상호작용과 다르다. 다윈이 말한 갈등은 이해관계의 충돌에 가깝다.

생물계는 적합도 공간에서 내적 요인(개체수 증가 등)이나 외적 요인(기후 변화 등)으로 발생하는 갈등에 2가지 방법으로 대처한다. 첫 번째 방법은 갈등이 발생하는 시점에 맞춰 적절한 능력을 혁신적으로 새롭게 개발하는 것이다. 그러려면 딱 맞는 시점에 딱 맞는 공간에서 위기에 대응할 적절한 해결책을 제시해야 한다. 하지만 이는 거의 불가능하다. 대물림은 보전적이고 환경 변화는 예측할 수 없다. 따라서 생물계의 능력은 항상 기회보다 뒤처진다. 만약 진화가 새로운 능력을 만드는 방식으로만 위기에 대처한다면 변화에 대처할 잠재력을 거의 마련할 수 없을 것이다.

생물계가 갈등에 대처하는 두 번째 방법은 갈등에서 벗어나는 것이다. 평평한 땅에 패인 물웅덩이를 생각해보자. 웅덩이에 물을 부으면 웅덩이가 커지면서 넓게 퍼진다. 이처럼 같은 자원을 원하는 유기체가 한곳에 모여 있는데 자원이 부족할 경우에 유기체 중 일부가 대안을 찾아 다른 곳으로 이동한다. 보상적 변화compensatory change가 일어나는 것이다. 종들은 이렇게 대물림 체계 안에서 덜 연결되고 [곧 유기체들이 멀어지며 개체군이 발산diverge(한 종 또는 소수의 종이 생태적 지위에서 경쟁자가 없는 지역으로 이주하는 것-옮긴이)한다] 적합도 공간에서 더 확산된다**(그림 2.1)**.

앞으로 다가올 문제를 해결할 잠재적 해결책은 바로 이런 유기체와 환경 사이의 불완전한 적합도에 숨어 있다. 지금의 생활 조건에 완벽하게 적합하면 조건이 달라졌을 때 대응할 여지가 거의 없다. 따라

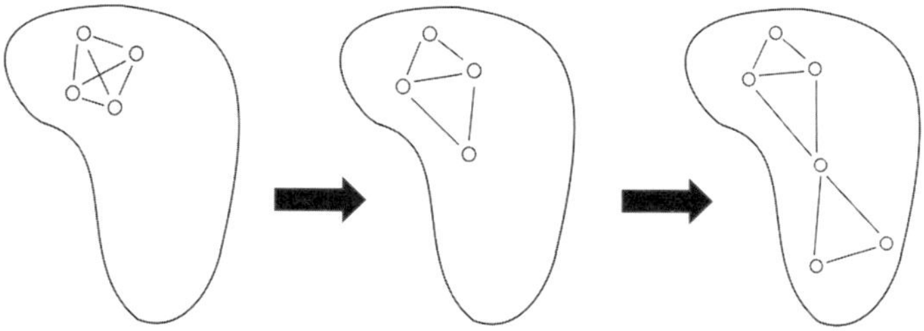

그림 2.1 다윈의 진화론에서 갈등에 대처하는 방법: 보상적 변화와 갈등에서 벗어나기. 그림 왼쪽에서 오른쪽으로. 조건이 안정적일 때 유기체는 선호하는 적합도 공간 일부를 최대한 이용하고, 대물림 체계는 그 적합도 공간 안에서 더욱 특화되며 고립된다. 조건이 달라지면 적합도 공간에서 갈등이 일어나 생존 투쟁이 발생한다. 이에 따라 대물림 체계 안의 일부 구성원이 새로운 생존 기회를 찾아 이동한다. 그러면서 대물림 체계는 적합도 공간에서 더 일반화되고 확장된다.

서 자연선택은 유기체와 환경 사이의 불일치에서 비롯하며 그에 비례해 발생한다. 다윈이 제시한 적응adaptation이란 종이 이미 갖고 있는 실행 가능한 해결책을 자연선택으로 강화하고 활용해 변화에 대처하는 것이다. 갈등에서 벗어나 새로운 적합도 공간을 탐색하는 과정에서, 이전에는 간당간당하게 적합했던 변이가 과거에 그보다 더 적합했던 변이의 능력을 능가할 수 있다.

유기체는 태어난 곳에서 필요한 자원이 부족해질 때 주변 환경을 탐색하는 능력을 물려받았다. 이렇게 물려받은 능력을 이용해 갈등에서 벗어나 대안을 탐색하는 과정을 생태적 적합ecological fitting이라고 한다. 이 개념은 저명한 생태학자이자 보전생물학자인 대니얼 잔젠Daniel Janzen이 1980년대에 처음 제안했다. 생태적 적합은 3가지 방식으로 나타난다.

첫째, 계통학적 보전성phylogenetic conservatism이다. 이는 대물림의 보전적 특성에서 비롯되며 유기체의 특성 변화를 조건 변화보다 뒤처지게 만드는 요인이다. 이런 특성 때문에 특정 시기에 유기체가 진화를 통해 탐색할 수 있는 가능성의 영역과 탐색 속도가 크게 제한된다. 한편 유기체는 보전성 덕분에 조상의 역사를 간직할 수 있다. 과거에 효과적이었던 능력을 정리해둔 정보 상자를 받는 셈이다. 예를 들어 일부 초식 곤충은 조상이 먹었던 어떤 식물을 수백만 년 동안 보지 못했어도 그 식물을 먹는 능력을 그대로 갖고 있다. 오늘날에 더 이상 기능하지 않는 듯한 형질이 유지되는 이유도 이렇게 설명할 수 있다. 신열대구Neotropic(남아메리카, 중앙아메리카, 멕시코 남부, 서인도 제도를 포함하는 생태지리학적 구역-옮긴이)에 서식하는 일부 나무의 둥치에 자라난 큰 가시도 비슷한 사례다. 잔젠과 폴 마틴Paul Martin에 따르면 이 나무들은 이파리를 먹어치우던 곰포테리움gomphothere(코끼리의 조상인 고대 생물-옮긴이) 같은 거대 동물군으로부터 자신을 보호하기 위해 가시를 냈는데, 그 동물들이 멸종한 오늘날까지도 이 짐을 계속 이고 있다. 지금은 이런 가시에 뚜렷한 목적이 없어 보이지만 조건이 달라지면 이 가시가 방어 기능을 회복할 수도 있다.

둘째, 전환co-option이다(굴절적응exaptation이라고도 한다-옮긴이). 이는 기존의 능력을 활용해 새로운 기능을 수행하는 능력이다. 다윈은 전환이 진화의 주요 메커니즘이라고 주장했다. 만약 어떤 두 구조가 같은 기능을 수행하는데, 한 구조가 다른 구조보다 더 효과적이라면 덜 효과적인 구조는 다른 기능을 맘껏 수행할 수 있다. 또한 어떤 구조가 여러 기능을 한다면 다른 기능은 밀어두고 그중 한 기능만 하도록 변형될 수도 있다. 또는 어떤 구조가 진화하는 과정에서 뚜렷한 목적이 없는 다른 구조가 부산물로 생겨났다가 새로운 기능을 수행하게 될 수도 있다. 모든 경우에서 진화는 새로운 구조를 만들지 않고 기존 구조를 변형한다. 전환 덕분에 생물은 '적절한 시기에 곧바로 적절한 해결책을 만든다'는 가능성이 매우 희박한 시나리오에 기대지 않고도 달라지는 조건에 대처할 수 있다. 이처럼 전환은 비용이 적게 들고 손쉬운 메커니즘이다. 자연에서 전환은 자주 일어난다. 예를 들어 일부 나무에서 진화한 '낙엽 떨구기deciduousness'라는 메커니즘은 처음에 계절적으로 건조한 조건에 대처하는 방법이었다가 나중에는 추운 계절성 기후에 대처하는 방법으로 전환됐다. 최근 발견된 한 가지 현상도 전환으로 볼 수 있다. 지금까지 40억 년의 지구 역사에서 플라스틱을 만난 생물이 없는데도 최근 일부 미생물이 바다에서 플라스틱을 먹고 대사하기 시작한 것이다.

셋째, 발달 가소성developmental plasticity 또는 표현형 가소성이다. 이는 개별 유기체가 다양하고 새로운 조건에 반응해 여러 표현형을 발현하는 능력이다. 유기체에게는 특정 행동, 형태, 생리를 통해 이상적이지 않은 조건에도 대처할 수 있는 유연성이 있다. 지금까지 우리는 유기체의 본질(대물림)이 조건의 본질과 무관하며, 유기체는 조상으로부터 물려받은 제한된 능력을 갖고 주변 환경에 맞춰 살아간다는 사실을 여러 번 강조해 살펴봤다. 하지만 표현형 가소성 덕분에 유기체는 자신이 마주한 조건에 반응해 적응할 수단을 얻고 조건에 대한 무관함을 완화할 수 있다. 물론 유전의 보전적 제약을 고려하면 이런 조정은 범위가 크지 않다. 다람쥐가 도토리를 구할 수 없을 때 다른 씨앗, 버섯, 곤충을 먹을 수는 있어도 갑자기 육식동물이 되어 고기를 먹지는 않는다. 그럼에도 이런 조정은 예측할 수 없고 끊임없이 변화하는 세상에서 살아남는 데 매우 중요한 역할을 한다.

예를 들어 고도로 밀집된 적합도 공간에서 갈등이 일어나면 유기체는 몸집을 줄이는 식으로 에너지 필요를 줄이거나, 개체가 다른 곳으로 분산되게끔 성비를 뒤트는 식으로 번식력을 줄여 대처한다. 유기체는 가소성을 이용해 조상으로부터 물려받은 환경 조건에서 벗어난 조건에 대처하며 새로운 환경에 정착한다. 검은눈방울새*Junco hyemalis*는 보통 캘리포니아 산맥이나 북아메리카 산악지대에 산다. 1980년대에 캘리포니아 해안의 낮은 융기 지역에 소규모 검은눈방울새 군집이 형성됐다. 이곳의 온화한 기후 덕분에 검은눈방울새는 산악지대에서보다 2배 더 오래 번식할 수 있었다. 미국의 진화생물학자 파멜라 예Pamela Yeh와 트레버 프라이스Trevor Price는 온화한 기후 덕분에 새들이 2번 새끼를 낳을 수 있어서 번식이 늘었다고 밝혔다. 검은눈방울새는 기본 적합도 공간의 새로운 부분을 탐색할 능력을 키워 새로운 영역에 정착한 것이다.

끊임없이 변화하는 세상에서 영속하려면 유연성을 갖춰 그다지 이상적이지 않은 조건에서도 살아남아야 한다. 특정 조건에서 가장 적합한 개체가 되는 것보다 적합하지 않은 조건에서 적합한 조건으로 옮겨갈 잠재력을 갖는 것이 더 중요하다. 조상과 능력이 비슷한 자손은 조건에 상관없이 계속 태어나므로 선호하는 적합도 공간을 과도하게 이용하는 경향은 언제나 나타난다. 하지만 이런 현상은 덜 선호하는 적합도 공간을 덜 이용하는 경향으로 보완된다. 적합도 공간이 본래 헐렁하더라도 보전적 대물림과 왕성한 번식 때문에 유기체와 환경 사이에는 항상 갈등이 일어날 여지가 있다. 그러나 생태적 적합 덕분에 유기체는 적합도 공간의 새로운 영역을 탐색하며 갈등에 대처하는 메커니즘을 갖게 된다. 따라서 적합도 공간이 헐렁할수록 유기체의 생존 가능성은 커진다. 진화에서 필요는 발명의 어머니가 아니다. 필요는 도망의 어머니이자 이미 가지고 있는 것을 최대한 활용하는 대처의 어머니다.

갈등 해결의 마지막 단계:
상호조정

개체군이 적합도 공간에 충분히 퍼져 갈등을 완화할 수 있게 되면 다윈의 갈등 해결에서 마지막 요소를 실행할 단계가 된다. 개체군이 그저 적합도 공간에 퍼져 일반화generalization되기만 한다면 갈등은 잠시 미뤄질 뿐이다. 갈등을 해결하려면 과거에 정보를 주고받으며 이어졌던 하위집단이 각자 자생적인 대물림 체계를 새롭게 형성해야 한

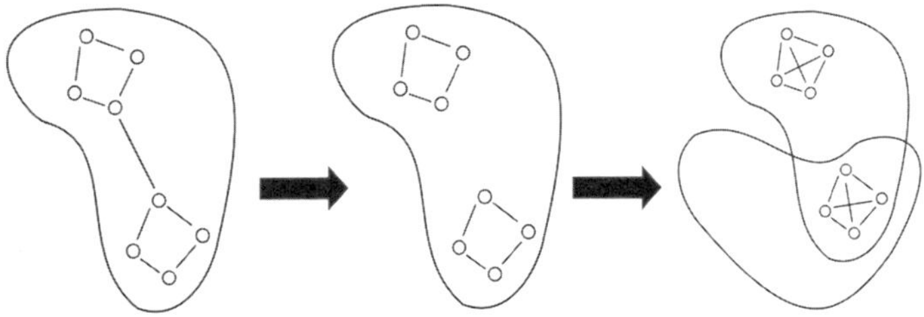

그림 2.2 갈등 해결. 그림 왼쪽에서 오른쪽으로, 개체군은 지역 조건을 탐색하고 활용하며 적합도 공간의 서로 다른 부분에 특화된 하위 체계로 분화된다. 이 하위 체계가 각 지역 조건에 더욱 응집되면서 종분화가 일어나, 각자의 고유한 적합도 공간에 새로운 대물림 체계가 생긴다. 하지만 이들의 대물림 체계는 같은 조상에서 왔기 때문에 기존 대물림 체계와 일부 겹친다. 그림 맨 오른쪽에 나타난 마지막 상호조정 단계가 되면 공통 조상에게서 물려받은 정보를 공유하며 적합도 공간에 겹치는 부분이 생긴다. 이렇게 되면 친척 종은 특정 조건에 따라 겹치거나 서로 피할 수 있다.

다. 많은 개체군은 자기가 떠나온 곳만큼 좋지는 않더라도 살 만한 조건을 발견하면 그곳에 정착한다. 과거 적합도 공간의 일부인 좁은 영역에 홀로 남겨지면 유기체의 본성에서 핵심인 다윈 진화론의 원리가 우세해진다. 개체군은 이제 굳이 주변을 탐색할 필요 없이 지역 조건을 자유롭게 이용한다. 이 조건이 살 만하다고 여긴 자손은 번식한다. 자연선택을 통해 원래 조건에서 가장 적합한 변이가 아닌 조금 덜 적합한 변이가 증폭되면 이런 변이와 새로운 환경 사이에 상호조정 coaccommodation이 강화된다**(그림 2.2)**.

생물계는 조건이 안정적일 때(곧 비교적 일정할 때) 조건을 이용하기를 택하고, 선호하는 적합도 공간 일부에 집중되거나 특화specialization된다. 반대로 조건이 달라져 탐색이 중요해지면 과거에는 접근하기 어려웠던 적합도 공간 주변부를 점유하며 일반화된다. 따라서 적합도 공간에 더욱 특화된 종일수록 조건이 달라질 때 아주 헐렁한 적합도 공간에 대처할 능력을 더 많이 지닌다. 적합도 공간에 특화됐다는 것은 '잠재력이 저장됐다potential being stored'는 뜻이다. 조건이 달라지면 이 저장된 잠재력을 이용할 수 있다. 이와 반대로 적합도 공간에서 일반화됐다는 것은 변화에 대처해 '잠재력을 이용했다potential being spent'는 사실을 나타내는 지표다.

여기에서 진화에서 필요가 발명의 어머니가 아니라는 사실이 왜 중요한지가 드러난다. 대부분의 혁신은 조건이 적당히 좋고 환경이 안정된 기간에 일어난다. 이때는 가장 적합한 변이가 아닌 덜 적합한 변이도 생존하고 번식할 수 있다. 이렇게 누적된 다양한 변이는 다가올 변화에 대응할 잠재력으로 저장된다. 혁신은 그 혁신이 필요해질 때보다 훨씬 전에 이미 일어난다는 뜻이다. 예측할 수 없을 정도로 달라진 환경에 직면했을 때 이루어지는 혁신(예를 들어 새로운 먹이를 먹어보거나, 자식을 더 많이 낳거나, 저 산 너머에 무엇이 있는지 살피는 일)은 사실 굳이 혁신할 필요가 없었던 과거에 이미 일어나 있다. 조건이 달라지고 유기체가 어려운 상황에 놓였을 때 가장 먼저 할 일은 혁신이 아니라 이미 손에 쥔 것을 이용해 탈출하는 것이다. 유기체가 무한히 지속되려면 조건이 달라지기 전에 변화에 대처할 잠재력을 미리 만들어두어야 한다. 그러려면 변화가 일어나기 전에 변이를 축적

해둬야 한다. 한 가지 사례를 살펴보자.

진화는 '가장 완벽한 종'에서 시작되지 않는다

진화는 때로 기적처럼 느껴진다. 적절한 시기에 적절한 적응법을 생각해내며 환경이 제시하는 새로운 도전 과제를 끊임없이 정복해나가는 것처럼 보이기 때문이다. 그러나 이는 착각이다. 유기체는 조건이 달라질 때 기존 능력을 이용해 새로운 생존 기회를 활용하고, 그 뒤에 자연선택을 통해 그 능력을 조정할 뿐이다. 노벨상 수상자인 프랑수아 자코브Francois Jacob는 유명한 글 〈진화적 땜질Evolution as Tinkering〉에서 진화란 새로운 구조를 발명하는 일보다 기존의 구조를 수정하는 일에 더 가깝다고 말했다. 이는 가장 많이 연구된 진화적 전이 evolutionary transition 현상 중 하나인 육상동물의 출현에서 분명하게 나타난다. 네발짐승(양서류, 파충류, 조류, 포유류 등 사지 달린 척추동물)은 물에서 땅으로 이동했다. 고전적 진화론에서는 "이 전이가 어떻게 일어났을까?"라고 질문했다. 초기에는 이 현상을 영웅담처럼 설명했다. 4억 년 전쯤 수중 환경이 고갈되어서, 또는 그저 먹이를 찾아 땅을 탐색하기 위해 일부 물고기가 진흙에서 빠져나와 육지로 올라왔다는 것이다. 이 물고기들은 공기를 들이마실 폐도, 기어다닐 팔다리도 없었는데 말이다. 사람들은 물고기가 육지에 살게 된 뒤에 폐와

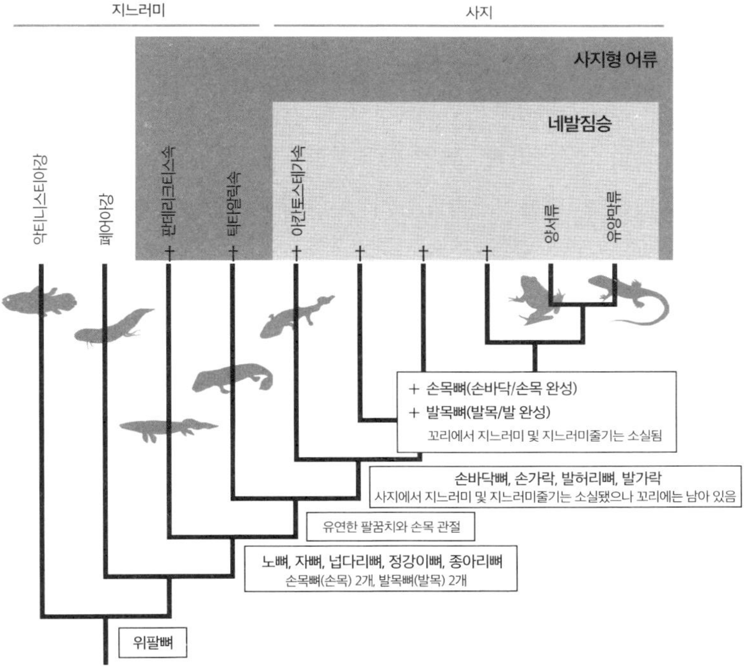

그림 2.3 육상생활에 필요한 주요 골격 요소의 진화 순서를 보여주는 일부 척추동물 집단의 계통도. 이 모든 요소는 동물들이 물 밖으로 나오기 전에 진화했다.

팔다리가 진화했다고 생각했다. 이런 설명은 환경이 내놓은 도전을 진화가 어떻게 '극복'했는지를 보여주려고 한다. 최초의 물고기가 땅 위로 어기적어기적 올라왔을 때 일부 개체가 부레를 살짝 변형해 폐로 바꾸고 지느러미를 팔다리로 진화시켰고, 이들이 오래 생존하면서 마침내 제대로 된 육상 네발짐승으로 진화했다는 식이다. 얼마나 기적적이고 마법 같은 설명인가. 하지만 이런 진화 이야기는 완전히 틀렸다.

수생 수중호흡 물고기에서 육상 공기호흡 척추동물로의 진화적 전이에 얽힌 진짜 이야기는 이렇다. 물고기의 기존 형질이 새로운 기능을 하게 되는 전환이 일어났고 그 뒤 전환된 형질이 계속해서 조정됐다. 화석에 남은 흔적을 보면 물에서 땅으로 올라오기 훨씬 전부터 물고기에 네발짐승의 폐와 사지가 존재했다**(그림 2.3)**. 다른 형질도 비슷하다. 흙에 파묻혀도 살아남는 알이 그 증거다. 게다가 이런 형질은 이미 수생환경에서 오랫동안 진화적 땜질을 거쳤다. 고생물학 연구에 따르면 땅 위를 걷는 데 사용된 팔다리는 얕은 물속에서 이동할 때 쓰던 팔다리가 변형된 것이고, 이 팔다리는 수영할 때 사용하던 지느러미가 변형된 것이다. 이와 마찬가지로 땅 위에서 공기를 호흡할 때 사용되는 폐는 산소가 적은 따뜻하고 얕은 물속에서 사용되던 폐가 변형된 것이고, 이 폐는 다른 물고기에서 부력을 유지하기 위해 사용되던 부레가 변형된 것이다. 폐는 육상 공기호흡에 완벽하게 적응하지 못했다. 네발짐승의 폐는 부레를 땜질해서 생긴 것으로, 매우 훌륭하지만 완벽하지는 않았다.

육상 네발짐승으로서의 형질은 수생환경에서 이미 존재했던 형질을 전환하고 변형하면서 오랜 기간에 걸쳐 진화했다. 따라서 육지에서 생존하는 데 필요한 요소는 모두 전이가 일어나기 훨씬 전부터 등장했다고 볼 수 있다. 무엇이 이런 변화를 촉발했는지는 밝혀지지 않았지만(아마 얕은 물 서식지가 말라간 탓일 것이다) 육지에서 살아남는 데 전제 조건이 되는 형질은 이미 존재했다. 육상 식물의 진화도 비슷하다. 육상 식물은 수생환경을 떠나 육지에 적응한 조상에서 진화했다는 가정이 한 세기 넘게 지배적이었다. 하지만 좀 더 최근의 증거는 이런 과정이 다윈의 관점을 따라 일어났다는 사실을 보여준다. 육상 식물은 이미 땅 위에서 살던 단세포 조류에서 진화했다는 것이다. 진화는 기적이 일어나기를 기다리지 않는다. 이미 손에 쥔 것을 이용해 그때그때 위기에 대처하고, 그다음 자연선택을 통해 그 조건에서 생존을 강화한다.

네발짐승이 육지를 점령한 이야기는 놀랍긴 하지만 영웅적이거나 마법 같은 일은 아니다. 이 이야기는 생물계가 생존하기 위해 어떻게 새로운 선택지를 탐색하고 달라지는 환경에 대처하는지를 보여주는 전형적인 사례다. 적합도가 조금 떨어지더라도 말이다. 어떤 환경에서 기능적으로 작동하기 위해 아주 뛰어나거나 완벽하게 적합할 필요는 없다. 그저 생존하고 번식하기에 충분하면 된다. 진화는 완벽하지는 않지만 적어도 40억 년 동안 지속될 만큼은 효과적이다. 최초의 육상 네발짐승은 가장 적합한 물고기가 분명 아니었다. 그들이 주렁주렁 안고 있던 형질들이 결국 물속보다 육지에서 더 잘 기능했으니 말이다. 만약 그들이 '더 나은 물고기'였다면 육지에서는 멸종했을 것이다. 동시에 그들은 육상 척추동물로서도 가장 적합한 종은 아니었다. 물고기 조상에게 받은 짐을 한가득 안고 있었으니 말이다. 이처럼 이들은 가장 적합하지는 않았지만 언제나 충분히 적합했다.

진화적 관점에서는 멸종하는 것보다 간당간당하게라도 살아남는 편이 낫다. 그렇다고 해서 갈등 해결로 발생한 새로운 대물림 체계가 영원히 주변부 생물에게 맡겨진다는 뜻은 아니다. 생태적 적합으로 적합도 공간을 채울 수는 있지만, 그다음에는 환경을 활용하려는 유기체의 성향이 자리를 넘겨받는다. 갈등 해결의 마지막 단계를 강화하는 자연선택은 새로운 환경에 더 잘 적응하는 변이를 선호한다. 그중에는 새로운 이웃 환경을 공유하는 종도 있다. 최초의 육상 네발짐승이 남긴 후손들이 이 사실을 분명하게 보여준다.

갈등과 해결 사이를 오가며 생기는 진화 가능성

다윈의 갈등 해결이 다양화와 대멸종 이후의 재再다양화를 일으키는 지속적인 원동력이 되려면, 대물림 체계가 탐색 능력을 잃지 않으면서도 환경을 활용하고 동시에 활용과 탐색 사이를 오갈 수 있어야 한다. 종은 새로운 조건에서 새로운 방식으로 끊임없이 변화할 수 있어야 한다. 존재하는 것만으로, 지금껏 진화해왔다는 것만으로는 부족하다. 종은 계속 진화할 수 있어야 한다. 다윈의 갈등 해결이 일어나면 갈등의 영향을 받던 구성원 하나 이상이 생존하며 진화적 다양화가 일어난다. 그리고 갈등이 해결될 때마다 새로운 갈등과 이를 해결할 장이 만들어진다.

'진화 가능성evolvablility'의 핵심은 비용이 많이 드는 대사를 통해 주변 환경을 활용하고, 비용이 덜 드는 대물림을 통해 탐색 능력을 유지하는 데 있다. 대사와 대물림의 다른 특성도 유기체가 비용을 더욱 절약하며 진화하게 도우면서 진화 가능성을 강화한다. 첫째, 특정 유기체의 대사에 사용되는 에너지는 에너지 예산의 상당 부분을 차지하지만 예산선을 절대 넘지 않는다. 생물학에서 적자 지출이란 없다. 적자 지출은 곧 죽음을 의미한다. 유기체가 번식을 한다면 그 비용을 감당할 수 있다는 뜻이다. 둘째, 생물계는 재활용을 잘한다. 대사할 때는 반응을 촉매하는 반응물을 스스로 생성하는 자가촉매 반응autocatalytic reaction을 이용해 동일한 에너지를 다양한 방식으로 여러 번 사용하며 시스템 안에서 오랫동안 재활용한다. 대물림에서는 기존의 정보 주형을 이용해 반복해서 복제하는 자가촉매 재활용autocatalytic recycling이 일어나, 그러잖아도 적게 들던 비용이 한층 절감된다. 생존에 필요한 비용에 비하면 새로운 자손을 만드는 일에 비용이 훨씬 적게 드는 셈이다. 하지만 이런 방법은 지속 가능하지 않다. 무한한 성장은 병적이기 때문이다. 다만 이런 결과는 모든 유기체가 결국 죽는다는 사실로 상쇄된다. 그리고 모든 유기체는 죽고 나면 100퍼센트 재활용된다.

기존 정보를 재활용해 복제하면 대물림 체계를 운영하는 데 드는 비용이 절감된다. 게다가 전반적인 과정이 천천히 이루어지며 시스템이 새로운 생존 기회를 탐색할 시간을 더 많이 확보할 수 있다. 이에 따라 번식과 진화가 일어날 시간도 늘어 진화 비용이 더욱 줄어든다. 다윈도 보전적이라는 대물림의 본질 덕분에 생물계에 높은 응집력cohesion이 생긴다는 사실을 알았다. 확장하는 체계에 응집력이 생기면 확장 속도가 느려져 각 부분이 상호작용할 시간을 벌 수 있고 새로운 것이 발생할 기회가 생긴다. 우주에서는 중력이 응집력으로 작용해 전반적인 물질 팽창을 늦추면서 별, 행성, 은하 같은 다양한 구조가 출현한다. 생물계에서는 대물림의 보전적 특성과 시스템 각 부분의 기능적 통합이 비슷한 역할을 한다. 대물림 체계는 돌연변이, 유전자 복제, 재조합 등을 통한 혁신에 열려 있다. 하지만 시스템의 나머지 부분과 기능적으로 통합되어야 한다는 전제가 있으므로 모든 변화는 큰 제약을 받는다. 각 유전자가 얼마나 이기적으로 작동할 수 있는지에는 한계가 있다. 개별 유전자가 협력해 제대로 기능하는 대물림 체계를 만들지 못하면 생존할 수 없기 때문이다.

대물림의 보전적 특성은 생물의 응집력이 된다. 이 응집력은 생물의 탐색 가능성을 제한하는 동시에 진화의 속도를 늦춰 시스템의 기존 부분들이 상호작용할 시간을 벌어준다. 결국 이렇게 진화가 일어날 새로운 기회가 생긴다. 동물계에서 초식동물이 발생한 일이 대표적인 사례다. 태양 에너지를 이용해 양분을 생산하는 유기체인 식물은 10억 년도 더 전에 등장했다. 스스로 양분을 생산하지 못해 다른 유기체를 먹어야 하는 유기체에게 식물은 새로운 에너지원이 되었다. 결국 식물은 최소 4억 2,000만 년 전부터 육지에서 다양화되며 초식동물에게 무한한 에너지를 제공했고, 육지 생태계에 연료를 공급하는 주요 1차생산자가 됐다. 하지만 동물이 식물을 먹기는 근본적으로 쉽지 않다. 식물 세포벽이 셀룰로오스cellulose라는 구조적으로 질기고 복잡한 분자로 이루어져 있어 소화하기 어렵기 때문이다. 식물을 먹고사는 동물종이 아주 다양하다는 점을 고려하면 셀룰로오스를 소화하는 능력을 진화시킨 동물이 없다는 사실이 조금 의외다. 하지만 초식동물의 진화에는 여러 주요 현상이 맞물려 있다. 이런 현상은 모두 서로 다른 시기에 진화했고, 대물림의 보전적 특성에 따라 오랫동안 유지되면서 진정한 초식동물을 만들었다. 이런 현상이 일어나려면 다음과 같은 요건이 필요하다. 동물 환경에서 접근할 수 있는 셀룰로오스 소화 미생물, 동물이 이런 미생물을 먹지만 소화하지는 못한다는 특성, 미생물이 동물의 장에 맞춰 생활하는 능력, 자유롭게 살던 조상 미생물과 이어지지 않으면서 동물의 장에서만 서식하는 새로운 미생물의 출현, 동물이 공생 미생물을 다음 세대 초식동물에게 전달하는 메커니즘. 진정한 초식동물은 이런 여러 사건이 결합한 뒤에야 등장했다. 이 때문에 식물 자원이 상당히 풍부함에도 초식동물은 일부 동물 계통에서만 진화했고 그 소수의 계통이 매우 다양화된 것이다.

보전적 대물림은 오랜 시간 진화에서 '가능한 것'과 '실현된 것' 사이의 시차를 만들었다. 이 차이에서 변화하는 조건에 대처할 잠재력이 생긴다. 생물은 이런 잠재력 덕분에 예측할 수 없고 끊임없이 변화하는 시공간에서 자신을 확장해나갔다. 생물계는 대물림이라는 능력 덕분에 조건이 안정적일 때는 더욱 선호하는 적합도 공간에 특화하며 조건을 이용하고, 조건이 달라질 때는 덜 선호하는 적합도 공간에서 일반화하며 탐색한다. 고정된 것은 아무것도 없고, 언제나 가장 좋은 것도 없다. 항상 존재하는 것은 스스로 변화하며 변화에 대처하는 잠재력뿐이다.

요약

적합도 공간에서 일어나는 갈등 해결은 진화적 다양화로 이어지며, 이러한 해결은 두 단계에 걸쳐 일어난다. 먼저 개체군 밀도가 높아지는 상황에 맞서는 보상적 변화로 대물림 체계들이 분리된다. 그다음 새로운 형태의 응집력이 나타나면서 주변을 더 많이 활용하고 기능적으로 통합하며, 결국 새로운 대물림 체계를 만들며 끝난다. 진화는 끊임없이 발생하는 갈등을 해결하는 과정이다. 갈등을 해소할 때마다 새로운 갈등의 장이 마련되며 다양성이 축적된다. 자연선택은 조건이 안정적일 때 주변을 더욱 활용하고, 조건이 달라지면 주변을 더욱 탐색한다. 또한 안정적 조건이 새로 발견되면 새로운 주변 조건을 더욱 활용한다. 이렇게 다양성이 다양성을 만들며 전체 과정이 새롭게 시작된다.

생물은 저명한 이론생태학자 로버트 여래너위츠Robert Ulanowicz가 '활력의 창window of vitality'이라 부른 곳에 있다. 활력의 창은 유기체가 자신의 필요를 충족하고 생존하고 번식할 기회를 이용할 수 있는 조건을 뜻한다. 여기에서는 조건이 좋을 때든 나쁠 때든 끊임없이 자가재생이 일어난다. 생물이 지닌 유일하고 확실한 목표는 무한한 지속이며 이것이 가능한 비결은 바로 진화가능성이다. 유기체와 그들이 사는 환경 조건이 완벽하게 맞아떨어지지는 않지만, 사실 이는 반가운 현상이다. 역설적으로 들리겠지만 이런 불일치가 바로 생존의 열쇠다. 자연은 유기체가 환경에 완벽하게 적합하지 '않음에도' 작동하는 것이 아니라 완벽하게 적합하지 않기 '때문에' 작동하는 것이다. 진화란 모든 것이 완벽하다는 의미가 아니다. 생존하고 번식하고 달라지는 환경 조건에 대처하기에 충분하다는 의미다. 생물에서 일어나는 자연선택은 무언가를 창조하거나 이끌어내지 않는다. 자연선택은 생존할 수 없는 것을 삭제하고 생존할 수 있는 것을 직간접적으로 강화하는 창발적 현상이다.

유기체가 생존하고 번식하기 위해 최고가 될 필요는 없다. 적당히 충분한 개체가 모이기만 하면 된다. 적합도 공간은 헐겁다. 그리고 자연선택은 살아남아 번식하는 모든 개체를 선호하는 무딘 도구다. 이런 특성은 자연선택의 한계로 보이지만 결국 그 덕분에 모든 개체군에는 항상 다양한 변이가 생긴다. 불일치가 있는 한, 조건에서 예측할 수 없는 변화가 일어나도 생물은 살아남을 수 있다. 조건이 안정적일 때는 생물계에 변이가 축적된다. 이 중 일부 변이가 다른 것보다 더 적합할 수도 있지만 모두 충분히 적합하다. 변이를 축적한다는 것은 예측 불가능한 세상에 대처할 잠재력을 저장한다는 뜻이다. 조건이 달라지면 유기체는 필연적으로 갈등한다. 가장 적합한 변이가 적합하지 않게 되기도 하고, 간당간당하게 적합했던 변이가 가장 적합한 변이가 되기도 한다. 생물계가 갈등을 해결하며 잠재력을 활용해 생존 기회를 탐색하듯, 유기체가 기존 변이를 활용하는 것은 바로 이때다.

다윈의 진화는 헐렁한 적합도 공간에서 생태적으로 적응하며 갈등을 반복해 해결하고, 이어서 상호조정하는 과정에서 일어난다. 자연선택은 이런 과정을 강화한다. 근본적으로 다윈의 진화는 이미 손에 쥔 능력을 활용해 변화에 대처하는 일이다. 생물이 생존하는 데 기존 변이가 중요한 특징이라는 사실을 알면 진화가 과거의 일에 그치지 않는다는 점을 이해할 수 있다. 진화는 아주 오래전에 일어났을 뿐 아니라 지금도 여전히 일어나고 있으며, 미래 인류가 생존하는 데 중요하다.

3장

환경은 우리를 기다려주지 않는다

A Darwinian Survival Guide

지구상의 모든 종은 독자적인 진화 체계에 따라 살아간다. 저마다가 지닌 고유한 역사와 그들이 물려받은 독특한 유전 형질이 뒤섞이며 이들이 주변 환경과 어떻게 상호작용할지가 결정된다. 동시에 각 생물은 다른 수많은 종과 긴밀하게 얽혀 살아간다. 이때 하나의 종이 물려받은 강령은 다른 종이 물려받은 강령과 독립적이다.

모든 유기체는 소화, 배설, 성장과 분화, 번식, 죽음과 부패를 거치며 생물권 나머지 부분의 재생에 참여한다. 자손 대부분은 번식하지 못하고 죽지만 이는 낭비가 아니다. 모두 100퍼센트 생분해되고 재활용되기 때문이다. 게다가 이런 자원은 생명을 유지하다가 자가재생한다. 생물이 계속 활동한다는 것은 자가재생이 쓸 만한 선택지라는 뜻이다. 생물계의 모든 종은 죽었든 살았든 상호작용하면서 물질과 에너지를 직간접적으로 공유한다. 그래서 서로 다른 여러 종이 얽힌 집단이 독자적 생명을 갖고 살아가는 것처럼 보이기도 한다. 어느 정도는 그렇다.

생명으로 가득하지만
살아 있지 않은 것

다윈은 2가지 비유를 들어 진화를 전체적으로 조망하는 자신의 관점을 뒷받침했다. 첫 번째는 생명의 나무다. 다윈은 진화를 설명할 때 생명의 나무가 꼭 필요하다고 생각했지만 그것으로 전부를 설명할 수는 없었다. 다윈의 원리에 따라 자연의 작동 방식을 완전히 그리려면, 다시 말해 생명의 나무에 속한 여러 구성원이 어떻게 함께 살아가는지 이해하려면 또 다른 비유가 필요했다. 일단 특정 장소와 기후를 알면 어떤 종들이 함께 살 수 있을지 예측할 수 있다. 다윈 시대의 많은 현장생물학자는 가까운 친척 종이라 하더라도 공간적으로 근처에 살지언정 함께 사는 경우는 드물다는 사실을 알았다. 그래서 다윈은 《종의 기원》 마지막 부분에서 '뒤얽힌 둑entangled bank'이라는 비유를 들어 다양한 종이 함께 사는 모습을 설명했다. 그는 이 비유를 통해 관련된 현상 사이에서 일어나는 복잡한 작용을 요약하면서도 그 실체를 정확히 설명하기보다 있는 그대로 받아들였다.

> 수많은 식물이 자라고, 새들이 덤불에서 노래하며 곤충들이 여기저기 날아다니고, 축축한 땅 위를 기어 다니는 벌레로 가득 찬 뒤얽힌 둑을 가만히 살펴보면 몹시 흥미롭다. 서로 매우 다르면서도 이토록 복잡하게 얽혀 서로 의존하는, 정교하게 구성된 이런 형태가 모두 우리 주변에서 작동하는 법칙에 따라 탄생했다는 사

실도 마찬가지다. 이런 법칙이란 넓은 의미에서 다음과 같다. 번식을 동반한 성장growth with reproduction, 번식에 뒤따르는 대물림inheritance, 직간접적으로 작용하는 외부 조건을 이용하거나 이용하지 않아 일어나는 가변성variability, 생존 투쟁을 일으킬 만큼 높은 개체 증가율ratio of increase, 자연선택의 결과로 나타난 형질 분기divergence of character와 덜 개량된 형태들의 멸종extinction. 이러한 법칙에 따라 자연에서 일어나는 전쟁, 기근, 죽음으로부터 우리가 상상할 수 있는 가장 고고한 개체, 곧 더 고등한 동물의 탄생이 직접적으로 비롯된다. 이런 생명관에는 장엄함이 깃들어 있다. 처음에 창조주는 몇몇 또는 하나의 형태에 여러 가지의 생명력을 불어넣었으며, 이 행성이 불변하는 중력 법칙에 따라 회전하는 동안 그토록 단순한 시작으로부터 가장 아름답고 경이로우며 무한한 형태들이 진화해왔고 지금도 진화하고 있다.

20세기 초에 일부 생물학자는 다윈의 '뒤얽힌 둑'이 대물림의 변덕과 달라지는 조건에 따라 모여 상호작용하는 여러 종의 집합 이상이라고 믿었다. 이런 생각을 옹호한 사람 가운데 가장 주목할 만한 인물은 선구적인 식물생태학자 프레더릭 에드워드 클레멘츠Frederic Edward Clements다. 그는 수많은 세포가 모여 하나의 유기체를 이루듯이, 뒤얽힌 둑의 구성원들이 '공동 생존'이라는 하나의 목적 아래 모여 하나의 '초유기체superorganism'를 이룬다고 보았다. 그는 자신의 견해가 다윈의 진화론과 양립할 수 없음을 알았다. 또한 그는 종들이 모여 살 경우 각각의 종에 작용하는 어설프고 오래 걸리는 자연선택을 거치지 않고도 달라지는 조건에 곧장 적응할 수 있다고 주장했다. 그는 인간의 활동 때문에 훼손된 땅에도 이와 비슷한 방식으로 재생할 수 있는 놀라운 능력이 있다고 강조했다. 이런 현상을 생태적 천이ecological succession(한 생태계의 생물 군집이 시간이 지나면서 연속적으로 변화하는 현상-옮긴이)라고 한다. 클레멘츠와 그의 추종자들은 천이의 초기 단계가 필연적으로 뒤따르는 최종 단계, 곧 극상climax('개척자 종'의 정착, 초기 군집 생성에 이은 천이의 마지막 단계로, 군집의 정량적 변화가 일어나지 않는 안정상태-옮긴이)으로 나아가는 무대라고 생각했다. 극상 단계와 관계없어 보이는 군집은 아무리 안정적이라도 극상으로 나아가는 과도기로만 여겨졌다. 당시 산림학자와 농업경제학자는 생태적 천이를 가뭄, 홍수, 인간이 바꿔놓은 토양 체계와 농업 생산성 문제를 해결할 열쇠로 보았다.

클레멘츠는 자신의 아이디어를 열심히 알렸지만 끝내 노력은 수포로 돌아갔고 1941년 그의 경력은 끝나고 말았다. 비非진화론적 메커니즘을 보여주려던 그의 실험은 실패했고(나중에 트로핌 리센코Trofim Lysenko의 실험도 처참한 결과를 내며 실패를 반복했다), 그가 대안적 메커니즘의 증거라고 생각했던 효과(예를 들어 재생은 조상에게서 이어진 능력이 발현된 것이라는 주장)는 도리어 다윈의 진화론에 입각한 실험들에서 입증되었다.

다세포 유기체는 상호작용하는 세포들의 집합 이상이다. 이들은 모든 세포를 대표하는 대물림 체계를 갖고 있기 때문이다. 반면 뒤얽힌 둑을 구성하는 집합체에는 단일한 대물림 체계가 없으므로 이를 하나의 유기체로 볼 수는 없다. 그럼에도 이 집합체는 진짜 생물계처럼 보인다. 식물학자 아서 탠슬리Arthur Tansley 경은 이 명백한 역설에 주목했고, 뒤얽힌 둑이 구성원들 사이의 대사적 상호작용으로부터 생겨나는 복잡한 체계임을 알아냈다. 뒤얽힌 둑의 구성원은 자신을 위해 독자적으로 살아가는 개별 유기체로, 물려받은 것을 활용해 생존하고 최대한 번식하려고 한다. 체계에 속한 각 유기체는 생존하기 위해 공급된 자원을 최대한 활용한다. 그렇다면 모든 종은 결국 주변 자원을 다 써버린 다음에 그곳을 떠나거나 멸종해야 한다. 그러나 실제로는 종과 그들이 이룬 연결이 계속 유지된다. 생물계는 각 종의 합보다 더 크다. 1935년, 탠슬리는 클레멘츠가 제안한 초유기체 개념의 대안으로 생태계ecosystem라는 용어를 고안했다.

모든 유기체는 결국 죽으며, 100퍼센트 생분해·재활용이 가능하다. 따라서 다른 생물체에 직접적으로 의존해 살아가는 생명체가 진화한 바로 그 순간 이후 더 높은 수준의 대사 체계, 다시 말해 다른 생명체를 직간접적으로 이용하는 체계가 형성된 것은 필연적인 결과였다. 생태계는 서로 다른 대물림 체계가 생태적으로 상호작용하며 작동하는 대사 체계다. 곧 생태계는 생물다양성을 형성하는 접착제이자 생물권의 안정적인 토대다. 다윈의 뒤얽힌 둑은 초유기체의 비유가 아니라 여러 종으로 구성되어 기능하는 대사 체계의 비유다**(그림 3.1)**.

생태계 안의 종을 대표하는 유기체는 주변 자원을 이용해 자신

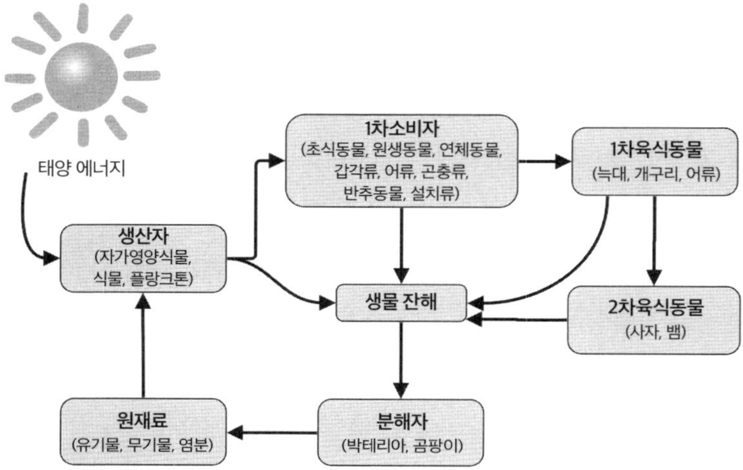

그림 3.1 육지 생태계 종 사이의 에너지 흐름을 나타낸 그림. 화살표는 태양에서 생태계로, 생태계 구성원들 사이로 이어지는 에너지 흐름을 나타낸다.

의 기능적 필요를 충족하고, 그 자원을 생물량biomass(특정 시점에 특정 공간에 존재하는 생물의 양을 에너지 자원으로서 접근한 개념-옮긴이)으로 전환하며 주변 환경을 바꾼다. 새로운 생물량은 다른 유기체의 기능적 필요를 충족하는 자원으로 활용된다. 식물은 태양 에너지를 식물 생물량으로 전환하고, 다른 유기체는 식물을 먹어 그 식물 생물량을 초식동물이라는 생물량으로 전환하며, 또 다른 유기체는 초식동물을 먹는 식으로 이어진다. 따라서 생태계를 구성하는 모든 종은 생산자에서 소비자를 거쳐 분해자에 이르기까지 에너지를 전달하는 일련의 복잡한 생태적 상호작용ecological interaction으로 연결된다. 최초 에너지(예를 들어 태양 에너지)는 여러 단계를 거쳐 최종 변환자인 분해자가 그 에너지를 비생물 자원으로 변환할 때까지 계속 사용된다. 이렇게 유기체들은 각기 독립적이면서도 상호작용을 통해 다른 종에게 간접적으로 생존 수단을 제공하고 자신의 생존을 보장받는다. 결국 탠슬리가 옳았다. 생태계는 다양한 종이라는 구성원과 그들 사이의 생태적 상호작용으로 이루어진 복잡한 대사 체계다. 에너지는 한 유기체에서 다른 유기체로 흐르며 구성원들을 대사로 연결한다. 일상적인 생태계 기능은 각자 대물림받은 '생존' 능력을 이용해 당면한 상황에 대처하는 구성원들의 활동에서 나온다. 따라서 생태계는 구성원들이 대사 능력을 집중해 생존하고 번식하는 '활용 중심지center of exploitation'다.

진화의 조건이지만
진화하지 않는 것

생태계는 진화하지 않는다. 생태계에는 단일한 대물림 체계가 없기 때문이다. 생태계의 구성원은 초유기체의 구성원이 아니므로 주변 환경이 달라지면 새로운 생존 기회를 자유롭게 탐색한다. 생태계에는 단일한 대물림 체계가 아니라 공동의 진화적 잠재력인 '진화적 공유지evolution commons'가 있다. 진화에 중요한 것은 바로 이것이다.

자신의 성공에 따른 희생

종은 생태계에 살면서 '자신의 성공에 따른 희생'을 치를 위험을 3가지 방식으로 겪는다. 첫째, 어떤 유기체든 결국 죽는다. 이때 번성했던 종이 죽어 남긴 부패한 잔해는 다른 종이 이용할 먹이와 양분이 된다. 같은 생태계 속 다른 모든 종까지 생존에 필요한 자원을 얻는 것이다.

둘째, 번식은 환경 조건과 무관하게 진행되므로 모든 종은 자원을 초과해 생존하는 경향이 있다. 이때 생태계는 종 간 상호작용, 특히 포식predation(한 생물이 다른 생물을 잡아먹는 일-옮긴이)과 초식herbivory을 통해 이런 초과 현상을 제한한다. 초식동물의 순효과net effect가 식물 성장을 제한하고 육식동물의 순효과가 초식동물의 성장을 제한하는 되먹임고리feedback loop를 통해 생태계의 순개체수 증가가 둔화하면서 갈등이 줄고 생태계가 안정된다.

셋째, '혁신'은 환경이 안정된 시기에 일어날 때 가장 잘 유지될 수 있다. 혁신이 일어나면 생태적 상호작용 범위가 넓어지거나 기존 상호작용이 조정된다. 안정된 시기에 일어난 혁신은 종의 적합도 공간 중심부와 주변부 모두에서 진화적 잠재력을 축적한다. 생태계에 새로 진입하는 종은 기존에 그곳에 살던 종과 잘 조정할 수 있어야 그곳에 자리 잡을 수 있다. 조정 능력이 떨어지는 종일수록 기존 종과 더 많이 갈등한다. 이런 경쟁적 상호작용competitive interaction이 일어날 때마다 생태계 안정성이 약간 파괴된다. 하지만 자연선택이 일어나 더욱 상호조정하며 경쟁이 완화되면 생태적 적합성ecological fit이 강화되어 생태적 안정성이 회복된다.

새로운 종이 출현한다고 해서 항상 생태계 안정성이 파괴되는 것은 아니다. 다른 종에 부정적인 영향을 끼치는 등의 변화가 일어나기는 해도 '침입종' 때문에 생태계가 붕괴하지는 않는다. 예를 들어 매미나방*Lymantria dispar*은 유럽 토착종이다. 매미나방이 북아메리카에 처음 유입된 이야기는 아마추어 곤충학자 에티엔 트루벨로Étienne Léopold Trouvelot로 거슬러 올라간다. 트루벨로는 1869년에 고향인 프랑스에서 매사추세츠주 메드퍼드로 나방을 가져와 실크를 생산하려고 했다. 첫 번째 대규모 매미나방 발생은 1889년에 일어났다. 나방 유충 때문에 트루벨로의 집 근처 지역에서 나무가 광범위하게 고사했다. 유럽에서 온 매미나방은 유럽 숲에 자생하는 나무와 계통학적으로 가까운 북아메리카 나무를 먹어치우며 살아남았다. 나방을 박멸하려는 초기 시도는 실패했다. 오늘날 매미나방의 서식 범위는 90만 제곱킬로미터 이상으로 확장되어 현재 침입 전선은 북쪽으로 캐나다 남부에서 남쪽으로 버지니아 남부까지, 서쪽으로 미국 미드애틀랜틱 지역과 중서부까지 뻗어 있다. 이 나방과 유충은 참나무, 버드나무, 자작나무, 사시나무 등 동부 낙엽수림에 자생하는 여러 나무와 관목을 먹어치워 나무를 대량으로 고사시키고 막대한 경제적 피해를 입힌다.

매미나방이 일으킨 고엽 피해는 나무 고사, 성장 감소, 종 구성의 변화를 일으켜 동부 낙엽수림에 큰 영향을 끼친다. 피해 지역에서 나무의 고사율은 종, 생리적 상태, 고엽 정도 및 빈도, 기타 요인에 따라 다르지만 최대 50퍼센트로 추정된다. 연구에 따르면 고엽은 새나 곤충 같은 다른 종에도 악영향을 끼친다. 이처럼 매미나방은 침입종이 생태계에 부정적인 영향을 끼친 대표적인 사례로 꼽히지만, 이것이 이야기의 전부는 아니다. 동부 낙엽수림 생태계는 나방의 영향을 받았지만 무너지지는 않았다. 나무가 최대 50퍼센트까지 고사했어도 살아남은 나무가 여전히 많다. 생태계는 고엽의 영향으로 달라졌지만 기능을 멈추지는 않았다. 북아메리카에 침입한 매미나방의 사례는 생태계가 장기간에 걸쳐 대규모로 침입종의 영향을 받더라도 침입종의 교란을 흡수할 수 있다는 사실을 보여준다.

어센션섬은 남대서양 한가운데 있는 고립된 화산섬이다. 생태학자 데이비드 윌킨슨David Wilkinson은 100년도 채 되지 않은 기간 동안 이 섬이 초목이 드문 바위 서식지에서 푸른 숲이 우거진 농업 생태계로 탈바꿈하는 놀라운 현상을 기록했다. 다윈은 1836년에 비글호를 타고 돌아오는 길에 어센션섬을 방문한 뒤, 이 섬에 나무가 거의 없고 바위만 가득하다고 평했다. 그로부터 89년 뒤 해양 생물학자 앨리스테어 하디Alistair Hardy는 이 섬을 찾아 "이 외딴섬은 초목이 무성해 그린 마운틴Green Mountain으로 불린다"라고 적었다. 어센션섬에서 일어난 사건은 침입종이 한 세기도 되지 않아 토착 생태계에 얼마나 쉽게 동화되고 때로 그 생태계를 강화하는지 보여준다. 다윈이 이 섬을 찾은 지 7년 뒤인 1843년, 식물학자 조지프 후커Joseph Hooker는 어센션섬을 사람이 살 만한 곳으로 만들라는 영국 제독의 명을 받고 이 섬을 방문했다. 후커는 생산성과 물 가용성을 높이기 위해 산에 나무를 심고, 가파른 계곡 비탈에도 식물을 더 심게 했다. 저지대에는 가뭄에 강한 종을 심되 열대 및 온대 작물을 다양하게 도입했다. 그리고 후커는 섬에 정기적으로 식물을 들여왔다. 1925년 하디가 섬을 다시 찾았을 무렵에는 어떤 지역이 생물 생존에 적합하게 달라지는 테라포밍terraforming이 진행되어 주로 도입종이 무성한 '열대' 농업 생태계로 바뀌어 있었다. 윌킨슨은 이것이 헐렁한 적합도 공간에 생태적 적합성이 폭넓게 적용된 사례임을 알아봤다. 그리고 이 사례에 힘입어 다른 곳에서도 인간이 자연의 작동 과정을 모방해 개입하면 매우 생산성 높은 생태계를 조성할 수 있다고 주장했다. 생태계에 새로운 종을 추가하면 진화적 공유지로서의 능력이 향상된다. 물론 대가도 따른다. 테라포밍 이전에 어센션섬에 서식하던 고유식물 10종 가운데 3종은 멸종했고 4종은 일부 개체만 남았다. 하지만 진화적 관점에서 보면 그 대가는 전반적인 다양성 증가로 상쇄된다.

주변 환경의 희생양

외부 교란으로 주변 환경이 달라지면 보상적 변화가 촉진된다. 이때 많은 종이 생존을 위해 다른 곳으로 도망치면 기존 생태계에 남은 종은 환경의 희생양이 된다. 보전적 유전 형질을 지닌 종이 달라진 환경에서 도망칠 경우, 마찬가지로 도망친 다른 종과 생태적으로 계속 이어지거나 아니면 형질이 비슷한 다른 종을 만나 새롭지만 익숙한 생태적 연결을 형성한다.

생태계가 교란되어 조건이 달라지고 구성원들이 기본적인 생존에만 몰두하면 '진화적 공유지'라는 진화적 잠재력의 창고가 열린다. 이런 일이 소규모로 일어나면 생태계가 붕괴할 수도 있다. 하지만 각 유기체는 생태적 적응력을 지니고 있고 탐색보다 활용을 우선시하기 때문에, 대규모로 이런 일이 일어날 경우에는 유기체들이 생태계 안에서 새롭게 연결되거나 붕괴의 여파로 완전히 새로운 생태계가 형성될 수 있다.

생태계는 4가지 상태로 나타난다. '해체disassembly'는 교란이 일어나 시스템이 붕괴하며 활용 위주의 활동에서 탐색 위주의 활동으로 전환하는 상태다. 이때 생태계 구성원들은 헐렁한 적합도 공간을 탐색하는 생태적 적합성을 발휘해 새로운 생태계를 형성한다. '재구성reassembly'은 생태계의 다양한 종과 이들을 포함하는 주변 환경이 상호조정하며 탐색 위주의 활동에서 활용 위주의 활동으로 전환하는 상태다. '천이succession'는 생태계의 활용 능력이 최대에 가까워지고 변화에 대처할 진화적 잠재력이 극대화된 상태다. 마지막으로 '극상'은 생태계가 이용 능력을 최대한 발휘해 활발하게 번식하지만 순생장net growth은 없고(생장 속도와 사멸 속도가 같은 상태-옮긴이) 진화적 잠재력이 최대인 상태다. 이때는 종이 환경 교란에서 살아남을 준비를 최대한으로 마친 상태다.

1957년, 저명한 생태학자 조지 에블린 허친슨George Evelyn Hutchinson은 유기체가 생존하고 번식할 수 있는 조건의 집합을 '차원'으로 표현하면서, 어떤 유기체든 살아남을 수 있는 공간을 다차원 초부피multidimensional hypervolume라고 비유했다. 허친슨은 환경이 아니라 유기체의 본질이 이런 조건을 결정한다는 사실을 발견했고, 이 조건이 적합도 공간과 같다고 보았다. 적합도 공간은 유기체가 주변 환경과 상호작용할 때 나타나는 유기체의 속성이다. 따라서 환경에 종들이 채워야 하는 자리slot의 수가 정해져 있는 것은 아니다. 그리고 각 유기체의 적합도 공간은 다른 유기체의 잠재적 적합도 공간이기도 하다.

외부 교란이 일어나 생태계를 구성하는 대물림 체계의 적합도 공간이 달라지면, 생명은 적합도 공간의 생태적·지리적 차원을 활용하는 상태와 탐색하는 상태 사이를 왔다 갔다 하며 진동한다. 니클라스 얀스Niklas Janz와 쇠렌 뉠린Sören Nylin은 이를 '진동 가설oscillation hypothesis'로 설명했다.

생태적 재설계

생태적 적합도 공간에서 일어나는 진동 역학을 가장 쉽게 이해하는 방법은 식물과 이를 먹이로 삼는 곤충, 병원체와 숙주처럼 매우 긴밀하게 상호작용하는 유기체 집단을 떠올려보는 것이다. 앞서 말했듯이 이런 상호작용을 생태적 상호작용 또는 생태적 연결ecological connection이라고 한다. 이러한 연결은 특이성이 지나치게 높지만, 그 덕분에 연결된 종끼리 새로운 연결을 비교적 쉽게 만들어낼 수 있게 된다. 그 결과 생물 간 상호작용과 생태계 네트워크가 재배선rewiring되기도 한다. 그 상호작용이 진화적으로 보전적이며 널리 퍼진 형질에 기반하기만 하면 된다. 예를 들어 모든 복합과식물composite plant(작은 꽃이 여럿 모여 하나의 큰 꽃처럼 보이는 식물-옮긴이)의 공통 조상에서 진화한 어떤 물질이 있다고 해보자. 그리고 그 물질이 포함된 식물 조직만 먹고 사는 곤충 종이 있다고 치자. 그렇다면 이 가상의 곤충은 2만 5,000종에 이르는 복합과식물 가운데 어떤 식물과도 잠재적으로 이어져 이들이 사는 생태계를 재설계할 수 있다.

마찬가지로 병원체도 숙주의 특정한 형질을 기반으로 숙주와 매우 특이적인 관계를 맺는다. 그러나 헐렁한 적합도 공간에서 생태적 적응 능력이 발휘되기 때문에, 매우 까다로운 병원체라 하더라도 조건이 달라졌을 때 새로운 숙주를 찾아낼 수 있다. 이렇게 전염병이라는 진화적 사건이 일어날 지뢰밭이 형성되고 그 결과 팬데믹이 일어난다. SARS-CoV-2 바이러스(이하 코로나바이러스) 때문에 일어난 코로나19 같은 최근의 유행병도 마찬가지다. 코로나바이러스는 가장 고독한 동물 종인 박쥐에서 왔다. 박쥐는 여러 종이 같은 동굴에 살더라도 보통 종마다 동굴에서 서로 다른 구역을 점유한다. 코로나바이러스가 숙주를 감염시키려면 앤지오텐신전환효소2angiotensin-converting-enzyme 2, ACE-2라는 세포표면효소가 있어야 한다. 이 효소는 지구상 거의 모든 포유류 종에 있다. 인간 활동으로 인해 박쥐가 다른 포유류와 접촉했을 때, 이 바이러스는 과거 한 번도 노출된 적 없는 취약한 숙주를 만났다. 이 중 일부 숙주가 감염되었고, 그 숙주들이 인간과 접촉하면서 인간을 감염시켰다. 그 뒤 인간은 이 바이러스를 전 세계 새로운 지역에 퍼뜨리며 다른 포유류를 감염시켰다. 오미크론Omicron 같은 일부 바이러스 변이는 인간을 재감염시키기도 했다.

다른 모든 종과 마찬가지로 병원체도 환경이 달라질 때는 적합도 공간의 기능적 차원에서 일반화되고, 고립되어 있을 때는 특화되는 과정을 왔다 갔다 한다. 병원체는 기존 능력을 활용해 새로운 숙주를 점령한다. 일단 새로운 숙주를 점령하면 그 안에서 새로운 변이가 일어난다. 이 변이 중 일부는 새로운 생존 기회를 얻어 또 다른 숙주를 감염시킨다. 코로나바이러스는 이런 익숙한 탄생과 확산 경로를 따랐다. 이 패턴을 보면 간헐적 봉쇄 조치로 팬데믹에 대응하는 동안 흔치 않거나 새로운 변이가 의도치 않게 증폭되고, 봉쇄 기간이 끝난 다음에 빠르게 퍼진 사실을 이해할 수 있다.

지리적 분포의 진동: 새로운 생태적 연결은 어떻게 확산되는가

자연선택 이론의 공동 창시자인 다윈과 월리스는 종이 서식하는 지리적 위치가 그 종의 적합도 공간에서 가장 중요한 요소라고 보았다. 한 종이 지리적으로 얼마나 널리 분포되어 있는지는 그 종이 당면한 조건에 얼마나 성공적으로 대처하고 있는지를 나타내는 척도다. 생물다양성을 탐색하고 발견하는 일이 한창이던 시절에 현장생물학자로 일했던 다윈과 월리스는 한 장소에서 함께 살아갈 수 있는 종의 수가 한정될 수 있다고 생각하지 않았던 것 같다. 물론 종들은 서로의 개체수와 활동을 제한할 수 있지만, 서로의 생존을 제한하지 않는 한 공존할 수 있는 종의 수가 한정되어 있다고 볼 근거는 없다. 더 나아가 자연선택을 통해 생태계에 종이 밀집될 수도 있다.

하지만 1921년 식물생태학자 올로프 아레니우스Olof Arrhenius는 한곳에 서식할 수 있는 종의 수가 한정되어 있다고 주장하며 그 개념을 수학 공식으로 나타냈다. 그러고 1년 뒤, 식물학자 헨리 앨런 글리슨Henry Allan Gleason이 나타나 학계 전통에 따라 다음과 같이 논문의 첫머리를 시작했다.

> 내가 아는 한 아레니우스는 자기가 발견한 결과를 표현하는 수식을 처음으로 개발한 사람이다. 하지만 이 수식은 완전히 오류이므로 이 문제를 간단히 살펴보는 것이 적절할 것이다.

아레니우스와 글리슨의 격렬한 학술 논쟁에 참여한 양측 모두 한곳에 서식할 수 있는 종의 수가 한정되어 있다는 근본적 주장에는 이의를 제기하지 않았다. 아주 합리적으로 보였기 때문이다. 따라서 양측과 각 측의 학계 지지자들은 어느 쪽의 수식이 더 규칙성을 잘 보여주는지만 겨뤘다. 종-면적 관계species-area relationship로 알려진 이 공식에 따르면 환경마다 자리의 수가 정해져 있다. 따라서 어떤 지역의 자리가 꽉 찰 경우 기존 거주자가 좀 더 호전적인 침입종에 밀려 떠나거나 멸종해야만 새로운 종이 들어올 수 있다.

1950년대, 지금은 고인이 된 위대한 생물학자 에드워드 윌슨Edward Wilson은 '분류군 순환taxon cycle'이라는 개념을 제안했다. 특정 지역에 서식하는 여러 종은 조건이 달라져 적절한 서식지가 확장되면 새로운 지역을 점유하고, 반대로 적합한 서식지가 줄면 서식 범위를 축소한다는 개념이다. 윌슨은 또 다른 유명한 생태학자 로버트 맥아더Robert MacArthur와 협력하면서 이런 생각을 확장해 '섬 생물지리학의 평형이론equilibrium theory of island biogeography'을 고안했다. 1960년대 후반, 윌슨과 맥아더는 기존 종의 군이 포함된 '원천 지역source area'에서 시작해 '섬'이 점령되는 일방향적 역학을 구상했다. 각 섬에는 서식할 수 있는 종의 수가 정해져 있으므로, 그 섬이 최대로 수용할 수 있는 종의 수보다 더 적은 종이 살 때만 다른 종이 들어올 수 있다. 최대 종 수에 도달하면 새로운 종이 기존 종을 대체하거나 기존 종이 멸종하지 않는 이상 다른 종이 들어오지 못한다.

이런 논쟁들 사이에서 생태학자 조지 허친슨의 주장은 거의 주목받지 못했다. 그는 환경에서 종들의 자릿수가 미리 정해져 있지 않다고 보았다. 왜냐하면 적합도 공간은 환경 자체의 속성이 아니라 유기체와 환경이 상호작용하며 만들어지기 때문이다. 그러나 윌슨과 맥아더는 과거의 영향 때문에 그들의 모델이 나타내는 결과값이 교란될 수 있다는 정도로 반론을 일축했고, 도리어 그런 영향을 피할 실험 방법을 찾아야 한다고 주장했다.

1970년대 말, 곤충학자 테리 어윈Terry Erwin은 '분류군 맥동 가설taxon pulse hypothesis'을 제안했다. 그는 이 가설에서 환경 조건이 달라지면 종의 군이 지리적 영역 안에서 변동(분류군 맥동)을 겪는다고 가정했다. 교란이 일어나 장벽이 무너지면 종들은 적합한 서식지를 찾아 확장하며 적합도 공간 안에서 지리적으로 서로 더욱 연결된다. 이 확장 단계expansion phase에서는 생물상biota에 속한 다양한 종이 새로운 지역을 만나며 전반적으로 지리적 이질성이 커진다. 환경 안정성이 회복되면 새로운 이동 장벽이 형성되는 고립 단계isolation phase로 넘어간다. 이 단계에서는 새로운 종이 형성되고 다양성이 커진다. 다음 분류군 맥동은 새로운 교란이 일어나 장벽이 무너지고 생물상이 다시 이동하며 확장 단계가 새로 시작될 때 일어난다. 고립 단계에서 진화한 새로운 종은 확장 단계에서 지리적으로 뒤얽히며 복잡하게 분산되고 공생 패턴을 만들어나간다. 분류군 맥동의 증거는 어디에나 있다. 생물학적 다양성이 높은 멕시코 여러 지역과 카리브해 및 하와이섬에서 나타나는 종-면적 관계를 분류군 맥동 관점에서 살핀 최근 연구에서도 비슷한 사실을 볼 수 있다. 어떤 장소에 사는 종의 수는 그 지역의 크기가 아니라 그 지역에서 진화적 사건이 얼마나 일어났는지에 따라 달라진다. 어센션섬에서 테라포밍이 그토록 성공적으로 일어났던 이유도 마찬가지다.

적합도 공간은 종의 행동과 종의 서식지가 조합되어 형성된다. 생태적 연결(종의 행동)과 지리적 분포(종의 서식지)가 함께 진동하면 서로 비슷하고 안정된 생태계들이 모자이크를 이루어 생물권을 형성한다. 환경 조건이 안정되어 종이 지리적으로 고립되고 기능적으로 특화되는 시기에는 적자생존에 따라 새로운 형질을 지닌 종이 출현한다. 이런 상황은 나중에 다시 환경 조건이 달라질 때 지리적으로 더욱 확장되고 적합도 공간을 더 많이 탐색할 발판이 된다. 고립된 상태에서 새로운 형질이 출현하는 일도 상당히 중요하다. 그래야 근처에 사는 친척 종 사이에서 적합도 공간이 중첩되는 일이 줄어들기 때문이다. 게다가 새로운 형질이 출현하면 지리적 확장이 일어날 때마다 공생종들이 만나며 상호조정이 일어난다. 전 지구적 기후 변화가 일어날 때처럼 환경 조건의 본질이 교란되면 분류군 맥동이 일어나 갈등이 생겼다가 해소되기를 반복한다. 최근에는 이런 현상을 '스톡홀름 패러다임Stockholm paradigm'이라고 부른다. 생물권은 스톡홀름 패러다임의 역학 덕분에 안정성과 유사성을 띠는 생태계 모자이크다. 다윈의 뒤얽힌 둑은 이렇게 형성된다.

간단한 사고 실험을 해보면 혁신을 거듭하지 않더라도 공생종이 얼마나 쉽게 늘어나는지 알 수 있다. 지리적 확장과 고립이 딱 한 번 일어나 30개의 고립된 군이 생기고 이들이 저마다 새로운 종으로 분화한다고 가정해보자. 이제 이런 집합 중 딱 하나에서 기능 혁신이 일어난다고 치자. 그 종은 비슷한 종이 여전히 과거 방식으로 살아가는 다른 29개의 고립 지역에서도 거의 갈등을 일으키지 않으며 공생할 수 있다. 고립된 상태에서 혁신이 더 많이 일어나 30개의 각 집합에서 서로 다른 종이 생겨나고 이들이 각각 새로운 기능을 하는 능력을 개발한다면, 공생종들의 잠재적 다양성은 더욱 늘어난다.

생태계는 생각보다 견고하다

생물권은 견고하고 반응성이 뛰어나며 회복력이 강하다. 하지만 생물

종의 진화 가능성에는 한계가 있다. 다윈의 진화는 변화에 대처할 엄청난 잠재력을 만들어내지만 그렇다고 미래를 예측할 수는 없다. 유기체는 미래를 예측하는 것처럼 보일 수도 있지만, 이는 보전적 대물림의 틀 안에서 '내일은 대체로 오늘과 비슷하다' 정도의 예측 수단을 지닌 것에 불과하다. 보통은 이런 생각이 생존에 충분한 전략이 된다. 내일은 대체로 오늘과 비슷하다. 그러나 동시에 이런 생각은 자주 빗나간다. 다윈과 월리스가 깨달았듯이 멸종은 진화에서 근본적인 부분이다. 유명한 진화생물학자 존 스미스John Maynard Smith는 도박사의 파산gambler's ruin(한정된 판돈을 갖고 도박을 계속하다 보면 언젠가는 파산하게 되어 있다는 통계학적 모델-옮긴이)이라는 비유를 들어 진화로 미래를 예측할 수는 없으므로 생물계는 멸종할 수밖에 없다는 점을 강조했다. 도박사는 이길 때마다 일정 비율로 판돈을 올리지만 진다고 판돈을 내리지는 않는다. 그러면 각 내기에서 돈을 딸 가능성이 있더라도 결국 파산하고 만다.

도박사의 파산은 지금 적합한 유기체, 개체군, 종이라도 조건이 달라질 때 대물림 체계가 판돈을 조절하지 못하면 당장 내일 상황이 오늘보다 더 나빠지거나 심지어 멸종할 수 있다는 사실을 암시한다. 이 규칙은 들어맞을 것이다. 대물림 규칙은 조건의 본질과 무관하며 또 그에 우선해서 작동하기 때문이다. 환경이 안정적이면 진화는 가장 적합한 것이 수적으로 우세해지는 적자생존을 따른다. 환경이 달라지면 진화는 가장 적합한 것을 수적으로 줄이거나 멸종시키고 기존 환경에서 덜 적합했던 변종으로 대체하는 적자생존을 따른다. 마침 변화에 대처할 적합한 변이가 없다면 그 시스템이 기존에 어떤 잠재력을 지녔든 종은 멸종한다.

대물림의 보전적 특성 때문에 유기체와 조건 사이에는 필연적으로 불일치가 일어나며, 이 덕분에 헐렁한 적합도 공간과 변화에 대처할 능력이 생긴다. 그러나 바로 이 보전적 특성 때문에 진화 가능성에는 큰 제약이 생긴다. 변화에 곧바로 대처해 '올바른 해결책'을 제시하는 일이 거의 불가능에 가까워지기 때문이다. 대물림은 보전적이므로 주변 환경에 완벽하게 적합한 유기체는 없다. 따라서 능력은 항상 기회보다 뒤처진다. 이런 시차 덕분에 생물은 탐색할 가능성을 얻지만 동시에 진화 가능성은 제한되고 생물은 결국 도박사의 파산을 맞이한다. 따라서 보전적 대물림은 양날의 검이다. 유기체는 보전적 특성 덕분에 과거에 성공적이었던 생존 전략을 바탕으로 불확실한 미래에 대비하지만 이 방식이 꼭 성공하리라는 보장은 없다.

도박사의 파산이라는 비유를 보다 보면 어떤 종이든 조건이 달라져 옴짝달싹 못 하게 될 경우 결국 멸종한다는 사실에만 시선이 쏠린다. 하지만 생물은 대체로 도박사의 파산을 모면한다. 환경이 달라져도 '활용 위주의 행동'(현재 조건을 최대한 활용하기)과 '탐색 위주의 행동'(새로운 상황을 최대한 활용하기)을 오갈 수 있기 때문이다. 생물은 이처럼 타고난 능력 덕분에 환경을 활용하고 동시에 탐색하며, 새로움과 불안정 사이에서 끝없이 살아남는다. 생물계는 결코 이전과 같은 상태로 되돌아가지 않지만 다음에 올 변화를 버텨낼 새로운 상태로 끊임없이 옮아간다. 죽는 것보다는 구석에 밀려나더라도 살아남는 편이 무조건 더 낫다.

생물권은 역동적이며 회복력이 있다. 몇몇 종이 사라지더라도 생물권의 생태계는 붕괴하지 않는다. 더 높은 수준의 복잡성이 더해질수록 교란에 대처할 생태계의 견고함이 커진다. 복잡성이 커진다는 것은 생물권의 특징이다. 이런 복잡성은 종 다양화와 종들이 이루는 상호작용으로 구현된다. 보전적이라는 대물림의 특성과 생태적 적응력 덕분에 생물권은 언제나 엄청난 진화적 잠재력을 지닌다. 몇몇 종이 멸종하거나 생태계 일부가 붕괴할 때마다 생물권 전체가 파괴된다면 지구 생물은 오래전에 사라졌을 것이다.

고생물학자들은 '5대 대멸종great mass extinction'이라는 사건을 찾아냈다. 무엇을 잃었는지에만 주목하다 보면 생물권이 도박사의 파산에 가까워졌다는 위태로운 인상을 받게 된다. 하지만 다윈의 세계에서는 일부 생물이 살아남는 한 진화적 잠재력이 많이 보전된다. 예를 들어 가장 최근에 일어난 대멸종 사건을 보자. 공룡이 멸종하자 인간을 포함한 포유류의 다양성이 폭발적으로 늘었을 뿐 아니라, 살아남은 일부 공룡은 오늘날 우리가 새라고 부르는 종으로 다양화됐다. 대멸종의 후속 여파에 집중해보면 진화적 재생이 일어날 가능성이 명백하게 보인다. 대멸종은 도박사의 파산에 가까워졌을 때 새로운 다양성을 만드는 대규모 진화적 재설정mass evolutionary reset이다**(그림 3.2)**.

얼리샤 L. 스티걸Alycia L. Stigall은 대멸종의 여파를 가장 잘 밝힌 연구자다. 그도 다른 고생물학자와 마찬가지로 대규모 외부 교란이

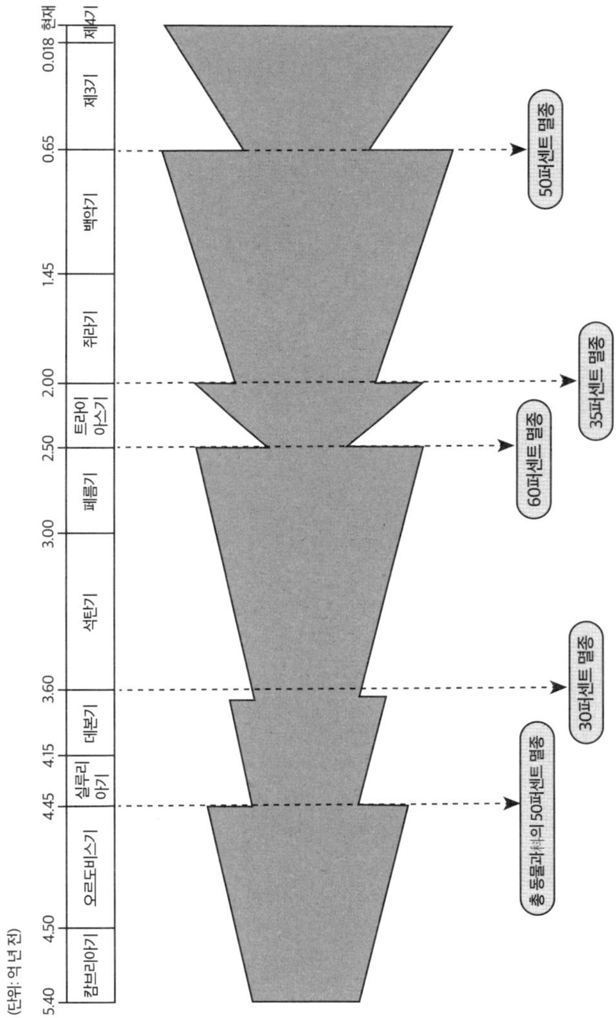

그림 3.2 5대 대멸종과 이에 따른 진화적 재설정을 요약한 그림. 여기서 중요한 요소는 점선으로 표시된 종의 대규모 멸종이 아니라 각 멸종 사건이 일어난 다음 새로운 다양성이 빠르게 축적됐다는 사실이다.

생물권에 끼친 영향을 기록했다. 다만 그는 멸종한 종이 아니라 살아남은 종에 주목했다. 그의 연구에 따르면 종은 문제에서 도망쳐 적합도 공간에서 새로운 기회를 탐색하며 대규모 교란에서 살아남는다. 살아남은 종은 과거 조상이 살던 곳과 조건이 비슷한 장소를 찾거나 주변부 조건에 잘 대처해 생존하고 진화할 새로운 능력을 갖춘다. 일부 종은 교란 이전부터 이미 여러 지역에 퍼져 살고 있어서, 교란의 영향이 미치지 않은 지역에 머물며 살아남기도 했다. 하지만 이동하지 않는 종은 대체로 살아남지 못한다.

스티걸의 연구를 보면 생명의 역사 이야기가 다음과 같이 끊임없이 이어진다는 사실을 알 수 있다. 생명은 기존 능력을 이용해 변화에 대처하고, 더 이상 대처할 수 없을 만큼 상황이 달라지면 도망치며, 생존할 수 있는 새로운 조건을 찾아 나서고, 그러지 못하면 멸종한다. 위기가 닥쳤을 때 대처할 능력을 미처 갖추지 못했다면 멸종한다. 생존이란 기존 능력을 이용해 충분히 오래 살아남아 새로운 적합한 조건을 찾음으로써 문제에서 벗어나는 일이다. 새로운 조건에서는 다음에 올 위기에서 벗어나는 데 도움이 될 새로운 형질이 나타날 수도 있다. 종은 앞으로 어떤 변화가 일어날지 알 수 없다. 따라서 문제에 성공적으로 대처할 가능성을 키울 유일한 방법은 다양한 선택지를 준비하는 것이다. 이것이 다윈 진화론의 힘이다. 환경이 안정된 시기에 진화적 잠재력을 축적해두면 환경이 달라졌을 때 생존 가능성이 커진다. 다윈은 진화가 가장 적합한 종인 '적자fittest'(곧 자손을 가장 많이 낳는 유기체)를 선호하지만 번식하는 유기체라면 모두 '적합자fit'

이며, 조건이 달라질 때 새로운 행동을 할 가능성을 만드는 것은 바로 이 적합자들 사이에서 일어난 변이라는 사실을 알았다. 변이를 축적한다는 것은 진화 체계에서 미래를 대비해 저축하는 일과 같다. 생물권이 견고해지는 이유는 진화가 적합도를 극대화하려는 성향을 지녔기 때문이 아니다. 오히려 가장 적합하지는 않지만 생존할 수 있는 변이를 만들고(적합생존을 가능하게 하고), 탐색 가능한 영역(헐렁한 적합도 공간)을 만들어주기 때문이다. 이런 통찰은 다윈이 《종의 기원》을 발표한 이래 160년 넘게 이어졌다. 하지만 현대 사회에는 '가장' 적합한 것만 생존한다는 사고방식이 넘쳐난다. 이는 실제 자연의 작동 방식과 정반대다. 또한 우리의 경제 체계뿐 아니라 인간이 서로와, 그리고 나머지 생물권과 상호작용하는 방식은 '뭐든 많을수록 좋다' '성장은 좋은 것이다'라는 믿음을 따른다. 다윈은 성장이 생물의 근본 측면이지만 성장만 하면 갈등이 일어난다는 사실을 알았다. 최대로 성장하기만 하는 것은 미래를 위해 저축하지 않고 단기적 이익만 추구하는 일과 같다. 변화에 대처해야 생존할 수 있다는 점에서 이는 형편없는 전략이다.

요약

스톡홀름 패러다임은 환경 조건이 끊임없이 달라져도 생물이 이에 계속 대응

하는 한 생물권은 매우 쉽게 복잡성과 회복력을 얻는다는 사실을 보여준다. 분류군 맥동이 중첩되며 반복해서 일어나고 이와 맞물려 생태적·기능적 적합도 공간이 여러 시공간적 규모에 걸쳐 진동할 때, 다윈이 포착했던 생물다양성의 총체(생명의 나무)와 다양한 생물 사이의 생태적 상호작용(뒤얽힌 둑)이 일어난다. 생물권은 이미 정해진 수의 자리를 채우며 형성되는 것이 아니라, 생명의 나무와 뒤얽힌 둑이 끊임없이 상호작용하며 이루어진다. 능력이 기회를 넘어서는 환경에서 변화가 일어날 때 이런 상호작용이 촉진되고 변화에 대처할 잠재력이 발생한다.

오늘날 생물권에서 일어나는 각 사건은 독립적이지 않다. 기후 변화는 지구 생명의 역사 전반에 걸쳐 진화적 변화를 이끈 광범위한 원동력이었다. 생물권은 견고하고 복잡한 진화 체계다. 생물권은 과거 5대 대멸종 사건으로 이어진 교란을 포함해 수많은 교란을 흡수하고도 살아남았다. 그 과정에서 많은 요소가 사라졌지만 전체적으로 보면 생물권은 절대 취약하지 않다. 오늘날 전 지구적 기후 변화라는 맹공격과 이와 관련해 인간이 초래한 대규모 생태계 교란에도 불구하고 우리가 기대고 있는 생물권은 붕괴하지 않을 것이다. 생물권은 스스로 변화하며 격동에 대처하는 엄청난 능력을 포함한 잠재력을 지녔으므로 인간이 어떤 행동을 하든 지속될 것이다.

오늘날 전 지구적 기후 변화를 초래한 인간 행동의 역할을 축소하거나 인류가 마주한 실존적 위협을 무시하려는 것은 아니다. 지금처럼 계속 행동해도 괜찮다거나 생물권이 계속 인류의 삶을 지탱해주리라 믿으며 잘못된 안도감에 빠져서는 안 된다. 오히려 지금 우리가 마주한 가속되는 기후 변화가 일반적 역학의 일부임을 이해해야 한다. 그래야 과거를 지침으로 삼아 다가올 변화에 대처할 수 있다.

그러려면 우선 생물권의 관점에서 조건이 결코 '더 좋아지거나' '더 나빠지지' 않는다는 사실을 깨달아야 한다. 단일 유기체나 종의 관점에서 보면 조건이 '악화'될 수 있겠지만, 생물권 전체로 보면 조건은 비교적 일정하거나 조금 달라지는 정도다. 생물권의 조건이 비교적 일정할 때는 조건을 활용하는 전략이 선호되고, 개체군은 국지적인 적합도 공간에 특화된다. 자원 발생을 예측할 수 있으므로 지역에서 개체수와 번식이 늘어난다. 생존에 유리하면서도 새로운 형질, 개체군, 종 같은 혁신이 자리 잡을 기회가 마련되는 셈이다. 반대로 조건이 달라지면 적합도 공간에서 종들이 새롭게 연결되고 조건을 탐색하는 쪽이 선호되어 개체가 지리적으로 확산된다. 유기체는 특화되기보다 일반화되고 선호하는 적합도 공간에서 떨어져 나오기 때문에 지역 개체수와 번식은 줄어든다. 하지만 조건이 달라져도 대물림 체계가 이미 있던 형질을 활용하기 때문에 생존에는 유리하다. 따라서 진화적 전환이 성공할 때는 개체수와 번식이 일시적으로 줄어든다. 이런 상황은 생물이 스스로 변화에 대처하고 있다는 명백한 신호다.

멸종은 생명의 역사에서 흔한 이야기다. 생물학적 체계는 미래를 예측할 수 없기 때문이다. 하지만 생명의 이야기는 멸종에서 끝나지 않는다. 생명의 이야기는 멸종의 이야기이기도 하지만 재생의 이야기이기도 하다. 과거의 조건에서 간당간당 살아가던 주변부 유기체나 종이 새로운 조건에서는 증폭되기도 하고, 조건이 얼마나 달라지는지에 따라 새로운 종이나 생태계, 심지어 새로운 생물권이 출현할 토대가 마련되기도 한다. 진화에서 멸종은 사형 선고가 아니다.

모든 생명계와 마찬가지로 인간은 자연을 전유하지 않는다. 인간은 자연의 일부다. 어떤 미래가 다가오든 인류가 '자신을 구원'하려면 생물권의 나머지 부분과 떨어질 것이 아니라 더욱 통합되어야 한다. 생물권 자체는 대체로 인간의 활동과 관계없으며, 전 지구적 기후 변화 같은 대규모 교란을 쉽게 받아들이고 언제나 그래왔듯이 스스로 바뀌며 변화에 대처한다. 따라서 생물권이 붕괴하거나 인간이라는 종이 멸종할 가능성은 거의 없다. 다만 인간 활동의 결과로 생물권은 이미 인류에게 나쁜 쪽으로 달라지고 있으며 기술 인류의 생존을 위협하고 있다. 생물권은 견고하므로 기술 인류는 그 안에서 살아남을 수 있겠지만 그러려면 진화의 원리에 바탕을 두고 효과적으로 행동할 지침을 마련해야 한다. 앞으로 이어질 다섯 장에서 인류가 어떻게 지금의 어려움에 놓이게 됐는지를 알아보며 행동 지침의 토대를 마련한다. 인류가 어쩌다 이 난관에 부닥치게 됐는지, 이 난관에서 벗어나기 위해 무엇을 할 수 있는지 알아보려면 먼저 인류 진화의 역사를 이해해야 한다.

4장

'좋은 발명'의 탄생 조건

초기 인류

A Darwinian Survival Guide

인류 역사에서 일어난 여러 사건은 조건과 인간 진화가 상호작용한 결과다. 이를 이해하지 못하면 불확실한 미래에 대비할 수 없다. 다음 두 장에 걸쳐 300만 년 전부터 불과 1만 5,000년 전까지 이어진 인류의 진화 이야기를 살펴보자. 인류는 환경이 달라질 때 퍼져나가고 환경이 안정될 때 고립되며 지리적 확장과 고립을 번갈아 겪었다. 고립된 시기에 시작된 발명과 혁신은 확장기에 널리 퍼졌다. 따라서 발명이 확산된 시기와 지역은 그 발명이 처음 시작된 시기 및 지역과 일치하지 않는다. 하지만 이들 사이에 공통점이 있다는 사실에서 이런 발명이 교란 때문에 일어난 것은 아님을 알 수 있다. 가소성, 전환, 조상에게 물려받은 형질 같은 생태적 적합 덕분에 옛 인류와 새로운 인류, 이들의 발명이 적어도 한동안은 공존했다. 인간 집단 사이의 갈등뿐 아니라 인간과 환경 사이의 갈등을 해결할 방법도 생겼다.

이 장에서는 모든 혁신과 발명이 우리가 흔히 아는 것보다 더 일찍 시작됐고 더 오래 지속됐으며 미래에 더 큰 영향을 끼친다는 사실을 살펴본다. 인간 행동이 일으킨 중요한 결과를 중심으로 과거가 현재에 어떤 영향을 끼치고 어떻게 미래의 발판을 마련하는지 이해한다. 가치 판단은 하지 않겠다. 어떤 결정이 인류를 오늘날의 곤경으로 밀어넣었더라도 당시에는 좋은 선택처럼 보였을 것이고 한동안 효과도 있었을 것이기 때문이다.

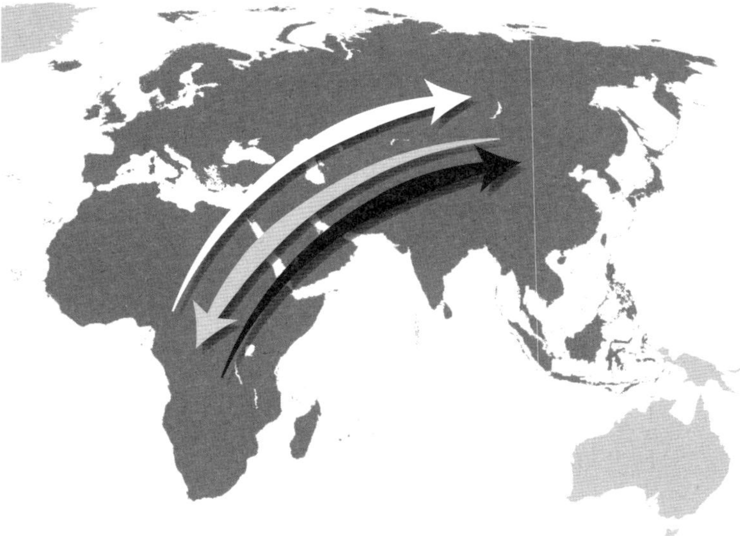

그림 4.1 지난 2,000만 년 동안 일어난 장비목(코끼리, 매머드mammoth, 마스토돈mastodon), 하이에나과, 호미니드의 진화적 다양화를 요약한 그림(2007년 카일라 폴린스비Kaila Folinsbee와 대니얼 R. 브룩스Daniel R. Brooks의 연구 결과에서 가져옴). 아프리카를 벗어나 아시아로, 아시아에서 아프리카로, 다시 아프리카에서 아시아로 최소 3번의 대확장이 일어났고 대확장 때마다 아시아, 아프리카, 다시 아시아 안에서의 고립과 진화적 발산이 이어졌다.

진화생물학자들은 맥락을 설명하기 위해 항상 '처음부터' 이야기를 시작한다. 인류의 진화 이야기는 2,000만 년 전인 중신세Miocene(마이오세)에 시작된다. 당시 호미니드hominoid, 코끼리의 친척인 장비목長鼻目, 하이에나과科의 진화 역사와 지리적 분포를 분석해 보면 이들 사이에 지리적 확장과 고립, 혁신과 새로운 확장이 반복된 역사가 있었음을 알 수 있다**(그림 4.1)**. 최근 연구에 따르면 코뿔소도 마찬가지다. 따라서 초기 인류의 조상은 최초의 코끼리, 하이에나, 코뿔소, 무엇보다 이들이 먹거나 이들을 잡아먹은 생물과 같은 시기, 같은 장소에서 이들과 비슷한 방식으로 진화했을 것이다.

선신세:
무대가 마련되다

중신세에 이어 약 530만 년 전 선신세Pliocene(플라이오세)가 시작됐다. 이 시기 지구는 더 시원하고 건조해졌으며 계절의 영향을 크게 받았다. 남극에는 빙상ice sheet이 형성됐고, 숲이 줄면서 목초지와 사바나savanna(건기가 뚜렷한 열대와 아열대 지방에서 발달하는 초원-옮긴이)가 확산됐다. 선신세가 끝나기 전부터 중위도에서 빙하가 형성되기 시작했고 선신세가 끝날 무렵에는 북극에 만년설ice cap이 자리 잡았다. 오늘날 우리가 보는 대륙 구성이 굳건히 자리 잡은 것이 바로 이 시기다.

선신세에 우리 조상은 아프리카 숲에 살았다. 그들은 나무 위에서 생활하곤 했는데, 그 습성에 방해되지 않는 선에서 손발에 진화적 땜질이 일어나자 땅에서 더 많은 시간을 보낼 수 있게 됐다. 일부 인간은 선신세가 시작되기 전인 700만 년 전부터 직립보행을 했다. 그랬다 해도 먹을 것을 찾아 숲길을 어슬렁거리다 문제가 생기면 곧장 나무에 기어 올라가는 옛 능력은 그대로 간직했다. 북아프리카의 많은 지역이 건조해지면서 우리 조상 상당수가 건조한 지역을 떠나 숲에 머물렀다는 증거가 있다. 하지만 그중 일부는 사바나가 침식해오고 있으며 자신들의 서식지가 점점 줄어들어 숲 주변으로 밀려나고 있다는 사실을 깨달았다. 열대림에서는 보기 드문 동물 사체도 발견했다. 그 전까지 곤충, 방심한 작은 도마뱀이나 설치류, 가끔은 다른 영장류를 공격해 동물 단백질을 얻었던 인간에게 이런 동물 사체는 먹음직스러워 보였을 것이다. 하지만 우리 조상은 공짜 고기에 군침을 흘리면서도 사바나에 자신들보다 느린 영장류를 단숨에 집어삼킬 포식자가 많다는 사실을 잘 알고 있었다. 인간은 1,000만 년 동안 진화를 거치며 점차 송곳니가 작아졌고, 다른 동물과의 경쟁에서 자신을 방어할 신체적 능력이 부족했다. 탁 트인 초원을 누비며 다른 동물의 사체를 먹는 호재를 누리기란 쉽지 않았다.

숲에서 살던 조상들이 '숲을 떠나 사바나 생활을 선택했다'라고 쉽게 말한다면 그런 변화가 어떤 의미인지 깊게 생각하지 않았다는 뜻이다. 위험천만한 사바나로의 이주는 그저 결심한다고 되는 일이 아니다. 아마 조상 대다수는 다윈의 기본 원칙에 따라 점점 좁아지고 남쪽으로 옮겨가는 숲에 그대로 머물렀을 것이다. 조상들은 숲 주변에 머물며 사바나에서 고기를 구해오기 위해 많은 실험을 했을 것이다. 처음에는 그저 빠르게 사체를 집어먹고 도망쳤다. 잠깐 숲 주변을 떠나 근처에 있는 동물 사체를 급히 움켜쥐고 다른 동물의 먹잇감이 되기 전에 숲으로 되돌아와 나무로 기어 올라가는 식이었다. 나뭇가지를 흔들거나 돌을 던지면 시간과 안전거리를 조금은 확보할 수 있었다(막대기와 돌로도 뼈를 부러트릴 수 있다). 더 먼 초원까지 가거나 더 큰 동물 사체를 옮기려면 초원에 조금 더 오래 머물러야 했다. 이때 무리 중 일부가 돌을 던지거나 나뭇가지를 흔들며 시간을 벌고, 그사이 다른 사람들이 큰 사체를 숲으로 옮긴 뒤 나눠 먹는 방식이 효율적이었다. 더 좋은 방법은 도구를 이용해 큰 사체를 작게 자르는 것이었다. 그러면 탁 트인 초원에서 숲으로 고기를 옮겨 오기가 더 수월했기 때문이다.

올도완 문화: 최초의 도구 등

초기 인류와 그들의 사촌격인 오스트랄로피테신Australopithecine이 만든 가장 오래된 도구로 알려진 것은 투박하게 다듬은 날 있는 뗀석기로, 대략 300만 년 전에 등장했다. 도구 제작이 조상들의 골격이나 근육의 변화 때문에 또는 그와 맞물려 시작된 것은 아니다. 올도완Oldowan 석기로 불리는 이런 도구의 제작을 이끈 핵심 추진력은 지적 통찰이었다. 끝이 뾰족한 막대기와 날카로운 돌을 이용하면 포식자들의 발톱이나 송곳니 같은 자연적 무기를 모방할 뿐 아니라 신체적 힘과 속도도 따라잡을 수 있었다. 인간은 사체를 노리는 다른 동물의 이빨과 발톱을 모방해 끝이 뾰족한 나무막대나 날카로운 돌을 만들어 이를 던지고 휘두르며 적을 쫓아냈다. 이런 도구는 혼자 숲까지 옮기기에 너무 큰 사체를 신속히 해체하기에도 좋았다.

탁 트인 초원에 널린 동물의 사체를 가져다 먹는다는 이점은 속도나 민첩함, 무자비한 힘만으로는 얻을 수 없는 성과였다. 인간이 된다는 것은 생각하고, 세상의 모습을 상상하고 그 모습을 인식하며, 각자가 세상에 이바지하는 바를 깨닫는 것이다. 인간이 스스로를 사냥감이 아니라 능숙한 사체 수거자로 여기기 시작한 것은 최소 300만 년 전, 곧 초기 인류 조상이 완전히 현대적이지는 않았으나 근본적인 인간의 인지 기반을 갖게 된 선신세-홍적세 전환기였다. 그러려면 뇌가 크지는 않더라도 복잡해야 했다. 우리의 먼 조상들은 현생인류처럼 생기지는 않았지만 현생인류처럼 생각했다. 이들은 말을 하고 정보를 공유했으며 260만 년 전 선신세가 끝날 무렵에는 고기를 자주 먹었고 동물 사체를 수거해 먹는 다른 청소동물scavenger로부터 자신을 방어할 수 있었다.

홍적세:
기후 변화와 인간의 이동

260만 년 전 시작된 홍적세에는 빙하가 형성되는 4번의 주요 사건과 여러 소소한 사건을 포함해 20번 이상의 기후 변화 주기가 있었다. 이

때 일어난 4번의 주요 사건을 빙기glacial라 한다. 빙기 동안 빙하는 전진과 후퇴를 조금씩 반복했다. 빙하가 작게 움직이는 시기를 아빙기stadial, 그 사이를 아간빙기interstadial라고 한다. 빙하가 전진해 커질 때마다 두께가 1,500~3,000미터나 되는 대륙 빙상continental ice sheet에 엄청난 양의 물이 갇혔고, 일시적으로 해수면이 100미터쯤 낮아졌다. 빙기와 빙기 사이는 간빙기interglacial다. 간빙기에는 해안이 물에 잠기는 일이 흔했다. 선신세 이후 남극은 얼음으로 뒤덮였다. 안데스 남쪽은 파타고니아 만년설로, 뉴질랜드와 태즈메이니아는 빙하로 덮였다. 케냐산, 킬리만자로산, 동아프리카에서 중앙아프리카로 이어지는 르웬조리산맥의 빙하는 지금보다 훨씬 더 광범위했다. 에티오피아산맥과 북서부아프리카 아틀라스산맥에도 빙하가 있었다. 북반구에서는 빙하들이 합쳐지며 북아메리카 북서쪽을 덮는 코르디예라 빙상Cordilleran ice sheet과 동쪽을 덮는 로렌타이드 빙상Laurentide ice sheet이 형성됐다. 북유럽과 영국은 페노-스칸디나비아 빙상Fenno-Scandian ice sheet으로, 알프스산맥은 알파인 빙상Alpine ice sheet으로 덮여 있었다. 시베리아와 북극 대륙붕에는 돔dome(지구 표면 일부가 둥근 형태로 융기한 지질학적 구조-옮긴이)이 불연속적으로 흩어져 있었다. 북해는 꽁꽁 얼어붙었다. 남태평양에서는 무역풍이 약해지며 엘니뇨El Niño가 이어졌고, 서태평양과 인도양의 따뜻한 물이 동태평양으로 흘러들었다.

아슐 문화: 맞닿는 엄지에서 시작된 석기 혁신

손을 접었을 때 다른 손가락과 맞닿는 엄지는 약 200만 년 전 진화했다. 인간이 도구를 만들고 사용한 지 최소 100만 년은 된 시기다. 이런 해부학적 혁신이 일어나자 인간은 그 뒤 25만 년 동안 '새로운 손'의 잠재력을 탐구하며 수많은 실험과 개선을 거듭했다. 그 결과 새로운 석기 문명인 아슐Acheulean 문화가 탄생했다. 약 175만 년 전 조상들은 돌 가장자리를 서로 문질러 날카롭게 다듬은 효율적인 도구를 많이 만들어 동물 사체를 쉽게 해체했다. 이런 석기는 올도완 도구보다 더 날카로웠으며 여러 목적을 위해 다양한 방식으로 만들어졌다. 이런 도구가 상당히 많았던 덕에 사람들은 이동할 때 도구를 갖고 다니며 널리 퍼트렸다. 그 과정에서 새로운 도구를 만들기도 했다는 점을 보면 당시 이 도구가 얼마나 가치 있었는지 짐작할 수 있다. 아프리카 전역에서 한동안 올도완 기술과 아슐 기술이 공존했지만 어느 시점부터 올도완 도구는 완전히 사라졌다. 낡은 기술은 쓸모없어졌기 때문일 것이다.

숲에서 잠깐 빠져나와 단시간에 동물을 해체하려면 복잡한 상상력과 창의성, 협력은 물론 분업과 집단 작업을 조정하는 능력도 필요했다. 숲 바깥에서 살기란 아주 복잡한 문제였다.

인류 조상이 숲에서 사바나로 이동했다고 해서 식물을 먹지 않은 것은 아니었다. 나무가 드문 초원에서는 견과류나 과일을 찾기가 숲보다 어려웠다. 조상들은 숲에서 먹던 식물을 대체할 식물 자원을 초원에서 발견하기 전까지 숲에서 멀리 벗어나지 않았다. 따라서 날카로운 막대기와 돌로 무장하고 숲을 나서는 무리 중에는 먹을 수 있는 식물에 관한 지식을 모으는 사람이 있었다. 초원에서 안전하게 지내는 시간이 길어질수록 대체 식물을 발견할 가능성이 커졌다. 초원에 흔한 식용 식물 중에는 숲과 초원의 경계에서 자라는 식물도 있었다. 따라서 사바나에서 그 식물을 발견했을 때 먹어도 된다는 사실을 알았을 것이다. 숲에서 자라는 식용 식물의 친척 종이 대초원에 있었을 수도 있다. 조상들은 비슷해 보이는 식물끼리 공통점이 많으리라는 진화적 가정을 무심코 발휘해 초원에서 새로운 식용 식물뿐 아니라 독이 있는 식물, 약용 식물, 향정신성 식물을 발견했다. 하지만 이런 가정은 근거가 불확실하므로 아마 많은 조상이 대가를 치렀을 것이다. 조금 불편하고 말았을 수도 있지만('끔찍하게 맛없군') 병에 걸렸을 수도 있다('이걸 먹었더니 아프군'). 병에 걸렸다가 살아난 사람은 이후 무리에 그 식물을 조심하라고 일렀다. 물론 더 치명적인 대가를 치른 사람도 있었다. 이들은 죽음을 통해 경고를 남긴 셈이다. 고대 인류는 '집단 기억'을 이용해 정교한 분류 능력과 생물다양성 지식을 전했고, 인류는 이런 커다란 이점을 바탕으로 오랫동안 초원에 머무르면서 마침내 그곳에 정착할 수 있었다.

초기 인류 조상은 안전한 식용 식물을 찾거나 동물 사체를 해체할 때 자신을 보호할 수단을 얻었지만 사바나로 완전히 이동하지는 못했다. 숲을 벗어나 여러 날 머무르려면 어른이든 아이든 밤낮으로 안정감을 느낄 수 있어야 했다. 조상들은 이 문제를 해결하기 위해 주변 환경에서 한 가지 요소를 더 끌어들였다. 바로 불이다. 맨 처음 불을 본 조상들은 무슨 생각을 했을까? 불은 분명히 위험하지만 숲은 대초원보다 불이 날 가능성이 훨씬 작았으므로 큰 위협은 아니었다.

한편 대초원에서 한번 불이 나면 그을린 사체를 얻을 수 있었다. 조상들은 불이 잦아든 초원에서 발견한 영양 사체를 먹으면서 익은 고기를 먹을 수 있음을 깨달았다. 익은 고기는 날고기보다 오래 둬도 괜찮았고 먹고 나서 아플 일이 적었다. 요리의 이점을 처음 깨달은 순간이었다. 또한 불에 그을린 동물 사체를 수거하는 동안 포식자나 다른 청소동물이 불을 두려워한다는 사실도 깨달았다. 인간이 자신을 보호할 목적으로 불을 사용할 수 있음을 알게 된 첫 번째 단서다. 인간은 적어도 150만 년 전에 요리와 보호 목적으로 불을 통제하기 시작했다고 알려져 있다. 당시 고대 인류가 불을 피웠다는 확실한 증거는 없지만 이곳에서 저곳으로 이동할 때 연료를 갖고 다녔을 것이다.

결국 초기 인류가 초원에서 계속 살아가려면 고기를 얻는 동안 자신을 보호할 방법, 숲 바깥에서 얻을 수 있는 식용 식물, 사바나에서 밤낮으로 무리를 지킬 방법이라는 3가지 요소가 필요했다. 만만찮아 보이는가? 사실 고려할 점은 이보다 훨씬 더 많았다.

이런 정보를 모두 알아내고 활동을 조정할 사람도 있어야 했다. 분업과 특화가 일어났다는 뜻이다. 이런 행동이 조금씩 발명되고 축적되어 세대를 거쳐 전달되면서 고대 인류는 초원에서 계속 살아갈 광범위한 능력을 얻었고, 결국 점점 확장되며 변화하는 새로운 조건에서 살 수 있게 됐다.

다른 청소동물이나 포식자를 막을 도구를 사용하고, 숲 바깥에서 대체 식용 식물을 찾고, 무리의 구성원을 포식자로부터 보호하기 위해 불을 사용한다. 이 모든 사건이 실현되긴 했지만 사실 하나하나가 불가능에 가까운 일이었다. 3가지 발명이 같은 장소에서 한꺼번에 일어날 확률은 희박하다. 하지만 다행히 0은 아니었다. 있을 법하지 않은 사건이 비슷한 시기에 함께 발생하는 일은 진화 과정에서 언제나 일어난다. 대물림 체계는 혁신을 축적하고 이를 미래로 전달하며 결국 더 많은 혁신으로 놀라운 능력을 낳기 때문이다.

초원에서 계속 살아남기 위해 필요한 요소들은 인류 진화에 새로운 것을 가져왔다. 하지만 이는 대물림된 체계에서 비롯된 혁신이 아니라 기억되고 공유되며 발생한 발명이었다. 이를 문화적 대물림cultural inheritance, 문화적 전승cultural transmission, 문화적 진화cultural evolution라고 한다. 앞으로 이어질 인간의 진화 이야기에는 유전적으로 대물림된 혁신과 더불어 이런 발명과 문화적 진화가 점점 더 깊게 개입한다. 마를리즈 롬바드Marlize Lombard, 안데르스 회그베리Anders Högberg, 페테르 가르덴포르스Peter Gärdenfors는 인류학, 고고학, 인지·사회심리학, 신경생물학 등 분야를 넘나드는 협력을 통해 다음과 같은 2가지 근본적 질문에 대한 답을 찾았다. 첫째, 인간은 언제부터 똑똑해졌는가? 답은 '우리 생각보다 훨씬 오래전부터'다. 인간의 기본적 인지 기반은 선신세 말부터 존재했을 가능성이 크다. 둘째, 누군가는 복잡한 혁신과 기술을 생각해내고 활동을 조정하고 세대를 거쳐 지식을 전달했을 것이다. 그렇다면 어떻게 그런 일이 가능했는가? 그 답은 언어의 진화에 있다.

초원에서 살아가기 위해 필요한 요소들은 각각 조금씩 발명됐다. 인간은 그 지식을 저장하고 대대로 전달했다. 그렇게 선신세-홍적세 전환기 무렵에 초원에서 살아갈 능력을 완전히 갖췄다. 새로운 해부학 연구 결과에 따르면 초기 인류인 호모하빌리스*Homo habilis*와 호모에렉투스*Homo erectus* 및 그 친척들은 언어 능력을 개발했다. 이들은 지금 우리가 내는 소리를 모두 내지는 못했으나 다양한 소리를 만들어 복잡한 말을 고안했다. 판도를 바꾼 혁명이었다. 언어는 2가지 중요한 기능을 했다. 첫째, 저명한 언어학자 데릭 비커튼Derek Bickerton이 지적했듯 언어는 특히 우리 조상 같은 사회적 종들이 협력을 강화하는 근본적 수단이다. 인류는 언어를 이용해 숲 변두리에 살면서 초원에서 동물 사체를 해체하고 수거하는 등의 노동 분업과 특화를 통해 아주 복잡한 작업을 수행했다. 함께 일하려면 두려움을 이겨내야 한다. 언어는 알 수 없는 것에 대한 두려움을 극복하고 더욱 효과적으로 협력할 수단이다. 언어가 있으면 갈등이 일어났을 때 타인의 머리를 뼈로 내려치지 않고 부드러운 말로 해결할 수 있다. 둘째, 언어는 친족 집단 안에서 대대로 지식을 전달하는 1차적 수단이다. 정보는 언어를 통해 세대를 거쳐 보존된다. 지금 유용해 보이지 않는 정보도 나중에 쓸모가 생길 수 있기 때문에 일단 저장해둔다. 인간은 이야기로 무언가를 가르치는 것이 가장 효과적인데 그러려면 언어가 필수다. 다행히 인간은 어릴 때 언어를 습득해 세상에 관해 배우고 집단 구성원들과 소통한다. 롬바드, 회그베리, 가르덴포르스는 지구에 사는 인류가 아주 오래전부터 뛰어난 스승 역할을 했고 지금도 그렇다고 생각한다. 먼 조상들은 아직 현생인류처럼 보이지는 않지만 인지 능력을 발달시켰고 말을 했으며 정보를 공유했다.

약 150만 년 전, 고대 인류 일부는 숲이 우거진 아프리카뿐 아니라 동아프리카 그레이트리프트밸리 동쪽의 건조한 지역에서도 살기 시작했다. 인간이 직립보행한 지 적어도 550만 년은 된 시기였다. 직립보행은 다양한 환경에서 생태적으로 잘 살아가는 데 큰 도움이 됐다. 인간은 직립보행하며 숲길을 따라 이동하고, 숲 변두리에서 사바나를 바라보고, 그곳을 통과하며 키 큰 풀 너머를 볼 수 있었다. 조상들은 돌을 깎으면 무언가를 자를 수 있는 날카로운 도구가 만들어진다는 사실을 깨달았고, 다양한 방법을 개발해 나무, 뼈, 녹용, 뿔 같은 재료를 변형해 도구를 만들어 다른 청소동물보다 더 빠르게 동물 사체를 해체했다. 이들은 협동하며 고기를 해체했고 자주 고기를 섭취했다. 동물 가죽과 식물 섬유로도 도구를 만들었다. 한때 사자, 표범, 하이에나, 자칼, 곰의 눈에 굼뜬 먹잇감에 불과했던 인간은 이제 포식자에게서 자신을 보호할 줄 알았다. 고대 인류는 불을 통제해 식량을 모으고 요리할 뿐 아니라 자신을 보호하는 방법도 익혔다.

여기에서 우리 이야기는 수수께끼에 빠진다. 조상들은 숲속이나 숲 변두리에 살면서 초원에서 살 능력을 얻었다. 이는 적어도 필요한 기술을 발명하고 개량하는 동안에는 초원으로 이주할 필요가 없었다는 뜻이다. 실제로 조상 대다수가 숲에 남아 숲 서식지의 지리적 분포가 어떻게 달라지는지 예의 주시하면서 남부 아프리카 전역에 넓게 퍼져 살았다는 증거가 늘고 있다. 그렇다면 왜 이들 중 일부는 사바나로 이동했을까? 사체 수거에 능숙해지면서 인구가 늘자 무리 중 일부가 숲 변두리로 밀려난 것일까? 아니면 그저 '저 바깥에 무엇이 있는지' 알고 싶은 이들이 있었던 것일까? 이유가 무엇이든 인류가 마침내 사바나에 영구적으로 머무는 삶으로 건너뛰기까지는 오랜 시간이 걸렸다.

홍적세 초기에 사바나로 이동한 일부 인류는 그곳에서 살아가는데 필요한 도구와 지식을 모두 갖춘 상태였다. 인구밀도가 낮았고 새로운 조건도 평온했기 때문에 무언가를 더 탐색할 필요가 없었다. 그럼에도 중신세와 홍적세에 살던 옛 조상 호미니드처럼 홍적세 초기 인류도 탐색을 시도했다. 초원에서 살기 시작하자 살 만한 서식지가 여럿 연결되어 있으며 탐색할 공간이 많다는 사실이 드러났다. 북동부 아프리카 초원에 살게 된 인간은 약 200만 년 전에서 175만 년 전까지 아프리카를 떠나 레반트 지역과 유럽, 유라시아, 아시아로 이동하기 시작했다. 170만 년 전에는 코카서스 남부까지 차지했다. 최근 연구에 따르면 같은 시기 중국에서도 동물 뼈로 만든 도구를 사용했다는 증거가 있다. 이 무렵 북아프리카에서는 주기적인 가뭄과 우기가 반복되면서 아프리카와 중동의 초원이 가끔 연결되는 사하라 펌프Sahara pump가 일어났다. 이는 고향을 잃고 대규모로 이동하는 디아스포라diaspora와는 달랐다. 사하라 펌프는 우르르 몰려 움직이기보다 발산하는 형태였으며, 저 언덕 너머에는 무엇이 있을까 궁금해하는 무리가 여기저기 한가롭게 떠돌아다니는 탐험에 가까웠다. 그 과정에서 식량과 물이 풍부한 장소에 일부 무리가 고립되며 회오리 같은 흐름이 일어나기도 했다**(그림 4.2)**. 고립된 무리에서는 다양한 유형과 형태의 석기가 나타났다. 이들은 다시 이동하며 다른 무리와 우연히 조

그림 4.2 홍적세 초기 인류의 주요 이동 경로를 단순하게 나타낸 그림. 인류가 아프리카 바깥으로 이동하거나 일부가 아프리카로 돌아오는 여러 사건도 포함했다.

우해 새로운 변이를 전파했다.

조상들은 육로로만 이동하지 않았다. 홍적세 초기 인류는 뗏목을 만들어 대양을 건너가는 방법을 알았던 것 같다. 키가 작은 호모하빌리스 무리는 이렇게 플로레스섬에 도착해 영화나 소설에서 '호빗 hobbit'이라 불리는 호모플로레시엔시스*Homo floresiensis*로 진화했다. 인류는 뗏목이라는 것을 생각해낼 때까지 여러 구상과 실험을 거듭했을 것이다. 최초로 뗏목을 만든 사람들은 동식물 섬유를 이용해 나무 조각을 연결하고 정교한 매듭을 짓는 등 기술력이 뛰어났다. 뗏목을 발명하고 다듬고 사용했다는 점으로 볼 때 홍적세 초기 인류는 분명히 사바나로 이동하고 아프리카를 빠져나오기 전부터 말을 했을 것이다. 누군가가 뗏목이라는 개념을 떠올리고, 사람들을 조직해 뗏목을 만들고, 다양한 구상을 실험하고, 이 모든 것을 집단 기억에 저장해 다음 세대가 그 작업을 따라 하도록 했을 것이다.

그렇게 만든 뗏목을 타고 고향 해변을 떠나 바다로 나가려면 낯선 곳을 향해 항해한다는 감각이 필요했다. 처음에는 조금 가봤다가 돌아오기를 반복했다. 그러다 육지를 떠나 보이지 않는 저편으로 갔을 것이다. 그러려면 항해 도구에 관한 지식뿐 아니라 넘실거리는 바다 너머에 육지가 있으리라는 지극히 인간적인 상상력도 필요했다. 애초에 초기 인류는 어쩌다 항해를 시작하게 됐을까? 성공적인 항해는 홍수나 가뭄 같은 급격한 기후 변화나 지진, 쓰나미, 화산 분출 같은 자연재해를 피해 혼란스럽게 육지에서 도망치거나 해안을 따라 피난하는 모습과는 거리가 멀다. 자연재해가 닥치자마자 뗏목이나 배를 만들어 미지의 바다로 뛰어들지는 않았을 것이다. 어쩌면 초기 인류는 처음에 그저 탐색하기로 마음먹었던 것일지도 모른다. 탐색과 발견을 위해 바다로 나가는 일은 조건이 괜찮을 때, 다시 말해 준비하고 계획할 시간이 있을 때 시작됐을 것이다. 거대한 재난이 닥쳐와 어디로든 떠나야 하는 급박한 상황에서 항해가 시작되지는 않았을 것이다.

홍적세 중기:
무스테리아 문화

이제 아프리카로 돌아가보자. 약 75만 년 전 홍적세 전기가 끝날 무렵에 아슐 문화는 아프리카에서 중동을 거쳐 유럽으로 확산됐다. 북쪽으로는 영국, 프랑스, 독일 남부, 불가리아까지, 아시아로는 중국과 인도네시아 서부까지 퍼져나갔다. 하지만 아프리카에서 아슐 문화가 사라진 것은 아니었다. 고향에 머물던 무리 중에는 약 40만 년 전 유럽에 정착해 훗날 네안데르탈인Neanderthal으로 불리게 된 인류의 조상도 있었다. 이들은 잔석기microlith(화살촉 등으로 사용되는 작고 기하학적인 석기-옮긴이)를 만드는 기술을 도입했다. 네안데르탈인은 비록 같은 시기 아프리카에서 진화한 초기 현생인류의 손재주를 모두 갖추지는 못했지만, 나뭇가지 끝에 날카롭고 뾰족한 돌조각을 이어붙인 창 비슷한 초기 접합도구를 만들어 사용했다. 그 결과 네안데르탈인과 후기 아슐 문화가 뒤섞인 무스테리아Mousterian 문화가 시작됐다. 네안데르탈인은 아프리카 밖으로 나간 뒤부터 빠르게 퍼져나갔다. 초기 네안데르탈인은 약 50만 년 전 유럽으로 이주했고 40만 년 전에는 그 지역에서 하나의 인류종으로 자리 잡았다. 아슐 문화는 아프리카에서 약 22만 년 전, 유럽에서 약 13만 년 전, 아시아에서 약 5만 5,000년 전까지 무스테리아 문화와 공존했다가 흡수됐다.

무스테리아 문화의 주요 특징은 생활방식이 사체 수거에서 적극적 사냥으로 전환했다는 점이다. 고생물학자 라르스 베르델린Lars

Werdelin은 유명한 케냐 올두바이협곡에서 나타난 이 전환을 훌륭하게 기록했다. 초기 인류가 힘을 합쳐 사체를 해체했다는 증거로 볼 때 약 185만 년 전의 인간은 능숙한 수거자였으나 포식자나 최상위 청소동물보다는 아래였다. 올도완 도구를 사용하며 기술력이 높아진 인간은 동물 사체를 노리는 다른 종을 방해하기 시작했다. 이후 초기 인류는 아슐 문화의 기술을 발전시키면서 지역 최고의 수거자가 됐다. 이들은 사체 수거에 사용했던 도구를 사냥에도 적용해보기 시작했다. 무스테리아 문화의 초기 요소가 등장한 50만 년 전쯤 유럽에서 나타난 네안데르탈인은 분명 최고의 사냥꾼이었다.

수거에서 적극적 사냥으로의 전환은 숲에서 사바나로 이동하는 일만큼 복잡했다. 더 성능 좋은 석기도 필요했지만 핵심은 아니었다. 이번에도 원동력은 인간의 뇌였다. 유능한 사냥꾼은 모름지기 머릿속에 동식물 백과가 들어 있어야 한다. 사냥꾼이 사냥감을 꿰고 있지 못하면 사냥 도구와 그것을 활용하는 기술은 아무 쓸모가 없다. 사냥꾼은 사냥감을 찾아낼 줄 알아야 한다. 따라서 사냥감의 위치를 파악할 방법과 사냥감이 좋아하는 장소를 알아야 한다. 또한 사냥감의 능력을 알아야 한다. 건강한 성체 동물을 죽일 수 없는 상황에서 어리거나 다쳤거나 늙은 먹잇감을 사냥한다면 건강한 성체 동물이 자신을 공격하지 않을 것이 확실해야 한다. 좋아하는 먹잇감이 이동하면 언제든 뒤따라갈 준비가 되어 있어야 하며, 계절에 따라 다른 먹잇감을 만날 확률이 높아진다는 사실도 알아야 한다. 남아프리카공화국의 원더붐포트라는 산기슭에는 사냥과 사냥감 처리에 이용하는 홍적세 전기 및 중기의 도구가 많이 쌓여 있다. 동물들이 이동할 때 원더붐포트에 깔때기 끝처럼 모인다는 사실을 알고 그 지식을 자주 활용했다는 뜻이다.

사냥하는 인간은 자신이 유일한 사냥꾼이 아니라는 사실을 알아야 한다. 조용히 매복하며 때를 기다리는 포식자, 적극적으로 따라오는 포식자, 혼자 다니는 사냥꾼, 무리 지어 다니는 사냥꾼도 파악해야 한다. 무리 지어 사냥하려면 계획과 조정이 필수다. 무리의 일원 모두가 자신이 쫓는 먹잇감과 자신을 방해하는 포식자를 알아야 한다. 이 점에서 인간은 유리했다. 인간은 모두 한때 사냥감이었기 때문이다. 사냥감이야말로 포식자를 가장 잘 이해하는 종이다. 당시 조상은 널리 쓰이던 휴대용 돌창과 자신의 두뇌를 이용해 안전하게 죽일 만한 작은 사냥감에 집중했다.

최초의 사냥 인류는 자기가 사바나에서 1인자라는 사실을 알았고, 머지않아 모든 종의 우위에 섰다고 생각하기 시작했다. 그들은 새로운 영토를 탐험할 뿐 아니라 앞길을 막는 장애물을 모두 피하거나 극복했다. 어쩌면 이때 처음으로 영토를 확장하는 것이야말로 자신의 '명백한 운명manifest destiny'이라는 감각이 인간에게 깨어난 것일지도 모른다. 이때부터 인간은 스스로를 사냥꾼으로 여겼다. 하지만 홍적세 중기의 사냥꾼은 무모하지 않았다. 이 시기의 아프리카 동굴에서 발견되는 물소 뼈는 보통 어리거나 나이 든 물소의 것이다. 당시 인간이 돼지, 코끼리, 코뿔소를 적극적으로 사냥했다는 증거는 없다. 사바나에서 개발하고 연마한 사냥 기술은 유라시아의 숲에서도 잘 통했다. 네안데르탈인은 처음에는 대체로 숲 주변의 초원에서 지내며 숲에 사는 먹잇감과 포식자를 속속들이 파악한 뒤 숲속으로 이동했다. 그들은 몸집이 크거나 사나운 동물을 피하는 법을 알았고, 매복해 있다가 어리거나 부상당한 성체 동물을 공격할 줄도 알았다.

홍적세 사냥꾼들은 다양한 사냥 도구를 만들었지만 진정한 의미에서의 육식을 하지는 않았다. 식용 식물을 1년 내내 얻을 수는 없던 추운 지역에서는 고기를 더 많이 먹었지만 식단은 시기, 장소, 무리에 따라 달랐다. 기본적으로 초기 인류는 어디에 살든 주변에서 먹을 수 있는 것을 찾아 생활했다. 일부 지역에서는 하루에 과일과 채소를 1.65~1.9킬로그램 정도 섭취했다. 이들은 이런저런 식용 식물을 먹어보며 독성 식물, 약용 식물, 중독성 식물, 환각성 식물을 여럿 발견했다. 적어도 75만 년 전에는 불을 이용해 원래는 먹을 수 없었던 식물을 익혀 먹었다는 증거가 있다.

네안데르탈인은 조상의 생활방식을 이어갔다. 젊은 여성은 무리 사이를 옮겨 다녔고 젊은 남성은 태어난 무리를 떠나 돌아다니다 다른 무리에 받아들여졌다. 이렇게 친족 집단이 확장됐다. 인구밀도는 약 1제곱마일(2.6제곱킬로미터)당 한 명 정도로 낮았지만 이동 중에 우연히 서로 접촉하는 일이 잦았다. 네안데르탈인은 동시대 수렵채집인만큼 여가를 풍족하게 즐겼다. 한가할수록 더 많이 가르치고 배우고 창의적으로 생각하며 생활환경을 개선할 방법을 실험할 수 있었다. 식물성 재료에 동물성 단백질 식단이 더해지면서 아기와 성인 모두 더 크고 건강해졌고 평균 수명도 길어졌다. 손자를 볼 때까지 살아남는 사람이 는 것도 이때가 처음이었다. 유목민 집단에서는 노인을 짐으로 보았지만, 홍적세 중기의 네안데르탈인은 나이 든 구성원을 잘 모셨다는 명백한 증거가 있다. 노인이 집단의 소중한 구성원이었다는 증거다.

이렇게 3대에 걸쳐 삶과 가르침을 전하는 모델이 탄생할 토대가 마련됐다. 조부모는 역사상 가장 중요한 교육 도구다. 조부모는 지식 저장고 역할을 하며 무리의 복지에 기여한다. 이들은 자녀뿐 아니라 손주에게까지 이 지식을 전수했다. 자손들은 실전에 투입되기 전에 기술을 배우고 연마할 기회를 얻었다. 과거의 교훈을 공유하고 이야기를 통해 열망을 투사하며 누구나 배울 수 있는 공동의 기반이 마련되면서 인류는 자신의 미래를 내다볼 수 있었다. 안정된 환경에서는 장난감이 만들어졌고 이것이 교육 도구이자 오락거리로 쓰였다는 증거가 발견됐다. 위기가 닥치면 누구나 즉흥적으로 행동한다. 이 중 효과가 있었던 행동들은 집단지능에 더해져 기억과 이야기를 통해 전달된다. 반면 따분한 실패담은 전해지지 않는다. 사람이 야생 동물에게 짓밟히거나 포식자에게 죽임을 당하는 모습을 그린 동굴 벽화는 없다. 조부모는 시각 자료를 활용해 이야기의 교훈을 강화했다. 동굴 뒷벽에 그린 그림과 암각화에서는 부모들이 먹잇감을 찾고 사냥하는 동안 손자와 조부모가 안전하게 지내는 모습이 흔히 묘사된다. 많은 그림과 조각에 시간이 지나며 변형되고 덧칠된 흔적이 남아 있으며, 아이들이 그린 그림도 있다. 조부모는 당장 필요한 것과 나중에 유용해질 정보를 모두 가르쳤다. 아이들을 교육하는 과정은 더욱 복잡해졌다. 홍적세 중기에 이르러 어린이가 스스로 배운 기술을 발전시키는 학습자 기반learner-based 혁신이 나타났다. 이런 교육용 그림은 사냥을 준비하거나 성공적인 사냥을 축하하는 의식 같은 상징적 활동의 일부였다. 물론 그림을 그린 사람마다 미적 감각과 개성이 달랐다. 예술적 감수성이 표현된 초기 사례다.

수거에서 사냥으로의 전환이 불쑥 일어난 마법처럼 보이겠지만, 홍적세 중기 인류에게는 호기심, 기억, 추론과 개념화 능력, 협력과 조정, 무엇보다 소통과 교육 등 현생인류와 비슷한 인지 기반이 있었다. 조상들은 이러한 요소들을 이미 갖추고 있었기 때문에 적극적인 포식자가 될 수 있었다. 자신을 먹잇감이 아닌 사냥꾼으로 생각하고, 다른 사냥꾼들과 정보를 공유하고, 아이들에게 지식을 가르치는 능력도 이런 기반에서 나왔다. 문화적 진화는 교육을 통해 강화되면서 인간의 진화를 가속했고 진화에 목적과 방향성이라는 요소를 더했다.

이 시기 인간의 창의성을 표현한 흔적이 많이 남아 있지는 않지만, 그 기원은 홍적세 중기까지 뚜렷하게 나타난다. 중기 홍적세 초반에는 탄탄의 비너스Venus of Tan-Tan와 투링기아에서 발견된 코끼리 뼈 패턴처럼 예술적 표현의 초기 사례가 나타난다. 약 85만 년 전 아슐 문화 인류는 남아프리카 블롬보스 동굴 등에서 상징적 행동을 했다. 실용적 목적이 아니라 미적 용도로 구슬 팔찌나 목걸이를 만들고 신기한 돌을 수집했다. 황토를 섞어 색을 낸 동물 젖으로 암각화를 그리거나 몸에 칠해 치장하거나 매장 의식을 준비하기도 했다.

초원에 영구적으로 거주하게 된 인류는 중심지 채집자centralplace forager였다. 이들은 중심지에서 도구를 만들 재료와 식량을 모으고 집에 불을 땔 연료를 얻었다. 중심지에 모여 채집하면 최소한의 노력으로 주변 지형을 최대로 탐색할 수 있었다. 약 50만 년 전의 집과 쉼터는 그 장소 중 일부가 반영구적이었음을 보여준다. 초기 사냥 무리는 20~100명 정도였고 대부분 확대가족이었다. 자원이 풍부할 때는 한 무리 이상의 사람들이 함께 살며 잠재적인 짝과 물품을 교환하고 협력하면서 사냥과 채집을 했다. 함께 모여 지내며 지식을 공유하고 더 큰 집단을 형성하는 것이 유리하다는 사실을 깨달은 이들도 있었다. 예를 들어 인도 아티람팍캄 근처에서 약 40만 년 전부터 32만 5,000년 전까지 사용된 도구를 보면, 아프리카와 유럽에서 네안데르탈인이 활동한 시기와 비슷한 시기에 이곳에서 아슐 문화가 무스테리아 문화로 넘어가는 전환이 일어났음을 알 수 있다. 이주민과 기존 거주민이 광범위하게 협력했다는 뜻이다. 이런 문화 전환 과정에서 나타난 작은 도구, 르발루아Levallois 문화에서 나온 독특하고 다양한 뾰족 석기, 특이한 칼날 부품 같은 새로운 도구는 현지의 재료로 만들어졌다. 멀리까지 기술이 전파되는 동시에 지역 안에서도 변형이 일어났다는 뜻이다. 약 20만 년 전, 유럽의 네안데르탈인 거주지에서는 아슐 문화의 뗀석기 격지flake(몸돌에서 떼어낸 작은 돌조각-옮긴이)보다 더 정밀하고 일관된 격지 도구를 만들 수 있는 몸돌prepared-core 기술이 나타났다. 이런 기술은 곧이어 아프리카에서도 나타난다. 조상들이 고향과 계속 이어졌다는 뜻이다. 집단 내 갈등이나 집단 간 갈등은 때로 고립된 폭력으로 이어졌다. 하지만 홍적세 중기의 사회에서 집단 간 폭력이 조직적으로 일어난 경우는 드물다. 인구밀도가 낮았기 때문에 실제로 갈등을 해결하거나 처음부터 자리를 뜸으로써 잠재적 갈등을 해결할 공간이 많아 폭력적 대립을 피하기가 훨씬 수월했기 때문이다.

네안데르탈인은 북위도로 이동하며 자주 동굴에서 불을 피웠다. 불을 이용해 자신을 보호하고 체온을 유지하며 북쪽으로 빠르게 퍼져나갔고, 약 25만 년 전이 되자 지금의 폴란드까지 이동했다. 이곳에서 가장 초기의 의복 잔해가 발견됐다. 동굴곰cave bear 숭배처럼 집중적인 사냥 활동과 연관 있는 동물숭배도 이 시기에 등장했다. 동굴곰은 거대하고 사나웠지만 대체로 초식이었고 한겨울에는 매우 취약했다. 고고학적 증거로 보아 인간은 곰이 겨울잠을 잘 때 창으로 곰의 폐를 찔러 죽였을 것이다. 머리뼈와 몸통은 따로 묻었고, 곰이 살던 동굴에는 진흙으로 만든 곰 조각상을 세우고 곰 털을 덮어 의식을 치렀다.

요약

홍적세 인류는 빙기와 간빙기, 아빙기와 아간빙기가 교차하는 따뜻한 환경과 추운 환경을 모두 거치며 살아남았다. 홍적세에는 살 만한 서식지가 널찍하게 이어졌다가 다시 조각조각 단절되는 일이 반복됐고, 조상들도 이에 따라 고립되거나 이동했다. 초원이 이어질 때마다 아프리카 북동부 초원으로 간 사람들은 유라시아 전역으로 이동했다. 조건이 달라지고 초원이 띄엄띄엄 떨어질 때는 인간도 초목이 듬성듬성한 지역과 초원에 고립됐다. 이들은 조상들이 탄생했고 아프리카 친척들이 여전히 남아 있던 울창한 숲은 피했다.

인류는 상황에 따라 활동하면서 새로운 요소를 발명하고 보급했고, 이런 요소를 점차 확장하고 유지했다. 기존 요소를 새로운 요소로 대체하기도 했다. 당시 거대한 세계는 느리고 안정적이며 비교적 안전했기 때문에 각 발명은 서로 다른 시간축에서 발생했다. 인간의 역사는 복잡한 시간 궤적이 이어진 태피스트리였다. 이런저런 시도가 당장 성공하지 않아도 됐고 실험이 수포로 돌아가도 불이익이 없었다. 이런 호시절에 혁신이 일어난다는 다윈의 진화론을 잘 보여주는 사례다. 처음에는 운 좋게 적당한 재료가 풍부한 지역에 살던 재주꾼들이 그 자리에서 도구를 만들었다. 이들은 탐색하러 간 곳에 새로운 도구를 만들 재료가 없을 수 있음을 알았기 때문에 좋아하는 도구를 갖고 다녔다. 초기 인류는 도구 제작에 알맞은 재료가 있는 장소를 찾으면 잠시 그곳에 머물며 도구를 비축했다. 이런 곳에서 다른 도구를 만들 용도로만 고안된 도구의 첫 번째 증거가 나타난다. 나중에는 원산지에서 재료를 가져와 다른 곳에서 도구를 가공했다. 단체 작업으로 도구를 제작하기도 했지만, 홍적세가 이어지면서 도구 제작은 전문가의 몫이 됐다. 일정한 대가를 지불하고 무언가를 얻는 대가성 경제quid pro quo economy의 초기 형태다("재료를 갖다주면 도구를 만들어주겠다"). 도구가 정교해질수록 선호하는 도구에 대한 애착도 커졌다. 도구를 매만지고 수리하고 다듬고 고치는 직업이 생겨났다. 이런 혁신이 이어지며 최초의 산업지가 출현했다. 인간은 자기가 사는 곳에서 도구를 만들고 다른 곳에서 온 사람들과 도구를 교환했다. 도구를 만들고 수리하는 전문가가 도구 제작에 필요한 재료가 풍부한 곳 근처에 상점을 차리면 금세 소문이 퍼졌다.

인류는 좋은 시기에는 발명을 하고 좋지 않은 시기에는 그 발명을 이용해 생존하면서 달라지는 환경에 대처했다. 또한 점점 활동 반경을 넓히며 조건이 가혹하고 살기 힘든 고위도에도 살기 시작했다. 지역적으로 고립되기도 했고 지식을 드문드문 전파하기도 했다. 특정 집단이 좋은 시기에 이룬 발명은 나쁜 시기에 생존 기반이 됐다. 환경이 달라지면 생존 능력이 있는 사람은 기존 도구를 효과적으로 사용할 수 있는 거주지를 찾아 이동했다. 생존에 필요한 도구를 갖추지 못하고 달라진 환경에서 탈출하지 못한 사람은 밀려났다. 누구나 플랜 B가 있었던 것은 아니다. 진동 가설을 보여주는 사례다. 발명이 확장될지는 상황에 달려 있었다. 어떤 집단에 특정 발명품에 관한 지식이 있다고 해서 그 집단에 속한 사람 모두가 특정 시공간에서 그 지식을 활용할 수 있던 것은 아니다. 조건이 비슷한 서로 다른 지역에서 각기 기존 발명을 확장했던 경우에, 이를 새로운 발명이 독립적으로 일어난 사례로 오인하기도 한다.

인류 역사 전반에 걸쳐 인간은 갈등이나 달라진 조건을 벗어나며 살아남았다. 이런 점에서 인류는 놀라운 종이 아니라 그저 40억 년 동안 변화하는 환경에 대처하며 살아온 생물권의 진화 체계에 속한 또 다른 영장류일 뿐이다. 인지 능력이 발달한 초기 인류는 숲 변두리에서 사바나로 가는 길을 모색했다. 사바나에 도착한 다음에는 사냥꾼이 되는 길을 생각해냈고 150만 년 전쯤에는 초원의 지배자가 되었다. 이들은 주변 전반을 탐색하는 일의 이점을 재빨리 이용했고, 그 과정에서 여러 차례의 기후 변화를 거치면서도 살아남았다. 한편 인지 능력은 비슷했지만 아프리카의 숲에 머물렀던 친척들은 홍적세 중기에 새로운 인류의 물결을 일으켰다. 이들이 바로 네안데르탈인이다.

새로운 유적이 발굴되고 고대 DNA 혁명이 일어나 과거에 발굴한 유물을 재분석하면서 인간의 진화를 바라보는 시각이 지난 세대와는 상당히 달라졌다. 초기 인류 조상은 겁이 많고 신중했지만 우리의 생각보다 훨씬 지적이었다. 그들은 지금의 우리와 생김새가 비슷해지기 훨씬 전부터 우리와 비슷하게 생각했다. 또한 우리의 예상보다 훨씬 전부터 언어를 사용했다. 그 덕분에 그들은 오랜 시행착오를 겪으면서도 주변 환경과 이에 대처할 발명에 관한 정보를 축적하고 공유하고 기억했다. 초기 인류는 서로 자주 만나지 않고 듬성듬성 떨어져 살았다. 따라서 정보는 선형적으로 쌓이지 않고 모자이크처럼 축적됐다. 이야기의 빈 부분은 앞으로 수년 안에 채워질 것이다. 새로운 증거가 쌓이면 인간의 진화에서 여러 주요 사건이 일어난 시기가 훨씬 더 오래전으로 거슬러 올라갈 것이다.

5장

'지혜로운 인간'의 출현

홍적세와 호모사피엔스

A Darwinian Survival Guide

아프리카를 떠난 마지막 고대 인류는 해부학적으로 최초의 현생인류인 호모사피엔스*Homo sapiens*였다. 모로코에서 발견된 화석과 고대 DNA를 분석한 결과 호모사피엔스는 최소 35만 년 전에 나타났고, 남아프리카에서 발굴된 화석은 최소 26만 년 전의 것으로 추정된다. 호모사피엔스는 네안데르탈인의 조상과 친척이었을 것이며(고유의 조상을 공유했을 것이다) 그들과 동시대에 살았을 것이다. 따라서 그들의 뿌리는 홍적세 중기 초반으로 거슬러 올라갈 가능성이 크다. 네안데르탈인과 호모사피엔스는 고대 네안데르탈인이 아프리카를 떠나기 전에 그곳에서 무스테리아 문화 요소를 많이 공유했다.

남아프리카는 초기 호모사피엔스가 생산한 석기 기술의 총체가 묻힌 금광이다. 남아프리카 유적지는 13만 년 전에서 10만 년 전까지 거슬러 올라가는 웨스턴케이프의 야외 하우지스푼트 1Hoedjiespunt 1 유적지, 7만 7,000년 전에서 7만 년 전에 잔석기 양날창촉을 만들어 60킬로미터 바깥까지 퍼트린 스틸베이Still Bay 유적지, 약 5만 8,000년 전 시부두Sibudu 암반 거주지와 콰줄루나탈Kwazulu-Natal 석기 생산 유적지까지 다양하다.

남아프리카 피너클포인트에서는 약 16만 5,000년 전에 호모사피엔스가 조개를 채집해 요리했다는 최초의 증거가 나왔고, 11만 년 전의 이탈리아 유적지에서는 네안데르탈인도 같은 행동을 했다는 증거가 나왔다. 약 10만 년 전의 네안데르탈인 유적지에서는 작살을 달아 변형한 발사체 무기가 나왔다. 네안데르탈인은 이 무기로 물고기와 수생·해양 포유류를 잡아먹었다. 네안데르탈인은 내륙에서는 영양을, 해안선을 따라서는 바다표범을 사냥하기 시작했다. 호모사피엔스는 오늘날 콩고민주공화국에 속하는 지역에 살며 약 9만 년 전부터 끝이 뾰족한 도구를 이용해 길이가 1.8미터나 되는 메기를 잡았다. 적어도 8만 년 전에는 동아프리카와 남아프리카를 연결하는 교역로와 사회적 관계망social network이 있었다는 증거가 있다.

이는 호모사피엔스에게 큰 이점이 됐다. 아프리카를 벗어나더라도 어디에서나 익숙한 기술과 문화를 접할 수 있었기 때문이다. 최초로 퍼져나간 무리는 아라비아와 시나이반도 사이를 지나 남유럽과 유라시아로 이어진 고대 사하라 펌프 통로를 따라 이동했다. 이 시기는 10만 7,000년 전에서 9만 5000년 전, 9만 년 전에서 7만 5,000년 전 강우량이 늘었던 마지막 빙하기다. 호모사피엔스는 약 8만 년 전에 동남아시아에서, 약 6만 5,000년 전에 오스트레일리아에서 각각 나타났다. 더 일찍 이곳에 도착한 무리가 있었을 수도 있지만 소수였고 머지 않아 멸종했기 때문에 그 흔적을 찾기 어렵다. 7만 1,000년 전에서 6만 년 전 인류는 건조한 기후 때문에 아프리카에서 유라시아로 퍼져나가지 못했지만 동남아시아로는 이동했다.

약 6만 년 전, 해수면이 내려가면서 파푸아뉴기니와 오스트레일리아가 연결되자 인류는 또다시 흩어졌다. 약 5만 9,000년 전에서 4만 7,000년 전, '세차운동 최소기precession minimum'라는 천체의 요동기에는 북아프리카에서 계절성 강우가 발생했다. 이에 따라 1차생산성primary productivity(1차생산자가 광합성이나 화학합성으로 단위시간 동안 무기물에서 유기물을 생산하는 능력-옮긴이)이 커지고 아라비아-시나이반도의 '녹색 통로green corridor'가 다시 열렸다. 인류는 이 통로를 이용해 약 5만 5,000년 전, 유럽과 유라시아로 세 번째 이동을 했다. 호모사피엔스가 유럽으로 이동한 시기는 7만 1,000년 전에서 6만 년 전, 기후가 건조해지면서 식생이 달라져 네안데르탈인의 지리적 거주 범위가 좁아지던 시기와 맞물린다. 홍적세 후기 나머지 기간에는 북반구 빙하 주기가 끝나는 기후 사건으로 정착지들이 연결됐고, 호모사피엔스는 아프리카에서 다시 퍼져나갔다.

네안데르탈인과 호모사피엔스는 홍적세 후기 내내 뗏목을 이용해 지중해를 횡단했다. 초기 인류는 바다 저편과 뗏목을 상상하고 사람들을 조직해 뗏목을 만드는 능력을 발전시켰다. 이 능력은 더욱 분화하고 널리 퍼지면서 수 세대에 걸쳐 전해졌다. 이 시기 타이완에서 온 사람들이 태평양 제도에 처음 정착하기 시작했다. 약 5만 년 전, 탁 트인 바다를 60킬로미터나 항해해 솔로몬 제도 부쿠섬에 도착한 인류는 킬루 동굴을 점령했다. 호모사피엔스는 호모플로레시엔시스의 마지막 흔적이 나타난 때와 비슷한 시기에 바다를 항해하기 시작했다. 호모플로레시엔시스의 뼈는 약 5만 년 전의 플로레스섬 토양층에서 나타난 후로는 보이지 않고 있다.

불가사의한 데니소바인Denisovan은 홍적세 중후기에 등장한 독특한 인류 무리다. 데니소바인 화석은 시베리아에서 라오스까지 광범위하게 발견되지만 그 수는 매우 적다. 가장 오래된 것은 16만 4,000년 전에서 13만 1,000년 전의 것으로 추정된다. 고지대에 살던 데니소바인이 호모사피엔스와 유전적으로 교류하는 과정에서 호모사피엔스의 유전체에서 산소가 부족한 고지대에서도 살 수 있는 유전적 변이가 일어났다고 보는 견해도 있다. 약 9만 년 전에 네안데르탈인 여성과 데니소바인 남성이 만나 딸을 낳은 일이 적어도 한 번은 있었을 것이다. 데니소바인이 호모사피엔스보다 네안데르탈인과 더 가까운지, 아니면 무스테리아 문화 이전 고대 인류와 어느 정도 유전적 연관이 있는 독립 계통인지는 알 수 없다. 최근 고대와 현대 인간 유전체 230만 종을 종합 분석한 결과에 따르면, 필리핀 원주민인 아이타 마그부콘Ayta Magbukon 부족은 오늘날까지 이어지는 데니소바인의 DNA 중 많은 부분을 갖고 있다. 이는 해부학적 현생인류 무리가 필리핀 제도의 여러 섬에 도착하기 전까지, 이곳에 데니소바인 등 여러 고대 인류 무리가 살았음을 뜻한다. 고대 DNA 증거에 따르면 네안데르탈인, 데니소바인, 해부학적 현생인류는 지난 9만 년 사이에 서로 짝짓기했고, 네안데르탈인과 호모사피엔스는 6만 5,000년 전에서 4만 7,000년 전에, 데니소바인과 호모사피엔스는 5만 4,000년 전에서 4만 4,000년 전에 짝짓기했다.

다른 인간 무리를 만난 초기 호모사피엔스에게는 피하기, 일시적으로 공존하거나 가끔 교류하기, 흡수하거나 전멸시키기 등 여러 선택지가 있었다. 인구밀도는 여전히 낮았다. 무리 대부분은 확대가족 단위였으므로 다른 인간 무리를 피하기 쉬웠을 것이다. 적어도 10만 년 전에 식량, 쉼터, 원자재가 풍부한 곳에서는 둘 이상의 집단이 만나도 갈등하지 않고 오히려 협력했다는 증거가 있다. 이런 비폭력적 만남은 다음 같은 2가지 교역으로 이어졌다. 첫 번째, 자신들에게는 많지만 다른 무리에게는 부족한 것(예를 들어 황토)을 다른 무리에게 많지만 자신들에게는 부족한 것(예를 들어 더 좋은 석기)과 바꾸는 것이다. 물적 재화만 교환한 것은 아니었다. 교역은 기술을 전수하는 기호 언어였다. 적어도 12만 년 전에 유라시아 지역의 무리가 장거리 교역을 했다는 증거가 있다. 그전에도 가까이 살던 무리가 우연히 만나 교역이 이뤄지곤 했다. 좀 더 직접적인 인적 교류 역시 일어났다. 잠깐 공존했던 무리가 이동하면서 짝짓기하지 않은 일부 젊은 여성이 새로운 무리에 끼어들기도 하고, 가족 관계를 형성하지 않은 젊은 남성 일부가 다른 무리에 받아들여지기도 했다. 이렇게 다른 무리가 만나면서 무리 사이에 유전정보가 전파됐다. 호모사피엔스가 유입되기 전이든 다양한 곳에서 호모사피엔스가 유입된 뒤든 항상 유전적 혼합이 폭넓게 일어났다는 사실로 볼 때, 이 진화 시기 동안 사람들이 비교적 온건하게 상호작용했다는 사실을 알 수 있다.

교역에 필요한 친밀함, 신뢰, 협력은 인접한 무리가 어울려 지내는 좋은 시기에 발생했다. 친밀함, 신뢰, 협력이 미리 구축되어 있지 않으면 어려운 시기에 교역을 지속할 수 없었다. 잔석기 도구와 창날은 7만 년 전에서 6만 5,000년 전의 유럽 네안데르탈인 유적지에서 발견된다. 호모사피엔스는 약 5만 5,000년 전에 유럽 네안데르탈인에게 정교한 잔석기 기술을 배웠고 그 기술을 사용해 약 4만 5,000년 전에 활, 화살, 투창기를 발명했다. 이런 새로운 도구 덕분에 인간은 사냥하기 까다로운 날래고 작은 사냥감이나 더 크고 위험해서 멀리서 사냥해야 하는 먹잇감을 모두 잡을 수 있었다. 무리가 이런 도구를 무기 삼아 서로를 공격했다는 증거는 없다. 홍적세 후기 인류는 보통 조직적 폭력을 행사하지 않았다는 뜻이다.

아프리카 바깥을 탐색하기 시작한 뒤로 호모사피엔스는 과거의 그 어떤 인류보다 더 빠르게 더 멀리 퍼져나갔다. 이들은 등장한 지 30만 년도 채 되지 않아 아프리카, 유럽, 아시아, 오세아니아, 오스트레일리아 전역은 물론 아메리카 대륙까지 뻗어나갔다. 약 3만 년 전이 되자 기존의 인류 종은 모두 사라졌다. 다른 인류가 멸종했다고 해서 호모사피엔스가 승리했다거나 다른 인류 종 모두가 종말을 맞이했다는 뜻은 아니다. 그렇지만 호모사피엔스가 과거 친척 인류의 궁극적 종말에 영향을 끼쳤을 가능성은 있다. 호모에렉투스의 가장 최근 화석은 23만 년 전의 것으로, 아프리카에서 발견된 가장 오래된 현생인류 화석보다 더 최근 것이다. 호모하이델베르겐시스Homo heidelbergensis의 가장 최근 화석은 10만 년 전의 것으로, 네안데르탈인이 유럽에 출현한 지 약 40만 년 뒤이자 호모사피엔스가 아프리카 바끝으로 이동하기 시작한 지 5만 년 뒤의 것이다. 네안데르탈인에 이어 호모사피엔스가 나타나자 이들은 변두리 정착지로 밀려났고 이곳에 갇힌 채 달라진 환경에 대응하지 못했다. 호모사피엔스가 '조용한 살인자'였다는 대안 가설도 배제할 수 없다. 호모사피엔스는 헤르페스 Herpes 같은 바이러스나 캄필로박터Campylobacter 같은 박테리아 등 고대 인류와 네안데르탈인, 데니소바인에게 치명적일 수 있는 병원체를 옮긴 무증상 보유자였을지도 모른다.

홍적세 중기 이후 육지 생태계를 지배했던 거대 포유동물은 약 4만 년 전부터 쇠퇴하기 시작했다. 네안데르탈인은 기술과 응집력 있는 사회구조 덕분에 이동하는 동물을 따라 사냥을 조율하며 큰 동물을 사냥했다. 일각에서는 호모사피엔스가 거대 동물을 남획한 탓에 동물에 이어 네안데르탈인까지 멸종했다고 주장한다. 2007년과 2010년, 앤서니 스튜어트Anthony Stuart와 제임스 리스터James Lister는 유럽과 아시아 거대 동물의 감소 패턴을 분석한 끝에 2007년 다음과 같이 연구 결과를 요약해 발표했다. "곧은엄니코끼리*Paleoloxodon antiquus*, 좁은뿔코뿔소*Stephanorhinus hemitoechus*, 사람속屬의 네안데르탈인 같은 예외가 있을 수 있지만 멸종은 현생인류의 출현과는 관계가 없다. 우리가 관찰한 패턴 대부분을 환경 변화로 설명할 수 있다. 다만 일부 패턴, 특히 이런 종이 재정착recolonization에 실패한 데는 인간의 개입이 작용했다고 말할 수 있다."

약 7만 년 전에서 6만 5,000년 전에 잔석기가 나타났다는 점에서 거대 동물이 멸종하기 전부터 유럽 서부 네안데르탈인이 더 작은 동물을 사냥하기 시작했다고 볼 수 있다. 유럽에 도착한 호모사피엔스는 잔석기 기술을 받아들였다. 더 작은 먹잇감에도 눈독을 들였다는 뜻이다. 포르투갈의 라파 두 피카레이루Lapa do Picareiro 동굴에서 발견된 도구와 수천 구의 도살된 동물 사체로 볼 때 약 4만 1,000년 전에서 3만 8,000년 전에는 동물성 먹이가 풍부했음을 알 수 있다. 홍적세 후기의 네안데르탈인과 호모사피엔스는 넘쳐나던 포식자와 거대 동물 먹잇감이 줄어들고 있다는 사실을 알아차렸을 것이다. 하지만 포식자가 환경 변화에 더 큰 영향을 받은 덕분에 인간은 오히려 더 안전하게 사냥할 수 있었다. 게다가 인간은 원래도 큰 먹잇감을 자주 사냥하지 않았으므로 작은 먹잇감이 넘쳐나는 한 큰 동물 수가 줄었다는 사실을 별로 신경 쓰지 않았을 것이다.

네안데르탈인은 3만 년 전에 유라시아 북동부에 살았지만 마지막 최대 빙하기 곧 LGM 직전이나 그 기간에 일부 지역에 고립되어 멸종한 것으로 보인다. 다른 인류 무리는 현생인류의 유전체에 흔적을 남기지 못하고 사라졌을 가능성이 크다. 알타이산맥에서 출토된 인류 화석은 방사성탄소연대 측정 결과 약 4만 년 전에서 3만 년 전인 LGM 직전의 것으로 추정되고, 인도네시아 인류 화석은 약 1만 7,000년 전인 LGM 직후의 것으로 보인다. 하지만 이 화석들은 네안데르탈인, 현생인류, 데니소바인이 살던 시기와 일치하지 않는다. 수많은 고대 DNA 연구를 통해 여러 고대 인류가 아시아 곳곳에 널리 퍼져 살았고, 해부학적 현생인류가 유입되기 전 유라시아, 유럽, 아프리카로 되돌아갔을 가능성이 있다는 사실이 드러났다. 이 옛 인류가 누구이며 왜 사라졌는지는 알 수 없다. 우리가 아는 것은 호모에렉투스와 호모하빌리스의 사례에서 보듯이 똑똑해지는 데 반드시 큰 뇌가 필요하지는 않으며 따라서 네안데르탈인이 호모사피엔스보다 뇌가 더 컸다고 해서 진화적으로 더 유리하지는 않았다는 사실이다.

무스테리아 문화의 확장:
오리냐크 문화

호모사피엔스는 약 5만 5,000년 전에 유럽에 도착했고 한동안 무스테리아 문화의 네안데르탈인과 함께 살았다. 하지만 이 네안데르탈인은 이후 계속 수가 줄어들다가 약 4만 년 전에 유럽에서 자취를 감췄다. 유럽의 호모사피엔스는 아프리카에서 가져왔거나 아프리카를 떠나는 과정에서 다른 인류에게 얻은 기술문화적 특성과 무스테리아 문화를 통합해 오리냐크Aurignacian 문화를 이루었다. 이 문화는 약 4만 5,000년 전에 출현해 2만 3,000년 전까지 이어졌다. 오리냐크 문화 유적지에서 발견된 사냥감은 무스테리아 문화 유적지에서 발견된 것보다 더 다양하다. 발사체 촉, 조각 도구, 칼날, 구멍을 뚫고 엮는 도구 등 훨씬 다양하고 복잡한 도구도 많이 보인다. 낚싯바늘, 그물, 올가미, 독 등 최초의 낚시 전용 도구도 등장했다. 롬바드, 회그베리, 가르덴포르스는 오리냐크 문화의 호모사피엔스가 현생인류와 동일한 인지 능력을 완전히 확보했다고 본다.

오리냐크 문화는 창의적이었다. 교육이나 종교적 용도의 시각적 자료가 아니라 오롯이 예술적 목적으로 만들어진 초기 작품이 발견된다. 3만 년 전 것으로 추정되는 돌니 베스토니체의 비너스Venus of Dolní Věstonice는 가장 오래된 도기ceramic 사용의 증거다. 악기는 홍적세 중기에 등장해 후기에 급증했다. 다윈은 새나 다른 동물 종이 짝짓기 상대를 끌어들이기 위해 특이한 소리를 낸다는 사실을 발견한 뒤 음악이 짝짓기 전략으로 시작됐을 수 있다고 주장했다. 음악은 홍적세 후기 수렵채집인의 종교생활에서도 큰 역할을 했다. 무덤에서 출토된 북 모양의 악기 잔해나 동시대 수렵채집인의 샤머니즘과 의례 관행을 살핀 민족지 기록에 따르면, 홍적세 후기의 주술사는 의식을 치를 때 동물 가죽으로 만든 북을 사용했다. 홍적세 중후기 인류는 뼈를 다듬어 플루트 비슷한 악기도 만들었다.

악기는 학습자 기반 발명을 보여주는 좋은 사례다. 아이들은 양손 엄지손가락 사이에 풀잎을 끼우고 그 '리드'에 숨을 불어 소리를 내는 법을 배웠다. 오늘날의 목관악기는 이런 행동을 정교하게 변형한 것이다. 야생소나 들소와 함께 살던 사람들은 소뼈 끄트머리를 부러뜨리고 그 안에 숨을 불어 음악을 만드는 법을 익혔다. 해안가 사람들은 큰 소라 껍데기로 비슷한 소리를 냈다. 뿔과 소라 껍데기를 갖고 놀던 아이들은 자신이 오늘날 호른의 음역대를 모두 아우르는 소리를 내며 음악을 만들었다는 사실을 알았을까? 활과 화살을 발명한 사냥꾼들은 활시위를 튕기며 오늘날 현악기의 시초를 마련했다. 어쩌면 어떤 아이 하나가 활로 사냥하는 법을 배우다가 지루해지자 처음으로 활시위를 튕겼을지도 모른다. 3만 년 전이 되자 인간은 지금의 교향악단을 이루는 악기를 만드는 데 필요한 기본 기술을 모두 갖췄다. 그 기술 중 상당수는 아이들이 발명했을 것이다.

3만 년 전이 되면 개의 가축화domestication가 일어났다는 명확한 유전 데이터가 나타난다. 하지만 개는 10만 년 전부터 일찍이 늑대에서 갈라져 나왔다. 당시 인간이 다른 동물 종을 가축화했다는 증거는 없지만 동물을 길렀을 가능성은 있다. 오리냐크인Aurignacian은 식물과 허브에 관한 지식이 풍부했고, 최소 3만 년 전부터는 야생 곡물을 채집해 식량으로 사용하는 기초적인 식물 재배와 원예를 했다.

오리냐크 문화 시기에 일부 유목민은 안정적이고 평온한 환경의 이점을 활용해 영구적으로 정착생활을 할 '중심 야영지central campsite'를 조성했다. 오리냐크인은 지적·창의적·기술적 능력이 다방면으로 풍부했기 때문에 주변 자원을 곧잘 활용했다. 도구를 제작하거나 식량을 가공해 교역하고, 해안가에서 물고기를 잡거나 해양 자원을 수확하고, 초원에서 목축하거나 가축을 사육하고, 거대 포유류를 죽여 가공하기도 했다. 많은 학자가 이를 두고 인간이 궁극적으로 생태적 제너럴리스트generalist(생태학에서는 '잡식종'으로 번역되나 갖가지 지식이 있는 만능인이란 뜻도 있다-옮긴이)가 됐다고 설명한다. 하지만 이는 오해의 소지가 있다. 인류는 여러 가지 조건을 이용할 폭넓은 능력을 축적했고 그 지식을 바탕으로 다양한 환경에 특화됐다. 진화생물학자 니클라스 얀스와 쇠렌 뇔린의 말처럼 호모사피엔스는 전형적인 폴리스페셜리스트polyspecialists(다양한 분야를 통합하는 전문가-옮긴이)다. 고인류학자 루

슈미트Lou Schmitt에 따르면 특정 환경에서 특화된 생활방식을 선택할 때는 '최소 노력 최대 효과' 원칙을 따른다. 오늘날까지도 이 원칙은 '본전 뽑기'라는 말로 통한다.

홍적세 후기 호모사피엔스는 대체로 안정적이고 예측 가능한 삶을 누렸다. 이들은 넘치는 시간을 창의적으로 활용했다. 풍부한 동굴 벽화, 비너스 조각상, 동물 조각, 암벽화는 교육 도구이자 종교적 상징, 예술 작품이었다. 프랑스 도르도뉴 지역의 오리냐크인은 음력을 사용했다. 조부모들은 여전히 동굴이나 정착지의 보호구역에서 손자들을 가르쳤고 부모들은 사냥과 채집을 했다. 하나의 암벽화에 먹잇감과 포식자가 동시에 그려져 있는데 이는 어떤 동물이 사냥할 만하고 어떤 동물은 위험한지 가르쳤다는 뜻이다. 조부모는 반인반수를 추상적 형상으로 묘사한 뒤 아이들에게 "너희가 사냥할 동물처럼 생각하라"라고 가르쳤다. 시간의 이중적 특성을 시각적으로 보여주는 나선형 모티프 등 비구상적 이미지가 늘어난 것으로 볼 때 점점 추상적 개념을 교육했음을 알 수 있다. 동물이나 인간을 직접적으로 그린 묘사보다 상징적 이미지가 더 많아졌다. 독특한 상징적 패턴은 홍적세 후기에 살던 여러 무리를 나타내는 징표였다. 춤을 그린 명확한 시각적 증거는 훨씬 나중에 등장하지만, 이 시기 일부 그림은 춤을 암시한다. 당시 사람들이 어떤 생각을 했는지는 알 수 없지만 우리가 그들을 과소평가했다는 새로운 증거가 속속 등장하고 있다.

오랫동안 인류학자들은 홍적세에 여성은 야생 식물과 장작을 모으고 남성은 사냥을 하거나 죽은 동물을 수거했다고 생각했다. 하지만 홍적세 수렵채집 사회에서는 오늘날의 수렵채집 사회보다 성별 분업이 훨씬 유연했다. 집단 구성원은 각자의 능력과 관계없이 생존에 필요한 작업을 가리지 않고 맡았다. 남자들도 식물, 장작, 곤충을 채집했고 여자들도 작은 동물을 사냥하거나 남자들이 큰 동물을 절벽 아래로 밀어 떨어뜨릴 때 돕거나 도살 작업을 함께했다. 모든 일은 필요에 따라 이루어졌다.

13만 년 전의 크로아티아 크라피나 매장지나 10만 년 전의 이스라엘 카프제 매장지, 8만 년 전의 케냐 열대 고지대 매장지를 보면 고대 인류가 내세를 믿었음을 알 수 있다. 같은 시기 나타난 의인화된 반인반수 형상은 이들이 만신이나 초자연적 존재를 믿었다는 사실을 보여준다. 이 시기에 널리 발견되는 많은 여성 조각상은 원시적인 인간 종교가 여성만이 번식을 통해 재생산을 할 수 있다는 생물학적 사실에 착안했다는 가설에 힘을 실어준다. 이런 생각에 따르면 이른바 '비너스상'은 가이아Gaia 같은 대지의 여신, 곧 동물의 지배자이자 어머니를 나타낸다. 20세기 중반 영국의 시인이자 역사가인 로버트 그레이브스는 이 이론을 지지하며 1948년에 수필 《하얀 여신The White Goddess》에서 이를 폭넓게 차용했고 1955년에 고대 그리스 신화를 재구성할 때도 이를 반영했다. 그는 영적 존재인 여성과 세속적 지도자인 남성이 모계로 대물림되는 고대 인류 사회를 함께 이끌었다고 믿었다. 이런 생각은 1976년에 미국의 소설가 마이클 크라이튼Michael Crichton의 《시체를 먹는 사람들Eaters of the Dead》에도 반영됐다. 고고학자 마리야 김부타스Marija Gimbutas와 작가 멀린 스톤Merlin Stone은 이런 생각에 더욱 불을 붙였다. 이 시기에 발견된 뼈 일부에는 정확히 28개의 눈금이 그어져 있다. 달의 주기가 아니라 월경 주기를 추적하는 데 사용된 도구로 보인다. 가장 명백한 주술사 매장지이자 넓게 보면 샤머니즘과 주술 관행을 보여주는 최초의 확실한 증거는 약 3만 년 전, 오늘날의 체코 공화국에서 등장한다. 이 주술사는 여성이었다. 오늘날 일부 인류학자와 고고학자는 홍적세 후기 몇몇 사회에서 여성이 세속적 지도력까지 발휘했다고 생각한다.

요약

홍적세 말 호모사피엔스의 진화 이야기 역시 근본적으로는 다윈의 이론을 따른다. 하지만 이들의 진화는 홍적세 초기, 인지적 기반이 다져지고 문화적 진화가 가능해지면서 나타난 혁신에 더 크게 영향을 받았다. 이 시기 인간은 오늘날의 우리처럼 생각했고 우리처럼 보였고 점점 더 우리처럼 행동했다. 인류의 삶은 주변 생물권의 삶과 같은 속도로 흘렀음에도 인간은 자신이 정교한 사냥꾼, 탐험가, 발명가라고 생각했다.

LGM 이전 기후가 안정된 시기에는 고대 인류든 현생인류든 여러 무리로 고립되어 살았다. 이 시기에는 정교한 기술과 개념적 통찰이 폭발적으로 늘었다. 인구밀도가 낮고 기후가 살 만하고 식량이 풍부할 때는 집단 간 폭력이 드물었기 때문에 우연한 접촉과 교역이 늘었고, 이를 통해 기술 혁신이 급속히 확산하고 낮은 수준에서 유전적 혼합이 일어났다. 하지만 3만 년 전에 이르자 호모사피엔스는 지구상에 남은 유일한 인간종이 됐다. 이 단일 종은 과거 어떤 인간종보다 지리적으로 더 널리 퍼져 기술적·문화적·유전적 모자이크를 이루었다. 최근 미국 남서부에서 발견된 2만 3,000년 전에서 2만 1,000년 전의 인간 발자국을 보면 호모사피엔스가 LGM 이전 북아메리카로 이주했다는 증거가 있다. 호모사피엔스의 진화적 잠재력의 총량은 과거 모든 인간종에게 있던 잠재력의 총합 이상이었을 것이다. 정말 그랬다면 호모사피엔스는 대략 2만 7,000년 전에서 1만 9,000년 전까지 이어진 LGM을 버텨낼 준비를 마친 셈이다. LGM이 시작될 때 호모사피엔스는 2가지 익숙한 선택지에 직면했다. 제자리에 머물며 새로운 조건에 적응하려고 노력하거나, 다가오는 빙기에서 도망쳐 비슷한 환경을 새롭게 찾아내거나.

6장

돌이킬 수 없는 톱니바퀴

대전환

A Darwinian Survival Guide

홍적세 호모사피엔스의 삶의 질은 약 3만 년 전에 정점에 이르렀다. 오리냐크 문화가 널리 퍼지면서 독특한 지역 문화가 형성됐고 문화마다 발명, 관습, 믿음이 생겨났다. 이들이 유전적으로 혼합되면서 인간 종은 더욱 다양해졌다. 당시에도 기후과학자가 있었다면 극지와 높은 고도에서 점점 빙하가 커지고 있다는 사실을 눈치챘겠지만, 그 중요성을 이해하지는 못했을 것이다. 대다수가 '진정한' 빙하기로 꼽는 LGM에 들어서려면 150세대 정도는 지나야 했다. 2만 7,000년 전이 되자 북아메리카, 북유럽, 아시아 대부분이 얼음으로 뒤덮였고 지구의 기후가 상당히 달라졌다. LGM의 영향을 많이 받은 지역에 살던 사람들은 제자리에 머물며 손에 쥔 도구와 지식을 이용해 새로운 환경에 적응하거나, 더 익숙하고 온화한 기후 조건이 남아 있는 곳을 찾아 떠났다.

살던 곳에 남아 새로운 조건에 맞서 싸우려던 계획은 잘못된 선택이었다. 고대 DNA 분석 결과 LGM이 끝날 무렵 유럽에 남은 사람은 고작 4,000~6,000명에 불과했고 유전적 다양성도 낮았다. '위험이 닥치면 도망친다'라는 다윈의 기본 원칙이 더 나은 선택이었던 셈이다. 빙하로 뒤덮인 남쪽에 머물던 몇몇 사람은 그때그때 기회를 찾아 이동하며 살아가는 전통적인 수렵채집 방식을 따랐다. 이들은 LGM이 끝날 무렵이 되자 빙하가 차지하고 있던 장소로 새롭게 이동하기 시작했다. 이전에 어쩔 수 없이 도망치거나 열악한 조건을 피해 계속 이동해야 했던 사람들은 1만 6,000년 전에서 1만 1,000년 전 무렵부터 빙하로 뒤덮였던 유라시아 지역 대부분을 다시 차지했다. 유럽 인구는 다시 3만 명 정도로 늘었다.

약 1만 9,000년 전, 북반구에서 빙하가 녹으며 해수면이 급격히 상승하면서 LGM이 막바지에 접어들었다. 약 1만 5,000년 전부터 서남극 빙상이 물러나기 시작했고, 약 1만 4,500년 전 무렵 해수면이 급격히 상승했다. 약 1만 5,000년 전에서 1만 3,000년 전 사이 이어진 '마지막 아간빙기Late Glacial Interstadial, LGI'는 LGM이 끝난 뒤 처음으로 '뚜렷한' 온난화가 나타난 시기였고, 전체적으로 보면 기후가 서서히 따뜻해졌다. 그러나 사실 이 시기는 지구가 급격한 온난화와 냉각을 반복한 격동기였다. LGI 다음으로 1만 3,000년 전에서 1만 1,700년 전 사이에는 기온이 섭씨 4~10도씩 떨어지는 사건이 여러 번 이어졌다. 이 영거 드라이아스Younger Dryas 시기에는 LGM 이후 점진적으로 진행되던 온난화가 일시적으로 역전됐다. 영거 드라이아스의 기후적 영향은 복잡하고 가변적이었다. LGI 시기와 달리 영거 드라이아스에는 고작 수십 년에 걸쳐 비교적 급작스러운 변화가 일어났다. 그 결과 빙하가 다시 형성되고 확장되면서 그전까지 온화했던 북반구 지역 대부분에 건조한 기후가 이어졌다. 이는 적도에서 북극으로 따뜻한 물을 운반하는 대서양 자오선 횡단순환Atlantic Meridional Overturning Circulation, AMOC의 세력이 약해지며 북아메리카의 차가운 물이 대서양으로 유입됐기 때문이다. 남반구와 북아메리카 남동부에서는 약한 온난화가 일어났다.

빙하지대를 떠나 정착생활을 시작했던 사람들보다 더 빠르게 거주할 만한 빈 땅으로 이동했던 이들은 바로 수렵채집인이었다. 비록 더 고위도, 고지대 지역으로 옮기긴 했지만 이곳은 아직 인구밀도가 낮았기 때문에 이주민이 몰려와도 기존 거주자와 충돌하지 않고 살아갈 수 있었다. 환경이 달라지자 식량 자원의 분포와 가용성도 함께 달라졌다. 여러 인간 무리는 조건에 대응하고 이동하면서 LGI 이후 그 어느 때보다 더 자주 서로 마주치기 시작했다. 광범위한 유전적 혼합이 일어났다는 점을 볼 때 이런 만남은 대체로 우호적이었던 것 같다.

LGM을 거치며 살아남은 사람들은 LGM이 시작될 때부터 얻은 다양한 기술적 발명품을 잘 알았다. 이들은 활과 화살, 투창기 등 정교한 석기를 이용해 가까이에 있는 작은 사냥감은 물론 멀찍이서 사냥해야 하는 위험하고 덩치 큰 사냥감도 잡았다. 조개류를 채집하거나 그물, 낚싯바늘, 작살로 물고기를 낚고 해양 포유류를 사냥하는 방법도 알았다. 또한 LGM 전부터 토기pottery를 발명해 요리에 활용했다. 당시에는 온난한 기후 덕분에 점토가 풍부한 곳에 머물며 이런저런 실험을 할 수 있었다. 수렵채집인은 LGM 뒤에도 빙하지대 가장자리를 따라 이동하면서 재료만 있으면 기존 지식을 활용해 토기를 만들었다. 중국 선인동 동굴에서 발견된 2만 년 전의 토기 파편에는 조리 과정에서 그을린 흔적이 남아 있다.

1만 5,000년 전 인간에게는 다양한 기술이 있었다. 이들 폴리스페셜리스트에게는 각 지역의 장점을 융통성 있게 활용할 도구도 있었다. 이 사실을 보여주는 가장 좋은 증거가 스칸디나비아에서 발견됐다. 북독일 아렌스베르그Ahrensbergian 문화의 사람들이 지금은 물에 잠긴 도거랜드를 포함해 헨스바카로 불리는 지역으로 옮겨왔다. 기후가 역동적으로 달라지는 영거 드라이아스에 살던 헨스바카 사람들은 순록 사냥을 주로 했으며 물개나 물고기 등 그때그때 쉽게 잡을 수 있는 동물을 먹고 살았다.

세상이 점점 더 복잡해지자 인간은 교육에 더욱 열을 올렸다. 최근 고인류학자 프리미티바 부에노 라미레즈Primitiva Bueno Ramírez와 로드리고 데 발빈 베르만Rodrigo de Balbín Behrmann의 연구에 따르면, 이 시기 이미지 자료가 늘어난 것은 '명백한 구체성undeniable materiality'을 묘사하기 위해서다. 과거의 부정적 상황이 왜 일어났는지 따지기보다 나쁜 상황을 극복할 방법을 생각해내는 데 골몰했다는 뜻이다. 이런 이미지는 LGM 이전에 동굴과 쉼터 안에 그리거나 새겼던 주제와도 비슷하다. 홍적세 말에는 동굴 바깥에 그림을 그리는 일이 늘어났다. 환경이 더 따뜻해졌기 때문일 수도 있고, 동굴곰과 하이에나가 멸종하고 동굴사자cave lion의 개체수가 급감하면서 야외가 덜 위험해졌기 때문일 수도 있다. 환경 압력을 받으며 이동하던 무리는 서로의 교육 자료를 접하고 지식을 공유하며 이득을 얻었다. 갖고 다닐 수 있는 이미지 자료가 등장한 것도 이 무렵이다. LGM이라는 최악의 상황에서 벗어난 무리는 가벼운 돌이나 나무에 그림을 그리기 시작했다. 예를 들어 우랄 지방에서 발견된 '시기르 우상Shigir Idol'은 낙엽송 둥치로 만든 높이 5미터가 넘는 조각상으로, 기하학적 문양이 새겨져 있고 맨 위에는 사람 머리 형상이 올려져 있다.

이 시기에 중심지의 채집 방식이 근본적으로 달라졌다. 운 좋게도 LGM의 영향을 덜 받은 지역에 살던 사람들은 필요한 자원을 언제든 구할 수 있음을 깨달았다. 그 결과 점점 정착생활을 하게 됐다. 뛰어난 기술 지식으로 무장한 이들은 정착한 땅을 톡톡히 활용할 방법을 연구하기 시작했다. 안정적인 시기에 고립된 무리는 발명품을 만들고 가장 비옥한 토양을 찾아내 씨앗을 뿌렸다. 영거 드라이아스기에 등장한 놀라운 발명품 대부분은 밀려오는 빙하를 피해 기후가 더 온화하고 안정적인 고립된 장소에 정착한 사람들의 후손이 만든 것이다. 이런 조건이 널리 퍼지고 이동이 잦아지자 새로운 기술이 퍼져나갔다.

가장 중요한 발명품은 더욱 정교해진 경작과 목축이었다. 초기 정착지에서 식량이 생산되자 정착민이 적극적으로 채집할 필요는 줄었으나 식량 공급이 늘면서 인구가 늘었다. 지역에 식용 작물이 풍부해지면 그 지역에서 부양할 수 있는 사람의 수, 곧 '지역수용력local carrying capacity'도 높아진다. 공동으로 작업하고 자원을 공유하고 다른 사람에게 식량을 제공하는 사회적 행동을 통해 더 큰 무리가 비교적 안락한 환경에서 더 오래 공존할 수 있게 됐다는 최초의 신호였다.

최초의 영구 농업 정착지에서는 LGM 이전에도 조금씩 재배하고 사육했던 동식물을 위주로 키웠다. 농업 지식을 갖춘 조상들은 식량 안정성이 보장되던 살 만한 시기에 다른 동식물을 실험했고, 적은 노력으로 큰 보상을 주는 동식물을 선호했다.

충적세가 시작되다

1만 1,000년 전 영거 드라이아스가 끝나고 충적세Holocene(홀로세)가 시작됐다. 인간 무리 중에는 빙하가 물러나며 다시 갈 수 있게 된 광대한 지역으로 이동해 그곳을 다시 점유하며 살아간 수렵채집인도 있었고, LGM이 이어진 8,000년 동안 영구 정착생활을 강화해온 사람도 있었다. 각 인류 무리는 점차 각자의 길을 갔지만 동시에 서로 밀접하게 얽히기도 했다.

아구석기 시대: 수렵채집형 유목민

충적세가 시작될 무렵, 수렵채집 문화가 유럽과 서아시아로 돌아왔고 더 많은 문화가 시작됐다. 홍적세 중기의 수렵채집 문화를 유지하던 일부 무리는 충적세가 이어지는 동안에도 영구 정착과 농업을 절대 받아들이지 않았다. 이들의 문화를 '아구석기Epipalaeolithic 문화'라 한다. 1만 4,000년 전까지도 반半정착생활을 하는 사람이 많았다. 이들 중 일부는 가축을 사육했고 순록을 잡아 길렀다. 고기나 우유를 얻기 위해서였을 것이다. 아구석기인은 여러 가지 식물과 사냥한 동물을 먹었고, 약용 식물과 향정신성 식물 관련 지식, 식물 재배 지식 등이 풍부했다. 개암나무 등 좋아하는 식물의 씨앗을 갖고 다니다가 반半정착한 곳에 심기도 했다. 이들의 행동은 충적세 이후에 유럽 숲의 발달에 영향을 끼쳤다.

중석기시대: 정착생활

중석기Mesolithic 문화는 영구 정착생활을 생활방식으로 삼은 집단에서 나왔다. 유럽에서는 1만 5,000년 전 무렵에 스페인 북부 및 프랑스 남부로 이어지는 프랑코-칸타브리아 지역에서 중석기시대의 첫 흔적이 나타나 약 5,000년 전까지 이어졌다. 아시아 남서부는 LGM의 영향을 상대적으로 덜 받았고, 약 2만 년 전부터 중석기 생활양식이 나타났다. 중석기 인류는 온화하고 안정적인 기후 덕분에 물이 깨끗하고 식량이 풍부한 곳이라면 어디서든 영구 정착지를 이루었다. 정착지는 주로 강과 해안을 따라 형성됐다. 중석기시대 정착 집단에서 인구가 늘고 초기 곡물 재배가 시작됐다는 사실은 정착 수렵채집인들이 최초의 농부였다는 증거다. 이들은 여전히 사냥을 통해 많은 자원을 얻었지만 스스로 식량을 생산하기도 했다.

농업 사회의 선구자 격인 이런 문화 가운데 잘 알려진 문화는 1만 4,500년 전에서 1만 1,500년 전, 레반트 지역의 중석기 나투프 문화다. 나투프 문화는 1만 2,200년 전에 야생 곡물 재배를 기반으로 시작됐다. 나투프인은 정착생활을 받아들인 초기 인류 중 하나였다. 이들은 야생 곡물, 특히 에머밀을 거둔 뒤 씨앗을 골라 다시 심었다. 수확한 곡물을 빻아 가루로 만들었고 누룩을 넣지 않은 납작한 빵을 구워 오랫동안 보관했다. 또한 선택교배 같은 사육법을 활용해 양과 염소를 시작으로 여러 동물을 가축화했다. 나투프인은 추운 LGM 동안 얻은 지식을 바탕으로 식물 재배법을 정교하게 파악했기 때문에 영거 드라이아스에도 내한성 식용 식물을 더 많이 생산할 수 있었다.

나투프인은 영거 드라이아스의 기후 변화에도 이동하지 않았다. 그럴 필요가 없었기 때문이다. 인류세로의 대전환이 일어났다는 의미다. 인간이 사냥꾼으로 거듭났을 때도 자연을 통제할 수 있다고는 생각지 않았다. 반면 기후 변화에 대응해 농업에 성공하자 인류는 자연을 통제할 수 있다는 확신을 얻었다. 이런 허황된 확신을 바탕으로 1만 2,200년 전부터 1만 800년 전까지 레반트 전역에서 농업 공동체가 폭발적으로 늘었고 소아시아, 북아프리카, 메소포타미아 북부로 빠르게 퍼졌다. 당시에는 몰랐겠지만 이렇게 최초의 농업 활동이 성공하면서 인류에게는 '위험이 닥치면 도망친다'는 진화적 선택지가 점점 잊히기 시작했다.

중석기 이웃들이 농업지대를 확장하자 충적세 야생생물과 아구석기 수렵채집인의 지형도 달라졌다. 1만 5,000년 전 기후가 출렁인 현상은 4만 년 전부터 거대 포유류의 수가 점차 감소하다 끝내 멸종한 사건과 큰 관련이 있다. 예를 들어 1만 3,500년 전에서 1만 년 전

사이, 유콘 지역의 식물 생태계는 크게 달라졌다. 매머드 스텝 툰드라 mammoth-steppe tundra 생태계는 대부분 관목으로 대체됐다. 당시 거대 동물군 일부는 사라졌지만, 말속 동물(정확한 종은 미상)*Equus* sp, 털매머드*Mammuthus primogenius*, 스텝들소*Bison priscus* 같은 동물은 살아남았다. 마지막 털매머드는 약 4,000년 전까지 살다가 브랑겔섬에서 죽었지만 스텝들소는 400년 전까지 살다가 멸종했다. 이와 비슷하게 유라시아 야생소인 오록스aurochs는 1627년 마지막 개체가 사망할 때까지 이어졌다. 북아메리카에서도 아프리카 사바나와 진화적으로 관계있는 고대 거대 동물군이 비슷한 시차를 두고 멸종했다. 이어 충적세 중기에는 초원과 숲 변두리에 미국들소*Bison bison*와 다양한 사슴 종(엘크, 말코손바닥사슴, 순록, 흰꼬리사슴, 검은꼬리사슴)이 새로 자리 잡았다. 이들은 기린과 오카피okapi의 먼 친척인 가지뿔영양 *Antilocapra americana*과 공존했다. 털매머드와 마스토돈은 LGM 이전에도 공존했지만 개체수가 줄고 식습관이 서로 비슷해진 데다 LGM과 충적세를 거치며 지리적 분포가 겹치게 된 탓에 멸종했다.

위험한 육식동물이든 먹음직스러운 초식동물이든 사실상 모든 거대 포유류 무리는 그 생존과 멸종 이야기가 비슷하다. 가장 최근에 진화한 소 9종 가운데 7종은 지금까지 살아 있으며 이 중에는 가축화된 종도 여럿이다. 당시 코끼리와 그 친척인 장비목 가운데 마스토돈, 곧은엄니코끼리, 매머드는 멸종했지만 아프리카코끼리*Loxodonta africana*와 아시아코끼리*Elephas maximus*는 지금도 있다. 사실상 거의 모든 말속 종은 멸종했다. LGM 이전에 진화한 거대 포식자 대부분은 멸종했지만 그 친척의 상당수는 지금도 살아 있다. 고양잇과(사자, 호랑이와 그 친척), 갯과(늑대, 여우, 야생 개와 그 친척), 곰, 하이에나 등이 그렇다. 진화에서 중요한 것은 언제나 사라진 것이 아니라 살아남은 것이다.

선신세-홍적세를 거치며 거대 동물군이 사라지자 아구석기 수렵채집인의 삶도 달라졌다. 크고 위험한 포식자가 줄자 삶이 더 안전해졌다. 하지만 거대 초식동물 대신 작은 종을 먹으려면 다양한 먹잇감을 더 많이 잡아야 했고 사냥은 더욱 복잡해졌다. 아구석기에는 큰 동물을 집단으로 사냥하는 일이 줄었고 작은 먹잇감을 각자 사냥했다. 이와 함께 더 작고 정교한 잔석기가 만들어지고 퍼져나갔다. 하지만 아구석기 인류 생활에서 가장 큰 변화는 다른 인간 무리의 등장으로 일어났다. 최근 경제학자 구마가이 모토히로Motohiro Kumagai는 농업용 토지가 확장되던 지역에서 일찍이 그 수가 줄어들고 있던 거대 동물군이 서식지를 잃으면서 결국 멸종의 임계점을 넘었으리라 주장했다. 이어 2015년에 앤서니 스튜어트는 환경 요인이 분명 이들의 멸종에 영향을 끼쳤지만 인간의 어떤 본질이 얼마나 어떻게 관여했는지는 불분명하다고 지적했다.

인간의 활동은 생태 전반에 광범위하게 영향을 끼쳤지만 그 내용은 아직 모호하다. 이런 영향은 최초의 농업지대에서 나타났다. 과거의 생존 기술에만 의존해 식량을 얻던 수렵채집형 유목민nomadic hunter-gatherer은 경작지에서 식량을 생산하기 시작했고 그 비중은 점차 커졌다. 농업의 발달로 초기 영구 정착지의 인구는 한층 증가했다.

농경지를 돌보려면 더 많은 시간과 노동력이 필요했기 때문이다.

작물을 재배하고 가축을 사육하는 지역에서는 농사짓는 사람의 수요보다 훨씬 많은 식량이 생산됐다. 처음 일어난 일이었다. 전문 기술을 가진 사람은 자신이 만든 것을 식량과 직간접적으로 교환했다. 거래는 더 이상 이동 상인이나 유목민 집단의 우연한 만남에만 의존하지 않았다. 도구를 한 지역에서 만들어 먼 곳으로 가져가 사용할 필요도 없었다. 식량 생산에 직접 관여하지 않는 사람들은 농장과 농업 중심지에 얽히며 정착 생활을 시작했다. 아구석기인은 농업-교역 정착지를 점점 더 자주 맞닥뜨렸다. 이들은 지역 잔석기 생산자에게 재료를 주고 완성된 도구를 받았다. 농부들에게는 동물 털을 주고 농작물, 가축, 양모로 만든 옷을 얻었다. 도구가 필요 없는 사람들은 그 재료를 농부에게 주고 음식이나 옷과 바꿨다. 이렇게 교환 네트워크가 다시 빠르게 생기고 확대됐다. 교역과 제조 중심지가 새로운 농업 공동체와 연결되며 나타났다.

이 시기에 정교한 교역·소통망을 갖춘 레반트 지역이 다른 지역과 연결됐다는 증거가 있다. '도기중석기ceramic Mesolithic'(시베리아 및 유럽 일부 지역 등에서 신석기문화 정착 이전 도기 제작 기술이 등장한 과도기-옮긴이) 문화 같은 일부 아구석기 공동체는 기존 농업 공동체와 오랫동안 가까운 관계를 유지하며 친밀함, 신뢰, 협력관계를 쌓았기 때문에 농업을 뒤늦게나마 생활방식으로 수용했다. 하지만 대다수 아구석기인은 이웃들이 농업을 널리 받아들이는 동안에도 수렵채집형 생활방식을 고수했다. 우리는 수렵채집형 유목민이 계속 이어졌다는 점을 쉽게 간과한다. 이동하는 집단이 존재했다는 흔적은 거의 남지 않거나 쉽게 흩어지기 때문이기도 하고, 인류 문명이 점진적으로 출현했다는 이야기에 들어맞지 않기 때문이기도 하다. 아구석기 수렵채집인의 전통적 생활방식은 오랫동안 이어지며 널리 퍼졌다. 예를 들어 최근 세네갈의 두Dou 유적지 연구에서는 30만 년 전에 처음 등장해 1만 1,000년 전까지 이어진 홍적세 수렵채집 문화를 확인했다. 일부 아구석기 무리는 정착하는 농업생활을 절대 받아들이지 않았고, 친척이나 이웃이 농업 공동체를 형성하고 수천 년이 지난 뒤에도 수렵채집 생활방식을 이어갔다.

이 시기에 도기와 직물이 만들어져 다른 지역으로 옮겨졌다는 사실로 미루어볼 때, 중석기인과 아구석기인의 관계는 대체로 우호적이었던 것으로 보인다. 도기중석기의 도기는 초기 중석기의 농업 공동체와 얽혀 살던 아구석기 수렵채집인이 만든 것이다. 도기 제작이 중석기와 아구석기 집단을 연결하는 교역 사업의 일부였다는 뜻이다. 도기중석기의 도기는 밑면이 뾰족하거나 울퉁불퉁하고 입구가 넓은 것이 특징으로, 방식이 독특해서 제작 시기를 쉽게 식별할 수 있다. 9,000년 전에 시베리아 바이칼호수 근처에서 처음 발견된 도기중석기의 도기는 서쪽으로 러시아 볼가강을 따라 옐스Elshan 또는 옐산카Yelshanka 문화와 사마라Samara 문화에서도 등장한다. 이 문화는 이후 흑해 북쪽의 드니예페르-도네트Dnieper-Donets 문화를 거쳐 발트해 동부의 나르바Narva 문화로 퍼져나갔다. 또한 해안선을 따라 서쪽으로도 퍼져나가 덴마크의 에르테뵐레Ertebølle 문화와 독일 북부의 엘

레르베크Ellerbek 문화, 오늘날의 벨기에, 네덜란드, 룩셈부르크, 프랑스 북부 및 독일 서부에 해당하는 저지대 국가Low Countries 일대의 스위퍼반트Swifterbant 문화에서도 발견된다. 5,850년 전이 되면 일부 북아프리카 지역에서도 나타난다. 도기중석기 시기에 도기가 풍부하게 만들어진 지역들에서는 각기 고유한 양식이 나타난다. 이는 도기뿐 아니라 도기 제작 기술과 지식 자체가 교역을 통해 전파됐음을 뜻한다.

중석기에는 동물의 털로 만든 직물이 흔했다. 식량뿐 아니라 다른 목적으로도 동물을 사육하거나 양이나 염소 같은 동물을 가축화하기 시작했다는 뜻이다. 이에 따라 털과 가죽을 가공하는 기존 기술에 더해 따뜻해지는 기후 등 다양한 조건에 맞는 옷을 정교하게 짓는 방법도 발전했다.

이베리아 지중해 분지 전역에 널리 나타나는 중석기 암석화는 당시 사람들이 예술과 교육 활동에 공을 들였음을 보여준다. 야외 절벽면에 남겨진 중석기 그림을 보면, 동물보다 작은 인간 집단이 큰 무리를 이룬 모습이다. 그림 속 사람들은 옷을 차려입고서 춤추고 사냥하고 식량을 모으고 있다. 이들은 홍적세 그림 속 동물보다 훨씬 작고 은유적이며 자세는 더 역동적이다. 유럽 남동부에서는 열정적인 춤을 묘사한 그림도 발견된다. 중석기 시대 암각화와 조각은 홍적세 작품보다 작은 것도 있고 큰 것도 있다. 끈을 꿸 수 있는 구멍과 단순한 무늬가 새겨진 펜던트도 여러 점 발견됐다. 북유럽에서 난 호박琥珀으로 만든 것도 발견됐고, 영국 스타카 유적지에서는 이판암으로 만든 것도 나왔다. 후티넨에서 발견된 엘크 머리 조각Elk's Head of Huittinen

은 핀란드 비누돌로 만든 것이다. 오늘날의 이스라엘 지역에서 발견된 아인 사크리 연인상Ain Sakhri Lovers은 나투프인이 방해석에 조각한 것이다.

요약

약 1만 9,000년 전인 LGM 말기, 인류는 빙기를 거치는 동안 자아상에 약간 금이 가긴 했지만 개척자로서의 운명을 명백히 타고났다는 감각을 여전히 간직하고 있었다. 그 상태에서 인류는 상당한 에너지와 충분한 기존 역량을 갖추고 끊임없이 확장하는 온화한 거주지에 살았다. 1만 5,000년 전에 홍적세가 끝나고 영거 드라이아스, 아구석기, 중석기가 이어지자 인간 무리는 광범위하게 이주하고 서로 통합됐다. 인간은 선신세에서 홍적세로 전환되는 350만 년 동안 축적한 혁신, 발명, 통찰, 지식을 바탕으로 서로 다르지만 협력적인 2가지 생활방식을 택했다.

일부 인간은 환경이 좋으면 정착하고 환경이 달라지면 이동하며 살아가는 수렵채집형 유목을 이어갔다. 또 다른 인간은 너무 덥지도 춥지도 않고 물, 식용 식물, 야생생물이 풍부한 환경에 오래 머무르다가 결국 그곳에 영구 정착했다. 이들은 식물을 재배하고 동물을 사육하는 지식을 활용해 농업 정착지를 마련했다. 이곳에서 최초로 고생산 농업이 이루어졌다. 농업 정착지에서 필요 이상으로 식량이 생산되자 이를 원료나 완제품과 거래하기 시작했다. 그러면서 완제품을 만들어 식량과 교환하려는 이들이 이곳에 모여들었다. 농업 정착지는 사람들을 먹여 살리는 또 다른 정착지와 이어졌다. 중석기 농업과 교역 정착지가 등장하고, 아구석기 수렵채집인과 농업인의 활동이 이들과 점점 얽히며 인류사에 중대한 변화가 일어났다. 당시에는 별로 중요해 보이지 않았겠지만 이 대전환은 인류세의 시작이었다.

LGM 시기를 빠져나온 인류는 자신들이 과거 300만 년 동안 조상들이 거쳐온 다윈의 궤적에서 벗어나 흐름을 바꾸고 있다는 사실을 전혀 몰랐다. 그들은 당시에는 적당해 보였고 한동안 효과 있었던 일을 한 것뿐이다. 하지만 농업 정착지와 교역·제조 정착지가 이어지면서 얻은 혜택은 예상치 못한 결과를 낳았다. 최소한의 노력만으로 필요한 것을 생산할 수 있게 되면 사람들은 '얼마나 많이 생산할 수 있을까?'라는 위험한 질문을 품게 된다. 식량 생산량이 늘수록 사람들은 특정 장소에 더 강하게 매이게 되고, 환경이 달라져 더 이상 그곳에서 살아갈 수 없는 상황이 오면 큰 타격을 받는다. 조건은 반드시 변하기 마련이다. 하지만 당시 중석기 농업 및 교역 공동체에서 보기에는 대대적 붕괴의 조짐이 거의 없었다. 인구 규모가 작아 기후 조건이 달라질 경우 훌훌 털고 이동하면 될 정도였기 때문이다. 설령 공동체가 큰 영향을 받으리라는 증거가 나오더라도 '붕괴'로까지 이어지리라고 상상하긴 어려웠다. 아직은 정착지를 옮기고 삶을 새로 시작할 방법을 아는 사람이 많았고 실제로 그렇게 문제를 해결해나갔다. 사람들이 이주했다는 증거는 변화하는 조건을 벗어나 더 나은 환경을 찾아간다는 오래된 행동의 연장선에서 해석될 수 있다.

하지만 이 전환 때문에 예상치 못한 다른 결과들이 빠르게 나타났다. 홍적세 후기의 조상들은 질병이란 것은 알았지만 병원균이라는 개념은 몰랐다.

그들은 '이동하고 잠깐 정착하고 발명하고 이를 반복한다'라는 유산이 여러 인간 무리에 기술뿐 아니라 병원균도 퍼뜨렸다는 사실을 알지 못했다. 인구밀도가 높아지고 식량과 물을 공유하면 필연적으로 질병이 발생한다는 사실도 몰랐다. 대규모 집단이 오랫동안 공존하는 데 필요한 상호 협력과 공감이 어떤 부정적 결과를 낳을지도 알지 못했다. 1960년대에 생태학자 개럿 하딘Garrett Hardin은 이런 행동 때문에 인간이 자기 손으로 일군 성공의 희생자가 됐다고 주장했다. 농업으로 지역수용력이 높아지기는 했지만 무한히 높아지지는 못했다. 하딘에 따르면 집단 협력이 이득이라는 믿음과 서로에 대한 공감을 바탕으로 점점 더 많은 사람을 받아들이고 한정된 자원을 공유할 경우, 언젠가는 자원이 고갈되어 그곳에 사는 사람들을 감당할 수 없는 상황이 발생한다. 바로 '하딘의 깔쭉톱니Hardin's ratchet'(한쪽 방향으로만 돌아가는 깔쭉톱니처럼, 특정 상태나 수준에 도달한 뒤에는 원래대로 되돌리기 어려운 현상을 말한다-옮긴이)라고 알려진 개념이다.

당시에는 누구도 알지 못했다. 오늘날 인류가 마주한 끔찍한 상황으로 이어지는 대전환이 약 750세대 전에 카운트다운을 시작했다는 사실을.

7장

도시는 언제부터 살기 힘들어졌을까

신석기시대의 대확장

A Darwinian Survival Guide

LGM이 끝날 무렵, 인간은 거대하고 느리게 움직이는 세상을 만나 본격적인 탐험에 나섰다. 홍적세가 끝나고 충적세에 들어설 무렵에는 생활조건이 안정적이고 온화했으므로 기존 지식과 기술을 다방면으로 이용해 지리적으로 널리 퍼지고 일반화되는 흐름이 이어졌다. 당시 인류에게는 국지적 환경 변화에 대처할 여러 기술적 선택지가 있었다. 인류세 초기는 인류가 이동하는 삶을 벗어나 영구 정착할 곳을 찾으며 살 만한 새로운 영역을 광범위하게 탐색하는 시기였다. 진화의 역사를 살펴보면 인류는 탐색을 거쳐 살 만한 조건을 발견할 때마다 일반화된 행동을 재빨리 버리고 그 지역의 조건에 적합하게 특화된 행동을 취하며 지역을 활용했다. 탐색에서 활용으로 활동이 달라진 것은 지리적 범위와 이동성이 줄어든 일과 관련이 있다. 늘 그랬듯 이런 환경은 혁신과 발명을 꽃피울 토양이었다. 중석기인들은 정착생활을 하며 고생산 농업으로 전환하기 시작했다. 그러면서 이들이 성공적으로 안착한 정착지, 특히 레반트 지역에서는 앞으로 펼쳐질 시대의 무대였던 도시화된 중심지, 곧 도시형 중심지urbanized center가 처음으로 탄생했다.

정착생활을 하지 않은 영거 드라이아스에 이어 나타난 신석기Neolithic시대는, 중석기시대에 나타난 기술 혁신이 더욱 확장되고 일반화되는 탐험의 시대였다. 중석기시대와 신석기시대 사람들이 비슷한 시기에 같은 장소에서 함께 살았다는 증거가 나온 유적지를 보면 중석기 문화가 나타난 곳이 '신석기 혁명Neolithic Revolution'이라 부르는 사건의 토대가 됐다는 사실을 알 수 있다.

돌을 갈아 만든 도끼와 낫은 신석기시대에 가장 정교한 도구였다. 특화된 사람들은 이 도구를 휘두르며 숲을 벌목해 경작지와 정착지를 마련했고, 나무를 가공해 쉼터, 구조물, 배를 만들었다. 이처럼 기술 혁신이 뚜렷하게 일어났지만 이것이 신석기 혁명을 이끈 주요 원인은 아니었다. 중석기시대와 아구석기시대의 혁신이 광범위한 문화권과 유목민 및 정착민 사이에서 오랫동안 이어져온 교역망을 통해 빠르게 널리 전파되면서 인류세의 대확장이 시작됐다.

신석기시대는 연대적으로 중석기시대와 아구석기시대가 끝나고 이어진 것이 아니며, 지역에 따라 3,000년에서 6,000년까지 시대가 겹치기도 했다. 어떤 지역에서는 탐색을 끝내고 활용 단계로 넘어갔지만 어떤 지역에서는 탐색이 계속됐기 때문이다. 고인류학자들이 기술 집합체를 바탕으로 신석기시대를 4기로 나누면서 문제는 더욱 복잡해졌다. 게다가 그들의 시기 구분은 지역에 따라 아주 다르다. 예를 들어 위키피디아Wikipedia에서 신석기시대를 검색해보면 다음같이 연대순으로 축약돼 있다. “초기 신석기시대: 레반트 지역, 1만 2,000년 전~1만 년 전. 유럽, 8,000년 전~6,000년 전. 동아시아, 8,000년 전~7,000년 전. 그 외는 지역에 따라 크게 다름. 중기 신석기시대: 레반트 지역, 1만 년 전~8,000년 전. 유럽, 6,000년 전~5,500년 전. 그 외는 지역에 따라 크게 다름. 후기 신석기시대: 레반트 지역, 8,500년 전~6,500년 전. 유럽, 5,500년 전~5,000년 전. 그 외는 지역에 따라 크게 다름. 동석기 Eneolithic시대(신석기시대와 청동시시대 사이, 구리와 돌을 병용해 도구를 만든 시대-옮긴이): 근동, 6,500년 전~5,300년 전. 유럽, 5,000년 전~3,700년 전. 그 외는 지역에 따라 크게 다름.” 서반구에서 농경으로 이어지는 정착생활은 1만 3,000년 전~1만 2,000년 전 나타났다. 서반구의 동석기시대는 늦어도 19세기에 끝났지만 지금도 아마존 분지 상류 같은 지역에는 몇몇 무리가 남아 있다.

고생산 농업

초기 신석기시대 농장에서는 중석기시대와 마찬가지로 농업과 가축 사육을 함께 했다. 인류는 다양한 식물종을 실험하기 시작했다. 주로 외알밀, 기장, 스펠트밀처럼 생산성을 높일 수 있는 식물이었다. 농작물과 가축 생산을 극대화하려면 평온한 조건에서 정착생활을 하며 실험할 시간이 필요했다. 다루기 쉬운 동식물종을 찾아 생산량을 높이려면 서로 다른 장소와 시기에 다양한 종을 많이 실험해야 했다. 어떤 동물을 성공적으로 가축화하려면 노동집약적으로 일해야 했고, 가축화에 성공해도 이런 동물이 지역 정착민에게 실제로 보탬이 되기까지는 상당한 시간이 걸렸다. 따라서 이런 일은 기후가 온화한 시기에 일어났음이 틀림없다. 홍적세 초기 사람들은 식물 위주였던 식단에 점점 더 고기를 더하며 폭을 넓혔다. 농업이 등장하자 인간은 사냥하고 채집한 종뿐 아니라 직접 농사짓고 가축화한 종을 곁들여 먹기 시작했다.

영구 농업 정착지의 고생산 농업은 신석기 초기 레반트 지역에서 처음 시작됐다. 2003년에 윌리엄 러디먼과 동료들은 인간이 농업 활동을 시작하며 1만 2,500년 전부터 이미 대기가 탄소화carbonization, 곧 탄소가 축적되기 시작했다고 보고했다. 전통적으로 신석기 문명을 나타내는 고고학적 유적지의 1차 지표는 돌을 갈거나 다듬어 만든 간석기ground stone tools를 작은 뗀석기flaked stone tools보다 더 자주, 때로 단독으로 사용했다는 점이다. 하지만 이 시기에는 잔석기를 사용하는 고집약 농업 공동체와, 농업을 하지 않지만 간석기를 이용하는 이동 수렵채집인이 공존했다. 이들이 어떤 도구를 사용했는지와 관계없이 레반트 지역에서 들여온 고생산 농업이 출현했다는 점에서 유럽의 중석기시대가 막을 내렸다고 볼 수 있다.

신석기 혁명은 8,200년 전에서 6,200년 전에 일어난 주요한 기후 사건의 영향을 크게 받았다. 과거 비슷한 사건이 일어났을 때처럼 기후 변화 때문에 날씨가 춥고 건조해지고 농업 생산성이 줄어든 지역에서 이주가 활발해졌다. 농업인들은 물결처럼 곳곳으로 퍼졌다. 그렇다고 수렵채집인을 몰아내지는 않았다. 고생산 농업 지식이 있는 이들은 모자이크처럼 띄엄띄엄 이동해 그 지역에서 풍부한 작물을 찾아 이용했다. 고집약 농업 지식이 늘며 지역수용력도 늘었다. 지역은 이주민을 흡수했고 그에 따라 인구도 늘었다. 지역에서 유전적 연속성이 높아지고 혼합이 일어났다는 증거도 있다. 거주자와 이주민 사이에 보통은 평화로운 상호작용과 흡수가 일어났다는 뜻이다.

탐색이 크게 줄고 고립, 특화, 활용이 중심이 되자 중석기시대는 역사 속으로 사라졌다. 최초의 진정한 농부는 중석기인이었지만 최초의 고생산 농업인은 신석기인이었다. 이 시기에 아이디어가 빠르게 퍼져나가며 고생산 농업과 목축이라는 개념이 생기자 사방에서 비슷한 변화가 일어났다. 각 지역에서 다루기 쉬운 다양한 생물에 이 새로운 개념을 적용하자 지역마다 특색 있는 신석기 문화가 빠르게 발생한 것이다. 아프리카, 남아시아, 동남아시아에서는 여러 종의 기장, 밀, 쌀의 조상, 기타 곡물을 재배했는데, 이것이 끝이 아니었다. 예리코 Jericho 유적의 한 집에서는 1만 1,400년 전의 무화과 잔해가 발견되었는데, 무화과는 곤충으로 수분되지 않는 식물로, 접붙이기로만 번식할 수 있다. 따라서 무화과를 재배하려면 먼저 고도의 식물 재배 지식이 필요하다. 가축을 보자. 약 1만 2,000년 전, 중앙아시아에서는 양과 염소를 가축화한 초기 사례가 발견된다. 1만 년 전에는 이런 가축이 레반트 지역으로 퍼졌고 적어도 8,000년 전에는 이집트까지 전파됐다. 최초의 소 가축화는 1만 500년 전 레반트 지역에서 시작되어 중앙아시아로 퍼져나갔다. 두 번째 소 가축화는 8,500년 전에 나일강 유역에서, 7,000년 전에는 인더스 계곡에서 발생했다. 돼지 가축화는 적어도 2곳에서 일어났다. 첫 번째 돼지 가축화는 1만 500년 전에 서아시아 아나톨리아 동쪽 변두리에서 일어나 9,000년 전 레반트 지역으로 퍼졌다. 두 번째 돼지 가축화는 8,500년 전에 중국 황허강 유역에서 일어났다. 처음에는 가축을 야생동물처럼 이용했다. 가축의 고기나 우유는 식량으로 먹었고, 뼈로는 도구나 장신구 또는 기념물을, 털과 가죽으로는 옷, 담요, 카펫을 만들었다. 나중에는 낙타나 말 같은 종을 가축화해서 일손을 돕게 했다.

곡물과 가축 생산에 관한 여러 지식이 보급되자 인간은 폴리스페셜리스트로서의 능력을 잘 활용했다. 신석기시대 중국에서는 기후가 안정적이고 전반적으로 풍요로운 시기에 고생산 농업이 등장했다. 농부들은 한 장소에서 시기에 맞춰 밀, 쌀, 여러 종류의 기장을 지역의 조건에 맞춰 재배했다. 곡물과 가축 생산이 혼합된 농업 사회는 약 1만 년 전 남동부 유럽에서 처음 등장했다. 농업을 주된 생활방식으로 삼았던 초기 농부들은 가뭄이나 해충 때문에 발생하는 기근에 취약했다. 이들은 조건이 달라져도 벗어나려는 의지나 능력이 없었기에 기근은 특히 심각한 문제였다. 이들은 고생산 농업을 보호하기 위해 주변 환경을 바꾸기 시작했다. 9,000년 전에 수메르 충적평야에서 나타난 우바이드Ubaid 문화는 관개 시설을 만들어 가뭄에 대처한 최초의 집단이다. '관개'라는 개념이 등장하기 전까지는 가뭄이 이어지면 더 나은 조건을 찾아 훌훌 털고 다른 곳으로 이동해야 했다. 그러나 관개라는 개념이 확립되자 관개 지식이 있는 사람은 기후가 급격히 변해도 제자리에서 적극적으로 대처하며 살 만한 조건을 유지할 수 있었다. 관개는 신석기시대 중국 일부 지역이 혼합작물 재배 체계에서 쌀 재배 체계로 전환하는 데 핵심 역할을 했다.

당연히 새로운 농업 공동체 가운데 여러 곳에서 식단이 크게 달라졌다. 농업 이전의 식단은 지역, 계절, 현지 식물과 동물 자원, 목축과 사냥 난이도에 따라 다양했다. 그런데 고생산 농업이 발달하면서 식단은 성공적으로 재배하고 오랫동안 저장할 수 있는 곡물이나 여러 다른 식물, 가축과 그 동물에서 나온 생산물로 제한됐다. 많은 문화에서 전분과 식물 단백질을 늘리는 방향으로 식단이 크게 달라졌다. 신석기시대 농업 공동체는 고집약 작물 재배와 가축 사육으로 지역에서 비교적 쉽고 편하게 수확할 수 있는 식량을 풍부하게 얻었다. 식량 수급이 안정되고 잉여 식량이 생긴 당시에는 대확장Great Amplification이 좋은 생각처럼 보였다. 하지만 상대적인 영양상의 이점은 다른 사회 발전 요소와 맞교환됐다. 예를 들어 인구밀도는 높아졌지만 인구 이동성은 줄었으며, 이 상황에서 가축과 계속 접촉하며 살던 집단에는 질병에 걸릴 위험이 커져 위생을 더 많이 관리해야 했다.

도시화

중석기시대 최초의 영구 정착지는 진짜 마을이라기보다 선구적 전초기지에 가까웠다. 이들은 정착지를 더 많은 탐색과 확장을 위한 활동 무대로 삼았다. 지역 자원을 활용하는 방식으로 전환하며 정착지는 새로운 목적성을 얻었다. 이들은 고생산 농업을 통해 유목생활에서는 얻을 수 없던 안전을 얻었다. 농업 기술이 확장되고 정교화되자 직접적 수요 이상으로 식량이 풍부하게 생산됐다. 이들은 나중에 필요할 때 사용하기 위해 잉여 농작물과 가축을 저장하거나 다른 필수품 및 사치품으로 교환했다.

농업 공동체를 넘어선 영구 정착지는 약 1만 1,500년 전에 등장했다. 당시 레반트, 아나톨리아, 시리아, 메소포타미아 북부, 중앙아시아 사람들은 진흙 벽돌로 집을 짓고 마을을 건설한 뛰어난 건축가들이었다. 진정한 초기 마을 중 하나인 예리코도 이 시기에 등장했다. 인구가 2,000명에서 3,000명 정도인 이 마을은 돌담으로 둘러싸여 있었고, 마을 안에 거대한 석탑이 있었다. 요르단 암만 외곽에 있는 아인 가잘Ain Ghazal 정착지에는 1만 1,250년 전에서 9,000년 전까지 정착민 3,000여 명이 계속 살았다. 예리코와 아인 가잘에서 발견된 직사각형 진흙 벽돌로 만든 단칸집 및 여러 칸의 가족형 주택, 정착생활을 암시하는 여러 신석기문화의 특징은 8,400년 전이 되면 비옥한 초승달지대Fertile Crescent(나일강, 티그리스강, 페르시아만을 연결하는 농업지대-옮긴이)에서 등장하고 적어도 8,000년 전에는 레반트를 거쳐 이집트에 도달했다.

8,000년 전에서 6,500년 전이 되자 북서부 유럽에까지 신석기 생활이 전해졌다. 테살리아의 세스클로Sesklo 문화에서는 초기 신석기시대의 복합 주거지가 나타난다. 이 문화는 나중에 발칸반도로 나아가

크리스Cris 문화, 선형무늬토기linearbandkeramik 문화, 빈차Vinča 문화로 이어졌다. 그림문자와 표의문자 체계로 이루어진 빈차 부호는 최초의 문자 체계였을 것이다. 쿠쿠트니-트리필랴Cucuteni-Trypillian 문화는 7,300년 전에서 4,300년 전까지 루마니아, 몰도바, 우크라이나에 대규모 정착지를 건설했다.

유럽에서는 울타리를 엮고 진흙을 발라 만든 초벽 대신 돌로 지은 공동주택이 생겼고 이어서 목재로 지은 집이 등장했다. 영국 제도의 신석기인들은 죽은 사람을 기리는 긴 고분과 분실이 있는 무덤, 둑을 쌓은 야영지, 거대한 목조·석조물을 원형으로 세운 헨지henge, 부싯돌 갱, 소원을 비는 기념물을 만들었다. 세계에서 가장 오래된 설계 도로인 영국의 스위트 트랙Sweet Track은 5,800년 전의 것이다. 이는 고조섬과 나즈드라 몰타 군도에 위치한, 세계에서 가장 오래된 독립 구조물인 간티야Ġgantija 거석시대 사원 단지와 비슷한 시기에 나타났다. 건축가들이 이곳에 거주하지는 않았을 것이다. 이들은 한 곳에서 다른 곳으로 이동하며 합의된 계획에 따라 각 지역의 노동력을 이용해 도시 구조물을 짓는 전문가 집단이었다. 의식을 치를 용도나 천문학적으로 중요한 장소를 건설했다는 초기 증거도 있다. 이 중에는 9,000년이 넘은 유적도 있다. 큰 말뚝 구멍들이 동서로 짧게 늘어선 스톤헨지stonehenge도 있고, 스코틀랜드 워런필드Warren Field 유적지에서는 '월력lunar calendar'도 나타난다. 이곳에는 달의 위상을 반영하는 다양한 크기의 말뚝구멍이 있다.

영구 건물이 있는 정착지는 시각 자료를 이용해 아이들에게 주변 환경을 가르치기 좋은 장소였다. 차탈회위크Çatalhöyük 유적지에는 9,500년 전에서 7,000년 전까지의 집들이 남아 있다. 이곳에 인간과 동물을 정교하게 그려 회반죽으로 칠한 벽화는 심미적 목적 이상의 역할을 했을 것이다. 약 1만 2,000년 전에 티그리스 분지 상류의 신석기시대 도시 매장지에서는 독 있는 동물, 특히 전갈 그림이 자주 보인다. '조심하지 않으면 어떻게 되는지 보렴'이라는 옛 교훈을 강조하는 이미지일 것이다.

식량 안정성이 확보된 영구 정착지에는 도구를 만들고 수리하고 다듬거나, 옷을 짓고, 식량을 생산하고, 거주할 집과 사업 장소를 건설하고, 교역을 조직하고 수행하는 중요한 기술을 지닌 사람들이 모여들었다. 대가족 정착 농업 공동체는 농작물을 재배하고 가축을 돌보는 일 외에도 모든 일을 스스로 해야 했다. 기술의 산물을 식량과 교환하는 일은 그들과 정착지 모두에 이득이 됐다. 개인은 농업 생산에 시간을 더 할애할 수 있었고, 정착지에는 특별한 기술과 지식을 가진 사람을 공동체에 편입시킬 길이 열려 좋았다. 오늘날의 도시화한 환경의 특징이라 볼 수 있는 다양한 재화와 서비스가 신석기 혁명을 거치며 탄생했다. 유럽, 아시아, 중동, 북아프리카의 여러 초기 마을과 도시에 살던 정착민들은 농작물을 관리하고 수확하고 처리하는 데 필요한 낫날이나 부싯돌 같은 도구, 가축을 사육하고 동물의 뼈 같은 부산물을 가공해 정교한 도구로 만드는 데 필요한 도구, 곡물을 저장하는 특수 도기 같은 다양한 도구를 만들었다. 포도주, 맥주 등 술을 제조한 곳도 있었다. 어떤 지역에서는 야생 식물종이나 외래 동물종의 일부를 보관한 것으로 보아 의사나 약제사 역할을 한 사람이 있었을 것이다. 살아 있을 때 치아를 뚫었다는 증거로 볼 때 9,000년 전의 파키스탄에서는 초기 치과의사가 활동했을 것이다.

숙련공들은 사냥용 화살촉부터 옷과 직물을 짜는 데 이용하는 도구 부품까지 다양한 석기를 제작했다. 맞춤 제작된 뼈와 가지 모양 고정핀으로 미루어볼 때, 홍적세 중기부터 중석기시대까지 가족 구성원들이 옷이나 다른 목적으로 동물의 피부, 특히 가죽을 정교하게 활용했다는 사실을 알 수 있다. 하지만 신석기시대에는 양과 염소의 털뿐 아니라 면화나 아마 같은 식물성 재료를 이용해 옷감이나 다른 용도의 직물을 여러 명이 함께 대량 생산하는 복합 산업이 등장했다. 개인용 장식품은 옷을 짓는 사람이 아니라 입을 사람을 식별해줬다. 옷 장식용 구슬과 장식품은 의뢰자의 요청에 따라 전문가들이 만들었다. '내가 무엇을 만들 수 있는지 보라'에서 '내가 누구인지 보라'로 사회가 달라졌다는 뜻이다.

더욱 복잡해지는 도시의 경제 활동을 조정할 발명품도 등장했다. 전통 월력은 종교적 목적으로는 쓸 만했지만, 농작물 심기, 수확, 가축 사육과 관련된 여러 활동, 종교적 휴일이나 특별한 공동 행사를 조율하는 일 등 일상적 일을 계획할 때는 적합하지 않았다. 이 시기에 최초의 일력이 등장해 널리 퍼졌다. 일력은 종교 및 생식 기능과 연관된 옛 월력과 공존했다. 메소포타미아 쐐기문자cuneiform와 이집트 상형문자hieroglyphs를 필두로 한 실용적인 공식 문자 체계가 처음으로 모습을 드러냈다. 또한 점점 더 내구성이 높은 재질에 기록을 남기기 시작했다. 이렇게 보존된 초기 기록을 보면 상당수가 교역, 재고, 상업 거래에 관한 것이다. 점점 복잡해지는 경제 활동을 기록하는 과정에서 영구적 기록의 출현이 앞당겨졌다는 주장을 뒷받침하는 증거이기도 하다. 완전한 형태가 잡힌 문자와 회계 체계를 보여주는 가장 오래된 표본을 살펴볼 때, 문자 언어가 훨씬 오래전부터 존재했을 수는 있지만 일력과 마찬가지로 정기적인 회계와 장부 기록이 필요해지기 전까지는 널리 사용되지 않았다는 사실을 알 수 있다.

도시화한 새로운 생활방식이 항상 즐겁고 유쾌하지만은 않았다. 농업 정착지는 중심지 채집 기술에 기반했다. 따라서 인구가 늘거나 인접 지역을 과도하게 활용하거나 환경이 달라질 경우, 자원이 부족해질 위험이 커졌다. 식량 안정성이 확보된 정착지에 거주할 수 있는 인구는 식량을 얼마나 생산할 수 있는지에 따라 결정됐다. 인구가 많을수록 독창적인 사람들이 가치 있는 서비스를 제공할 기회가 늘었다. 농업 생산으로 얻은 도시의 수용력을 넘어 인구가 늘고 수렵채집으로 얻은 잉여 식량을 초과하는 수요가 발생하면 식량 불안이 발생했다. 인구밀도가 높아지자 개인 간 접촉이나 식량 시장 및 공동 수도 체계를 통해 병원균이 퍼지면서 질병이 발생할 가능성도 커졌다. 마지막으로 외지인이 유입되자 점차 친족이 아닌 낯선 사람과 가까운 공간에서 함께 살 가능성이 커졌다. 친밀함이 줄어들자 누구를 믿어야 할지 판단하기 어려워졌다. 이어서 살펴보겠지만 신뢰는 도시 환경이 성공적으로 자리 잡는 데 매우 중요하다.

혁신은 협력망을 통해 전파된다

신석기시대의 도시화와 고생산 농업은 실험에 유리한 조건이 갖춰진 고립된 장소에서 혁신과 발명이 출현한다는 다윈의 개념을 뒷받침한다. 전형적인 진화 체계에서는 인구밀도가 높아지거나 환경 조건이 달라지면서 종 구성원이 원래 살던 곳을 떠나게 되는 확장 기간에 혁신이 전파된다. 수렵채집형 유목민은 싸우지 않아도 되는 상황에서 다른 무리와 마주쳤을 때 물질을 교환하거나(네안데르탈인과 호모 사피엔스의 잔석기 기술 교환) 짝짓기(네안데르탈인, 데니소바인, 호모사피엔스 사이에서 일어난 일)를 했을 것이다. 예상할 수 있는 계절적 경로를 따라 유목민들이 이동할 때 이런 만남이 잦았다. 교역은 적어도 연 단위로 예측할 수 있었다. 약 1만 1,500년 전에 터키 남동부의 괴베클리 테페Göbekli Tepe는 비교적 특화된 공동체들이 이룬 가장 오래된 협력망이다. 이 유적지는 전 세계에 지금도 존재하는 야생 사냥감과 야생동물 고기 거래 시장의 초기 형태다. 주변 정착지인 초기 농업지에서는 야생동물 잔해가 거의 발견되지 않는 것과 달리, 이곳에서는 해체된 야생동물 뼈가 많이 발견된다. 또한 다양한 수렵채집형 유목민 집단이 이곳을 사용했다. 지역 내에서는 물론 이 지역과 주변 농업 공동체 간에 협력 활동이 있었다는 뜻이다. 다른 요소를 암시하는 증거도 있다. 이 유적지에는 돌을 둘러 세운 원이 10만 제곱미터에 걸쳐 최소 7곳에 펼쳐져 있고, 동물, 곤충, 새를 조각한 석회암 기둥도 여럿 있다. 지붕을 떠받쳤을 법한 이런 기둥은 수백 명이 석기로 만들었을 것이므로, 사냥꾼이나 농부가 아닌 장인이나 건축가 집단이 이미 존재했다는 뜻이 된다. 안정된 조건에서 정착생활을 하고 폴리스페셜리스트들이 분업하며, 기존 기술이 변형되고 새로운 발명이 확대되고 번성할 조건이 마련됐다. 여러 정착지가 등장하며 점점 늘어나는 지식을 전파할 기회도 생겼다.

전통적 이동 경로를 따라 신석기 농업 도시 정착지가 생겼고, 이곳들이 영구적인 교역 거점이 되었다. 이러한 거점은 다양한 발명이 일어나는 지역을 서로 연결하고 상품과 서비스를 더욱 많이 전파했다. 레반트 지역의 초기 농업 사회들은 아직 도기를 만들거나 사용하지 않았다. 도기라는 개념과 제작 방식은 3만 년 전에 이미 알려져 있었고, 초기 일본과 다른 동아시아 문화에서는 농사를 짓기 전부터 도기를 사용했다. 따라서 레반트 신석기 농업 문화에서 출현한 도기 지식은 아시아에서 유입됐을 가능성이 매우 크다. 아시아인들은 도기를 수출하는 과정에서 서양으로부터 이국적인 상품 이외에도 가축화 및 고생산 농업 지식을 얻었다. 양쪽 모두 이득이었다.

앞서 살펴보았듯 환경이 달라지고 인구가 늘며 식량 부족을 겪던 시기, 중심지 채집 생활방식을 유지하던 영구 정착지가 겪은 딜레마는 고집약 농업으로 일부 상쇄됐다. 또한 중심지 채집자끼리 서로 교역하는 체계로도 문제를 일부 완화할 수 있었다. 하지만 문제가 이곳에서 저곳으로 옮겨질 뿐 잠재적인 문제를 완전히 해결하지는 못했다.

도시의 사회구조

신석기시대 정착 공동체가 이전의 홍적세 후기 문화나 일반적인 수렵채집 문화보다 더 위계적인 것은 아니었다. 신석기시대에 사회적 계층화가 일어났다는 증거는 거의 없다. 가장 초기의 농업 정착지는 대가족이나 몇 개의 혈통 집단으로 이루어졌다. 이런 농업 정착지들은 곳곳에서 온 기술전문가들을 받아들이면서 친밀함이 줄어든 영구 다용도 복합단지로 성장했다.

차탈회위크처럼 다양화된 초기 영구 정착지들의 집과 매장지는 규모 면에서 서로 크게 다르지 않았다. 어떤 집은 다른 집보다 장식이 약간 더 크거나 더 정교했지만 대체로 평등한 사회였다는 뜻이다. 가족과 가정도 경제적 독립을 유지했고 가정이 삶의 중심이었다. 하지만 고생산 농업이 시작되자 사회적 불평등이 늘어날 무대가 마련됐다. 정착 장소를 선택하는 일뿐 아니라 농작물과 가축을 관리할 전문지식에서도 차이가 생기면서 정착지 내와 정착지들 사이에서 불평등의 대물림이 일어났다. 대규모 가축 무리를 통솔했던 신석기시대 목축업자들은 점차 가축을 더 많이 얻었고, 이는 지위의 상징이자 짝짓기 의식의 표준이 됐다.

사실이든 추측에 불과하든, 사회적 불평등이 나타났다는 증거는 일종의 관리 체계governance가 필요했거나 존재했다는 뜻이다. 하지만 사회적 불평등과 관리 체계의 관계는 현대적인 소유권 관점에서 상상하는 것보다 더욱 복잡하고 인간적이다. 현대적 관점에서 볼 때 효과적 관리 체계에서 협력은 핵심이자 걸림돌이다. 허버트 스펜서 Herbert Spencer 같은 19세기 사회학자들을 따르는 많은 진화생물학자는 인간이 본래 이기적이고 개인주의적이라고 믿는다. 진화는 협력을 선호하지 않기 때문이다. 물론 이것은 어리석은 생각이다. 많은 종이 사회적이다. 인간과 우리의 살아 있는 영장류 친척들(이기적 개인주의의 진정한 사례인 오랑우탄을 제외하면)도 마찬가지다. 협력하는 능력은 인류 유산에 깊이 자리 잡고 있다. 인간은 사회적 영장류의 후손이기 때문이다. 사람들은 협력이 필요한 상황에서 보통 협력한다. 그것이 자신에게 가장 이득이라는 사실을 알기 때문이다. 그리고 인간은 자신에게 무엇이 가장 이득인지 잘 평가한다. 서로 친밀하고 신뢰하면 협력하기 쉽다. 초기 농업-도시 중심지는 이런 전통적인 사회적 안정성을 특징으로 하는 협력적 조직이었다.

수렵채집인은
계속 존재했다

농업과 교역을 함께 하는 중석기시대 정착지로부터 비롯된 수렵채집형 유목생활은 신석기시대가 되자 계속 밀려났다. 하지만 인류의 태피스트리에는 항상 고집스러운 전통주의자가 끈질기게 남아 있었다. 홍적세 중기의 수렵채집 생활방식은 아구석기 수렵채집 생활방식으로 진화했다. 중석기시대 이후에도 이런 생활방식을 이어간 사람들을 '신석기 수렵채집인'이라고 부른다.

수렵채집형 유목민이라고 해서 모두 같은 방식으로 생활한 것은 아니다. 농업 사회가 발달하기 시작한 신석기시대의 다른 지역과 달리, 신석기시대에 아프리카에서 목축을 했던 '신석기 목축인pastoral Neolithic'은 9,000년 전에 이집트 북부에서 남부로 전파된 가축 사육 지식을 활용해 낚시, 사냥, 야생 식물 채집 같은 전통적 수렵채집 생활방식을 가축 방목과 관리로 보완했다. 신석기 목축인은 동아프리카뿐 아니라 사하라에서도 등장한다. 7,000년 전에서 6,000년 전까지 이런 생활방식을 채택해 동아프리카 리프트밸리에 정착하고 최초로 아시아-아프리카어족 언어를 사용한 정착민을 '사바나 신석기 목축인savanna pastoral Neolithic'이라고 부른다. 사바나 신석기 목축인은 약 5,000년 전에 지부티, 소말리아, 에티오피아 남서부 지역으로 퍼져나가 이곳에서 낚시와 사냥을 하고 가축 소를 사육했다. 신석기 수렵채집인은 전통적 생활방식을 고수했지만 결코 과거에 갇혀 있었던 것이 아니다. 이들은 정착 문화에서 얻은 발명품을 잘 활용했고 필요에 맞게 조정했다. 아프리카 신석기 목축인은 돌로 집을 짓고 죽은 사람을 무덤에 묻었으며 돌그릇, 절구, 숫돌, 토기 냄비 같은 도구도 활용했다. 일부 신석기 수렵채집인은 농업이라는 개념을 알았으며, 뉴기니에 최초로 도착한 인류는 농업을 빠르게 받아들였다. 주변을 계속 탐색하면서 농업 지식을 잊은 무리도 있다. 예를 들어 최초로 오스트레일리아에 도착한 사람들은 농업을 하지 않았다.

고생산 농업을 채택한 일부 인류는 유연성을 발휘해 전통적 수렵채집 생활방식으로 돌아가거나 지역 수렵채집인과 협력하며 기후 변화에 대처했다. 독일 태생 고고학자 유리스 자린스Juris Zarins는 8,200년 전에 발생한 기후 위기 때문에 레반트의 영구 농업 정착지가 타격을 입자 비슷한 일이 일어났다고 주장한다. 이 지역 거주민 일부는 가축을 데리고 피해 지역을 떠나 남레반트, 파이윰, 이집트 동부 사막에서 신석기 수렵채집인과 합류했다. 아라비아 유목 목축 복합단지가 새롭게 등장해 홍해 해안을 따라 퍼져나가고 동쪽으로 시리아에서 이라크 남부까지 이어졌다.

요약

3만 년 전 인류는 환경의 희생양이 됐다. LGM에서 살아남으려면 축적된 기술 지식을 총동원해야 했다. 인류가 살아남을 수 있었던 가장 큰 이유는 많은 사람이 다윈의 기본 원칙을 따라 달라진 조건에서 도망쳤기 때문이다. 인류는 340만 년 전부터 1만 년 전까지 살아남으며 번성했고, 장소가 아니라 조건을 더 고집했다. 신석기시대는 여러모로 홍적세 후기와 비슷했다. 조건이 좋은 상황에서 고립된 채 발명과 혁신을 거듭하는 기간이 오래 이어졌다. 그 뒤 8,200년 전, 6,200년 전, 4,200년 전에 주요 기후 변화가 일어나자 집단 이주가 뒤따랐고, 발명과 혁신이 확장되면서 조건이 다시 안정됐을 때 정착할 기반이 생겼다. 인간은 상당한 기술력을 갖추었고, 대부분의 지역에서 인구밀도는 아직 절대 수용력 한계에 훨씬 못 미쳤다. 위험한 거대 동물군이 점점 줄어들다가 마침내 완전히 사라졌고 농업 덕분에 식량이 풍부하게 생산됐다. 이 모든 일은 인류 역사상 지난 300만 년과 비교해 이례적으로 기후가 안정된 시기에 일어났다. 그래서 성공적으로 살아남은 인류는 한동안 자신이 주변을 통제할 수 있다는 환상을 갖게 됐다. 문제를 해결했다며 자축하는 분위기가 퍼졌다.

하지만 홍적세 후기와 신석기시대 사이에는 중요한 차이점이 있다. 도시화와 고생산 농업이 등장하며 인간은 생활공간을 새롭게 활용했고 식량이 풍부해졌으며 발명 가능성이 크게 늘었다. 인간은 처음으로 어떤 삶의 조건을 고집하기보다 그런 조건이 있는 장소를 고집한다는 생각으로 전환했다. 기후가 안정된 기간에는 도시형 중심지들이 협력하며 물질적 재화와 발명 지식을 거래하는 일이 폭발적으로 늘었고, 여기에 지식과 기술을 전파한다는 새로운 차원이 더해지며 대확장이 일어났다.

정착생활과 자급자족 농업에서 도시화와 고생산 농업으로 전환했다는 것은 인류의 존재 방식이 처음으로 생물학적 모델에서 사회경제적 모델로 바뀌는 대전환이 일어났다는 뜻이다. 특정한 사회경제적 사상이 있었다기보다는 생산과 성장을 극대화하며 생존과 지속이 아닌 생산과 교환을 추구한다는 전반적 변화가 일어났을 뿐이다. 농업이 성공할 때마다 지역수용력은 다시 설정됐다. 인구밀도가 높아졌지만 대체로 정착지의 최대 수용력 아래로 유지됐으므로 인구 증가로 피해를 본 사람은 없었다. 신석기시대의 정점에 이르자 인간 활동은 기술의 산물을 확대하는 데 집중했고, 발명은 점차 생산과 성장을 늘리는 데 집중됐다. 어떤 사람은 다른 사람보다 더 많이 가졌고 어떤 사람은 거처를 꾸미는 일에 더 적극적이었다. 특별한 재능이 있는 사람은 자신이 잘하는 일을 하고 그 대가로 다른 사람에게 식량을 받아 먹고살았다. 당시에는 아무도 몰랐겠지만 하딘의 깔쭉톱니로 예상할 수 있는 문제가 일어날 무대가 마련되고 있었다.

오랜 시간에 걸쳐 여러 장소에 사람이 밀집됐고, 중심지에서는 전보다 식량과 내구재가 더 많이 생산됐다. 신석기시대에 폴리스페셜리스트인 인류가 분업의 등장을 강화했다는 좋은 증거다. 중심지에 인구가 늘면서 특화와 분업이 확대됐고 그로 인한 이점도 커졌다. 하지만 도시생활로 잠재적 함정도 생겼다. 특화와 분업이 늘자 위기가 닥쳤을 때 독립적으로 생존할 능력과 이동성이 점차 사라졌기 때문이다. 하지만 전반적인 상승세가 너무 뚜렷했고 기후가 오랫동안 상당히 온화했기 때문에 인류는 LGM과 충적세 초기의 고난을 잊었다. 인류는 잠시 정착하던 생활방식에서 영구 정착하는 생활방식으로 전환했다. 이들은 정착지를 고향으로 여겼다. 사람들은 정착지를 벗어나 새로 시작하지 않고도 환경 변화에 대처할 수 있다고 생각하기 시작했다. 이렇게 장소에 관한 소유권 의식이 생겨났다. 온화한 기후 덕분에 사람들은 한 장소에 머물러도 농업 생산량이 늘어나는 보상을 받았다. 이는 점차 신이 이들의 소유권을 지지한다는 증거로 해석됐다.

소유권 의식에 힘입어 달라지는 조건에서 벗어나지 않고 그에 대처하는 방식이 점차 우세해졌다. 기후 변화가 잠깐 일어나도 인간은 기존의 발명을 활용해 제자리에서 대응하다가 다시 환경이 안온해지면 지역의 혜택을 누렸다. 이 때문에 위험의 징조가 나타나도 도망치지 않고 그대로 머무르려는 고집이 강해졌다. 이런 접근법의 문제점은 앞으로 어떤 변화가 닥쳐도 거주지를 버리고 떠날 정도는 아니라고 가정한다는 것이다. 이런 관점에는 변화에 단계적으로 대응할 여지가 없다. 파국에 이를 정도로 상황이 달라지기 전까지는 만사가 예상대로 별 탈 없이 진행된다. 그러다가 모든 것이 완전히 틀어지고 사회가 붕괴한다. 예기치 못한 위기에 맞설 해결책은 필요할 때 '짠' 하고 마법처럼 나타나지 않기 때문이다.

과거의 수렵채집 생활방식을 고수하던 문화권과 이런 지식이 있는 정착민들은 주기적인 기후 변동에 더 잘 대처했다. 훌훌 털고 떠나 다시 시작하기가 더 쉽다는 사실을 잘 알았기 때문이다. 하지만 신석기시대에 일어난 기후 교란이 길어지면서 이런 생활방식의 가치는 점점 잊혔다. 수렵채집형 유목민은 여전히 전 세계에 널리 퍼져 있었지만 소수의 큰 지역에 정착하는 사람이 점점 늘었다.

신석기시대에 도시화한 사회는 유토피아에서 디스토피아로 휘청휘청 나아가기 시작했다. 더욱 도시화한 세상에서는 환경이 국지적으로 달라지기만 해도 훨씬 많은 사람이 피해를 본다. 조건이 크게 교란되면 도시화한 인간은 함정에 빠졌다고 느낀다. 그러다 어느 시점이 되면 이들 중 일부는 상황이 나빠졌을 때 자신을 지킬 수 없게 된다. 그렇게 변화에 저항하다가 붕괴한 문화가 있다는 증거도 발견됐다. 정착민들은 새로운 시작을 향해 질서정연하게 나아가지 않고 불확실한 미래로 황급히 도망쳤다. 신석기시대에는 위험을 무릅쓰고 다른 곳으로 이동해 새로운 삶을 시작하는 사람이 줄었고, 붕괴 끝에 각자도생하는 사람이 늘었다.

1만 년 전에 점점 더 도시화한 인류는 그들이 선호하는 조건을 유지할 수 있겠다고 생각한 특정 장소를 고집했다. 이런 결정 때문에 자신의 성공에 발목이 잡혀 조건 변화에 점점 더 취약해졌다. 대비극의 유령이 스멀스멀 자라고 있었다. 인류는 중대한 도전에 맞서 큰 실수를 저지를 참이었다.

8장

평화를 원하는 자 전쟁에 대비하라

문명과 대비극

A Darwinian Survival Guide

대확장의 여파로 중석기시대에서 신석기시대로 접어들며 농업-교역-도시형 중심지의 사회적 안정성이 늘었지만 홍적세 후기의 특징인 공식적 관리 체계는 거의 나타나지 않았다. 사회조직은 대체로 친족 거주자의 웰빙을 중심으로 돌아갔다. 공정성, 공유, 분업, 협력이라는 감각이 집단 내에, 때로는 집단 간에 형성됐다. 어린이를 교육하고 노인을 존중하고 병자와 부상자를 돌본다는 공감대도 있었다. 예술, 음악, 종교도 있었다. 이런 '사회안정social stability'은 자연스럽게 나타났고 사람들은 친밀함·신뢰·협력이라는 3요소로 이루어진 공간에서 함께 살며 서로 이익을 얻었다**(그림 8.1)**.

안정적인 사회가 얼마나 확대되고 다양화되는지에는 3요소가 모두 영향을 끼치지만 그중에서 협력은 가장 쉽게 얻어지기 때문에 가장 덜 중요하다. 인간은 자신에게 도움이 된다면 자주, 쉽게 협력한다. 게다가 인간은 자신에게 언제 가장 이익이 되는지를 아주 잘 판단한다. 따라서 사회안정은 친밀함과 신뢰에 실질적으로 달려 있다. 모두

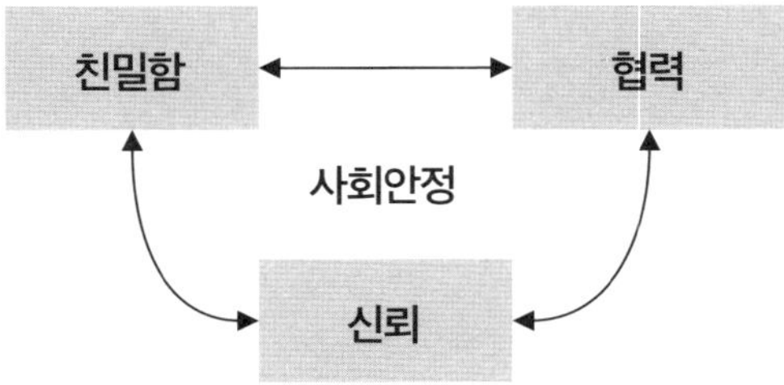

그림 8.1 사회안정의 사회적 3요소는 친밀함, 신뢰, 협력이다. 이 중에서 신뢰는 가장 달성하기 어렵기 때문에 가장 핵심적인 요소다.

가 친족 관계여서 서로 잘 알고 있고, 사회 규모가 비교적 작아서 누구를 믿을 수 있는지가 명확한 확대 친족 집단extended kin group에서는 사회안정을 달성하고 유지하기가 아주 쉽다. 신석기시대 정착지가 점차 도시화·특화되면서 여러 혜택과 기회가 있는 다양하고 복잡한 중심지로 바뀌자 이곳에 매료된 사람들이 모여들었다. 그러자 '친밀하고 신뢰할 만한 친족으로 구성된 사회'라는 초기 핵심 요건이 달라졌다. 새로 들어온 사람들은 정착에 유용한 기술을 제공하면서 신뢰를 얻고 그 신뢰를 바탕으로 사회에 통합된다. 신뢰가 쌓이면 서로의 아이가 어울려 놀고 훗날 결혼하는 것까지 허락할 것이다. 이렇게 신뢰가 늘면 친밀함도 쌓인다. 낯설고 신뢰할 수 없는 사람이 애초에 많지 않고, 있더라도 그가 사회에 가치 있는 필수 요소를 제공한다면 공동체의 다른 사람들도 그와 협력하면서 그가 가진 가치 있는 물건이나 필수 서비스를 식량이나 다른 물건과 교환할 것이다.

그런데 당시에는 알지 못했지만, 신석기 인류가 확장하며 점령한 지역에는 점점 그림자가 드리우고 있었다. 고생산 농업이 자리 잡으면서 인구 대다수가 식량 생산에 직접 관여하지 않아도 되는 집단생활이 나타날 토대가 만들어진 것이다. 농업-도시 중심지는 창의성, 발명, 다양화의 중추가 됐다. 이런 중심지는 다양한 활동에 참여할 기회를 만들었고, 많은 사람을 끌어들였다. 친족이 아닌 사람까지도 말이다. 도시가 성장하면서 서로 다른 친족 집단이 뒤섞여 살게 됐고, 한편 각 친족 집단의 구성원 중에는 여전히 도시 바깥에 남아 있는 이들도 있었다. 사람들은 자신이 속한 집단보다 자신이 사는 장소와 더욱 동질감을 느꼈다. 그 결과 도시에 살지 않는 친족 집단과 새로운 도시형 중심지에 사는 친족들이 사회안정의 3요소인 친밀함, 신뢰, 협력을 유지하기가 점점 힘들어졌다. 반면 도시 안에서는 친족 관계가 아닌 사람들이 함께 살기 시작했다. 낯선 사람끼리 의존할 일이 늘었지만 사회적 친밀함은 줄었다. 도시 거주자들은 이웃과 밀접한 유전적 유대관계가 없었고, 이웃이 어디서 왔는지 모르는 경우도 많아서 누구를 신뢰할지 확실하게 판단하기 어려웠다. 따라서 협력은 점점 중요해지면서도 더욱 어려워졌다.

자급자족하는 수렵채집인들은 무리에서 필요한 것을 사냥하고 채집하고 생산한다. 어느 정도 분업이 일어나면 식량, 도구, 서비스 분배가 적절한 형평성을 띠며 사회안정이 유지된다. 필수품에 대한 보상은 즉각적이거나('식량 고마워. 여기 너에게 필요한 화살촉을 줄게') 단시간에 이루어진다('식량 고마워. 내일 아침까지 화살촉 갖다

줄게'). 초기 농업-도시 중심지는 이와 비슷한 방식으로 운영됐고, 즉각적 보상은 가까운 친족 관계가 아닌 사람들 사이에 신뢰를 쌓는 데 도움이 됐다. 하지만 사회, 특히 교역이 복잡해질수록 즉각적 보상이 줄어들었고 이에 따라 신뢰가 약해졌다. 그러면서 협력을 유지하기가 더 어려워졌다. 지연된 보상 체계가 성립하려면 상당한 신뢰가 필요하므로 이런 체계는 쉽게 무너진다.

인간의 도시화에서 식량 안보는 가장 중요한 문제다. 농업으로 식량을 넘치게 생산하던 초기 농부들은 식량을 원자재나 완제품과 교환해 삶의 질을 높였다. 하지만 그 과정에서 예상치 못한 결과들도 생겼다. 우선 생산성이 특출하게 높은 사람이 너무 큰 영향력을 쥐게 됐다. 그러자 그 풍요를 어느 정도 분배할 공유 메커니즘이 필요해졌다. 한편 숙련된 장인들은 식량이 넘쳐나는 장소에 점점 더 이끌렸다. 직접 식량을 생산할 필요가 없으면 더 좋은 상품을 만드는 데 더 많은 시간을 쏟을 수 있었기 때문이다. 장인은 도시 번영의 핵심이었고, 따라서 그들을 붙잡아두기 위해 식량을 보장할 메커니즘 역시 필요해졌다. 괜찮은 시기에 새로운 중심지의 거주자들은 과거에 어떤 사회도 경험하지 못한 번영을 누렸다. 그 소식이 퍼지자 많은 사람이 중심지로 몰려들었다. 오랫동안 온난한 기후가 이어지면서, 도시 인구 증가는 농업 생산 확대와 잉여 식량 교환과 맞물려 나타났다.

적어도 10만 년 전이 되면 인간 집단 사이에서 조직화된 교역이 나타났다. 당시 유목민 집단은 식량과 물이 충분해지고 서로에게 위협을 느끼지 않게 되자 우연히 교역의 길에 접어들었다. 그 뒤 초기 농업-도시 중심지 사람 중에서는 장거리 교역을 아예 일로 삼을 만하다는 걸 깨달은 이들이 나타났다. 이렇게 새로운 생활방식 중 하나로 자리매김한 교역은 잉여 식량, 원자재, 완제품을 필요한 물품과 맞바꾸기에 최적의 방법이었다. 상인과 고객은 특정 장소에서 상품을 교환하기로 합의했다. 상인은 그 상품을 다른 곳으로 가져가 더 많은 상품과 교환했고 그때마다 이익을 보면서 계속 거래할 원동력을 얻었다. 이 덕분에 교역은 일종의 경제 사업으로 부상했다. 그러다 점차 교역자들 사이에 '지연된 지불 체계deferred payment system'가 생겨났다. 상인에게 초기 교역 물품을 제공한 사람은 상인이 돌아왔을 때 일정한 보상을 기대했다('지금 교역할 상품을 줄 테니, 나중에 돌아와서 여행 중에 얻은 교역품을 내게 주시오'). 이런 체계가 작동하려면 신뢰가 있어야 했다.

물질 생산과 사회경제적 연결이 늘면서 인류는 점점 더 크고 밀집된 인구 집단을 이루어 살게 됐고 점점 덜 이동했다. 광범위한 지역에서 교역을 하면서 멀리 떨어진 정착지들 사이의 연결이 늘었고, 세계는 더욱 빨라지고 가까워졌다. 최고 품질의 식량, 완제품, 교역품을 생산하는 사람에게 상황은 더욱 유리해졌다. 세계 곳곳에서 교역망이 운영됐다. 나일강, 티그리스강, 유프라테스강, 인더스강 등을 따라 장거리 교역이 이루어지며 강둑 주변에 초기 거대도시megacity가 형성됐다. 5,000년 전에서 3,000년 전에 단봉낙타와 쌍봉낙타를 가축화하며 척박한 땅을 가로지르는 교역로도 형성됐다. 오아시스와 마차에서 배로 물건을 옮길 항구가 있는 곳이라면 어디든 도시가 생겨났다.

다시 식량으로 돌아가보자. 인구 증가로 지역의 수요가 늘어 잉여 식량이 줄거나 더위, 가뭄, 해충, 전염병 같은 예기치 못한 변화로 식량 생산이 줄면 자체 생산한 식량에 의존해 교역하는 도시는 사라질 위험에 처했다. 교역은 상품을 교환하는 수단이기도 했지만 도시 사람들이 단기적 기후 변화로 어려움을 겪어도 그곳을 떠나지 않고 생존할 수단이기도 했다. 이것이 특히 중요했던 이유는 사람들이 점점 도시 환경 바깥에서 생존할 수 있는 전통적 수렵채집 지식을 잊고 있었기 때문이다. 도시에 갇힌 이들은 상황이 나빠져도 훌훌 털고 떠나 다시 시작할 수 없게 됐다. 도시와 자신을 동일시하는 사람들은 점점 더 떠나고 싶어하지 않았고, 특화된 사람들은 자급자족하는 법을 잊어갔기에 점점 떠나기 힘들어졌다. 그 결과 어려움이 닥친다는 신호가 나타나더라도 도시 사람들은 이동하지 않고 끈기 있게 기다리며 성장했다. 놀랍게도 이런 결정은 대체로 나쁘지 않았다. 농업-도시 중심지들은 소규모의 단기적 기후 변화에도 놀라울 정도로 잘 회복했다.

도시 중심지의 회복력은 농업-도시-교역 중심지가 성장하는 과정에서 협력이 위축되자 내려진 일련의 결정을 통해 더욱 커졌다. 도시형 중심지가 번성하면서 친밀함과 신뢰가 줄자 협력이 억제됐다. 친족 관계가 희미해지고 지역 식량 생산이 압박을 받으면서 사회안정의 필수 3요소가 흔들렸다. 이제 공동체는 갈등을 해결할 다른 방법을 찾아야 했다. 재화와 서비스가 다양해지면서 경제적 문제도 생겼다. 지연 지불이 예외가 아닌 표준으로 자리 잡으면서 식량, 재료, 완제품이라는 경제의 3가지 구성 요소가 맞물려 돌아가기 어려워졌다. 식량, 재료, 완제품이 모두 '교역품'이 되자 도시 안팎에서 중앙집중적으로 교역을 조정해야 했다. 문화의 경제적 웰빙을 위해서라도 협력은 유지돼야 했고 경우에 따라 강제하기까지 했다. 예를 들어 9,000년 전에서 7,000년 전에 차탈회위크의 집단들 사이에서 일어난 대인 폭력은 사회통제social control의 시작을 알리는 사건이었다.

고생산 농업, 다양화된 기술, 장거리 교역망이 성공적으로 발전하자 사회적 불평등이 생겼고 이에 따라 관리 체계에 문제가 생겼다. 도시형 중심지가 너무 커지고 다양해지자 신뢰와 친밀함만으로는 협력을 유지하기 힘들어졌고, 협력이 주는 명백한 이점을 이어가기 더욱 어려워졌다. 복잡한 농업·생산·교역 사업을 관리하고 조정해야 했다. 확대가족으로 이루어진 이동 수렵채집인들은 그럴 수 있었다. 그러나 도시인은 이동 수렵채집인처럼 '그때그때 상황에 맞춰' 제대로 조정하지 못했다. 새로운 농업-도시-교역 중심지에 사는 사람들은 사회안정에 가해지는 부담을 덜기 위해 식량, 완제품, 교역 같은 집단생활의 핵심 요소를 제도화institutionalization하기 시작했다. 이에 따라 소수의 사람이 책임지고 협력을 보장하거나 심지어 강제하는 중앙집중 운영이 생겼다. 이들은 지역의 이해관계 갈등을 해결하고 도시 안에서나 도시끼리 일어나는 재화와 서비스의 흐름을 조절했다. 이들이 제공하는 서비스는 지연 지불 기록을 보존(초기 회계사의 일)하거나 평화를 강제(초기 경찰의 일)하는 일까지 다양했다.

특정 조건보다 특정 장소에 대한 충성도가 늘자, 상황이 달라졌을 때 무엇을 해야 할지에 관한 논의가 복잡해졌다. 과거에는 적절한 생활조건을 갖춘 새로운 장소를 찾아 집단 이주했지만 오랫동안 온화한 기후가 이어지고 농업, 정착생활, 교역망 같은 활동과 기반 시설이 확립되자 사람들은 점점 떠나기를 꺼렸다. 이들은 온화한 조건이 빨리 회복되기만 기다리거나 교역을 통해 달라진 조건에서 필요한 물품을 얻고자 했다. 농업-도시-교역 중심지에서는 가뭄이나 홍수 같은 소규모의 단기적 환경 교란을 겪고 나면 금방 좋은 조건이 돌아온다는 사실을 경험하면서 회복력을 얻었다. 그래서 이들은 제자리에서 기다리면 곧 좋은 시기가 돌아오리라고 예상했다. 보통은 그런 생각이 옳았다. 하지만 항상 그렇지는 않았다.

이는 인류 문명이 생물학적 접근법에서 사회경제적 접근법으로 전환하면서 발생한 부작용의 첫 번째 징후였다. 인간은 경제적 이유로 밀집된 정착지에 모여들기 시작했지만 조건을 유지하려면 사회를 통제해야 했다. 사회를 더 많이 통제할수록 때때로 발생하는 대규모 환경 교란에 맞서기가 더욱 어려워졌다. 이에 따라 사람들은 환경 변화가 닥쳐 위험에 처하더라도 떠나지 않았고 떠날 수도 없는 처지에 놓였다. 도시가 건설되고 고생산 활동이 시작된 뒤로 단기적이고 규모가 작은 기후 교란은 극복해냈지만, 장기적이고 규모가 큰 환경 교란이 일어나면 사회 전체와 문명이 붕괴할 가능성이 오히려 커졌다. 하딘의 깔쭉톱니는 점점 더 빠르게 돌아가기 시작했다. 새로운 취약성의 증거가 금방 나타났다. 대표적인 예로 약 8,200년 전, 6,200년 전, 4,200년 전, 3,200년 전에 발생한 주요 기후 변화로 도시화한 중심지가 붕괴한 사례가 있다.

동중국해의 저우산군도는 5,900년 전에서 5,600년 전에 강한 폭풍우가 몰아치고 해수면이 급격히 상승하면서 황폐해졌다. 하라파Harappa 문명으로 알려진 인더스 계곡 문명은 2,000년 동안 인더스강을 따라 번성한 여러 도시로 이루어져 있었지만 약 3,300년 전에 붕괴했다. 사람, 가축, 관개시설에 사용될 물의 수요가 늘면서 하라파 문명은 가뭄에 취약해졌다. 한때 너무 덥지도 춥지도 않고, 물이 너무 많지도 적지도 않으며, 토양이 기름지고 야생 식량 자원이 풍부한 골딜록스Goldilocks 지역으로 여겨졌던 곳들은 기후 변화로 심각한 가뭄을 맞아 조건이 달라지자 사회를 유지하지 못했다. '석기시대의 베네치아'로 불린 중국의 초기 도시 량주는 약 4,000년 전에 대홍수를 맞아 붕괴했다. 중국 북부 도시 시마오는 4,200년 전에서 3,700년 전까지 무렵 돌담으로 둘러싸인 도시 중 가장 큰 도시였다. 이 도시는 습한 조건에서 노동집약적으로 재배해야 하는 기장을 주식으로 삼아 5,000년 전에서 4,200년 전까지 유지됐다. 약 4,200년 전, 지역에서 기후 변화가 일어나 환경이 더 춥고 건조해지자 시마오 사람들은 재배 작물을 여우꼬리기장으로 바꿨지만 역부족이었다. 결국 시마오는 3,000년 전에 폐허가 됐다. 룽산龍山 문화는 약 4,400년 전에 중국 하이다이 지역에서 등장했는데, 약 4,200년 전에 기후 변화로 계절풍 패턴이 나타나자 이강과 뤄강의 흐름이 달라졌다. 룽산 농부들도 시마오 농부들처럼 강우량에 따라 재배 작물을 바꾸며 식량 생산 방식을 조정했으나 그 노력도 수포로 돌아갔고 룽산 역시 3,800년 전에 사라져버렸다.

일부 초기 도시 문화가 처참히 무너졌지만, 그 붕괴를 초래한 사건들이 너무 드물게 일어난 탓에 인간은 고집을 꺾지 않고 거주지를 더욱 도시화해나갔다. 이런 현상은 지금까지도 이어진다.

대비극

정확한 시기나 이유는 알 수 없지만 농업-교역-도시화 생활이 출현한 직후, 조상 중 일부는 '그때는 괜찮아 보였지만' 사실 인류 역사상 최악이었던 결정을 내렸다. 더 이상 살 만한 생활조건이 아닌데도 도시를 떠나지 않은 것이다. 이런 결정 때문에 도시화한 인간에게 필요한 자원을 초과해 인구가 늘어나거나 조건이 달라져 이용할 수 있는 자원이 줄면서 주변 환경과 갈등할 때 이를 해결할 진화론적 선택권이 사라졌다. 인간은 농업-교역-도시형 중심지에서 협력을 위해 개발한 제도가 성공하자 이에 고무됐다. 그 결과 사회경제적 초점은 안정에서 통제로 옮아갔다. 서로를 잘 모르고 신뢰하지도 않는 사람들이 영구 정착지에 모여 살기 시작한 시기에는 사회통제가 괜찮은 아이디어처럼 보였다. 농업-교역-도시형 중심지는 사회통제를 통해 상당한 회복력을 얻었지만, 이런 변화에는 착취적 분위기가 스며 있었다. 처음부터 그렇지는 않았지만 분명 초기부터 그랬다. 소수가 다수를 통제하며 보호를 약속했고 보호받는 사람에게서 물질적 지원을 얻었다.

이처럼 문제를 해결하기 위해 타인의 것을 거리낌 없이 갈취할 수 있다는 발상이 이어졌고, 이후 전쟁이 인간의 생활양식으로 자리 잡기에 이른다.

한 사회가 다른 사회와 조직적인 전쟁을 벌였다는 최초의 증거는 약 9,000년 전에 나타난다. 그리고 고고학자들은 그 무렵 이후로 모여든 사람들 사이에서 조직적 폭력이 일어났다는 증거를 속속 찾아냈다. 대체 무슨 일이 일어났을까? 환경이 점점 나빠지면서 필수 자원이 고갈되고 교역할 것이 남지 않았음에도 사람들은 생존을 위해 살던 곳을 떠나기보다 다른 집단에 폭력을 행사하는 쪽을 택했다. 인간은 서로에게 폭력을 쓸 수 있지만 그렇다고 해서 아주 폭력적인 종은 아니다. 특히 인구밀도가 낮고 탈출이 가능한 상황에서는 그렇다. 하지만 인구밀도가 높고 탈출한다는 선택지가 없을 때는 인간도 다른 동물처럼 상당한 폭력을 쓴다. 이것은 인류세의 대비극Great Tragedy이다. 상황이 악화되면서 진화적 본능과 하딘의 깔쭉톱니가 그곳을 떠나라고 밀어붙여도 사람들은 전쟁을 벌이며 그곳에 머물렀다. 전쟁은 붕괴할지도 모른다는 두려움에서 나오는 반응이다. 전쟁은 인간이 나약해졌을 때, 적어도 나약함을 인지할 때 발생한다. 그리고 전쟁은 신뢰를 파괴한다. 따라서 전쟁은 쉽게 유지할 만한 생활방식이 아니다. 전쟁하려면 사회통제라는 기존의 사회경제적 제도를 무기화해야 하기 때문이다.

관리 체계의 무기화: 착취 조직화

인간의 진화적 본능은 곤경에서 도망치는 것이다. 따라서 질서정연한 형태로든 혼비백산한 모습으로든, 탈출한다는 결정은 개인의 결단이나 집단적 합의로 쉽게 도출된다. 하지만 그 누구도 다른 사람을 상대로 쉽게 전쟁을 벌이지는 않는다. 누군가가 진화하려는 충동을 거슬러 행동하라고 무리를 강하게 부추기지 않는 한 말이다. 전투력을 높이려면 친족 집단을 넘어 사회 전체가 강하게 결속해야 한다. 친족보다 다른 조직원과 더욱 결속된 폭력집단은 결국 군대가 된다. 그러려면 감수성 예민한 젊은이들이 스스로 목숨을 바치게 할 수단이 있어야 한다. '맞서 싸우는 것만이' 유일한 선택지인 상황으로 이들을 내몰아야 하는 것이다. 약 2,500년 전에 손자孫子는 《손자병법孫子兵法》에서 이런 생각을 체계화했다.

이렇게 하려면 사람들을 정교하게 지휘하고 통제해야 한다. 사람들 사이의 협력을 촉진하고 갈등을 해결하기 위해 만든 관리 체계는 완벽한 억압 수단이 됐다. 어쩌다 그렇게 된 것일까? '공감empathy'은 사회안정을 끈끈하게 유지하는 접착제이자, 통제권을 얻은 사람이 권력을 남용하는 일을 막아주는 최소한의 장치다. 하지만 어떤 사회 체계든 교묘하게 악용될 틈새가 있는 법이다. 사기꾼이 한두 명일 때야 전반적인 사회안정에 큰 문제가 없고, 오히려 사기꾼이 주변으로 밀려나거나 배척당한다. 반면 사기꾼이 너무 많아지고 모두가 남들을 이용하려고 하다 보면 체계가 망가진다. 결국 사회가 붕괴해야 문제가 해결된다. 모든 사람에게 해가 되는 일이다.

공감 능력이 떨어지는 사람들은 극소수 권력자가 될 방법을 모색하기 시작했다. 그들은 본래 거대하고 복잡한 도시의 사회안정을 강화할 목적으로 만들어졌던 제도에 눈독을 들였다. 주변 사람에게 공감하지 못하는 사람은 사회안정보다 통제에 끌리는 법이다. 이처럼 이기적 욕망에 따라서만 움직이는 사람의 손에서 사회제도는 개인적 권력을 얻기 위한 수단으로 전락한다. 그들은 '무조건 나를 지지해 주면 그다음에 당신을 어떻게 보호해줄지 알려주겠다'라는 지연 보상 원칙을 적용해 권력을 강화한다. 이런 방식은 오늘날 정치의 근간이기도 하다. 어떤 집단의 구성원들이 서로 친밀하지 않고 누구를 믿어야 할지 모를 때, 공감력이 부족한 사람들은 기회를 놓치지 않는다. 이들은 '공동선을 위한 통제'라는 허울 좋은 메시지를 내세우면서 뒤에서는 소수의 이익을 위해 다수를 통제한다. 개인의 힘을 확대하기에 가장 좋은 시기는 대중이 실제든 허구든 실존적 위협을 느낄 때다. 소수는 사회통제에서 비롯된 예상치 못한 결과를 악용했고, 오랜 대규모 환경 교란에 맞서 전쟁에 나선다는 비극적인 결정을 내렸다.

종교의 무기화: 전쟁과 전쟁 시도 정당화

특히 관리 체계와 종교 같은 여러 제도가 하나의 목표를 향해 나아갈 때, 사회통제는 개인의 권력을 강화하는 매우 강력한 수단이 됐다. 종교는 관리 체계라는 제도보다 훨씬 오래전에 등장했지만, 새롭게 떠오르는 농업-도시 중심지에서 둘은 빠르게 통합됐다. 오늘날의 알레포 근처 텔 콰라말에 설립된 정착촌에는 1만 1,650년 전쯤 세워진 사원이 둘 있다. 이 사원은 제도적 종교와 영구 정착지를 잇는 초기 연결 고리였다. 로버트 그레이브스가 주장했듯, 지중해 지역, 레반트 지역, 흑해 지역에서 일어난 대비극은 모계 종교 전통이 부계 종교 전통으로 대체되던 무렵에 일어났다. 모계 종교는 세상의 본질과 그 세상에서 살아남는 가장 좋은 방법을 설명했던 반면, 부계 종교는 목숨을 바친 사람에게 내세라는 큰 보상이 따른다는 죽음 숭배를 내세웠다. 이런 부계 종교 전통으로 전환되자 전쟁의 북소리는 더욱 커졌다.

관리 체계와 종교의 명분이 일치할 때, 사람들은 공공의 행동이 도덕적으로도 정당하다고 쉽게 믿는다. 종교적 관행은 특정 장소를 방어하는 일에 도덕적 정당성을 부여하면서 초기 관리 체계를 강화했다. 관리 체계와 종교는 힘을 합쳐 특정 장소를 지킨다는 명분을 내세우면서, 감수성이 예민한 젊은이들에게 타인을 공격하도록 강제할 메커니즘을 만들었다. 이런 일의 배경에는 '우리는 특별하고, 이 장소는 우리에게 특별하며, 우리는 이곳에 있어야 할 신성한 권리가 있고, 우리 조상이 여기 있다'라는 식의 이야기가 있다. 특정 장소에 대해 신성한 소유권이 있다는 개념이 정착민의 영적 믿음에 새겨지자, 어려운 시기가 닥쳐도 그곳을 내팽개칠 수 없게 됐다. 어떤 장소를 지키기 위해 죽는 일은 도덕적이고, 위험에서 도망치는 일은 비도덕적이며 비겁한 일이 됐다. 이웃 나라와 함께 해결책을 논의하는 일은 '적에게 굴복하는' 것이나 다름없었다. 진화적 본능에 따라 갈등에서 도망치거나 갈등을 해결하려고 하는 사람을 겁쟁이로 낙인찍거나 심지어 본보기로 삼아 공개 처형하기도 했다. 도시형 중심지에는 영구적인 예배 장소가 세워지며 이런 메시지를 더욱 강화했다. 종교 지도자들은 상황이 좋으면 자신의 공으로 돌리고 상황이 나빠지면 다른 이들을 비난했다. 종교는 보상 지연이라는 경제 체제를 모방해 '지금 십일조를 내면 사후에 복이 온다'라는 논리를 내세우며 관리 체계와 돈독한 관계를 쌓았다.

조직적 전쟁이 일어난 시기에는 모든 사람을 매장하지 않고 몇몇 사람을 위해서만 장엄한 매장 의식을 거행했다. 거석, 고인돌, 무덤 언덕, 분묘, 선돌, 헨지 등 죽은 자를 위한 기념물이 폭발적으로 세워지며 '우리는 떠나지 않았다'라는 메시지를 전했다. 예리코와 아인 가잘 매장지에서 발견된, 진흙으로 얼굴 형상을 본뜬 유물은 죽은 자의 머리를 보전하는 조상 숭배를 나타낸다. 유럽에서는 명예로운 죽음을 기리기 위해 정교한 무덤을 건설하기 시작했다. 영국 제도의 신석기인은 긴 석실 무덤을 만들었는데, 아일랜드에서 특히 많이 발견되며 지금도 수천 개가 남아 있다. 가장 웅장한 무덤은 통치자, 신, 종교 지도자, 명예롭게 죽은 사람의 것이다. 이집트 피라미드는 세속적 권력과 종교가 맺은 불가분의 관계를 보여준다. 피라미드는 신성한 권리에 따른 통치를 표상한다. 몰타 파올라의 할 사플리에니Hal-Saflieni 지하 무덤은 약 4,500년 전에 만들어진 거대한 지하 신전으로, 원래 성소였지만 무덤이 됐다. 살아 있는 사람을 위해 자원을 쓰지 않고 죽은 사람을 기리는 기념물을 세웠다는 것은 사회안정보다 사회통치를 중시하는 데 몰두했음을 의미한다.

종교와 전쟁이 이어지며 죽음을 미화하는 희생 제의가 등장했다.

8,000년 전의 유럽 지하 묘지에서는 많은 시신이 발견되었는데 이 중 대다수가 제의적 방식으로 살해된 것이다. 식인 의식의 일환으로서 죽은 적을 모욕하기 위해 시신을 훼손하고, 그 뒤 가축이나 반려동물에게 먹이로 주거나 청소동물에게 뿌렸다는 증거도 남아 있다.

농업의 무기화: 투쟁의 이유

식량 안정성은 조직적 전쟁을 일으킨 주된 동인이었다. 기후가 달라져 작황이 나빠지거나 도시 인구가 지나치게 빠르게 늘어나면 식량이 부족해졌고, 도시 거주자들은 점점 더 갈등에 취약해졌다. 어떤 도시에서 식량이 불안정해졌을 때, 식량이 남아도는 다른 곳이 있다는 사실을 알면 싸움을 벌일 이유가 생겼다. 사람들은 식량이 있는 곳에 집단으로 쳐들어가 원하는 것을 주면 조용히 떠나겠다고 약속했다. 요구에 따르지 않으면 강제로 원하는 것을 빼앗았다. 이 무렵 관리 체계를 통제하던 사람들은 시민들에게 대가를 주면 먹고살 수 있게 해주겠다고 약속하는 한편, 다른 지역에 가서 물자를 내놓지 않으면 파멸시키겠다고 위협했다. 이렇게 빼앗은 것을 시민들에게 대가를 받고 나눠주면서 약속을 지켰고 그 빌미로 권력을 유지했다.

여러 지역에서 기술전문가가 유입되자 농업 정착지는 영구적인 다용도 복합단지로 성장했다. 새로 등장한 도시는 인구밀도가 높아졌고, 친족 관계가 희미해졌으며, 스스로 식량을 생산하지 않는 전문가가 늘었다. 이에 따라 지역의 식량 수요가 늘었고, 식량을 가장 많이 생산하는 농업전문가에게 상황이 유리해졌다. 게다가 생산량과 연결은 늘었지만 이동은 줄면서 많은 인구가 한곳에 대거 밀집해 살게 됐다. 인류는 세상을 더 좁고 빠르게 만들었다. 교역이 광범위하게 이루어지면서 멀리 떨어진 정착지들이 더 많이 연결되고 세계는 한층 더 가까워졌다. 교역을 통해 물리적으로든 지식의 형태로든 기술이 전파됐다. 더 큰 세계에 관한 지식과 유전자도 전파됐다. 모두 식량을 가장 많이 생산하는 생산자에게 유리한 상황이었다.

진화의 궤적이 달라지자 여성의 지위에도 결정적인 변화가 생겼다. 임신했거나 새끼를 돌보는 사회적 영장류 암컷은 대개 멀리 나가 먹이를 찾는 활동을 하지 않는다. 인류가 자신을 사냥꾼이라고 여길 때도 비슷했다. 진화적 관점에서 보면 여성은 남성보다 희생됐을 때의 비용이 더 큰 자원이다. 여성은 임신을 하고 자손을 기르기 때문이다. 하지만 이런 이유로 여성이 위험한 활동에서 배제됐다고 해서 그들의 사회적 지위가 낮았다는 뜻은 아니다. 홍적세 초기부터 남성은 주로 사냥을 했고 여성은 협동 사냥에서 일손을 도왔다. 남성도 필요하면 채집 활동을 도왔다. 홍적세 중후기 동안 여성과 남성은 거의 평등했다. 인류 역사상 가장 성 평등한 시기였다. 예술과 장례 의식을 볼 때 공동체에서 여성의 지위가 높았고, 남녀 모두 의사 결정에 참여했을 가능성이 크다. 고대 그리스 신화를 재구성했던 로버트 그레이브스에 따르면, 삶의 전향적 면을 강조하는 종교 제도에 기반한 그리스 사회에서는 원래 영적 영역을 여성이 주도했다. 그 뒤 갈등과 전쟁을 강조하고 세속적 영역과 영적 영역을 모두 남성이 주도하는 부계 중심 종교 문화가 밀려 들어왔다는 것이 그의 주장이다. 스키타이족

Scythian 여성 전사처럼 때로 특권층 여성이 전쟁에 참여했다는 증거도 있다. 이처럼 여성이 이따금 전쟁에 참여한 경우도 있지만 정규군이었다는 증거는 없다.

인류학자이자 고고학자인 스티븐 컨Steven Kuhn에 따르면 후기 홍적세 전까지는 성별에 따른 분업이 없었으며, 성별 분업은 식량이나 다른 자원을 더 효율적으로 획득하기 위한 차원에서 생겨났다. 지리학자인 재러드 다이아몬드Jared Diamond는 농업을 택하면서 여성의 지위가 낮아졌다고 주장했다. 수렵채집 사회보다 농업 사회에서 여성이 임신 횟수가 더 많고 더 힘든 노동을 했으리라는 것이다. 일리는 있지만 생물학적으로나 역사적으로나 완전히 타당한 주장은 아니다. 인류는 농업 이전에 수렵채집을 할 때부터 식량을 쉽고 빠르게 얻을 수 있는 곳을 찾아다닌 데다, 농업과 가축화를 통해서 식량을 모으기가 훨씬 더 쉬워졌기 때문이다.

우리는 인류가 스스로 전쟁을 벌이기 시작하면서 여성의 지위가 하락했고, 농업에서 성별 분업이 뚜렷해졌다는 해석이 훨씬 자연스럽다고 본다. 남성이 짧은 기간 사냥에 나설 때는 누구나 그들이 돌아올 것이라고 기대했다. 남성이 사냥에 집중하는 동안 여성은 식물 재배와 가축화를 이해하고 그 지식을 실전에 적용했으며, 이를 나중에 남성과 공유했다. 그 결과 여성은 남성이 사냥에서 돌아올 때까지 육체적으로 힘든 일을 미루면서 스스로 농장을 운영할 수 있었다. 하지만 남성이 전쟁터로 떠나면 언제 돌아올 수 있을지 불분명했다. 따라서 농사를 짓는 여성이 무한정 더 큰 육체적 부담을 지는 것은 남성이 전쟁을 하러 떠날 때뿐이었다. 게다가 공교롭게도 홍적세 초기에는 성별에 따른 체구 이형성이 줄어드는 진화적 추세가 시작됐다. 인류 역사상 그 어느 때보다 여성의 체구가 남성의 체구와 비슷했던 시기라는 뜻이다. 그 결과 여성들은 더 많은 신체적 부담을 지기 시작했고, 장차 군인이 될 더 크고 건강한 아이를 낳아야 한다는 사회적 압박을 받았다. 여성들은 이중 부담을 덜기 위해 전쟁에 나서는 군인을 농부로 전환하는 데 우선순위를 두었을 것이다.

교역의 무기화: 목표물 찾기

멀리 떨어져 사는 사람들은 교역을 통해 자신이 경험하지 못한 세계를 알게 됐다. 교역상들이 제공하는 정보를 제외하면 고객들은 서로 만나거나 서로에 대해 많은 것을 알 필요가 없었다. 관리 책임자들은 어려운 시기에 교역상을 통해 식량 같은 중요한 물자 공급원에 관한 정보를 얻을 수 있음을 간파했다. 교역상은 그런 공급원이 어디에 있고 얼마나 방어가 튼튼한지에 관한 정보를 판매했고, 이는 다른 지역에서 식량과 재화를 강탈하는 계획의 도화선이 됐다. 한편 교역상에게 완제품을 얻은 고객이 스스로 상품을 본떠 만들 경우 더 이상 교역이 필요 없어질 수도 있다. 심지어 설계를 개선해 원본보다 더 나은 물건을 만들 수도 있다. 따라서 정보 거래자가 되는 일에는 위험이 따랐다. 교역상은 자신이 오가는 지역에 뿌리내린 사람이 아니었기 때문에 어디를 가든 불신의 눈초리를 받았다. 어떤 곳에서 고객을 속였다는 사실이 발각되면 다음번에 그곳을 다시 방문했을 때 위험에 처했을 것이다. 게다가 이들은 새로운 질병을 옮길 수도 있었다. 이에 따라 교역상을 환영하는 분위기는 빠르게 식었을 것이다.

방어하고 반격하기: 군비경쟁의 시작

무기 기술에 관한 지식이 보급되면서, 강탈의 표적이 된 장소들은 자신을 강화하며 방어하기 시작했다. 오랫동안 고고학자들은 선형무늬토기 문화 사람들이 방어할 필요가 없는 평화로운 생활을 했다고 생각했다. 하지만 중유럽에서 발굴된 유적은 이런 생각이 사실과 다름을 보여줬다. 선형무늬토기 문화에서는 약 6,800년 전에 대규모 원형 해자를 둘렀다. 이런 구조물이나 이후에 나타난 둑으로 에워싼 울타리, 매장용 무덤, 헨지 같은 개선된 구조물을 건설하려면 상당한 시간과 노동력이 필요했다. 거대한 위험이 몰려온다는 인식이 퍼져 있었다는 뜻이다. 라인강을 따라 발견되는 선형무늬토기 문화 유적지를 살펴보면 말뚝과 외부 해자로 둘러싸인 마을 등 방어의 흔적이 많다. 독일 탈하임에서 발견된 죽음의 구덩이Death Pit처럼 홍적세보다 신석기 시대에 무기에 맞아 외상을 입은 뼈가 더 많이 발견된다는 사실은, 이 시기에 집단 간 조직적 폭력이 더 흔했다는 사실과 일치한다. 전쟁을 향한 인류의 집착이 얼마나 오래됐는지 보여주는 증거는 중국에서도 나타난다. 중국인들은 약 6,000년 전부터 침략자를 막기 위해 거대한 성벽을 쌓았고, 1600년대 중반까지 이를 연결하고 더하고 교체하며 수정 작업을 이어갔다.

표적이 됐던 문화 중 일부는 결국 반격을 시작했다. 이 과정에서 도시화된 정착지가 더 커지기도 했지만 근본적 역학이 달라지지는 않았다. 과거에 강탈했던 장소를 다시 습격할 경우 저항뿐 아니라 보복과 파멸에 직면할 수도 있었다. 인류는 더 나은 무기와 전쟁 도구의 생산을 지역 경제의 끝없는 원동력으로 삼았고, 인구를 부양하기 위해 식량과 물자를 강탈하는 생활방식으로 나아갔다. 인류는 쟁기를 칼로 바꾸기 시작했다. 당시에는 아무도 몰랐겠지만, 인류는 해결할 수 없고 끝나지 않으며 궁극적으로 무의미한 갈등의 길에 들어섰다. 승패는 한때일 뿐, 오늘의 승자가 내일의 표적이 됐다.

인간이 선천적으로 폭력적이든 아니든, 한번 시작된 전쟁이 결국 하나의 문화가 됐음은 분명하다. 공격-방어-반격이 반복되는 유구한 역학은 훗날 '군비경쟁arms race'으로 불리게 된다. 이제 인류의 앞날은 진화론의 뿌리에서 완전히 갈라져 나와 인간의 열망에 끌려갔다. 인간은 그렇게 열망을 좇는 일이 어떤 결과를 초래할지 제대로 따져보지 않았다. 적의 보복을 걱정하며 다음 전쟁을 준비하기 위해 엄청난 잉여를 축적해나갈 뿐이었다. 가장 많이 축적한 사람이 권력을 쥐었다. 개인적 부를 갖춘 권력자들은 귀족이나 왕족이 아니어도 정부와 종교를 지배하고 국정에 영향을 끼쳤다. 로마의 저술가 푸블리우스 플라비우스 베게티우스 레나투스Publius Flavius Vegetius Renatus는 4~5세기에 소책자 《새로운 군대에 관하여De Re Millitari》를 펴내며 이렇게 적었다. "평화를 원하는 자는 전쟁에 대비하라Igitur qui desiderat pacem, praeparet bellum." 이는 약 2,500년 전 손자의 《손자병법》, 약 2,450년 전 플라톤Platon의 《법률Nomoi》, 약 2,100년 전 중국의 《사기史記》 같은 초기 저작에도 등장한다. 로마 제국이 등장할 무렵 이런 관점은 교리처럼 뿌리내렸으며, 오늘날까지 정치·사회·경제의 핵심으로 자리잡고 있다.

도구의 무기화: 전쟁 기계의 등장

억압하고 통제하는 사람보다 더 좋은 무기가 있다면 상대를 더욱 쉽게 위협할 수 있을 것이다. 처음에는 사냥하고 가축을 도살하는 데 썼던 도구로 사람을 죽였다. 그런데 어떤 사람은 오직 누군가를 살해할 목적으로 무기를 만들었고, 전쟁 초기에 단기적 우위를 점했다. 이후 전쟁이 생활방식에 녹아들면서 더 강한 무기를 더 많이 만들고, 사람을 더욱 효과적으로 죽일 수 있는 무기를 개발하는 일이 기술적으로 중요해졌다.

이때 야금술metallurgy(금속을 광석에서 추출해 필요에 맞게 조성을 바꾸거나 원하는 형태로 만드는 기술-옮긴이)이라는 기술 혁신이 큰 역할을 했다. 금속 지식은 오래전부터 있었다. 돌을 깎고 뗀석기를 만들던 중심지에서는 금속이 풍부한 암석이나 운석을 발견하기도 했다. 예를 들어 파라오 투탕카멘Tutankhamen의 묘에는 운석으로 만든 쇠칼이 함께 묻혀 있다. 적어도 9,000년 전의 비옥한 초승달지대에서는 금, 은, 구리로 만든 보석이 발견된다. 반면 같은 시기 이 지역의 석기 복합체의 경우, 전반적으로 고품질 원자재 조달, 사용, 미적 다양성이 현저히 줄어들었다. 석기 장인들이 구리 도구에 눈을 돌리면서 석기 제작 기술이 쇠퇴했다는 의미다. 7,000년 전에서 5,000년 전까지의 동기Chalcolithic 시대(또는 구리시대)는 신석기시대와 청동기Bronze시대 사이에 놓이긴 하지만, 아구석기·중석기·신석기시대가 겹치듯 신석기·동기시대도 금속 가공이 출현한 시기가 겹친다. 7,000년 전에서 5,000년 전에 조상들은 금, 은, 구리처럼 유연한 금속을 가공하며 야금술을 익혔다. 이런 금속은 가공하기 쉬웠지만 좋은 도구나 무기를 만들기에는 적합하지 않았다.

가장 지키기 어려운 비밀은 군사 기밀이다. 광범위한 교역로를 통해 금속의 특성에 관한 지식이 다른 지역으로 전파됐다. 금속을 함유한 광물에 관한 지식 역시 널리 퍼졌는데 그런 금속 중 일부는 현지에서 구할 수 있었지만 일부는 교역을 통해 얻어야 했다. 또한 아주 뜨거운 불로 금속을 녹여 추출하고 그것으로 도구를 만드는 방법을 알아야 했다. 이런 야금술을 개발하기까지는 시간이 오래 걸렸다. 하지만 한번 야금술이 정립되자 이 발전은 빠르게 퍼져나갔다. 각 지역에서는 금속 기술을 통해 생산성을 높이고 새로운 실험을 하는 등 여러 가지 기회를 얻었다. 여러 지역의 금속 전문가들은 저마다의 도구를 만들었다.

야금술이 발명된 뒤, 인간의 삶은 아주 복잡해졌다. 금속 도구는 석기보다 날카롭고 가벼워서 사냥하거나 동식물을 처리하기에도 좋았고 식량 생산을 늘리는 데도 도움이 됐다. 금속을 이용하면 돌을 쓸 때보다 더 좋은 무기를 만들 수도 있었다. 금속 무기는 날카롭게 벼려서 몇 번이고 다시 사용할 수 있었다. 무기로도 쓰일 수 있던 도구들은 순식간에 무기로만 쓰이는 도구들로 대체됐다. 그때부터 기술 발전에는 군사적 용도에 대한 고려가 더해졌다. 피터 터친Peter Turchin과 동료들은 2021년 발표한 논문에서 이 시기를 "전쟁 기계가 출현"한 시기라고 절묘하게 표현했다.

신석기시대에 시작된 대비극은 금속시대와 함께 전 세계적 생활 방식으로 강화됐다. 약 9,000년 전까지만 해도 자연재해가 일어나면 중심지에서 사람들이 '빠져나가는' 이주가 촉진됐다. 하지만 이제는 자연재해가 일어나면 전쟁이 뒤따랐고, 사람들이 인구 중심지로 '모이는' 이주가 촉진됐다. 전쟁에서 패배하거나 침입을 당한 도시와 농촌에서 사람들이 이주해오면서, 도시는 요새화된 군사기지이자 문화적 용광로가 됐다. 유럽에 야금술이 도입된 신석기-동기 전환기에는 농업과 목축을 함께 하는 농목agropastoralism이 현저히 늘었다. 쫓겨난 시민 일부가 도시를 떠나 다른 도시로 옮겨가는 것은 전쟁이나 갈등에서 벗어나는 합리적 해결책이 아니라고 판단했기 때문이다.

금속을 자주 다루기 시작한 조상들은 특정 금속의 혼합물인 합금을 이용하면 돌이나 구리만 이용할 때보다 더 좋은 도구를 만들 수 있다는 사실을 발견했다. 그런 합금 중 하나가 주석과 구리의 혼합물인 청동이었다.

청동기시대

청동기시대는 약 6,000년 전에서 3,000년 전까지로, 청동 도구나 청동 무기를 광범위하게 사용한 시기다. 청동은 당시 알려진 금속 중에서 가장 단단하고 내구성이 좋았다. 사실 청동 도구가 너무 뛰어났던 탓에, 석기를 전문적으로 가공하고 생산하며 발생한 신석기시대의 교역망은 약 6,500년 전에 붕괴하기 시작했고 약 5,500년 전이 되자 완전히 사라졌다. 같은 광산에서 구리와 주석이 모두 나는 경우는 잘 없으므로, 각 금속은 서로 다른 지역에서 채굴됐다. 따라서 청동을 생산하려면 적어도 한 가지 금속은 거래를 통해 확보해야 했다. 이런 이유로 서아시아에서는 서양으로부터 청동을 들여오기 시작한 시기인 약 3,000년 전이 돼서야 비로소 주석 청동이 나타났다.

청동기시대는 중요한 후기 가축화 사건이 일어난 시기이기도 하다. 6,000년 전에서 5,000년 전에 흑해와 유라시아 스텝steppe(중위도 지방에 펼쳐져 있는 온대 초원-옮긴이) 지역의 목축형 유목민nomadic pastoralist은 말을 가축화하기 시작했다. 식용 목적도 있었지만 노동력 보충이 주목적이었다. 처음으로 말에 짐을 싣기 시작한 이유가 척박해진 환경이나 외부의 공격을 피해 달아날 때 이동성을 높이기 위함이었는지, 아니면 자원이 많고 이동성이 낮은 도시형 중심지를 공격할 때 군사적 기동성을 높이기 위함이었는지는 밝혀지지 않았다. 어쨌든 말 가축화는 2가지 기능 모두를 훌륭하게 수행했다.

약 5,700년 전 북유럽에서는 처음으로 페스트균*Yersinia pestis* 때문에 대규모로 페스트가 발생한 사건이 일어났다. 이 때문에 농업-도시 중심지가 파괴됐다. 페스트 발발은 약 6,200년 전에 기후 변화가 일어난 뒤 이 지역 농업-도시 중심지가 겪은 어려움과 관계있다. 수렵채집형 유목민은 곧바로 스텝 지역을 벗어나 유럽 동쪽으로 이동하기 시작했다. 대체로 소규모 독립 집단이 지역을 탐색하며 띄엄띄엄 이동했지만 큰 조직을 이루기도 했다. 이런 문화 중 하나는 동유럽과 스텝 지역의 코카서스 수렵채집인 집단이 융합하며 등장한 얌나야Yamnaya 문화였다. 이들이 원래 살던 중심지는 폰토스-카스피Pontic-Caspian 스텝 지역일 가능성이 크다.

약 5,300년 전에 얌나야 문화가 유럽을 휩쓸자 기존의 유럽 Y 염색체(남성) 유전자 보체는 얌나야 Y 염색체 보체로 빠르게 대체됐다. 이는 얌나야인이 유럽의 성인 남성과 소년을 모두 살해했다는 뜻이다. 유럽의 남성 농부가 모두 살해됐을 때 유럽 농업은 어떻게 됐을까? 얌나야 문화가 유입되면서 인구에 현대 Y 염색체 보체가 더해졌고 초기 인도-유럽어가 사용됐지만, 이 정복자들은 자신들이 막 정복한 체계에 포섭됐다. 많은 얌나야인이 남편과 아들을 잃은 농장 여성들에게 동화되어 스스로 농부가 된 것이다. 그 결과 매듭무늬도기Corded Ware 문화와 종형비커형도기Bell Beaker 문화가 탄생했다. 다른 문화인은 새로운 도시형 중심지를 건설하거나 오래된 도시 중심부를 재건하기 시작했다. 얌나야인이 기존의 광활한 스텝 지역을 떠나자, 6,000년 전에서 2,000년 전에 스키타이족 같은 다른 이동 목축 수렵채집인에게 더 많은 공간이 열리면서 전쟁의 움직임이 끊임없이 이어졌다. 침략자가 기존의 농업 도시 체계에 동화될 때마다 정착생활이 더욱 늘어났고, 이런 곳은 수렵채집형 유목민을 더욱 끌어들였다. 하지만 유목민 집단이 농업-도시 사회를 정복하고 이곳에 흡수될 때마다 도시화한 환경 바깥에서 살아남는 방법을 아는 집단의 수는 점차 줄어들었다.

이집트인은 청동기시대 도시 문명의 상징이었다. 대부분의 인류 역사에서 나일강 계곡은 아프리카를 오가는 효과적이고 유용한 확산 통로였고, 충적세에는 귀중한 정착지가 됐다. 과거 수렵채집인이 이동하던 길을 따라 영구 정착지와 농업 공동체가 생겨났다. 수렵채집인은 이곳에서 식용 동식물을 쉽게 구할 수 있다는 것을 눈치챘다. 하지만 그들은 이곳의 정착민들이 이 동식물을 사유재산으로 생각한다는 사실을 몰랐거나 신경 쓰지 않았다. 이 때문에 최소 1만 3,400년 전부터 대인 갈등이 산발적으로 반복해서 일어났다. 인구밀도 증가와 영거 드라이아스 시대의 기후 변화와 관련된 사건이었다.

하지만 약 6,000년 전, 이집트는 정교한 사회로 통합되었다. 이집트에서 파라오는 신성한 존재로 받들어졌고, 관리 체계와 종교는 한 몸이었다. 또한 고대 이집트인들은 왕족이 죽은 뒤 부활한다고 믿었다. 이들은 신석기시대의 특징인 거대한 고분 건축을 확대해 왕족을 안치할 대규모 기념물을 건설했다. 이는 사후세계로 들어가는 입구 역할을 했다. 한편 이집트 인구는 식량 공급량을 초과하기 시작했다. 이집트인들은 교역상을 통해 다른 지역에 자신들이 필요로 하는 원재료와 식량이 풍부하다는 사실을 알게 됐다. 당시 교역상은 신용 공여extend credit(또는 신용 제공)를 해주지 않았기 때문에, 대가를 지급할 역량이 없으면 자원을 구할 수 없었다. '우리는 이곳을 떠나지 않을 것이다'와 '우리는 굶주리고 있다' 사이에서 갈등하던 이집트인들은 기발한 발상의 전환을 통해 문제를 해결했다. 청동 농기구 생산을 청동 무기 생산으로 확장한 것이다. 시장으로 채소를 옮기는 짐수레에 묶여 있던 농장의 말은 전차를 끌게 됐다. 또한 농업 환경에 잘 적응하지 못했던 사냥꾼의 수요가 갑자기 늘었다. 특히 협동을 통해 사냥하는 방법을 잘 아는 사냥꾼이 필요했다. 시대에 뒤처졌다며 조롱받던 사냥꾼이 조직적 군대의 일원으로 탈바꿈했다.

이집트인들은 환경이 척박한 시기에도 나일강 유역에서 계속 살아갈 자원을 얻기 위해 무장 통치, 종교, 교역, 식량, 도구를 결합해 다른 정착지를 공격하기 시작했다. 초기 활동은 성공적이었지만 통치자들은 침략을 멈추는 법을 몰랐다. 그들은 죽은 통치자와 영웅뿐 아니라 신을 위해 도시를 더욱 넓혀야 한다고 주장했다. 이런 고강도 노동에는 인력이 아주 많이 필요했고, 상품을 약탈하기 위해 벌였던 전쟁이 인간을 약탈하는 사업으로 확장됐다. 이를 지켜보던 다른 사회는 자신들에게 닥칠 위협과 기회를 모두 깨닫고서 이집트 모델을 모방하기 시작했다. 청동 무기가 급속히 확산하고, 도시 문화권들이 한곳에 뿌리내리려는 경향이 점점 강해지면서 이집트 전역에서 갈등이 폭발했다. 지중해와 근동 지역에서 일어난 공격, 방어, 반격의 대혼란 속에서, 이집트인들은 이후 히타이트족Hittite이 새로운 무기와 새로운 전술로 반격해오기 전까지 우위를 점했다.

흥미롭게도 이집트 사회에서는 통치 권력에 관한 우려를 표현한 최초의 기록이 발견된다. 약 5,000년 전에 쓰인 〈수다쟁이 농부The Eloquent Peasant〉에서는 진리와 보편적 정의를 상징하는 조화와 균형의 여신, 마아트Ma'at를 호명한다. 이 이야기는 권력과 정의를 조화시키려는 시도로 읽힌다. 이 글에 따르면 파라오는 신성한 존재이자 왕으로서 종교적 권위와 통치권을 모두 지니며 모든 이집트 시민에게 일정한 보호를 약속한다. 여기에는 몇 가지 전제가 깔려 있다. 진실은 기득권에 의해 항상 훼손된다. 그 결과 정의와 기득권 사이에 긴장이 생긴다. 진실은 보편적인 반면, 갈등은 한 번에 하나씩 해결되므로 정의는 조건부다. 마찬가지로 통치 권력은 기득권과 착취의 존재 때문에 보편적 진실이 될 수 없다. 그렇다면 어떤 조건에서 지도자가 전쟁 같은 집단행동을 요구할 수 있는가? 원칙적으로 노예가 아닌 모든 이집트 남성은 자신의 주장이 '진실'함을 근거로 파라오에게 정의를 호소할 수 있었다. 〈수다쟁이 농부〉는 평민이 파라오에게 정의를 호소하고, 실제로 그것을 얻어내는 일화를 그린다. 마아트의 존재는 보편적 규범을 통해 지역적 정의를 구현하려는 초기 시도이며, 이는 통치 체계 안에서 개인의 권리를 어떻게 보호할 것인가, 정의가 불평등하게 적용될 위험에 어떻게 대처할 것인가에 관한 우려가 이미 존재했음을 뜻한다.

4,200년 전에서 3,200년 전까지 광범위한 전쟁과 중대한 기후 변화 사건이 일어났고 지중해, 유럽 대륙, 근동 지역의 많은 도시가 큰 영향을 받았다. 그러자 청동기시대가 갑작스럽게 붕괴했다. 청동 무기

가 필요했음에도 새로운 청동 무기가 거의 생산되지 않았고, 청동 농기구는 무기로 개조됐다. 약 3,500년 전에서 3,000년 전, 청동 도구를 사용하는 켈트족Celt 유럽인은 기후 변화와 이에 뒤따른 전쟁을 피해 영국 남부 지역으로 이주해왔다. 이 때문에 오늘날의 영국 남부 지역의 유전적 구성이 상당히 달라졌고 청동 도구도 축적됐다. 켈트족이 갖고 있던 청동 도구를 많이 챙겨왔기 때문이다. 이는 켈트족이 타지에서 청동 도구를 얻을 수 있을지 걱정했다는 뜻이기도 하다. 생산 중심지와 공급망에 문제가 생긴 것이다.

청동기시대 인구는 약 700만 명에서 5,000만 명으로 늘었다. 이

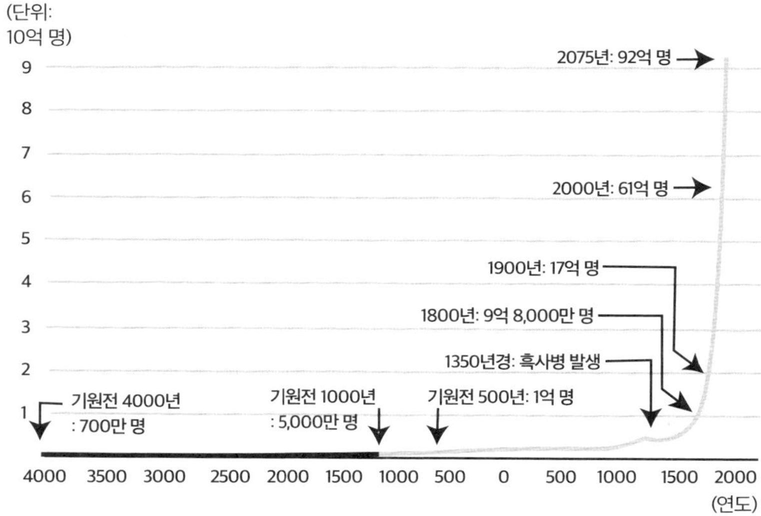

그림 8.2 지금으로부터 6,000년 전에서 3,000년 전의 인구(그래프에서 진한 부분).

는 도시화한 생활 및 고생산 농업과 관련 있다(**그림 8.2**).

인구밀도가 너무 높아지자 비교적 출생률이 낮아도 도시 환경이 크게 바뀌지 않았고 전쟁으로도 인구 증가가 억제되지 않았다. 이 지점부터 인구, 특히 인구밀도는 인간 존재에게 중요한 요소가 됐다.

철제 무기 시대

청동기시대가 붕괴하면서 철기시대가 도래했다. 인류는 철과 철합금으로 만든 도구와 무기를 대량 생산하기 시작했다. 약 3,700년 전부터 레반트 지역의 히타이트족은 이집트에 반격을 가했다. 그들은 청동이 아닌 새로운 철제 무기를 개발했고, 말이 끄는 전차에 궁수를 태워 기동력을 높였다. 기마병의 선구자 격인 말을 탄 기수도 있었지만, 정교한 안장을 만드는 기술이 아직 부족했기에 전차만큼 영향력을 발휘하지는 못했다. 이 시기부터 교역의 무기화가 중요해졌고, 3,700년 전에서 3,400년 전에는 전차를 기반으로 한 전술이 근동에서 유럽, 유라시아, 중국으로 퍼졌다.

철은 많은 지역에 풍부하게 존재하고 철제 도구와 무기는 청동제보다 우수하다. 하지만 철은 녹는점이 높기 때문에 발전된 가열 기술 없이는 광석에서 철을 추출하기가 어려웠다. 따라서 약 3,000년 전까지는 철을 일반적인 용도로 사용할 수 없었다. 이후 철을 쓸 수 있게 되자 철제 도구와 무기는 청동제를 대체했다. 근동 지역에서는 철제 무기와 청동 무기 기술이 약 2,000년 전까지 공존했다. 그러다 철기가 청동기를 대체하면서 이 둘은 문화적으로 갈라졌다. 철제 기술은 교역을 통해 지중해 분지와 남아시아 전역으로 빠르게 확산됐다. 철기 문화는 중앙아시아, 동부·중부·북유럽으로는 조금 느리게 퍼져 약 2,500년 전에 도착했다. 중국에서는 선사시대에 철을 사용한 흔적이 뚜렷하게 나타나지 않으며, 2,500년 전에서 2,100년 전까지 철을 가공하기는 했지만 철제 도구가 광범위하게 생산되지는 않았다.

이집트는 더욱 공세적인 이웃 국가들을 따라 철제 무기로 전환하면서 독립을 되찾고 지중해 지역의 주요 식량 생산국으로 자리매김했다. 하지만 안타깝게도 또 다른 지중해 문화가 나타났다. 바로 로마 제국이었다. 로마에서는 철제 무기와 정교한 전술을 갖춘 전문 군대가 결합했다. 로마는 약 2,700년 전에 붕괴한 청동기시대의 잔해를 그러모아 주변국을 통합하거나 약탈 전쟁을 통해 상대를 정복하면서 제국을 확장해갔다. 로마인은 식량, 통치, 종교, 교역, 야금 산업을 효과적으로 무기화해 자국민을 보호하고 통제하는 한편 이웃 국가를 공격해 광범위한 문명화를 이루었다. 이들이 구축한 문화는 약 1,500년 동안 이어졌다.

로마는 인구가 100만 명에 이른 최초의 도시 중 하나였다. 따라서 도시의 식량 부족을 계속 해결하려면 제국의 다른 지역에서 식량을 들여와야 했다. 식량 공급이 불안정해질 때마다 수도에 문제가 발생했다. 물자 공급의 중요성을 알았던 로마 통치자들은 이집트를 로마의 영토이자 황제의 사유지로 통합하려고 애썼다. 이집트는 가장 안정적으로 곡물을 생산하는 나라였기 때문이다. 곡물의 가용성과 가격을 조작하는 것은 권력자가 권력과 대중의 지지를 유지하기 위해 흔히 사용하는 수단이었다. 식량 생산은 여전히 도시를 통제하고 권력을 유지하는 핵심 요소였고, 다른 나라에서 약탈한 식량과 자원은 군대를 먹여 살리는 데 이용됐다. 이에 따라 다른 사람에게서 식량과 원재료를 더 많이 빼앗기 위해 무기와 전쟁 도구가 더 많이 생산되고 발전했다. 약 2,400년 전에 알렉산더 대왕의 정교한 기병대가 페르시아군의 전차를 물리쳤다. 로마인들은 이 사실을 알아차렸고, 전차는 로마 군대에서 빠르게 사라졌다.

전쟁은 다변화됐다. 처음에는 식량이나 다른 교역 상품을 약탈하기 위해 전쟁이 벌어졌다. 로마 제국은 이런 약탈 전쟁에서 이익을 얻으며 계속 성장했고, 점차 원하는 자원이 있는 국가를 복속시키기 위한 정복 전쟁을 더 많이 일으켰다. 동시에 정복에 성공한 영토에는 대규모 전문 군대를 상주시킴으로써 독립전쟁이 일어나는 것을 막았다. 이때 로마인들은 동화同化가 양방향으로 이루어질 수 있다는 사실을 깨달았다. 정복된 땅에서 장기간 머무르던 병사들이 그곳 여성과 결혼했고, 군 복무가 끝난 뒤에도 가족을 부양하기 위해 그곳에 계속 머무는 일이 잦았다.

율리우스 카이사르Julius Caesar는 로마에서 큰 권력을 쥔 정복자 중 한 명이었다. 그는 갈리아 제국을 로마에 편입시킨 유명한 전쟁에서, 전차 대신 기병을 사용해 보병을 지원함으로써 속도와 민첩성의 진가를 드러냈다. 또한 그는 식량을 어떻게 무기화할 수 있는지도 보여줬다. 갈리아 부족 연합인 베르킨게토릭스Vercingetorix와 싸우던 당시, 카이사르는 보급 부대보다 앞서가면서 병사들에게 빨리 적지로 이동해 그곳의 식량을 조달해 먹으라고 명령했다. 적을 압박하기 위해서였다. 이에 베르킨게토릭스는 최초의 '초토화' 전략을 명령했다. 이는 미리 자기들 땅에서 로마인들이 식량을 얻지 못하게 만들어 로마군의 진입 속도를 늦추려는 목적이었다. 카이사르는 이 전략에 대응해 베르킨게토릭스의 군대를 에워싸고 식량과 물을 빼앗았다. 갈리아에서 벌어진 전쟁은 정복 전쟁에 가까웠지만, 응징 전쟁의 특징도 함께 있었다. 로마인들은 미래에 위협이 될 만한 요소를 차단하기 위

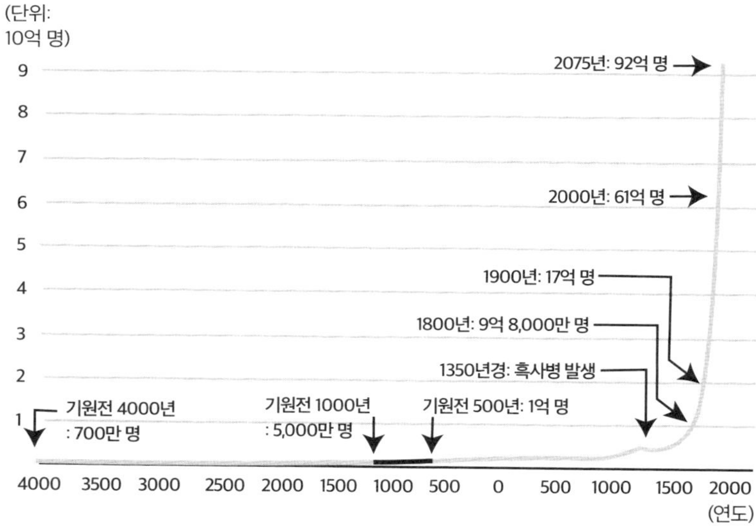

그림 8.3 지금으로부터 3,000년 전에서 2,500년 전의 인구(그래프에서 진한 부분).

해 적의 병사와 지휘관들을 죽이거나 노예로 삼았다.

그러나 로마의 방식이 더는 통하지 않는다는 경고가 넘쳐나기 시작했다. 수도를 먹여 살리고 사회적·정치적 통제력을 유지하려면 제국을 끝없이 확장해야 했다. 더 심각한 문제는 따로 있었다. 3,000년 전에서 2,500년 전까지 겨우 500년 동안 인구는 5,000만 명에서 1억 명으로 2배 늘었다**(그림 8.3)**. 농업-도시 중심지에 사람이 점점 더 모여들었고 지역의 식량 공급량을 넘어설 가능성이 커졌다. 전쟁은 평화가 아니라 끊임없는 전쟁으로 이어졌다.

요약

오늘날의 고인류학자들이 찾아낸 방대한 증거를 살펴보면, 인간 진화에 관한 4가지 중요한 통찰을 얻을 수 있다. 첫째, 인간의 주요 발명과 능력은 우리 생각보다 훨씬 더 일찍 시작됐다. 둘째, 인류는 우리 예상보다 훨씬 오래전에 더 똑똑해졌다. 셋째, 인간에게는 문화·행동·유전적 측면에서 우리 생각보다 훨씬 끈질긴 연속성이 있다. 넷째, 인간의 능력, 특히 기술적 능력은 그런 능력이 강화되는 환경 변화에 앞서 발생하므로, 환경 변화 때문에 혁신이 일어났다고는 할 수 없다. 4가지 통찰 모두 적어도 9,000년 전까지는 인간의 진화가 다윈의 진화를 따라 일어났다는 사실을 분명히 보여준다는 점에서 중요하다. 그리고 이런 사실은 인간의 진화가 대비극 이후 따른 경로와 극명하게 대조된다.

인간은 무리 사이의 유전적 차이 때문에 전쟁을 일으킨 것이 아니었다. 물론 폭력도 발생했지만 지난 1만 년 동안 인류 역사는 유전적 혼합이라는 강력한 신호의 지배를 받았다. 영국 체더맨Cheddar Man 유골과 룩셈부르크 로슈부르맨Loschbour Man 유골에서 채취한 고대 DNA를 분석해보면 9,000년 전에서 7,000년 전의 유럽 신석기 원주민은 짙은 곱슬머리, 푸른 눈, 어두운 피부가 특징이었고 유제품을 섭취했지만 유당불내증이 있었다는 사실을 알 수 있다. 그 무렵 근동 지역에서 이주해온 농부들은 갈색 눈과 밝은 피부색이 특징이었다. 유럽 원주민들은 혁신적 농업 지식을 가져온 근동 이주민들을 극진히 대접한 것까진 아니더라도 짝짓기 상대로 반기고 받아들였다. 근동 이주민도 유당불내증이 있었지만, 유제품을 섭취할 때 유럽 원주민보다 불편은 덜 느끼면서도 영양상 이점은 고스란히 얻었다. 유당불내증과 관련된 이러한 이점 덕분에 밝은 피부색과 갈색 눈은 유럽에서 빠르게 확산됐다. 유럽뿐 아니라 세계 곳곳에서도 이주민이나 침략자가 유입될 때마다 비슷한 이야기가 반복됐다. 따라서 철기시대가 끝날 무렵 인류는 유전적으로 매우 뒤섞인 상태였다.

전쟁은 정착생활, 농업, 우연한 교역 때문에 일어난 것이 아니다. 도시화, 고생산 농업, 교역망 때문도 아니다. 하지만 그런 변화는 분명한 패턴을 그리며 반복됐다. 도시화한 인간의 적합도 공간은 더욱 복잡해졌지만 지리적으로는 더 제한됐다. 이에 따라 성공적인 발명품은 점점 더 밀집되고 특화된 도시 환경에 적합한 것으로 제한됐다. 도시화한 환경은 급격히 달라지는 환경 조건에 취약했다. 이때 기존 정착지와 여기서 탄생한 신흥 국가의 거주민들은 머물던 지역을 버리고 떠나기도 했고, 반대로 다른 사람에게서 필요한 것을 빼앗으며 자리를 지키기도 했다. 정착지를 떠난 사람들은 사람이 살지 않는 지역에서 농목인이나 농부가 되거나 다른 농업-도시 교역 정착지로 피신했다. 농부가 된 이들은 인구밀도가 낮은 정착지에서 협력망을 구축했다. 하지만 전쟁을 삶의 방식으로 삼는 집단이 너무 많아진 세계에서 교역에 의존하는 저밀도 협력망은 유지되기 힘들었다. 농목인과 유목민은 아무도 살기를 원치 않는 외딴 지역으로 피신해 겨우 전쟁의 악순환에서 벗어났다.

성공한 협력망은 교역을 통해 정보가 전해지면서 발생했거나 유목민 집단의 경험에서 나왔다. 어느 쪽이든 새로 성공한 모험은 다른 사람의 표적이 됐고, 이들은 안전을 위해 다른 집단에 통합될 수밖에 없었다. 통합은 단기적으로 효과적이었다. 우발적인 침략자로부터 보호받았고 소규모의 환경 변화에 대응할 회복력을 얻었다. 예를 들어 정착지를 공격한 유목민 집단은 그곳 문화에 동화되고 흡수됐다. 수년 동안 손쉬운 표적을 찾는 유목민 집단이 더 많이 등장하며 비슷한 현상이 이어졌다.

도시화한 대규모 집단은 진화적 군비경쟁이 부추긴 문제를 해결하기 위해 전쟁에 몰두하며 사람들이 떠나도록 자극했다. 새롭게 통합된 중심지들은 필연적으로 자신의 성공에 따른 희생자가 됐고 이 순환은 계속됐다. 도시화한 지역과 여기에서 탄생한 신흥 국가는 더 크고 복잡해졌다. 이런 지역을 노리는 자들이 많았지만 도시의 방어망은 튼튼했고, 단기적인 소규모 환경 교란으로부터 회복력이 더 강했다. 하지만 장기적으로는 점점 더 취약해졌다. 정착지는 마을이 됐고, 마을은 도시로, 도시는 도시국가로, 도시국가는 국가와 왕국으로, 왕국은 제국으로 바뀌었다. 이 모든 왕국이나 제국은 이제 더 이상 존재하지 않는다.

특히 기후가 요동친 시기에 정착생활과 고생산 농업, 곧 대전환과 대확장으로 인구밀도가 지역수용력을 초과해 높아졌다는 사실은 대비극이 아니다. 과잉 성장은 진화의 일부이기 때문이다. 사실 대비극 동안에도 인구는 계속 크게 늘었다. 전쟁을 생활방식으로 삼은 한 남자아이를 많이 낳아야 하기도 했다. 이 시기 일부 역사적·종교적 기록을 보면 붕괴와 대규모 이동이 과밀 도시와 관계있다는 사실을 알 수 있다. 성경의 바벨탑, 소돔과 고모라 이야기가 떠오른다. 하지만 보통은 도시화 자체를 붕괴나 전환과 연관 짓지 않는다. 인간은 계속해서 도시를 정복하고 확장하고 건설하고 때로 재건했다.

대비극은 인류가 전쟁을 통해 환경 교란과 인구 과잉에 대응한 일이다. 환경이 달라지는데 정착생활을 고집하며 떠나지 않으려고 하면 갈등을 피하거나 해결할 능력이 사라진다. 도시화한 인간은 약탈과 정복 전쟁을 반복하며 취약함을 극복하려고 애썼지만, 지구상 인구 전체의 20퍼센트를 포함할 정도로 거대했던 로마 제국조차 완전히 무너졌다. 전쟁 기계의 부상은 성공이 아니라 실패와 두려움에서 비롯됐다.

잠재적 혼란을 오늘날의 실존적 위기로 바꾼 것도 바로 대비극이었다. 인간은 통치, 종교, 교역, 식량, 야금술을 무기화하고 확대하며 자기 편에게는 보호를 빌미로 대가를 요구하고 상대편은 마음껏 갈취할 수 있는 거대한 기회 공간을 만들었다. 무엇이 잘못됐을까? 만약 다른 사람에게서 자원을 강탈한다면, 희생자가 반격할 가능성 역시 생겨난다. 군대를 안정적으로 유지해야 한다는 의미다. 필연적으로 군비 지출이 엄청나게 늘어나 국정을 좌지우지하기 시작했다. 야금술이 발달하며 전쟁은 더욱 파괴적이고 폭력적으로 변모했고, 전장에서 죽거나 불구가 되는 사람이 많아졌다. 도시를 공격하던 기병 수렵채집인은 도시생활에 포섭됐고, 자급자족하며 사는 능력을 점차 잊으며 공격에 취약해졌다. 한편 머나먼 타지에 주둔하던 정복군 병사들은 지역 여성과 가정을 꾸렸고, 군대가 철수한 뒤에도 그곳에 남았다. 전쟁을 생활방식으로 삼는 일은 애초부터 지속 불가능했지만 인류는 자신의 기술적 독창성과 생산력, 그리고 사적 권력만 좇는 이기적인 지도자의 공작에 눈이 멀어 그 슬픈 진실을 보지 못했다.

9장

‘성장’이라는 함정

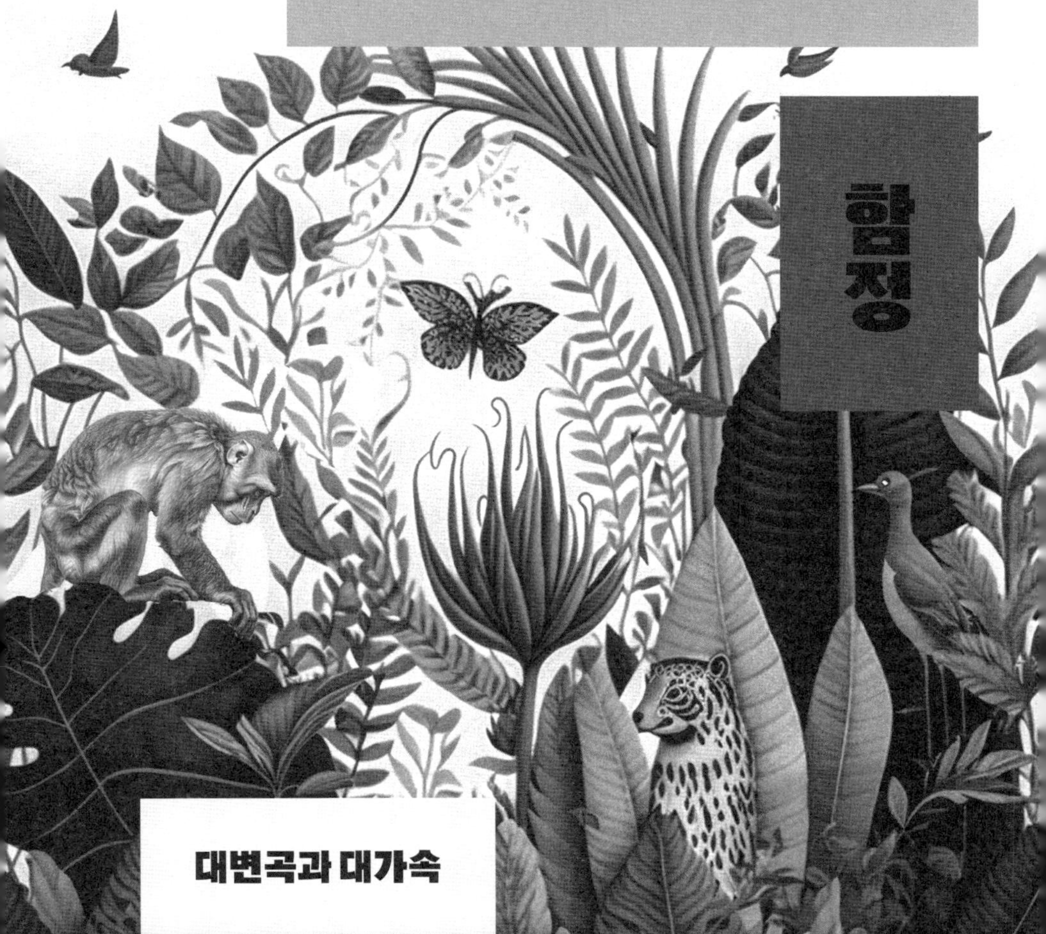

대변곡과 대가속

A Darwinian Survival Guide

철기시대가 막을 내릴 무렵 세계는 인류 역사상 그 어느 때보다 가깝고 빨라졌으며 사람과 물건으로 넘쳐났다. 더 많은 식량과 물질적 재화를 요구하는 사람들이 늘면서 도시형 중심지도 커져갔다. 당시에는 누구도 깨닫지 못했지만 2,000년 전부터 인류에게는 시공간이 부족해지고 있었다. 인류는 당면한 문제가 어떤 진화적 근거에서 유래했는지 알지 못한 채 두려움에 떨며 전쟁으로 대응하는 새로운 행동 패턴을 만들고 이를 강화해갔다. 그때부터 인간은 환경 위기가 닥칠 때마다 도시로 달아나거나 다른 도시를 공격했고, 위협받은 도시들은 급증하는 인구를 먹여 살리기 위해 전쟁으로 보복했다.

로마 제국은 정복지의 저항이 시작되고 부실한 통치로 제국 내부에 갈등이 발생하면서 해체되기 시작했다. 콘스탄티누스Constantinus 대제는 제국이 완전히 붕괴하는 일을 막기 위해 313년 기독교로 개종해 종교와 정치를 통합하고, 통치 체제를 지금의 이스탄불인 비잔티움(콘스탄티노플)으로 옮겼다. 그럼에도 이후 로마 제국이 사실상 붕괴하기 시작하면서 중유럽 판노니아Pannonia(카르파시아분지와 주변 지역)처럼 농촌 마을이나 작은 도시로 구성된 새로운 소규모 인구 중심지가 생겨났다. 로마 제국 북동부 국경은 무방비 상태였고, 이에 따라 대이주Great Migration가 가속됐다. 대이주는 일반적으로 375년경에 시작됐다고 추정되지만 최소 300년경부터 일어났을 것이다. 농목인은 무방비 상태가 된 로마 제국 국경을 따라 말을 타고 이동하면서, 새로 독립한 농업 도시 정착지를 쉽게 정복할 수 있다는 사실을 깨달았다.

약 2,100년 전, 폴란드 남부에서는 반달족Vandal이 처음 등장했다. 이들은 4세기경 로마 제국 판노니아에 도착했고 그로부터 200년 뒤에 고트족Goth에 쫓겨 서쪽 포르투갈까지 밀려났다. 고트족은 스칸디나비아 남부에서 왔다고 추정되는 게르만 부족으로, 1세기 흑해 지역에서 등장했고 약 200년 뒤에는 스키티아 지역이 해체되며 밀려온 훈족Hun에게 쫓겨 서쪽으로 이동했다. 370년 무렵에 훈족이 볼가강에 도착했고 430년 로마 제국 국경에 이르렀으며 451년에서 452년 사이 이탈리아와 갈리아를 점령했다. 그러나 453년에 지도자 아틸라Attila가 네다오 전투에서 사망하면서 훈족은 전멸했다. 훈족을 피해 남서쪽으로 이동한 고트족은 378년에 아드리아노플 전투에서 로마를 대퇴시키고, 이후 스페인으로 이동해 톨레도를 수도로 삼았으며 그곳에서 비시고트족Visigoth으로 불리게 됐다. 이들은 로마와 연합해 429년경에 반달족을 포르투갈에서 몰아냈다. 쫓겨난 반달족은 439년 북아프리카에 왕국을 세웠고 몰타, 사르데냐, 시칠리아, 코르시카, 발레아

루스 제도로 세력을 확장했다. 반달족은 그곳을 발판 삼아 455년경에 로마를 침공했고 14일 동안 약탈과 노략질을 자행했다. 여기에서 '반달리즘vandalism'(공공 또는 사유재산을 고의로 파괴하거나 훼손하는 행위-옮긴이)'이라는 단어의 현대적 의미가 탄생했다. 하지만 이들의 성공은 한 세기도 채 되지 않아 끝이 났다. 반달족은 로마 제국의 황제인 유스티니아누스 1세Justinianus I가 이끄는 군대의 공격을 받아 533년에서 534년에 전멸했다.

동고트족Ostrogoth은 원래 훈족의 지배를 받던 지역에 머물던 고트족이다. 이후 훈족이 전멸하면서 동고트족은 라벤나에 수도를 세웠다. 테오도리쿠스 대왕Theodoric the Great이 사망하자 유스티니아누스 1세는 535년 동고트족을 상대로 전쟁을 선포했다. 전쟁으로 큰 피해를 본 이탈리아 전역은 541년에서 542년 사이 유스티니아누스 역병Plague of Justinian의 근원지가 됐다. 동고트족은 지도자 토틸라Totila가 552년의 타기나에 전투에서 사망한 뒤 568년에 롬바르드Lombard 왕국에 흡수됐다.

유스티아누스 황제의 활약으로 로마는 비교적 안정을 되찾았지만 비잔틴제국 황제들은 동쪽에서 점점 불어나는 이슬람 세력을 경계하기 시작했다. 샤를마뉴Charlemagne 대제는 이런 상황을 이용해 신성로마제국Holy Roman Empire을 건설했다. 그는 로마가 제국의 종교 중심지이기는 하지만 세속권도 중요하다는 사실을 깨닫고서, 자신의 영토에서 종교와 통치권을 통합했고 로마 가톨릭교회와 동방정교회의 분립을 가속했다. 이로써 반달족의 약탈로 대부분이 황폐해졌던 로마는 다시 고밀도 도시형 중심지로 거듭났다. 마자르족Magyar이 도착하며 제국의 동쪽 국경이 새롭게 확보됐다. 2,700년 전에서 2,400년 전, 우랄산맥에서 탄생한 마자르족은 895년에 카파시아분지를 점령한 부족 연합을 형성하고 종교와 군대 지도부를 중심으로 움직였다. 이로써 350년 가까이 동쪽에서 이어진 농목인의 침략이 종식됐다. 하지만 이것으로 갈등과 침략이 완전히 끝난 것은 아니었다.

610년에 시작된 이슬람은 622년에 아라비아반도를 넘어 확장되어 트란스옥시아나Transoxiana(오늘날의 우즈베키스탄 동부, 타지키스탄 서부, 카자흐스탄 남부, 투르크메니스탄, 키르기스스탄 남부)를 거쳐 이란까지 뻗어나갔다. 이슬람 탐험가들은 아프리카 동부 해안, 근동, 북아프리카, 지중해 남부를 따라 육로와 해상 교역로를 개척하기 시작했다. 이런 노력으로 이슬람 무리는 우마이야Umayyad 왕조가 동고트족을 흡수한 9세기에 포르투갈과 스페인 남부를 점령하고 동유럽 일부를 점령했다가 15세기 후반에 쫓겨났다.

약탈꾼 무리가 방어, 동화, 절멸을 거치며 사라지자 유럽 농업인은 식량을 더 많이 생산할 수 있게 됐다. 중심지 수렵 사회는 고생산 농업을 거쳐 봉건 경제로 전환됐다. 농촌에서 생산된 식량은 농부뿐 아니라 도시민에게도 제공됐고, 농부들은 식량을 도시에서 생산된 도구나 완제품과 맞바꾸기도 했다. 권력자들은 식량 생산자와 그들이 생산한 잉여 식량을 보호하는 대가로 농지 소유권을 주장하며 이런 교환을 조정했다. 당시에는 합리적인 거래처럼 보였다.

950년부터 1250년까지 나타난 중세 온난기Medieval Warm Period,

MWP의 영향으로 이례적으로 따뜻한 날씨가 이어지면서 수확량과 잉여 식량이 늘었다. 언제나 그랬듯 풍요로운 지역은 외부 세력의 먹잇감이 됐다. 동쪽에서 온 기마騎馬 수렵채집형 유목민의 마지막 침략 시도는 1220년부터 1250년까지 이어졌다. 몽골족Mongol은 안장을 개발했고, 덕분에 기마병은 활과 화살, 창, 칼을 들고도 말 위에서 안정적으로 싸울 수 있었다. 몽골군은 압도적인 기병 전술을 과시하며 주변을 침략했다. 그러나 1227년에 몽골 수도에 전염병이 발생하고 지도자 칭기즈칸Genghis Khan이 사망하자 몽골족은 진격을 멈추고 유럽과 유라시아를 떠나 고향으로 철수했다. 청동기시대 이후 이동 수렵채집인은 유럽 도시들을 계속 침략했고, 그 결과 점차 자신이 이룬 성공의 희생양이 되어 농촌과 도시의 정착생활에 편입됐다. 그러자 더 많은 이동 수렵채집 집단들이 나타나며 '움직이지 않는 표적'인 농업-도시 사회를 노렸다. 그러나 새로운 공격자들도 결국에는 도시 환경에 흡수됐고, 그 수가 크게 줄면서 더는 농업-도시 중심지에 위협이 되지 않았다. 14세기 중반이 되자 유라시아 수렵채집형 유목민의 수는 크게 줄었다.

중세 온난기가 끝난 지 50년 뒤, 단테의 이상 기후Dantean Anomaly(1315~1321년 발생한 대기근의 원인이 된 기후 불안정기로, 대문호 단테가 사망한 해까지 지속됐다는 의미로 붙은 이름-옮긴이)가 발생했다. 이에 따라 12년 동안 극심한 추위가 자주 밀려왔고 흉작과 기근이 널리 발생하면서 사람들은 이미 과밀해진 도시로 더 많이 이주했다. 그러자 이상 기후가 발생한 지 한 세대도 되지 않아 도시형 중심지는 기후 변화로 발생하는 질병에 취약해졌다. 유라시아와 북아프리카에서는 1346년부터 1353년까지 페스트가 대유행하며 7,500만 명에서 2억 명이 목숨을 잃었다. 당시에 과밀화, 식량 부족, 질병 발생 같은 도시 문제가 기후 변화와 관계있음을 알아차린 사람은 아무도 없었다. 전염병이 진정되고 따뜻한 날씨가 돌아오자 유럽인은 행운에 감사해하며 다시 북적이는 도시의 일상으로 돌아갔다. 이 시기에 이탈리아 르네상스가 시작됐으며 사람들은 풍요로운 농업지대에서 가능한 한 많은 식량을 생산했다.

한편 동쪽에서는 외부 세계와 교역하면서도 문화적으로 엄격한 고립주의를 고수하는 사회가 등장했다. 전쟁이 잦긴 했으나 대체로 내부 갈등이나 국경 분쟁 정도에 그쳤고 식민지 확장은 일어나지 않았다. 교역은 실크로드로 알려진 육로를 통해 주로 이루어졌고 복잡한 국가 간 협정에 기반해 유지됐다. 지역 간 외교적 교류는 거의 없었고, 유럽과 아시아 사이에서 꾸준히 육로를 연결한 이들은 실크로드 교역상뿐이었다. 마르코 폴로Marco Polo의 기록 덕분에 처음으로 근동과 동아시아에 잘 정립된 사회가 존재한다는 사실이 유럽 사회에 알려졌다. 그전까지는 몇몇 대담한 사업가만 알았던 사실이었다.

유럽인은 새로운 경제 개념을 도입했다. 성전기사단Knights Templar은 로마 가톨릭교회의 선동과 유럽 왕족의 지원 아래 십자군 전쟁에 참전하면서 독립적인 세력을 일궜다. 성지에 자리 잡은 일부 십자군은 엄청난 부를 축적한 약탈 귀족이 됐고, 기사단은 몰타에 일종의 민간 중앙은행을 설립했다. 이들은 처음에 가톨릭교회와 긴밀하게 협력하며 부를 축적했고, 이를 이용해 유럽 정치에 입김을 행사하기 시작했다. 그들은 현금에 쪼들리던 통치자들에게 자금을 대주며 권력을 키워갔다. 그러나 1307년 10월, 기사단 세력을 못마땅하게 여긴 프랑스의 왕 필리프 4세Philippe IV가 교황을 이용해 기사단을 대거 숙청했다. 이 '13일의 금요일' 사건 이후 기사단은 종교 지도자와 왕족이 손잡고 자신들에게서 등을 돌릴 경우, 자신들의 은행이 위험에 처할 수도 있음을 깨달았다.

북쪽에서는 해양 탐험가와 기업가가 등장했다. 영국과 아일랜드의 켈트족은 바다 건너 영국 제도 전역으로 이동했고 500년 무렵에는 파루 제도에 거주했다. 중세 암흑시대의 가장 위대한 해양 탐험가들은 스칸디나비아인이었다. 이들을 통틀어 바이킹족Viking이라고 불렀다. 바이킹족은 8세기 후반부터 11세기 후반까지 볼가강 수계 전역뿐 아니라 유럽 해안과 강을 따라 해상, 약탈꾼, 용병으로 활약했다. 9세기에는 아이슬란드, 10세기 초에는 그린란드를 점령했고, 10세기 후반에는 캐나다 뉴펀들랜드 랑스오메도우에 단기 정착촌을 세우기도 했다. 수렵채집 문화를 변형한 해양 문화를 기반으로 삼은 바이킹의 모험은 15세기에 약탈을 당하던 국가들이 스스로 배를 건조해 해안선과 강을 방어하기 시작하면서 막을 내렸다.

15세기는 중요한 시기였다. 로마 제국은 오스만 제국의 정복 시도를 여러 차례 견뎌내며 비잔틴 시대를 열었으나, 1453년에 마지막 비잔틴 황제인 콘스탄티누스 11세Constantine XI가 술탄 메흐메드 2세Mehmed II의 공격을 받아 사망하면서 막을 내렸다. 이와 동시에 아프리카의 마지막 왕국 중 하나였던 대大짐바브웨Great Zimbabwe는 높은 인구밀도, 물과 식량 부족, 기후 변화로 인해 붕괴했다. 남아시아로 해상 교역이 확장하며 등장한 스리랑카 타밀Tamil 문화와 캄보디아 앙코르Angkor 문명 같은 현대 농업-도시 문화도 비슷한 문제를 겪으면서 각각 13세기와 15세기에 무너졌다. 1405년부터 1433년까지 명나라 황제 영락제永樂帝는 더욱 광범위한 해상 확장을 계획하며 해군제독 정허鄭和를 7번에 걸쳐 인도양 곳곳으로 보냈다. 하지만 다음 황제 시대의 유교 관료들은 개방 탐험 정책을 뒤집었고, 1500년에는 돛대가 둘 이상 달린 원양 범선을 건조하는 일을 중범죄로 간주했다. 중국이 철수하자 다른 집단이 세계 확장의 무대를 넘겨받았다. 15세기 말부터 시작된 유럽의 상업적 탐험과 식민주의는 이후 인류와 세계에 지대한 영향을 끼쳤다.

교역의 기회를 찾아 떠난 유럽인은 주로 아프리카 해안선을 따라 항해했다. 초창기 탐험에서는 유럽인이 원하는 것으로 가득한 광대한 지역이 있다는 소식이 전해졌다. 이 지역 거주민의 종교·언어·음악·예술적 성취는 유럽만큼 정교했으나 무기는 열등했다. 1492년에 크리스토퍼 콜럼버스Christopher Columbus가 카리브해로 떠난 대서양 항해는 16세기 이후 유럽이 전 세계를 대상으로 탐험, 교역, 약탈, 인신매매, 원거리 정복을 논하는 계기가 됐다. 유럽인들은 종교계·정부·기업의 지원을 받아 새로운 기회의 땅에 정착하기 시작했고, 광물과 원자재를 추출하고, 고수익 외래종 농산물을 도입했으며, 수많은 아프리카인을 노예로 삼았다. 식민지 내 유럽인의 인구도 빠르게 증가했다. 식민지 개척자들은 향수를 느끼며 본국과 비슷한 모습으로 도시형 중심지를 세웠다. 이렇게 고밀도 도시생활은 취약성을 그대로 품은 채 전 세계로 퍼져나갔다.

소빙하기와 시장 경제로의 전환

1560년부터 1700년까지 소빙하기Little Ice Age가 이어지며 유럽은 변화를 겪었고 전 세계도 영향을 받았다. 독일의 사학자 필립 블롬Philipp Blom은 이를 '자연의 반란nature's mutiny'이라고 불렀다. 혹독한 날씨가 오랫동안 이어지면서 북유럽의 농업 경제가 붕괴했다. 봉건체제 아래 잉여 식량을 전부 도시형 중심지로 보내던 관행 때문에 농업 지대는 한계에 달해 있었다. 식량 생산으로 이익을 지키려던 부유한 지주들은 과거에 가난한 사람들에게 생존에 필요한 여분의 식량을 생산할 수 있게끔 할당했던 공유지commons를 빼앗았다. 이는 자멸로 향하는 결정이었다. 봉건 영주가 공유지를 이용해 도시와 교역할 생산량을 늘리려 하자, 영주에게 필요한 식량을 생산해주던 바로 그 농부들이 도시로 도망치기 시작했다. 도시의 인구밀도는 급격히 높아졌고 농촌의 농산물 생산은 줄어들어 식량 위기가 발생했다. 결국 식량을 수입할 수밖에 없는 상황이 벌어졌다.

소빙하기가 되자 이탈리아인들이 실크로드를 따라 시작했던 초기 상업 경제 방식이 더욱 강화됐다. 상인들은 성전기사단과 달리 한 집단으로 뭉쳐 부를 축적했고, 이 자산을 이용해 어떻게든 자신에게 이익이 되도록 정치적 영향력을 행사했다. 그 덕분에 물질적 지원을 받던 귀족이 등을 돌리더라도 피해를 입을 가능성이 줄어들었다. 대규모 농업 경제의 시대는 영원히 저물었고, 도시에서 섬유 등 완제품을 제조해 해외에서 식량과 맞바꿔 오는 상업 경제가 대부분을 대체했다. 15세기 후반에 유럽 경제력의 중심은 발달한 해상 능력을 갖춘 상인 계층으로 이동했다. 이들은 교역에서 착취로, 착취에서 합병과 정복으로 신속하게 전환한 국가 권력의 지원을 받아 식민지 활동을 강화하며 소빙하기의 영향을 극복했다. 또한 이들은 새로운 식민지에서 원주민에게 가톨릭 교리를 전도하고 이들을 개종시키겠다고 종교 지도자들을 설득하며 종교계의 지지까지 얻어냈다. 이런 활동을 통해 소빙하기의 혹독한 환경에서도 잘 자라는 감자 같은 새로운 식량이 유럽에 들어왔다. 이들은 상업적 가치가 있는 식물을 한 식민지에서 다른 식민지로, 때로 다른 대륙으로까지 옮겨 심으며 더 많은 생산량을 확보했다. 자신들도 모르게 생태적 적합성의 원리를 톡톡히 써먹은 셈이다.

식민지 상인 경제는 식민지 주민에게 엄청난 고통을 안겼다. 분명 비도덕적인 일이었다. 그러나 본국 입장에서는 점점 더 많은 사람이 도시로 몰려들며 굶주리고 있는 상황을 방치하는 것 역시 비도덕적이고 이로울 것 없는 일이었다. 종교를 받아들인 상인 지도자들은 이제 종교 지도자에게 자기 행동을 설명할 도덕적 핑곗거리를 찾았다. 그들은 식민지 주민의 일부는 사실 인간이 아니며, 따라서 이들에게는 침해받을 인권 자체가 없다는 논리를 펼쳤다. 이런 정당화는 종교 개혁, 이성의 시대, 과학혁명, 계몽주의와 함께 나타났다. 모두 인간의 조건을 개선하겠다는 열망을 공언한 개념이었다. 과거 이집트나 로마와 마찬가지로, 당시 유럽에서 종교 지도자들은 죽은 자를 위한 거대한 기념물을 만들었고, 왕족은 전쟁을 벌이고 자신을 기념하는 거대한 기념비를 세웠으며, 상인 연합은 다른 사람의 불행에서 이득을 보며 사회경제적 권력을 장악했다. 계몽시대의 유럽인이 최초로 조직적 노예 제도를 실행했던 것은 아니다. 인간이 언제부터 다른 사람을 노예로 삼았는지는 알 수 없지만, 노예 제도는 전쟁을 치르던 초기 문명 사회부터 확립된 제도였다. 하지만 인류세 후반 유럽인은 인신매매를 산업화해 오늘날까지 전 세계 여러 지역에 존재하는 다국적 기업으로 성장시켰다.

변화의 규모만 놓고 본다면 소빙하기는 지난 300만 년 동안 인류에게 영향을 끼친 다른 기후위기에 비해 중요도가 낮아 보인다. 하지만 기술 혁신으로 인해 세계는 더 가깝고 빠르게 연결되고 상호의존적으로 바뀌었다. 그래서 이런 단기적 기후 변동으로도 봉건적 농업 생산이 더욱 빠르게 상업주의로 전환되며 인류 역사가 달라졌다. 식민지화가 촉진되자 유럽 인구 중심지에 다양한 약탈 자원이 공급됐다. 인구가 과밀해진 정착지에서 식량이 부족해지자 다른 곳에서 자원을 뺏어오려는 욕구가 커졌다. 하지만 그때쯤에는 다른 곳도 모두 인구가 늘고 있었다. 곳간은 비어가는데 인구는 늘고 도시는 더 많은 사람으로 빠르게 채워졌다. 인류라는 존재는 이미 지속 불가능한 상태가 되어가고 있었다.

소빙하기도 1700년에 끝을 맞이했다. 인류는 끊임없이 전쟁에 집착했고 다른 사람을 짓밟고 올라서려고 했다. 유럽은 교역, 위협, 약탈과 정복을 통해 많은 영토를 차지했다. 유럽의 기술 혁신은 무기 같은 물질적 재화를 더 많이 생산하고, 무기를 만들 노동자를 먹여 살리거나 군대를 채울 노동자를 먹여 살리기 위해 식량 생산을 늘리는 데 초점을 맞췄다. 전쟁을 정당화하는 논리는 점점 추상화됐고, 종교, 경제 체계, 언어, 사회제도, 개인적 모욕, 일시적으로 권력을 장악한 폭군들의 일관성 없는 언사 등 각종 이유로 전쟁을 벌이기 시작했다. 전쟁은 세계 곳곳에서 일어났지만 특히 유럽에서 비롯된 전쟁은 전 세계에 큰 파문을 일으켰다.

대변곡

15세기에서 16세기에 물리학자가 주도한 과학혁명이 시작됐다. 이때 도시 빈곤 등의 사회 문제를 해결하려면 기술을 혁신해야 한다는 개념이 확산됐다. 기술이 우리를 구원할 것이라는 믿음이 이렇게 시작됐다. 물론 모든 사람이 이런 생각에 동의한 것은 아니었지만 당시에는 대중적인 메시지였다. 오늘날 낭만주의자로 불리는 자연철학자들은 자연이 강력하고 정적이며 완벽한 상태로 존재한다고 믿었다. 그들은 도시화한 인간은 자연에서 소외돼 있기에 변화에 취약하며, 변화를 겪을 때마다 더욱 약해지고 타락한다고 생각했다. 자연과 가까이 살지만 현대적인 물질적 혜택을 얻지 못하는 사람이 타락한 도시 사람들보다 우월한지 열등한지에 대해서는 의견이 엇갈렸다. 하지만 유럽인 대부분은 자신이 우월하다는 생각을 받아들였다. 그래야 착취를 정당화할 수 있었기 때문이다.

리스본은 세계에서 가장 신실한 가톨릭 도시였지만 1755년에 대지진으로 무너졌다. 신이 왜 그곳을 파괴했는지는 설명하기 어려웠다. 어떤 사람은 이 사건이 인간이 감히 헤아릴 수 없는 신성한 뜻에 따라 일어났으며, 인간이 어떻게 행동해왔든 재앙이 닥쳤으리라 주장했다. 그들에 따르면 전지전능하고 자비로운 신이 인간을 굽어살피고 있으며, 대지진은 일어날 수 있는 재앙 중 그나마 덜 끔찍한 결과였다. 반면 정말 전능하고 자비로운 신이 있다면 악의 존재를 허용하지 않았을 것이라고 주장하는 사람들도 있었다. 이들은 신의 존재 자체를 부정하거나, 신이 존재하더라도 한낱 인간에게 관심을 쏟기에는 너무 멀리 있다고 생각했다. 수전 니먼에 따르면 지진, 화산, 쓰나미, 소빙하기 등 세상에 존재하는 몇 가지 악은 인간의 일부인 '자연적 악'이다. 당시 사람들은 자연재해는 신이 적극적으로 일으키거나 예방할 수 있는 일이 아니며, 인간이 직접 해결하기에도 기술력이 충분하지 않으므로 그저 견디는 수밖에 없다고 생각했다. 반면 살인, 절도, 근친상간 같은 악은 '도덕적 악'이었다. 이런 악은 현세의 도덕적인 사람이나 내세의 신이 처벌할 수 있는 문제였다. 이는 이집트의 마아트처럼 현세에서 실천할 수 있는 보편적인 도덕 규범을 제시하려는 노력에서 나온 생각이었다. 이 계몽주의적 정의 규범은 고대 이집트에서와 마찬가지로 실제 규칙이라기보다 지침에 더 가까웠다. 한 사회 안에서도 항상 공평하게 적용되지는 않았고, 사회 바깥에는 아예 적용되지 않았다.

농업을 전환한 고생산 기술과 무기 제조법이 모든 상품 생산에 적용되기 시작했다. 이를 위해서는 대규모의 노동력을 동원해야 했다. 1753년, 최초의 산업용 증기기관이 등장해 산업혁명을 촉발시켰다. 이 시기는 인구가 크게 늘어난 인류세의 대변곡이기도 하다**(그림**

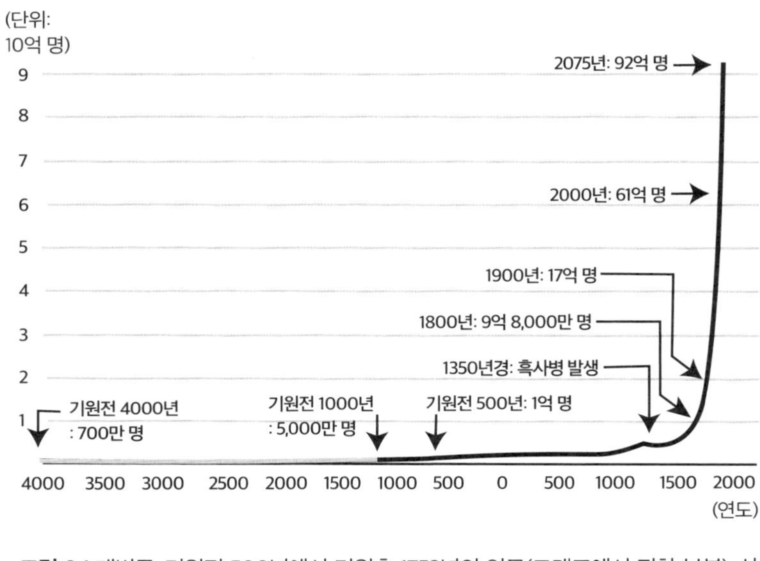

그림 9.1 대변곡. 기원전 500년에서 기원후 1753년의 인구(그래프에서 진한 부분). 산업혁명으로 전환되던 시기 5,000만 명으로 추정됐던 인구는 1800년에 이르러 대략 20배 증가해 거의 10억 명에 육박했다.

9.1). 산업혁명이 인구 증가를 일으켰든 아니든, 산업혁명으로 인구밀도가 크게 높아진 것은 분명하다. 유럽 국가들은 노동력이 넘쳐나던 도시에 새로운 산업 공장을 세우기로 했다. 이는 운명적인 결정이었다. 그런데 머지않아 노동자의 수요가 지역 식량 공급을 앞지르기 시작했다. 점점 더 많은 젊은이가 고임금 일자리가 있는 도시로 몰려들었고, 반대로 농촌의 생산 인구는 줄면서 농업 생산이 더욱 줄었다. 그러자 인류가 자초한 실존적 위협이 새로운 차원으로 나아갔다. 당시의 농업 기술로는 줄어든 농업 노동력을 상쇄하기에 역부족이었다. 식량 공급은 필연적으로 고갈됐다. 주로 노예 노동력에 의존하던 수입 식량도 마찬가지였다. 지구상에서 가장 기술적으로 발전한 나라의 도시와 농촌에서조차 식량 불안정이 퍼져나갔다.

경제학자 애덤 스미스Adam Smith는 1776년에 《국부론Wealth of Nations》을 썼다. 그는 당시 상업주의적 사고방식에 호소하며 소수가 막대한 부를 축적하면 필연적으로 다수의 부가 늘어난다는 생각을 정당화했다. 스미스는 끊임없이 성장을 극대화하지 않으면 문명이 유지될 수 없다고 주장했다. 같은 해 식민지 대표들이 독립선언문에 서명하면서 북아메리카의 유럽 식민지 개척자들과 영국 정부 사이에 전쟁이 촉발됐다. 카라카스에서 독립투쟁가 시몬 볼리바르Simón Bolívar가 태어난 해인 1783년, 미국은 탈식민 국가로 부상했다. 25년 뒤 볼리바르는 스페인의 식민 지배에 대항하여 해방 운동을 시작했다. 1819년 볼리바르의 노력으로 오늘날의 베네수엘라, 볼리비아, 콜롬비아, 에콰도르, 페루, 파나마가 독립해 그란 콜롬비아Gran Colombia

라는 단일 국가를 이뤘고 10년간 존속했다. 1822년, 브라질은 포르투갈로부터 독립을 선언하고 1825년에 공식적으로 독립을 인정받았다. 그러나 미국을 포함한 신세계의 국가들은 명목상 독립국이긴 해도 여전히 유럽에 경제적으로 의존하고 있었다. 많은 것이 바뀌었지만 변하지 않은 것도 많았다.

18세기 말 유럽으로 시선을 돌려보자. 토머스 맬서스Thomas Malthus 목사는 런던에 굶주리는 사람이 많다는 사실을 발견했다. 그는 인구가 기하급수적으로 증가하는 반면 식량 생산은 산술적으로만 증가한다는 이론을 내놓았다. 그는 런던에 굶주린 사람이 많은 이유가 가난한 사람들이 너무 많이 성관계를 맺어 아이를 너무 많이 낳기 때문이라고 주장했다. 다분히 종교적·인종적 편견에 경도된 생각이었는데, 맬서스 자신은 영국인이자 성공회교도였던 반면 실제 가난하고 굶주리는 사람들은 대부분 아일랜드계 가톨릭교도였기 때문이다. 그는 가난한 사람들이 성관계를 너무 많이 한 탓에 그들에게 충분한 식량이 공급되지 못한다고 주장했다. 또한 사회복지와 자선사업의 도움을 받는 한가한 실업자들이 성관계를 더 많이 하게 되면서 문제가 악화된다고도 주장했다. 맬서스는 증상을 포착해냈을진 몰라도 원인은 한참 잘못 짚었던 것이다. 당시 식량 생산 증가율이 런던의 인구 증가율을 따라잡지 못한 것은 맞지만 그 이유가 사람들이 성관계를 너무 많이 했기 때문은 아니었다. 모든 인간이 그렇듯 모든 영국 여성은 상류층이든 하류층이든 1년에 한 번만 임신할 수 있었고 대체로 아이는 한 번에 한 명만 가졌다. 런던에 굶주리는 사람이 늘어난 진짜 이유는 특정 지역에 사람이 너무 많이 몰려들면서 지역의 식량 생산량을 초과했기 때문이다. 그리고 그것은 도시에 새로운 산업지가 조성되면서 값싸고 풍부한 노동력을 확보하기 위해 이미 과밀해진 지역에 더 많은 사람을 끌어들인 탓이었다. 이런 상황은 식민지 전역에서 영국으로 수입되는 식량을 통해 어느 정도 상쇄됐다. 하지만 빈곤, 영양실조, 높은 유아 사망률 같은 문제 대부분은 '산업이 성장하고 국가가 부유해지면 그 혜택은 부유층에게서 노동 계층으로 전파된다'라는 스미스의 관점을 따르는 과정에서 생겨났다. 이런 혜택이 언제, 어느 정도까지 전파되는지는 오늘날에도 논쟁거리다.

18세기 마지막 해에 훔볼트는 신세계로 과학 탐사를 떠났다. 그는 1800년부터 인간이 생물다양성과 기후에 미치는 영향에 관한 방대한 글을 썼다. 그는 노예제에 반대하는 목소리를 낸 초기 유럽 귀족 중 한 명이었고, 생물다양성을 파괴하는 활동에 관여하는 가톨릭교회를 비판했다. 오리노코강을 따라 민물거북이 알을 채취하는 모습을 설명한 그의 글은 천연자원이 과도하게 착취되고 있음을 보여주는 초기 사례 중 하나다. 1831년, 22세의 다윈은 비글호를 타고 5년간 항해하며 세계를 탐험했다. 그는 책 몇 권을 갖고 다녔는데 그중 한 권이 훔볼트의 《회고록Personal Narrative》이었다. 영국에 살고 있던 다윈의 누이 캐롤라인 다윈Caroline Darwin 역시 열렬한 노예제 폐지론자였기에, 이들 남매는 훔볼트가 노예제를 비판한 데 깊은 공감을 나누기도 했다.

다윈은 영국으로 돌아온 지 3년 뒤 《비글호 항해기Voyage of the

Beagle》를 써서 자신의 여정을 발표했다. 그로부터 10년도 채 지나지 않아 영국의 생물학자 앨프리드 러셀 월리스는 1848년부터 1852년까지 아마존과 리오네그로를 탐험한 다음 말레이군도로 이동했다. 그 후 1855년에 월리스는 종의 지리적 분포에 법칙이 있다는 논문을 발표했고, 1858년에 다윈과 함께 자연선택 이론을 공동으로 발견했다. 이듬해 다윈은 진화에 관한 파노라마적 관점을 제시하는 《종의 기원》 초판을 발표했다. 그는 인간의 경제·정치 체계를 구체적으로 언급하지는 않았지만 자연계에서 무절제한 성장은 병적이며, 생물다양성은 갈등과 대체가 아닌 갈등을 해소하는 과정에서 얻어진다고 지적했다.

《종의 기원》 첫 세 판은 각각 1859년, 1860년, 1861년에 발표됐다. 1864년, 영국의 사회학자 허버트 스펜서는 '적자생존'이라는 용어를 만들었다. 그는 완벽한 적자가 되기 위한 개체의 투쟁이야말로 인간을 비롯한 모든 생물의 원동력이라 주장하며 자신의 생각을 다윈의 이론과 연결 지었다. 다윈은 1866년, 1869년, 1872년에 출간한 《종의 기원》 후기 세 판에서 "내가 적자생존이라고 부르는 것"을 자연선택의 맥락에서 설명했다. 스펜서의 이름을 언급하지는 않았지만 다윈의 의견은 그와 분명히 달랐다. 다윈은 자연선택으로 부적합자the unfit가 제거(덜 개선된 형태가 멸종)되지만 나머지는 살아남아 함께 '적자'를 구성한다고 보았다. 무절제한 성장에는 가혹한 불이익이 따르며 진보의 유일한 의미는 생존이라는 자신의 주장을 뒷받침하는 설명이었다.

그러나 무절제한 성장은 바람직하지 않으며, 위기 상황에서 마법처럼 혁신이 나타나 문제를 해결해주지는 않는다는 다윈의 주장에 귀 기울인 사람은 거의 없었다. 결국 제한 없는 성장과 혁신이라는 2가지 생각은 이성과 과학의 시대를 뒷받침한 초석이었다. 인간의 갈등으로 가득한 세상에서 다윈이 갈등 해소 이론을 제시했다면, 스펜서는 다윈의 진화론을 왜곡해 진화가 마치 영웅적이고 극적이며 '갈등으로 힘을 얻는 일'인 것처럼 보이게 만들었다. 빅토리아 시대 사람들은 유럽 제국의 팽창이야말로 명백한 운명이라는 자만심에 부풀어 있었고, 따라서 스펜서의 주장을 기꺼이 받아들였다. 또한 스펜서는 적자에게는 희생 없는 편익이, 부적합자에게는 멸종할 때까지 편익 없는 희생이 따르는 세상을 그렸다. 그의 관점은 강한 영웅주의와 극적 드라마에 열광하는 인간의 욕구에도 부합했다. 심지어 다윈의 조카 프랜시스 골턴Francis Galton은 자신만의 상관관계 분석을 고안해 영국 신흥 우생학 운동을 부추기기까지 했다. 이들은 인간의 진화를 조작하고 '가장 적합한 개체'를 인위적으로 만들어내는 방법을 연구했다.

인류는 지난 500세대에 걸쳐 진화의 궤적을 바꿨고, 과거의 실패와 성공에서 얻은 교훈을 점차 잊어갔다. 인간은 미래로 향하는 길이 과거와 무관하다고 생각하기 시작했다. 또한 스펜서는 왜곡된 견해를 바탕으로 자연 세계를 멋대로 해석하면서 인간의 행동을 정당화했다. 인류는 '인간 존재는 모두 적자생존한다'라고 말하며 다윈의 궤도에서 이탈한 역사를 오히려 정당화했다. 그러나 이는 서로를 돌보며 살아가는 실제 자연의 관리 체계와 모순된다. 그럼에도 인류는 스펜서의 신조를 널리 받아들였고, 전 지구적 기후 변화라는 도전에 대처할 방법을 찾기 더욱 어려워졌다. 19세기 후반, 인류세의 지배적인 사회경제적 격언은 다음으로 요약된다.

'우리'는 적자이므로 '우리'는 생존할 권리가 있다.

성장은 좋은 것이고, 더 많이 성장할수록 더 좋으며, 기술은 '우리'를 구원할 것이다.

하지만 '우리'가 '타인'을 위해 좋은 일을 하려면 우선 전쟁을 준비해 평화를 유지해야 한다.

훔볼트가 인간 활동이 지구의 기후에 미치는 잠재적 영향에 관해 쓴 지 거의 100년 뒤, 스웨덴의 물리화학자이자 대기과학자인 스반테 아우구스트 아레니우스Svante August Arrhenius는 산업 배출로 유발된 대기 온난화가 실질적이고 심각하며, 1895년의 속도가 계속될 경우 2100년까지 대기 온도가 섭씨 3도 상승할 것이라는 예측을 내놓았다. 다만 아레니우스도 맬서스와 마찬가지로 증상은 잘 발견했지만 문제의 본질은 잘못 짚었다. 그는 온난화가 긍정적이라는 당시 통념을 지지했다. 산업혁명이 계속 확장되려면 더 많은 노동력이 필요한데, 온난화로 식물 성장기가 연장되면 늘어난 인구에 식량을 안정적으로 공급할 수 있다는 이유였다. 그러나 그가 몰랐을 뿐, 지구 온난화와 산업시대의 온실가스 배출 사이의 관계는 이미 드러났으며 가속되고 있었다. 예를 들어 1900년에 북극해의 해빙은 이미 면적과 밀도가 낮아지기 시작했다.

20세기 전반, 인류는 여러 세계적·국지적 분쟁을 벌이고 서로를 학살하며 전쟁을 확대해나갔다. 전쟁에서 승리한 사람은 새로운 권리 의식과 결의를 품고 도시화의 규모와 범위를 늘리려고 했고, 기술 발전에 더 많은 인적·경제적 역량을 투여했다. 제1차 세계대전에 이어진 스페인 독감 대유행으로 인구의 약 10퍼센트가 사망했고, 20세기 후반까지 이어진 독립전쟁과 두 차례의 세계대전으로 20세기 전반에 전 세계는 충격에 휩싸였다. 그럼에도 1945년의 인류는 여전히 대비극의 한복판에 있었다. 제2차 세계대전 직전과 전쟁 기간에 시작된 수차례의 독립전쟁으로 결국 유럽 식민지 제국이 붕괴했지만, 수많은 내부 갈등과 인접국 사이의 갈등은 오늘날까지 이어지고 있다. 제2차 세계대전을 거치며 강대국으로 부상한 나라들은 자신의 이념적·경제적 야망을 대리하는 전쟁에서 각자의 편을 지지했다. 1989년에 소비에트 연방이 해체되자마자 1991년부터 2001년까지 발칸반도에서 전쟁이 이어졌고, 러시아는 2008년에 조지아를, 2014년에는 우크라이나를 침략했다. 이런 침략은 2022년에 더욱 강화되어 이 책의 마지막 부분을 쓰는 지금까지 이어지고 있다.

1949년에 심리학자 루이스 프라이 리처드슨Lewis Fry Richardson은 자비로 출판한 논문(1960년에 상업 출판됐다)에서 이런 행동을 가리

켜 '군비경쟁'이라는 용어를 만들었다. 리처드슨은 이 용어를 통해 이런 행동이 얼마나 광기 어린지를 보여주려고 했으나 오히려 역효과를 낳았다. 군비경쟁이라는 비유는 극적이고 영웅적인 것을 좋아하는 인간의 본성에 들어맞은 데다 사람들에게 실패를 변명할 기회를 주었다. 과학계에서는 재빨리 모든 생물학적 상호작용을 일종의 군비경쟁으로 설명하기 시작했다. 인간의 군비경쟁이 생물학적 이치라는 인식이 생겨났고, 이후 많은 과학자가 갈등에만 초점을 맞추며 다윈의 진화는 갈등 해결 과정이라는 사실을 잊어갔다. 보건·농업 건강 전문가들이 병원균과 그 숙주 모두 공진화적 군비경쟁에 참여한다는 개념을 받아들이자 질병 예방이라는 개념은 깡그리 무시됐고, 오랫동안 인류에게 도움이 되지 못했던 공격-방어-반격 접근법과 비슷한 위기 대응 정책이 선호됐다.

대가속

2015년, 윌 스테판과 동료들은 《엔트로포신리뷰》에 공동으로 논문을 발표했다. 그들은 전 세계 환경적 요인과 사회경제적 요인의 추이를 수집해 1950년경부터 사회경제적 추이에서 '대가속'이 일어난다는 증거를 발견했다**(그림 9.2)**.

20세기 중반 인류가 처한 곤경을 가장 솔직하게 표현한 진술은 1958년에 쓰인 생태학자 찰스 엘튼Charles Elton의 글이다. 그의 책은

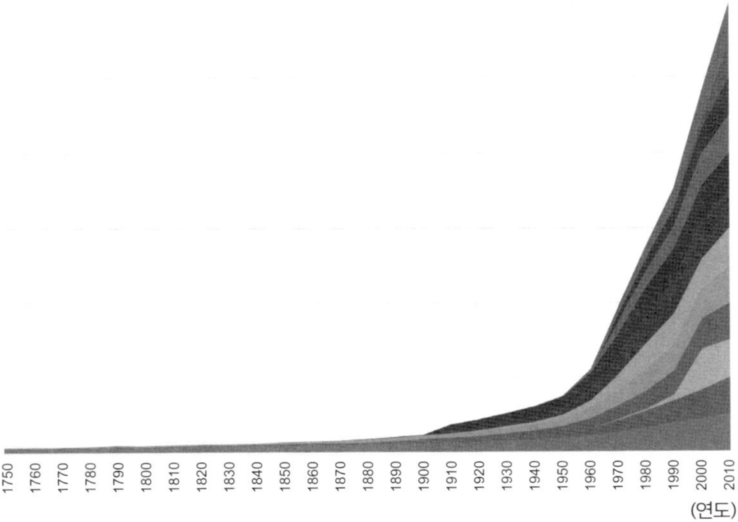

그림 9.2 대가속. 1750년부터 2010년까지 해외여행, 통신, 교통, 종이 생산, 물 사용, 대규모 댐, 비료 사용, 1차에너지 사용, 도시 인구, 외국인 직접 투자, 실질 GDP, 세계 인구의 추이를 나타낸 그림(색칠된 구역, 위에서 아래순). 1950년 뚜렷한 가속화가 일어났다는 점에 주목하자. 다음의 작업물을 수정해 다시 그렸다. BryanmackinnonOwn work, CC BY- SA 4.0, https://commons.wikimedia.org/w/index.php?curid=68457543.

동물의 이동 및 이주생물학을 훌륭하게 설명했지만 이는 그가 전한 핵심 메시지의 일부일 뿐이다. 그는 현대 인류가 앞으로 다가올 규모의 기후 변화를 겪은 적이 없으며, 기후 변화와 환경 파괴 때문에 사람들 간의 엄청난 갈등과 이주가 초래될 것이라고 경고했다. 엘튼은 스스로 생각한 것보다 선견지명이 있었지만 사람들은 대체로 그의 생각을 무시했다. 우리는 다음과 같은 3가지 전언을 바탕으로 계속 움직였다.

> '성장은 좋은 것'이므로 인구 증가는 문제가 되지 않는다.
>
> 생명은 '적자생존'하므로 적자인 인간은 무슨 일이 있어도 살아남을 것이다.
>
> '기술이 우리를 구원할 것이다.' 특히 전쟁을 준비해 평화를 유지하는 데 필요한 기술이 그렇다.

엘튼이 경고한 뒤 10년이 지나 생태학자 파울 에를리히Paul Ehrlich는 《인구 폭탄The Population Bomb》에서 인구밀도 문제와 인구수 과잉을 혼동했던 맬서스의 실수를 반복했다. 사실 문제는 '사람이 너무 많은 것'이 아니라 '한 곳에 너무 많은 사람이 모이는 것'임에도 인류는 잘못된 문제에 초점을 맞추며 시간을 허비했다. 신新맬서스주의자들은 인간이 겪는 고통이 과밀화된 도시 생활과 관련 있다는 사실을 깨닫지 못했고, 의도는 선했을지언정 결과적으로는 인간이 직면한 진짜 문제를 외면하게 만들었다.

레이철 카슨Rachel Carson은 영국의 야생생물학자인 데릭 랫클리프Derek Ratcliffe 덕분에 살충제 사용, 특히 DDT가 생물다양성에 끼치는 심각하고 부정적 영향이 밝혀졌다고 말했다. 이는 카슨이 1962년 발표한 뒤 고전이 된 《침묵의 봄Silent Spring》의 기초가 됐다. 1971년에 랫클리프는 콘퍼런스 발표 자료를 바탕으로 짧은 글을 발표했다. 그는 여기에서 자연이 근본적으로 취약하기 때문에 인간의 기술이 자연에 영향을 끼치는 일은 위험하다고 주장했다. 이 주장은 즉시 보전 생물학의 초석이 됐고 특히 기금 모금 방식으로 채택됐다.

랫클리프의 선언문이 발표된 지 1년 뒤 《성장의 한계Limits to Growth》가 발표됐다. 도넬라 메도즈Donella Meadows와 동료들이 쓴 이 책은 로마 클럽Club of Rome이 '성장은 좋은 것'이라는 주장을 평가하기 위해 의뢰한 모델 연구의 결과를 제시했다. 연구 결과 이들은 인구가 무한히 성장하는 일은 걱정스럽지만, 인류가 직면한 진정한 실존적 문제는 무한한 성장에 기반한 정치·경제 정책임을 지적했다. 공동 저자들은 인류가 스스로 둥지를 무너뜨리고 있으며, 만약 인류가 '평소대로' 살아가는 지금의 경로를 계속 따른다면 2100년에는 인구 증가와 대기 온난화가 정점에 이를 것이라고 주장했다. 이 둘이 함께 일어나는 조건에서도 인류가 가까스로 살아남는다면 인구가 감소하기 시작할 것이라는 희망적인 소식도 덧붙였다. 식량과 원자재 수요가 줄어들면 생물권과 기후에 가해지는 압력도 줄어들 것이기 때문이다. 하지만 인류가 이런 조건에서 살아남으리라는 보장은 없으므로 《성장의 한계》 저자들은 문제를 완화할 정책을 제안했다. 하지만 그들의 제안은 주목받지 못했다.

'멜버른 지속 가능성 연구소'의 그레이엄 터너Graham Turner는 2014년에 평가를 통해 《성장의 한계》가 제시한 예측이 2010년까지 놀라울 정도로 맞아떨어졌다는 사실을 발견했다. 《성장의 한계》에서 예측하지 못했던 기술 발전의 이점 역시 가속화된 기후 변화에 묻혀 버렸다. 이 문제를 연구하는 물리학자들은 기후 변화가 세계적 규모로 빠르게 가속해온 역사를 잘 안다. 생물학자들은 이런 사건이 생태계 구조와 종 다양성에 갑작스러운 변화를 일으킨다는 사실을 알고 있다. 따라서 정말 걱정스러운 점은 가까운 미래에 우리가 기술력으로 대처할 수 있는 것보다 환경 변화가 훨씬 더 빠른 속도로 일어나리라는 점이다. 또한 《성장의 한계》에서 제안한 핵심 권고 사항인 출생률 감소가 나타나고 있기는 하지만, 의료 기술이 발달하며 영아 사망률이 줄고 수명이 연장됐다. 따라서 인류는 《성장의 한계》가 제시한 것보다 한 세대 빠른 2070년이면 세계 인구 최대치에 도달하는 위태로운 경로를 밟게 된다. 다시 말해 자원은 빠른 속도로 고갈되고 있으며 오염, 산업 생산량, 1인당 식량 소비량은 인구와 함께 늘고 있다.

이어서 터너는 우리가 '평소대로' 살아간다면 오염이 늘고 농사에 투입되는 산업 요소가 줄면서 1인당 식량 생산량이 줄어든다는 섬뜩한 시나리오를 제시했다. 보건·교육 서비스가 축소되면 2020년경부터 사망률이 증가하고, 세계 인구는 2030년경부터 10년마다 약 5억 명씩 감소하기 시작한다. 생활조건은 1900년대 초와 비슷한 수준으로 떨어진다.

독성학에는 반수치사량Median Lethal Dose, 곧 LD_{50}이라는 개념이 있다. 독성에 노출된 실험동물의 50퍼센트를 사망하게 만드는 독소의 양을 뜻한다. 대가속을 감지하는 데 사용된 데이터를 바탕으로 외삽한 연구들에 따르면 현재 인류의 LD_{50}이 도래할 대략적인 시점은 2050년이다.

요약

환경 조건은 LGM 이후 대체로 양호했고 인구밀도는 낮았으므로 인간의 성장에는 한계가 없어 보였다. 기후가 오랫동안 안정되면서 지역 착취를 극대화하는 데 초점을 맞춘 기술이 연이어 개발됐다. 인간 집단이 한 행동은 당시에는 괜찮아 보였고 한동안은 효과가 있었다. 문제가 생겨도 지역 내에서 해결할 수 있는 국지적 실수 정도로 치부됐다. 기술은 인간의 실수 때문에 발생한 결과로부터 언제든 인간을 구원해줄 수 있을 것처럼 보였다. 환경이 크게 달라져도 항상 다른 곳으로 옮겨가 다시 시작한다는 전통적인 진화적 선택지가 있었다. 인류는 거의 1만 5,000년 동안 도시를 만들고 버리기를 반복했다. 하지만 여기에는 시스템의 약점이 있었다. 도시화한 환경이 거듭 실패하면서 인간은 여러 번 경고를 받았지만, 인간은 자연이 주는 교훈을 배우지 못했다. 그러면서 초반에 이룬 성공 때문에 나머지 생물권을 고려하지 않고 자신의 운명을 통제할 수 있다고 착각했다. 그렇게 인류세 중반의 어느 시점이 되자 인류는 대비극을 자초했다.

인간은 인류세 중반부터 기술적으로 우월하지만 끊임없는 군비경쟁의 늪에 빠진 세계를 만들었다. 이곳에서는 끊임없이 갈등과 교체가 일어나고, 승자와 패자가 갈라지고, 갈등 해결이나 협력은 제한된다. 페루의 영향력 있는 사회학자인 아니발 키하노Aníbal Quijano는 2000년에 중요한 논문을 발표하면서 식민주의란 권력을 유지하고 확대하려는 노력에서 나온 필연적 결과라고 지적했다. 인류가 끊임없는 전쟁의 역학에 갇혀 있는 한 누군가는 항상 다른 사람을 식민화해야 한다.

인간의 행동과 기술 발명으로 세상은 더 가깝고 빨라졌지만 그런 행동에는 예상치 못한 나쁜 결과가 항상 뒤따랐다. 기술이 새로운 적합도 공간을 만들어줬지만 그 기술 때문에 생긴 문제에서 벗어날 적합도 공간은 사라져버렸다. 인류는 창의력을 다 써버린 것이 아니라 갈등을 해결할 기회에 접근하지 못하게 된 것이다. 달라지는 상황과 갈등에서 도망친다는 진화적 전통을 포기하자 갈등을 해결할 기회가 줄었다. 그 결과 2020년대 인류는 가장 강하면서도 가장 취약한 존재가 됐다. 기술은 크게 발전했으나, 다수의 급박한 수요를 맞추기보다 극소수의 욕망을 위해 이용되고 있다. 인류는 코로나19를 통해 뼈아픈 교훈을 얻었다. 효과적 대응 계획도 없고 대처할 자원도 부족하고 도망갈 곳도 없다는 사실을 깨달은 인간이 공포와 공황에 빠질 경우, 그다지 심각하지 않은 전염병으로도 세계 경제가 붕괴할 수 있다는 사실이었다. 전 지구적 기후변화를 부정하고 과학적 조언을 무시하는 분위기가 정치 스펙트럼 전반에 확산되자 인류는 자초한 전쟁을 계속했다. 사실상 모든 나라에서 국내 정세가 불안해지면서 인류는 실존적 위협에 적절히 대응하지 못하게 됐다.

스테판과 동료들은 대가속이 진정한 인류세의 시작이라고 믿었다. 그러나 우리는 대가속이 인류세가 더는 지속 가능하지 않게 된 시점이라고 본다. 다시 말해 대가속은 인류세의 시작이 아니라 인류세 종말의 시작이었다. 잘 몰랐거나 의도는 좋았을지 몰라도 어쨌든 실수는 실수다. 동시에 우리는 인류가 몇 가지 기본적 진화 원리를 적용하면 자초한 혼란을 극복하고 살아남을 수 있다고 믿는다. 이 책의 나머지 부분에서는 다윈의 원리에 근거해 인류세의 가을을 견뎌내고 앞으로의 상황에 제대로 대비할 몇 가지 방법을 제안한다. 우리의 제안을 꼭 따라야 한다거나, 이런 목표를 달성할 로드맵이 하나뿐이라는 뜻은 아니다. 자연의 작동 방식에 기반한 다윈의 원리를 채택할 때 일반적으로 무엇이 필요한지 보여주려는 것이다. 이어서 인류의 생존 가능성을 키울 몇 가지 실용적 아이디어를 제시하겠다. 2가지 질문으로 시작해보자. '우리는 생물권과 어떻게 상호작용해야 할까?' '우리는 서로 어떻게 상호작용해야 할까?' 이어지는 두 장에서는 인간의 생존을 위해서는 인간이 의존하는 생물권이 살아남아야 한다는 전제를 바탕으로 첫 번째 질문을 살펴보겠다.

10장

실패 없는 생존전략

생물권의 4법칙

A Darwinian Survival Guide

생물권은 인류가 진화하기 전 40억 년 동안 살아남았다. 따라서 진화할 수 있는 생물은 인간 없이도 살아갈 수 있다고 봐도 무방하다. 사실 생물권은 특정 종의 운명에 신경 쓸 필요가 없다. 하지만 인류는 생물권 없이는 살아남을 수 없다. 따라서 인간이 생존하려면 우리가 의존하는 생물권 일부에 관심을 기울여야 한다. 그러나 오늘날 인간이 생물권과 상호작용하는 방식은 많은 종의 생존은 물론 인류의 존재를 위협하고 있다.

어떻게 이런 상황이 벌어졌는지 이해하려면 먼저 '공유지의 비극 tragedy of the commons'을 알아야 한다. 앞서 살펴봤듯 귀족들은 평민에게 공유구역을 제공하며 농업과 목축 등에 쓰도록 했다. 이처럼 공유지란 개방된 공유 자원을 말한다. 그런데 공유지를 관리하지 않고 방치할 경우, 사용자는 자기에게는 이득이지만 사회 전체에는 해가 되는 방식으로 공유지를 사용하기 시작하고, 결국 공유지가 고갈되는 비극이 펼쳐진다. 공유지라는 개념은 경제학자 윌리엄 포스터 로이드

William Foster Lloyd가 1833년에 쓴 소논문에서 시작됐다. 로이드는 목동들이 각자의 소를 방목할 구역을 공유하는 가상의 상황을 예로 들었다. 이런 '개방형 목초지'는 소빙하기 이전의 유럽 전역에 있었고 영국에서는 19세기 초까지 흔했다. 그런데 로이드는 목동들이 합리적·경제적 판단에 따라 자기 소를 더욱 많이 풀어놓으며 자기 이익을 극대화하려 하고, 이 때문에 공유지가 고갈되어 결국 모두 손해를 입게 될 것이라고 추론했다.

공유지의 비극을 표현하는 현대적 개념은 또 다른 유명한 소논문에서 등장한다. 바로 1968년에 하딘이 쓴 글이다. 여기서 '공유지의 비극'은 관리 및 규제 체계와 개인의 자유 사이에서 발생하는 모든 사회적 딜레마를 설명하는 포괄적 개념이다. 그는 이런 상황을 기술만으로는 해결할 수 없으며, 인간의 행동이 근본적으로 달라져야 한다고도 주장했다. 기술만으로 문제를 해결하려 한다면 앞서 언급한 깔쭉톱니 효과 때문에 오히려 문제가 악화된다. 자원에 대한 수요가 공유지를 직·간접적으로 사용하는 사람의 수에 비례한다면, 인구를 늘리는 모든 기술이 문제를 악화시킬 수 있다는 의미다. 게다가 공유지를 키우는 기술은 식량을 더 생산해 더 많은 사람을 먹여 살리는 등 눈앞의 딜레마(지금 당장 굶어 죽는 사람)는 해결할지 몰라도 미래의 걱정거리(훗날 더 많은 사람이 굶어 죽음)는 앞당긴다. 다시 말해 기술은 공유지의 비극을 미룰 수는 있어도 해결할 수는 없다.

하딘은 엄격한 정부 감독, 규제, 통제 없이는 인간의 행동을 바꿀 수 없다고 생각했다. 그에 따르면 '자유' 자체가 비극의 궁극적 원인이었다. 하딘은 인간 개개인이 대체로 이기적이며, 인간 집단이 스스로 자원을 지속 가능하게 관리할 수 있을지에 대해서도 상당히 냉소적이었다. 그러나 경제학자이자 정치학자인 엘리너 오스트롬Elinor Ostrom은 뛰어난 연구를 통해 하딘의 관점에 이의를 제기했다. 그는 상호 이해를 공유하는 이들이 협력적 네트워크를 구축함으로써 공동체가 지역 자원을 관리할 수 있으며, 실제로 인간은 수천 년간 그래왔다고 주장했다. 또한 오스트롬은 이기심이 공동체 속 인간의 행동을 좌우하는 유일한 동력이 아니며, 적절한 조건만 갖춰진다면 인간 스스로 '풀뿌리 관리 체계'를 조직하고, 이를 통해 자원을 남용하지 않고 효율적으로 관리할 수 있다고 보았다. 그는 이 연구로 2009년 노벨경제학상을 받았다.

오스트롬의 발견은 낙관적이지만 여기에는 정신이 번쩍 들게 하는 현실 또한 담겨 있다. 공유지의 비극을 완화할 관리 체계가 얼마나 힘을 발휘할지는 공유지의 규모에 달려 있다는 것이다. 개방형 목초지, 호수, 숲처럼 경계가 명확한 지역적 공유지에서는 문제가 비교적 간단하다. 사람들이 함께 결정할 권리가 있고, 각자가 '더 큰 선善'에 투자하는 것이 자기에게도 유리하다고 생각한다면 자원을 유지하기 쉽다. 하지만 국가 수준, 더 나아가 국제 수준으로 규모를 확장하면 공유지를 명확히 정의하는 일부터 쉽지 않다. 전 세계 바다를 지키는 일은 특정 지역의 숲을 지키는 일보다 훨씬 복잡하다. 전 지구적 기후변화라는 규모에서 공유지의 비극을 피하려면 가장 먼저 공유지를 바라보는 시각을 근본적으로 바꿔야 한다.

진화적 공유지와 생존의 조건

생물권은 견고한 생태계의 집합체다. 생물권의 구성원은 이미 진화를 거치며 기후 변화에 대처해왔다. 그들은 인류의 허락을 구하거나 인간이 그 과정의 일부가 되고 싶은지 결정하기를 기다리지 않는다. 어떤 종은 멸종하거나 개체수가 줄고, 다른 종은 개체수가 늘고, 또 다른 더 많은 종은 달라지는 환경에 대응해 이동하며 분포를 바꾼다. 종들 사이의 오래된 생태적 연결이 끊어지고 새로운 연결이 형성된다. 이 모든 과정은 헐렁한 적합도 공간에서 생태적 적합성을 찾아내는 생명의 대물림된 능력, 곧 스톡홀름 패러다임에 따라 일어난다. 생물은 이 대물림된 잠재력을 활용해 갈등을 해결하고, 새로운 생태계에서 다른 종과 상호조정하는 방법을 알아낸다.

다윈의 체계는 개별 유기체와 이들이 구성한 생태계가 지닌 진화적 잠재력을 활용해 불확실한 세상에서 살아남고 때로 번성한다. 생태계는 진화적 공유지evolutionary commons다. 성장(활용)은 생명의 근본적인 부분이지만, 성장을 통제하지 않으면 다른 유기체를 포함한 환경과 유기체 사이에 갈등이 일어난다. 생존하려면 갈등을 해결해야 하고 그러려면 주변 환경을 가능한 한 많이 탐색하면서도 최대한 활용해야 한다. 다윈의 체계는 변화하는 환경에 대응해 잠재력을 키우고 유지하고 저장하고 활용하며 본질적으로 '손에 쥔 것을 활용해' 살아가는 방식이다. 잠재력을 키우지 않고 단기적 성장만 극대화하는 것은 '손에 쥔 것을 넘어서는' 삶, 즉 멸종으로 가는 확실한 길이다. 기술 인류는 분명 다윈의 경로에서 벗어난 미래를 향해 나아가고 있다.

인류가 실존적 위기에 직면해 있다면 근본적 문제는 경제 성장과 개발이 아니라 기본적인 '생존'이다. 생존은 다윈의 진화론에서 주된 관심사다. 인간과 생물권이 상호작용할 때 진화의 원리를 택하는 일은 인류의 미래에 가장 중요하다. 거듭 강조했다시피 스스로 변화에 대처할 잠재력을 유지하는 것이 생존의 기본이다. 개인 차원에서 보면 쉽게 와닿을 것이다. 돈을 쓰면 돈은 사라지지만, 돈을 저축해두면 불확실한 미래에 대처할 잠재력이 생긴다. 생물권으로 본다면 이 잠재력은 현존하는 모든 유기체가 대물림받은 능력과 생태계를 이루는 다른 유기체와의 상호작용에 저장된다. 진화적 공유지는 앞으로 찾아올 변화에 대처할 진화적 잠재력을 저장한 은행 계좌다. 진화적 잠재력을 너무 많이 잃어서 변화하는 조건에서 살아남을 수 없게 되면 진화적 공유지의 비극이 찾아온다. 메시지는 분명하다. 인류의 생존을 보장하고 다가오는 변화에 대처하려면 인간은 스스로 진화적 공유지에 적응하고 이 공유지를 지켜야 한다. 그러려면 인간은 진화가 일어나도록 기꺼이 허용해야 한다. 그래야 예상치 못한 조건 변화에 대처할 잠재력을 키우고 이를 활용할 수 있기 때문이다.

통제할 수 있다는 환상을 버려라

중요한 사실을 알려주겠다. 생물권은 인간이 통제할 수 없는 복잡한 시스템이다. 이것을 쥐라기 공원 원리Jurassic Park principle라고 부르겠다. 자연은 복잡하고 예측 불가능하다. 인류는 진화를 거쳐 인지 능력을 갖추면서 이 사실을 깨달았지만, 동시에 이 인지 능력 때문에 두려움에 사로잡혔다. 미래를 알 수 없다는 두려움, 자연이 다음에 어떤 일을 할지 알 수 없다는 두려움 때문에 인간은 자연을 통제하고 예측하고 싶어한다. 두려움을 느낀 인간은 주변 환경을 정적 상태로 만들고자 한다. 마지막 빙하기에서 살아남은 소수의 인류는 자신과 가족을 먹여 살릴 식량을 얻기 위해 할 수 있는 일을 닥치는 대로 했다. 그들을 나무랄 수는 없다. 당시에는 동식물을 가축화해서 기르는 일이 괜찮은 생각으로 보였다. 하지만 가축화는 인간에게 이득처럼 보이는 형질을 보전하기 위해 대물림 체계를 제한하는 행위다. 대물림 체계의 한 부분을 고정하면 다른 부분에서 변이가 늘면서 예상치 못하거나 좋지 않은 결과가 나타난다. 가축화는 큰 이익을 가져온 동시에 막대한 대가를 남겼다. 새로운 질병에 취약해졌고, 이를 관리하기 위해 더 많은 자원을 써야 했으며, 우리와 우리가 먹고사는 농작물과 동물의 건강이 위협받게 된 것이다.

뉴턴의 물리학은 모든 작용에 '이와 동등한 반작용'이 있다는 개념을 바탕으로 한다. 하지만 생물계는 그렇게 작동하지 않는다. 생물계는 길들이거나 방향을 틀거나 영원히 정적 상태로 만들 수 없다. 원하는 방향으로 자연을 밀어붙인다고 원하는 결과가 나오지는 않는다. 생물권에 인간의 바람을 따르도록 강요하면 종종 역효과가 난다. 인간은 물의 흐름을 통제하기 위해 댐을 만들었고, 그중 일부는 대피라미드의 규모와 웅장함에 필적하는 놀라운 공학 기술의 위업을 달성하기도 했다. 하지만 댐은 필연적으로 실패한다. 2011년 《내추럴해저드Natural Hazards》에 발표된 보고서에 따르면 2000년에서 2009년 사이에만 200건 이상의 '중대한' 댐 사고가 발생했다. 지금까지 발생한 큰 재난 중 하나는 1975년에 태풍 니나로 폭우가 쏟아져 중국 허난성의 반챠오 저수지 댐이 붕괴한 사건이다. 정확한 수치에는 논란의 여지가 있지만 집 수만 채가 쓸려 내려가고 24만 명이 실종됐다고 추정된다. 캘리포니아 및 북아메리카 서부의 사례에서 보듯이, 자연적인 불놓기fire regime 체계가 형성된 지역에서 관리를 명목으로 산불을 억제하면 산림 하층에 가연성 물질이 쌓이고, 그 결과 숲은 대규모 산불에 훨씬 더 취약해진다.

카슨이 1962년 저서 《침묵의 봄》에서 경고했듯, 인간은 해충을 방제하겠다며 당연한 듯 살충제를 살포해왔지만 이런 흔한 관리법 때문에 인간에게 질병이 생기는 등 목표로 삼지 않은 종에게까지 의도치 않은 결과를 낳았다. 이에 대한 대안으로 제시된 것이 '생물학적 방제'다. 침입종 해충을 억제하기 위해 포식자, 기생충, 병원균 같은 '천적'을 그 해충의 원산지에서 들여와 통제하는 방식이다. 그러나 생물학적 방제의 역사 역시 실패와 예기치 못한 결과의 연속이었다. 대표적인 사례는 사탕수수딱정벌레*Dermolepida albohirtum*처럼 사탕수수를 갉아 먹는 해충을 통제하기 위해 오스트레일리아에서 사탕수수두꺼비*Rhinella marina*를 들여온 일이다. 이 두꺼비는 정작 사탕수수딱정벌레는 별로 잡아먹지 않았고 오히려 목표가 아니었던 다른 곤충을 잡아먹으며 번성했다. 사탕수수두꺼비는 토종 양서류 서식지로 순식간에 퍼져 새로운 질병을 옮겼고, 그 탓에 토종 양서류 개체수가 급감했다. 게다가 이 두꺼비는 귀 뒤에 독샘을 지니고 있어, 이들을 잡아먹은 토종 포식자들이 병에 걸리거나 떼죽음을 당하는 일까지 벌어졌다.

인간의 역사는 자연을 통제하려다 실패한 시도로 점철돼 있다. 그런데도 공학자와 보전주의자 집단은 지구 전체를 정적 상태로 만들겠다는 시도를 멈추지 않았다. 공학자는 '원하는 것이 있다면 바로 만들어주겠다'라고 선언하고, 보전주의자는 '생물권이 더 이상 변하지 않도록 막을 자원을 주면 우리가 막겠다'라고 주장한다. 그러나 생태계와 이를 구성하는 종들은 복잡한 진화 체계를 따르기 때문에 이들을 인간의 욕망에 맞춰 길들이려고 하면 반드시 의도치 않은 결과가 생긴다. 많은 종의 진화적 시간선과 궤적이 어긋나 미래를 예측하기 어려워지고, 다음에 닥칠 일에 대응하지 못하게 된다. 결론적으로 공학자와 보전주의자 모두 생물권을 정적 상태로 만들지 못했으며, 서로를 탓하는 데 그쳤다.

외부에서 자연을 통제하려는 노력은 실패로 돌아갈 수밖에 없다. 모든 생물학적 시스템을 포함한 복잡계는 견고하기 때문에 이 같은 외부의 교란을 어느 정도 견뎌낸다. 하지만 지나치게 강한 통제는 시스템의 안정성을 무너뜨리고, 교란된 복잡계에서는 예측하기 어려운 반응이 일어난다. 이런 상황을 제대로 파악하지 못하면 더 강력한 통제가 필요하다는 잘못된 결론에 도달한다. 특정 종과 그 종을 통제하려는 노력 사이에서는 진화적 군비경쟁이 일어난다. 제한된 지리적 위치와 생태적 맥락 안에 생태계를 가두려 한다면 생태계 구성원은 진화적 잠재력을 최대한 발현할 능력을 잃어버리고 만다. 이에 따라 생물권은 필연적으로 인간의 관리 프로그램과 전 지구적 기후 변화가 전 세계에서 벌이는 진화적 군비경쟁의 한가운데에 놓인다.

인간이 적극적으로 자신의 생존을 보장하고 싶다면 진화적 공유지와 상호조정해야 한다. 그러려면 통제할 수 있다는 헛된 믿음을 버려야 한다. 지난 1만 2,000여 년 동안 인간은 기술로 인해 발생한 의도치 않은 결과를 무한정 상쇄할 수 있다는 믿음에 기대 문명에 운명을 걸었다. 인류는 기술을 쓰는 종이라는 이유로 위험에 처한 것이 아니다. 인류가 위험에 처한 것은 지난 600세대 동안 기술을 이용해 생물권보다 뉴턴의 시계 장치에 가까운, 점차 도시화한 정착생활을 구축했기 때문이다. 앞서 살펴봤듯이 1만 2,000년 전 무렵 인간이 이동생활방식을 버리고 정착생활을 추구하며 잠재적으로 더욱 취약해졌다. 하지만 그럼에도 중심지 채집자라는 진화적 유산은 그대로 이어졌다. 중심지 채집자가 지역 자원을 과도하게 착취하거나 지역 생태계에 피해를 입혀 나타난 결과에서 벗어나려면 자신이 활동한 결과로 더 이상 생존할 수 없게 됐을 때 다른 곳으로 이동해야 한다. 비버는 인간과 마찬가지로 전형적인 중심지 채집자이며 '생태계 공학자'로도 불린다. 비버는 나무를 벌목해 댐을 건설하고 식량과 보금자리를 마련한다. 이러한 채집 활동은 주변 환경에 광범위한 영향을 끼치며, 지역 규모로 수계와 숲 조성을 변화시킨다. 이는 다른 종들에게도 영향을 끼친다. 예를 들어, 비버의 활동으로 연못과 습지가 조성되면 이를 서식지로 삼는 조류와 양서류가 모여든다. 그러나 비버의 입장에서만 보면 이제 이 지역은 자원이 크게 고갈된 폐허일 뿐이다. 이런 일이 벌어지면 비버는 다른 종의 운명에는 아랑곳하지 않고 그냥 이동해버린다. 인간이 끼어드는 등 다른 이유로 이동할 수 없을 경우에 비버는 애쓰다 죽어갈 것이다. 결국 비버가 이룬 '공학'의 증거도 사라진다.

이는 '문명화에 운명을 거는 일'이 불완전하다는 뜻이다. 인류는 기술을 발전시켜 문명을 유지하면서 전 지구적 기후 변화나 다른 실존적 위협을 극복하고 살아남았다. 하지만 이런 일은 인간이 자연을 통제할 수 있다는 신화를 버리고 중심지 채집활동을 계속하며 그 자리에 머물기로 할 때만 가능하다. 인류는 다윈의 원리에 바탕을 두고 생물권과 어떻게 상호작용할지 알려주는 지침을 얻어야 한다.

생물권의 4법칙

1948년 발표된 〈세계 인권 선언Universal Declaration of Human Rights〉은

제2차 세계대전이라는 실제적 공포에서 나온 반응이었다. 이제 인류는 이와 비슷하게 기후 변화의 영향에 제대로 대응하지 못할 때 발생할 수 있는 잠재적 공포에 맞설 〈세계 인권 및 의무 선언Universal Declaration of Human Rights and Responsibilities〉을 제정해야 한다. 다윈의 진화란 스스로 변화하며 변화에 대처하고, 기존 정보를 이용해 헐렁한 적합도 공간에서 생태적 적합성을 발휘해 환경과의 충돌을 해결하는 것이다. 진화는 당면한 조건에서 자연선택을 통해 강화된다. 따라서 진화에는 선견지명이 없고(진화는 미래를 예측할 수 없다), 갈등이 해결돼도 항상 예측하지 못한 새로운 충돌이 나타난다. 이 명제가 시사하는 바는 다음과 같은 7가지 원칙으로 요약할 수 있다. 이 원칙을 '진화가 말하는 것The Major Metaphors of Evolution'이라고 부르겠다.

1. 진화에서 말하는 진보progress의 유일한 의미는 시간이 지나도 지속되는 것이다(곧 생존이다).
2. 종이 지속되고 조건에 대처하기 위해 이용하는 형질 대부분은 보존적 대물림으로 전달된다('적절한 시기에 적절한 적응'을 하도록 기다리는 것이 아니라 이미 손에 쥔 것을 활용하는 것이다).
3. 어떤 종이 아주 오래 이어지면 진화를 거쳐 환경에 맞설 더 나은 해결책을 내놓을 수 있다. 하지만 조건은 항상 달라지므로 그 해결책은 언제나 임시적이고 일시적이다(오늘 가장 적합한 변이가 내일은 적합하지 않을 수 있고, 오늘 덜 적합한 변이가 내일은 가장 적합한 변이가 될 수 있다).

4. 아무리 좋아 보이는 해결책이라도 언제나 예상치 못한 결과를 일으킬 수 있다(갈등이 해결되면 언제나 그 결과 새로운 갈등이 일어난다).
5. 과도한 성장의 결과를 늦출 수는 있어도 절대 피할 수는 없다(생물은 무한히 성장할 수 없다).
6. 과도한 성장을 처단하기를 미룰수록 멸종 가능성이 커진다(다양화하지 않고 커지기만 하는 시스템은 도박사의 파산에 더 취약하다).
7. 진화는 재생할 수 있는 유전정보에 따라 이루어지지만 대물림 체계는 변화에 열려 있고 끊임없이 변화한다.

이런 원칙을 통해 기술 인류가 생물권의 나머지 영역과 상호작용할 방법을 알려주는 지침을 얻을 수 있다. 이 지침을 '생물권의 4법칙four laws of biotics'이라 부르겠다.

제0법칙: 인류는 생물권에 해를 끼치거나, 아무런 행동을 취하지 않아 생물권이 해를 입도록 내버려두어서는 안 된다. 가장 근본적인 '해악'은 어떤 종이 만든 변화든 변화에 대처하는 생물권의 능력을 제한하는 것이다.

여기서 우리가 사용하는 제0법칙이라는 용어는 아이작 아시모프Isaac Asimov의 용어나 열역학 제0법칙과 비슷하게 제1법칙, 제2법칙, 제3법칙 다음으로 제안된 법칙을 말한다. 나머지 세 법칙의 맥락을 이루는 근본적 법칙인 것이다.

생물권이 변화에 대처할 유일한 방법은 스스로 변화하는 것이다. 그리고 생물권이 변화할 유일한 방법은 진화적 공유지의 대물림 체계에 저장된 막대한 잠재력을 활용하는 것이다. 생물권은 과거에 적어도 다섯 차례의 대멸종을 겪었고, 그때마다 진화적 재생을 통해 회복하는 과정을 수없이 반복해왔다. 또한 인류세의 격변에 대응하기 위해 지금도 우리 눈앞에서 변화하고 있다. 보전과 관리에 관한 결정을 내릴 때는 이 제0법칙을 지침으로 삼아야 하며, 연구 집단은 이를 더욱 내면화해야 한다. 기후 변화를 다루는 문헌에는 종의 분포, 개체수, 상호작용, 행동, 성장, 발달, 번식, 생리작용의 변화를 기록한 연구가 넘쳐난다. 그런데 대다수는 이런 변화를 무언가 나쁜 일이 일어나고 있다는 명백한 증거나 시스템이 붕괴하고 있다는 신호로만 해석하며, 여기에 개입해 문제를 막아야 한다고 주장한다. 하지만 환경이 달라지면서 일어나는 생물학적 변화는 진화의 일부이며 종들이 당면한 상황에 대처하고 있다는 신호다. 다윈이 보여주었듯, 진화 체계가 달라지는 생물 조건에 대응할 때는 그 결과로 당연히 변화가 일어난다. 변화는 생물권의 취약함이 아닌 견고함을 나타내는 신호다. 일부 종은 멸종의 길을 걷고 있지만, 수많은 종은 생존의 길을 계속 걸어갈 뿐이다.

제1법칙: 인류는 생물권의 어떤 부분에도 해를 끼치지 않아야 하고, 아무런 행동도 하지 않아 생물권의 어떤 일부가 해를 입도록 내버려둬서는 안 된다. 생물권 자체가 더 큰 해를 입는 것을 막기 위한 경우가 아니라면 말이다. 생물권이 대응하고 유지될 능력을 위협하지 않는 한, 인간은 생물권 일부를 활용할 수 있으며 생물권의 다른 영역으로부터 자신을 보호할 수 있다.

인간은 지금 생물권이 지닌 진화적 잠재력을 보장하면서 자신의 생존도 적극적으로 확보할 수 있다. 변화에 대처할 생물권의 근본적 능력을 빼앗지 않는 한 인간은 자신에게 유리하도록 생물권 일부를 조작할 수 있다. 다만 이 과정에서 의도치 않은 결과가 발생할 수 있다는 사실을 반드시 이해해야 한다. 제1법칙은 변화가 닥쳤을 때 행동해야 할지 말지 판단하는 데 도움이 된다. 어떤 변화가 인간 때문에 일어났든 다른 요인 때문에 일어났든, 감정에 휩쓸려 생물권이 변화에 대처하고 있다는 사실을 잊어서는 안 된다. 생물권 일부에 감정적으로 얽매인 나머지 현 상태를 강제로 유지하려는 정책은 공유지를 제한하고 필연적으로 실패하며 상황을 악화시킬 것이다. 정지 상태를 더욱 강력하게 강제할수록 생물권의 대응 능력은 제한되고 문제는 더욱 심각해진다. 진화를 통제할 것이 아니라 되도록 많은 진화 과정을 보존하면서 진화가 일어나도록 놔둬야 한다.

이런 맥락에서 '예방 원칙precautionary principle'은 의사 결정에 중요한 요소다. 간단히 말해 예방 원칙이란, '완전히 알지 못한다고 해서 행동을 주저할 필요는 없다'라는 생각이다. 인간에게는 선택의 여지가 많지 않다. 거대한 환경 교란이 일어난 뒤에도 생명이 이어지고, 회복하고, 다시 다양화될 수 있었던 사례는 단 한 번뿐이다. 반갑지 않은 소식이다. 하지만 좋은 소식도 있다. 이 원칙은 40억 년 동안 한 번도 실패한 적이 없다는 점이다. 선례나 데이터가 부족하더라도 다윈주의를 기준으로 삼으면 '행동할 때'와 '행동하지 않을 때' 각각 어떤 결과가 일어날지를 합리적으로 예측할 수 있다. 하지만 예방 원칙을 적용하려면 특정 현상이 나타날 때 행동을 수정하거나 중단해야 한다는 '중지 규칙'을 함께 명시해야 한다. 예상치 못한 일이 일어난다는 것은 그 합의가 잘못됐다는 뜻이다. 일반적 합의에 따른 타협은 그야말로 최악의 선택이다. 그때그때 임시방편만 적용하면 상황이 악화된다. 연구자와 정책 입안자가 실수할 수는 있지만, 인류에게는 틀렸다는 사실을 인정하지 않고 평소대로 살아갈 여유가 없다.

제2법칙: 인간은 생물권의 어떤 부분이든 이용할 수 있다. 다만 이때 앞의 두 법칙과 충돌하지 않아야 한다. 인간은 생물권 지식을 활용해 생물권을 이용할 수 있는 최대 규모를 정할 수 있다.

인간은 생물권의 일부이므로 생물권과 분리될 수 없다. 모든 유기체와 마찬가지로 인간은 주변 환경을 이용하고 탐색한다. 인간이 '계속 생존'하려면 물질대사를 일으킬 자원이 필요하다. 따라서 결과적으로 인간은 주변을 분해해 사용할 수밖에 없다. 하지만 그렇다고 가능한 한 많은 자원을 가능한 한 빠르게 최대한 사용할 권한이 인간에게 있다는 뜻은 아니다. 생태계 구성원이 이룬 대사 경제는 서로 연결되어 있다. 이 경제 안에서 한 종의 에너지가 분해되면 다른 종에게는 고급 에너지가 된다. 따라서 생태계 내에서 일어나는 '활용' 자체는 진화적 공유지를 제한하거나 변화에 대처하는 생물권의 능력을 해치지는 않는다. 문제는 빠른 성장을 위해 생물권을 마구잡이로 이용하는 정책이다. 예를 들어 가능한 한 빨리 대도시를 건설하겠다며 숲을 모조리 파괴하는 일은 장기적 손실을 외면한 채 단기적 이득을 취하는 일이다. 인간은 이런 공학자의 행동을 계속 눈감아줘서는 안 된다. 환경을 '통제'할 수 있다는 생각은 근거 없는 믿음이다. 전 지구적 기후 변화는 생물권을 설계하려 끊임없이 시도하는 과정에서 발생한 부작용이다. '얼마나 많이 이용할 수 있는가'라는 질문은 우리 '몫'인 것 같지만 사실은 착각이다.

제3법칙: 인간은 자신을 보호해야 하지만 이는 앞의 세 법칙과 충돌하지 않는 선에서 이루어져야 한다. 인간은 자신을 보호하기 위해 생물권을 파괴할 수 없다. 인간은 손에 쥔 것을 이용해 살아야 한다. 그렇지 않으면 멸종한다.

인간은 결국 생물권을 유지하고, 변화에 대처하는 생물권의 능력을 지키는 방식으로 살아야 한다. 그러지 않으면 멸종한다. 성장을 극대화하는 일은 도박사의 파산으로 향하는 지름길이다. 기술을 이용해 잠재적 역량을 아무리 키워도 갈등에서 벗어날 선택지가 사라지기 때문이다. 인류는 '더 빨리 더 많이 커져야 한다'라는 방식에서 '속도를 늦추고 손에 쥔 것으로 살아간다'라는 방식으로 전환해야 한다. 인간의 활동으로 생물권이 완전히 파괴되지는 않겠지만 인류가 파괴될 수는 있다. 인간은 기후 변화를 유발하고 생물권을 위협하고 있지만 그것이 생물권의 미래를 결정짓지는 않는다. 오늘날 일어나는 전 지구적 기후 변화로 지구상 모든 종의 적합도 공간은 과거에도 그랬듯 좋은 쪽으로든 나쁜 쪽으로든 달라질 것이다. 이처럼 조건의 본질이 달라지면 어떤 종(아마도 많은 종)은 사라지지만 다른 종은 생존하고 퍼져나간다. 이것이 진화적 재설정이다. 생명은 항상 그렇듯 이어질 테지만 이전과는 완전히 달라질 것이다. 여러 불확실성 중에서 생물권이 진화할 가능성은 최고 수준에 이르렀다. 사실 생물권의 진화는 이미 일어나고 있다. 반면 생물권이 소멸할 가능성은 가장 낮은 수준이다. 생물권은 이렇듯 분명히 기후 변화에 대처하고 있다. 이는 진화할 수 있는 생물이라면 무한한 진화적 잠재력을 갖고 있다는 뜻이기도 하다.

생물권에는 제한 없는 생존 능력이 있다. 생물권을 구성하는 종에게는 스스로 변화하며 변화에 대처하는, 곧 진화한다는 무한한 능력이 있기 때문이다. 반가운 소식이다. 한편 진화는 특정 종이 지속되는 일을 선호하지 않는다. 생물권에 대규모 기후 변화 등 교란에 대처할 능력이 있다는 것은 예상치 못하고 원치 않는 사건이 급증한다는 말이다. 다른 종을 휘어잡던 종이 멸종할 수도 있고, 새로운 질병이 등장할지도 모른다. 생물을 통제하려는 프로그램은 실패하고, 지역 생태계의 종 구성과 생태적 상호작용은 완전히 달라진다. 생물권의 모든 부산물이 기후 변화에 대처한다는 뜻이다. 제대로 대처하면 유지되고 제대로 작동하지 못하면 멸종한다. 거대한 시스템에서 세부사항은 중요하지 않다. 생물권은 어떤 개별 종보다 더 견고하며, 진화는 특정 종의 운명에 관심이 없다. 공룡이 있든 없든 상관없다. 인간이 없어도 상관없다. 인류는 실존적 위기에 직면했지만 인간이 아무리 자신을 중요하게 여긴다고 해도 생물권은 인간에 무심하다. 종들이 번갈아 나타나 진화적 잠재력을 축적하고 이용하는 동안, 생물권은 계속 움직이고 평소대로 스스로 변화에 대처할 것이다.

인류는 진화적 잠재력의 일부가 인간의 통제를 벗어나 인간의 욕망과 상관없이 발현되는 모습을 이미 보았다. 우리는 신종 전염병을 겪었고, 이를 통해 병원균은 기회만 생기면 새로운 숙주로 옮겨가 예상치 못한 결과를 낳는다는 사실을 깨달았다. 전 지구적 기후 변화는 이런 기회를 만드는 주요 동력이다. 기후 변화가 일어나면 종의 이동이 촉매가 되어 병원균이 과거에는 한 번도 노출된 적 없는 숙주와 만난다. 인구가 늘고 인구밀도가 높아지며, 사람들이 전 세계를 오가며 교역하고 여행하고, 숲과 야생지가 농업지로 계속 전환된다. 이렇게 질병이 전파될 거주지 접촉면이 생기면서 신종 전염병 위기는 더욱 악화된다. 인간 때문에 생물 조건이 달라지고 새로운 전염병이 계속 발생할 것임이 분명해졌다. 하지만 신종 전염병의 진화적 기반을 살펴보면 인류가 이에 더욱 잘 대비할 방법도 알 수 있다.

이 책 전반에 걸쳐 계속 강조했듯, 유기체가 환경과 기능적으로 관계를 맺기 위해 사용하는 형질은 매우 구체적이고 보존적인 대물림 요소다. 이런 요소에는 숙주 간 병원체가 전염되는 방식과 조건을 규정하는 특징도 포함된다. 예를 들어 말라리아는 플라스모디움속*Plasmodium*의 단세포 유기체인 원충에서 발생하며 이에 감염된 얼룩날개모기속*Anopheles* 개체에 물렸을 때만 사람에게 전염된다. 이런 일이 일어나려면 복잡한 생명 주기 중 미성숙 단계의 모기가 수생 환경에 서식하고, 성체가 된 뒤에는 척추동물의 피를 빨아야 한다. 병원체가 특정 조건에서 어떻게 살아남는지 이해하면 새로운 조건에서 병원체가 어떻게 대처할지, 다음에는 언제 어디에서 새로운 질병이 발생할지 예측할 수 있다.

최근 제안된 기록·평가·모니터링·행동Document, Assess, Monitor and Act, 곧 DAMA 계획은 바로 이런 목표를 염두에 둔다. 새로운 질병 발생을 예측하기 위한 일련의 통합 활동인 이 계획은 다음과 같은 2가지 근본적 생각을 바탕으로 한다. 첫째, 신종 질병이 발생할 위험이 있는 공간은 엄청나게 많다. 헐렁한 적합도 공간에는 생태적 적합성을 발휘할 능력이 있기 때문이다. 둘째, 전염을 일으키는 요소는 매우 보존적이고 대물림되는 요소이므로 위험 공간은 무작위적이지 않다. 특정 지역에서 신종 질병에 대처하는 첫 번째 단계는 실제로 질병을 일으키거나 잠재적으로 유발할 수 있는 유기체를 기록하는 것이다. 질병을 일으키는 유기체, 이들이 발생하는 서식지와 미생물 서식지, 현재 숙주를 파악해 인간은 물론 가축, 작물, 반려동물을 감염시킬 만한 잠재력을 측정해 기록하는 것이 가장 기본이다. 대부분의 병원체는 보유숙주reservoir host가 되는 종이 반드시 있다. 보유숙주란 병원체에는 감염은 됐지만 질병이 발현하지는 않는 숙주를 말한다. 병원체의 보유숙주가 무엇이고 어디 서식하는지 파악하는 것은 질병 관리의 핵심 중 하나다. 농업지와 야생지의 경계처럼 보유숙주의 서식지와 인간 및 가축화된 종이 만나는 지점은 질병이 전파되는 주요 장소이므로 가장 먼저 살펴봐야 한다. 초점을 더 좁혀보면 질병을 일으키는 유기체가 전염되는 방식은 음식, 물, 곤충 매개체, 직접적인 표면 접촉처럼 상당히 구체적이고 보존적이다. 이렇게 진화의 역사를 통해 다음 질병이 어디서, 어떤 조건에서 발생할지 평가할 수 있다. 이런 평가를 통해 중요한 병원체를 감시할 계획을 세우고, 병원체의 영향을 완화하고 이상적으로는 질병이 발생하기 전에 차단할 행동 계획을 수립할 수 있다. 신종 질병의 잠재력을 감시하면 숙주가 전환될 가능성이 언제, 어디서 발현될지 예측할 수 있다.

DAMA 계획에서는 야생지와 관리된 환경의 접점에서 일어나는 지리적 분포, 개체수, 전염 역학, 희귀 변이의 출현 등의 변화를 감지하는 일에 주목한다. 이런 활동은 필요할 때 모니터링을 효과적 행동으로 전환할 충분한 시간을 두고 이루어져야 한다. DAMA 계획은 진화의 원리를 이용해 새로운 질병이 언제, 어디서 발생할지 예측하고 가능하면 발병을 막고, 예방할 수 없다면 조기 경보를 울려 그 영향을 완화하려는 시도다. 발생한 질병이 인류를 위협해 무력화할 단계가 되어서야 위기 대응 체제로 전환하는 방식과는 다르다. 코로나19 팬데믹 이전에는 위기 대응 기반의 보건 정책을 펼쳤던 탓에 신종 전염병으로 발생한 치료비와 생산 감소로 연간 1조 3,000억 달러의 손실이 생겼다. 2022년 식물 병원체 전문가 발레리아 트리벨론Valeria Trivellone과 동료들의 연구에 따르면, 우리가 계속 평소대로 살아간다면 80년 안에 신종 전염병으로 미국 식품 생산망에서 발생하는 비용이 GDP를 넘어설 것이다.

보전생물학이 놓치고 있는 진실

보전생물학의 뿌리는 18세기 말 훔볼트의 글이나 1949년 알도 레오폴드가 쓴 《샌드 카운티 연감Sand County Almanac》 같은 20세기 고전으로 거슬러 올라간다. 보전생물학은 1970년대에 독립된 연구 분야로 등장했고, 전 지구적 기후 변화 시기와 맞물려 생물다양성 위기에 대처할 방법을 논하는 주요한 장이 됐다. 어떤 종과 장소를 보호해야 할까? 보호 지역의 규모와 형태는 어때야 할까? 어떻게 보호해야 할까? 보호 지역은 어떻게 관리해야 할까? 주변 공동체는 보호 지역과 어떻게 상호작용해야 할까? 이런 질문은 1958년에 출간되어 고전 반열에 오른 찰스 엘튼의 책 《동식물의 침입 생태학The Ecology of Invasions by Animals and Plants》이 생물다양성 및 기후 변화에 관해 경종을 울린 이후 보전생물학이 꾸준히 고민해온 문제다.

생물다양성을 보호하고 관리한다는 주류 보전생물학 접근법은 처음부터 다음의 3가지 반反진화론적 믿음에 깊이 뿌리내리고 있었다. 첫째, 그들은 자연이 취약하다고 생각한다. 앞서 언급했듯 이런 관점은 보전생물학 초기인 1971년에 랫클리프가 발표한 논문인 〈자연보전지 선택 기준Criteria for the Selection of Nature Reserves〉에 분명히 드러나 있다. 그는 이 논문에서 어떤 장소나 생태계가 교란에 얼마나 민감한지 측정하고 보전과 관련된 결정을 내릴 때 기준으로 삼기 위해 '취약성fragility'이라는 개념을 도입했다. 모두가 취약성이라는 개념이나 그 개념의 유용성을 인정한 것은 아니었지만, 랫클리프는 보전 문제를 논할 때 취약성 개념을 고려하도록 영향을 끼쳤다. 그때부터 '우리는 자연을 보호해야 한다. 자연은 취약하기 때문이다. 어떤 변화로도 자연의 섬세한 균형이 파괴될 수 있다'라는 취약성 개념이 보전 운동의 고전적 구호로 발전했다.

하지만 자연은 취약하지 않다. 자연은 스스로 변화에 대처한다. 섬세하게 균형 잡힌 자연이라는 개념은 실제 진화 체계와 모순된다. 진화에서 변화는 생태계를 유지하는 근본 메커니즘이다. 생물권은 정적이라기보다 역동적이고, 취약하기보다 회복력이 있다. 생물학자 대부분은 이 사실을 인정하고, 자연이 정지된 것처럼 보이는 것이 착각임을 안다. 하지만 연구자와 정책 입안자를 포함한 보전생물학 지지자 대부분이나, 통찰과 이해를 얻기 위해 보전생물학에 관심을 기울이는 대중은 이 메시지를 놓치고 있는 것 같다. 보전 활동이 기반하는 2가지 오해에서 이런 사실이 잘 드러난다. 먼저 가이아 가설Gaia hypothesis이다. 이는 생물권이 일종의 하위 체계의 연합이며, 하위 체계는 전체 체계의 항상성, 곧 신비로운 자연의 균형을 유지하기 위해 협력한다는 개념이다. 이는 인간이 개입하지 않으면 생물권이 어떻게든 영원하고 변하지 않는 완벽한 상태로 존재하리라는 생각과도 맥을 같이한다. '자연을 있는 그대로의 상태로 되돌리자'라는 진화에 반하는 개념이 등장한다. 이 가설의 지지자들은 지구를 다시 야생화하자고 주장하지만, 그들이 향수를 느끼는 '완벽하게 균형 잡힌' 목가적 자연은 사실 역사상 단 한 번도 존재한 적이 없다. 또 다른 잘못된 비유는 바로 나비효과butterfly effect다. 이 개념은 생태계가 매우 섬세하며, 종 하나만 멸종해도 전체 생태계가 붕괴할 수 있다는 오해에 기반한다. 기상학자 에드워드 로렌츠Edward Lorenz는 1972년에 날씨를 예측하는 사고 실험을 하며 이 비유를 제안했다. 브라질에서 나비가 날개를 펄럭이면 텍사스에 토네이도가 일어나듯이, 시스템 일부에서 일어난 작은 변화가 전체 시스템에 큰 영향을 끼칠 수 있다고 주장했다. 환경운동가들은 자연의 섬세한 균형을 신중하게 묘사하기 위해 나비효과라는 비유를 채택했다. 그들은 이런 비유를 들어 특정 종이 사라지는 일을 심각하게 경고하면서, 자연을 지금 그대로 보전하거나 심지어 과거 상태로 시급히 되돌려야 한다고 주장했다. 하지만 자연은 복잡한 진화 체계이며 나비효과는 매우 빈약한 비유다.

복잡계의 특징 중 핵심은 복잡계가 여러 수준의 체계로 이루어져 있으며 높은 수준은 보통 낮은 수준에서 일어나는 교란에 영향받지 않는다는 것이다. 높은 수준이 낮은 수준에 무심하다는 복잡계의 근본적 특성 덕분에 시스템은 내적·외적 교란에 견고하게 맞선다. 개미 군집을 생각해보자. 개미가 몇 마리쯤 죽어도 개미 군락은 대체로 영향받지 않고 붕괴할 가능성도 작다. 다세포 생물도 마찬가지다. 일부 세포가 사라진다고 해서 유기체 전체가 흔들리지는 않는다. 생태계나 신생 생물권도 마찬가지다. 복잡성이 늘면 더 많은 수준의 체계가 나타나 낮은 수준에서 일어나는 교란을 완충하며 시스템 전반을 더욱 견고하게 만든다. 진화가 특정 종에 근본적으로 무심하다는 뜻이다. 개미 군집은 인간이 바라는 사회는 아니지만 우리가 실현할 수 있는 진화 체계다. 인간은 생존을 고려해 인류를 좀 더 실현 가능성 높은 진화 체계로 만들기 위해 애써야 한다.

복잡계가 얼마나 견고한지는 다양성에 달려 있다. 그 이유를 2가지 단순한 개념을 통해 살펴보자. 바로 평균화averaging와 유형별 수확 체감diminishing returns(생산에 필요한 요소 중 다른 요소는 변하지 않은 상태에서, 한 생산요소가 증가할 때 단위당 한계 생산량은 감소하는 현상-옮긴이)이라는 개념이다. '평균화'는 주식 포트폴리오든 생태계든, 종 다양성이 존재해야 미래의 불확실성에 직면하더라도 안정성을 유지할 수 있음을 보여준다. 일부 종이 위기를 맞더라도 종이 다양하다면 그 영향이 상쇄되어 생태계 전반이 흔들릴 확률이 줄어든다. 또한 생존을 위해서는 적합도 또는 보상payoff이 일정 정도 이상이어야 하는데, 다양성이 높을수록 보상을 유지할 잠재력이 커진다. 왜냐하면 시스템이 종 다양성을 갖출 경우, 개체의 성과는 개별적이더라도 그 성과의 전체 평균값은 언제나 양(+)이 되기 때문이다. 이처럼 '평균화'는 전체 시스템의 성과가 생존 한계 이하로 떨어지는 것을 방지한다. 한편 '유형별 수확체감'이란 시스템에 특정 유형의 개체가 늘수록 해당 유형의 개체당 생산성이나 보상에서 얻을 수 있는 한계 수익이 줄어든다는 뜻이다. 경제학에서는 같은 유형의 노동자를 늘리더라도 총생산 기여도는 감소하는 현상을 노동의 한계 생산 체감diminishing marginal product(토지와 자본이 일정할 때, 노동량을 늘릴수록 총생산이 증가하다가 노동량이 일정치를 넘어서면 총생산 증가율이 감소하는 현상-옮긴이)이라고 한다. 마찬가지로 특정 종의 개체를 늘리더라도 생태계에 대한 기여도의 증가율은 점점 감소한다.

또한 같은 종의 개체만 더하는 것은 다른 종을 추가하는 것보다 기여도 증가율이 작다. 평준화와 유형별 수확 체감 효과가 결합된다는 것은, 생태계가 종 다양성과 다층적 구조를 갖출 때 멸종 같은 부정적 결과가 완화되며 복잡계의 견고성이 커진다는 뜻이다. 이런 특징이 헐렁한 적합도 공간이 지닌 생태적 적응력과 결합하면, 종들은 낮은 수준에서 일어나는 교란과 멸종의 상호작용을 견뎌낼 수 있는 항나비효과antibutterfly effect를 나타낸다. 이는 생태계와 전체 생물권이 지닌 근본적이고 창발적인 속성이다.

하지만 모든 복잡계에는 더는 교란을 흡수하지 못하는 한계 지점이 있으며, 이 취약성 한계를 넘어서면 시스템이 붕괴할 수 있다. 이 시점에서 나비효과라는 위협은 현실이 된다. 생물권 일부가 이미 임계점에 근접했거나 심지어 이미 도달했더라도 생물권을 구성하는 생태계는 여전히 기능한다. 변화하지만 붕괴하지는 않는 것이다. 보전생물학은 이런 메시지를 받아들여야 한다. 생태계가 교란에 대응하기 위해 생태계 내 종들이 각기 다른 지리적·기능적 적합도 공간을 따라 이동하면 지역 개체수와 번식률이 줄어든다. 하지만 이는 전체가 붕괴한다는 뜻이 아니다. 이런 일은 변화에 대처하기 위해 진화적 잠재력을 사용할 때 예상되는 결과다. 적합도 공간에서 확산과 일반화가 일어나면 지역 개체수가 감소하지만, 지역 내 개체수 감소가 종의 광범위한 멸종이나 소멸을 나타내는 명확한 지표는 아니다. 찬차녹 수타Chanchanok Sudta와 동료들은 18년 동안 에콰도르 우림과 고지대 초원에서 다양한 애벌레 집단(나방과 나비의 유충)과 이들이 먹는 식물 데이터를 조사한 최근 연구에서 이런 사실을 확인했다. 수타 연구진은 비교적 소수의 식물 종을 먹는 '특화된' 애벌레 종은 특정 지역에 집중적으로 서식하는 반면, 일반화된 종은 널리 퍼져 있고 특정 지역에 몰려 있지 않다는 사실을 발견했다.

지난 수십 년 동안 전 세계적으로 지역 곤충의 개체수와 다양성이 감소했다는 더 광범위한 증거도 있다. 하지만 생태학자 데이비드 와그너David Wagner는 〈인류세의 곤충 감소Insect Declines in the Anthropocene〉라는 글을 통해, 이런 결과는 대부분이 유럽과 북미의 인구 밀집 지역 연구에서 나온 것이며 인구밀도가 낮은 지역, 특히 열대 지역을 조사한 연구는 드물다고 지적했다. 그럼에도 에르베 작텔Hervé Jactel과 동료들은 오늘날 나타난 증거로 볼 때 "곤충 개체수 감소는 과학적으로 입증된 사실"이므로 그것을 막기 위해 "즉각적인 조치가 필요하다"라는 결론을 충분히 내릴 수 있다고 주장한다. 최근 제바스티안 자이볼트Sebastian Seibold와 동료들이 독일 숲과 초원에서 채집한 곤충을 조사한 연구 결과도 세계 여러 지역에서 실시한 다른 연구와 같은 메시지를 전한다. 이런 연구 결과를 그대로 받아들인다면 인간이 만든 거주지와 기후 변화의 영향으로 세계 여러 지역에서 일부, 어쩌면 상당수의 곤충이 감소하고 있다고 볼 수 있다.

이런 연구 결과를 볼 때 전 세계적으로 곤충이 감소하고 붕괴가 임박했다고 추론할 수 있을까? 그렇지는 않다. 와그너가 지적한 2가지 이유 때문이다. 첫째, 특정 지역에서 곤충이 감소한다는 증거가 점점 늘고 있지만 인구밀도가 높은 온대 지역에 편중된 결과를 다른 지역, 특히 열대 지역으로 확대해 추정하는 일에는 신중해야 한다. 둘째, 모든 연구 결과가 곤충이 감소한다는 증거를 나타내지는 않는다. 어떤 연구는 좀 더 미묘한 결과를 보여주며, 종 집단이 대규모 환경 변화를 겪을 때 예상되는 반응과 일치하는 양상도 있다. 예를 들어 그레그 라마르Greg Lamarre와 동료들은 파나마 우림에서 12년 동안 호랑나방을 연구한 끝에 대부분 종의 개체군이 안정적이거나 증가하고 있으며 몇 종만 감소했다고 보고했다. 몰드윈 에번스Maldwyn Evans와 동료들은 일본 숲 가운데 한 유형의 숲(상록 침엽수림)에서는 딱정벌레의 종 다양성 및 개체수가 감소하지만 다른 유형의 숲(활엽수-침엽수 혼합림)에서는 오히려 증가한다는 사실을 발견했다. 이런 연구로 볼 때 '패자'에만 초점을 맞추는 방식은 보존생물학 홍보에는 도움이 될지는 몰라도 생물다양성이 인류세의 변화에 실제로 어떻게 대응하는지는 제대로 보여주지 못한다. 일부 지역이나 특정 서식지에서 개체수 감소가 일어난다고 해서 그것이 세계적인 멸종이나 붕괴를 의미하지는 않는다. 지역 개체수나 번식 감소는 종이 이동하고 변화할 때 예상되는 결과이기 때문이다.

주류 보전생물학자들은 자연이 취약하다고 가정하며 인간이 자연과 분리되어 현재 상태를 유지하거나 자연을 '더 나은' 과거의 상태로 되돌려 보호해야 한다는 원칙을 세웠다. 사회학자 브램 뷔셔Bram Büscher와 로버트 플레처Robert Fletcher는 이를 보전을 위한 신보호주의neoprotectionism 접근법이라고 부른다. 뷔셔와 플레처는 최근 저서 《보전 혁명The Conservation Revolution》에서 신보호주의자들이 어떻게 보호보전 지역을 시행하고 확대하도록 장려했는지 설명한다. 신보호주의자들은 '순결한pristine' 자연이란 인간 때문에 파괴될 수밖에 없으므로 보호보전 지역에서 인간을 효과적으로 분리해야 한다고 주장한다. 자연과 인간을 분리한다는 생각은 보전생물학이 시작된 이래 계속 있었지만 최근 지지를 받으며 부활하고 있다. 예를 들어 고인이 된 생물학자 에드워드 윌슨은 마지막 저서인 《지구의 절반Half-Earth》에서 '자연에는 절반이 필요하다Nature Needs Half'라는 보전주의 운동에 영감을 줬다. 인간이 자연에게 '나머지 절반'을 남겨주고 인간은 '자연 바깥'에 살며 자연을 보호해야 한다고 강조하는 이런 최근의 생각은 뷔셔와 플레처가 신보전주의new conservation 운동이라고 부르는 것과 대조된다. 신보전주의자들은 '순결한 자연'이라는 개념, 어떤 지역을 '인간의 손길이 닿지 않는 보호 지역'으로 보전할 수 있다는 개념을 지우려 한다.

신보호주의자나 신보전주의자 모두 인간이 생물권에 크게 영향을 끼친다는 데는 동의한다. 하지만 신보전주의자는 인간이 자연의 일부이며 인간의 활동에 따라 생물권이 달라진다는 사실을 받아들이고 이런 사실을 인정해야 한다고 생각한다. 반면 신보호주의자들은 이런 상태를 걱정하며 자연을 보호하는 유일한 방법은 울타리를 치고 사람들을 내보내는 것이라고 생각한다. 뷔셔와 플레처가 지적했듯, 이렇게 서로 다른 관점은 오늘날 보전주의 진영 내에서 점점 더 균열을 드러낸다.

신보전주의가 전 세계에서 인간 중심적인 보전 관리를 과감하게 받아들이는 상황에서 신보호주의자들도 자기들의 전략을 상당히 강화했다. 이들은 인간에게 책임을 부과하는 대신 자연에게 책임을 떠넘기려고 한다. 많은 신보호주의자가 지구 전체에서 최소한 절반을 '자기 의지를 지닌' 자연으로서 보존보호구역 체계로 남겨두어야 한다고까지 주장한다. 이렇게 해야만 임박한 지구 생태계 재앙을 피할 수 있다는 것이다. 신보전주의자는 인간과 인간 이외의 나머지 자연을 급진적으로 혼합해야 한다는 생각을 지지하지만, 부활한 신보호주의자들은 지금까지 상상하지도 못했던 규모로 인간과 자연을 분리해야 한다고 요구한다.

보호주의자와 보전주의자는 모두 자연이 순결하고 매우 섬세한 균형을 이룬다고 보고, 우리가 생존하려면 비자연적인 기술 인류와 자연을 분리해야 한다고 생각한다. 이들 중에는 세 번째 반反진화론적 믿음, 곧 생물권은 진화의 체계를 따르지 '않는다'는 생각으로 나아가는 경우도 있다. 독자는 이렇게 질문할지도 모른다. 실제로 그런 보전주의자가 얼마나 되겠는가? 물론 분명 이들 대다수는 진화를 지지하고, 진화가 생물권 작동 방식의 근본적인 부분이라고 믿는다. 그러나 이들 중에서 진화에 제대로 주목하고, 생물권이 스스로 변화에 대처하는 근본적 능력을 강조하는 사람을 찾아보기는 어렵다. 보전에 관한 논의 대부분은 오히려 정적 상태에 대한 바람이나('자연이 정교한 균형을 이룬 지금 상태를 유지하자') 존재하지 않았던 과거를 향한 향수에서 나온다('인간이 자연의 섬세한 균형을 무너뜨리기 전의 모습으로 되돌리자'). 정적 상태, 향수, 섬세한 균형은 진화 체계를 설명하는 적절한 원칙이 아니다. 특히 그 체계가 혼란스러울 때는 더욱 그렇다. 하지만 이 3가지 개념이 보전 논의에서 많은 부분을 이끌고 있다. 우리는 이 논의와 가장 관련 있는 사람들이 진화가 이 문제와 관계있다고 믿지 않거나, 진화가 인류세의 교란에 적절하게 대응할 수 있다고 믿지 않는다고밖에 생각할 수 없다. 이들은 어떤 원인에서 일어났든 과거의 크고 작은 환경 교란에서 생물권이 살아남은 유일한 방법이 진화이고 그 방법은 실패한 적이 없다는 사실을 이해하지 못하는 듯하다.

몇 가지 주의 사항

보전 단체로부터 기부 요청을 받는다면 2가지를 따져보라. 첫째, 진화론적 관점에서 볼 때 그들의 열망은 합리적인가? 둘째, 만약 그렇다면 그 열망을 실행으로 옮길 계획은 정확히 무엇인가?

세계자연기금World Wildlife Fund, WWF의 '북극곰 보호Save the Polar Bears' 캠페인을 생각해보자. 이들은 종 활동과 기후 변화 평가 계획을 공개하며, 북극곰이 직면한 2가지 근본적 문제로 기후 변화 때문에 해빙이 녹는다는 점, 북극곰이 인간이 사는 해안으로 점점 더 밀려오며 인간과 갈등을 일으킨다는 점을 든다. 북극에 남아 있는 북극곰을 보호한다는 WWF의 계획에는 다음과 같은 내용이 있다. 가장 오래 얼음이 유지될 것으로 예상되는 '마지막 빙하지대'를 중심으로 '핵심 서식지'를 지키고, 북극곰과 그 서식지를 인간으로부터 보호하는 정책과 입법을 추진하며, 개체 모니터링을 강화하고 해빙 감소에 대응하며, 육지에서 일어나는 곰과 인간의 상호작용을 더욱 잘 관리하고, 기후 변화를 억제하기 위해 노력하겠다는 것이다.

우리가 보기에 이런 주장은 너무 감정에 치우쳐 있고 비과학적이다. WWF는 북극곰이 바다표범을 사냥할 때 해빙이 꼭 필요하므로 해빙이 없으면 북극곰이 멸종할 가능성이 크다고 주장한다. 그럴듯하지만 이는 사실이 아니다. 북극곰은 북극 빙상에서 진화하지 않았다. 북극곰은 약 450만 년 전 알래스카 남동부 애드미럴티섬·배러노프섬·치차크 제도에 살던 갈색곰에서 갈라져 나왔다. 당시에는 영구적인 극지 만년설이나 해빙이 없었지만 후기 선신세와 홍적세를 거치며 주기적으로 빙하로 뒤덮이기 시작했다. 갈색곰은 잡식성으로 주로 식물, 열매, 곤충, 작은 포유류를 먹고, 때로는 바다 근처 개울에서 산란하는 연어 같은 물고기를 먹는다. 북극곰은 이런 진화적 유산을 거쳐왔다. 다시 말해, 북극곰은 북극에 영구 해빙이 형성되기 이전부터 존재했으며, 당시 북극해의 바위 해안(한쪽에는 바다, 다른 한쪽에는 빙하로 덮인 숲이 펼쳐진)에서 바다표범과 그 친척들을 사냥하던 적극적 포식자였다. 이후 영구 해빙이 확장되면서 바다표범이 먹이를 찾아 멀리 이동하자 북극곰도 따라나섰다. 진화적으로 이렇게 질문할 수도 있다. '해빙이 녹으면 바다표범은 어떻게 될까?' 바다표범은 해안 가까운 곳에서 먹이를 찾으러 돌아올 것이고 북극곰도 그들을 따라갈 것이다. 이처럼 환경 변화에 따라 예상할 수 있는 진화적 반응이 일어나며 이와 관련된 동물은 모두 인간이 개입하지 않아도 생존할 수 있다. 북극곰은 지구의 기후 변화에 무관심하다.

WWF의 문헌에 따르면 북극곰은 엄청난 거리를 이동할 수 있다. 이는 사실이다. 그런데 같은 문헌에서 WWF는 북극곰은 '극지 만년설에 사는 바다표범 전문 포식자'이고, 세대 간격이 길고 번식률이 낮기 때문에 환경 변화에 적응하기 어렵다고 주장한다. 이는 전혀 사실이 아니다. 북극곰의 진화사를 살펴보자. 이들은 대륙이 빙하로 뒤덮이기 전인 선신세 동안 육지에 살던 갈색곰에서 진화했고, 홍적세 빙하기를 거치면서도 살아남았다. 따라서 이들은 과거 몇 번의 기후 변화를 경험한 셈이다. 일부 개체군은 이미 얼음이 없는 여름 몇 달 동안 조간대와 해안 육지에서 집중적으로 다양한 먹이를 먹으며 잘 살아간다. 최근 보고서에 따르면 요즘 돌아온 북극곰들은 해마다 연어 회유기가 되면 사촌인 갈색곰들과 어울려 먹이를 찾는다. 북극곰과 그들의 먹이는 움직일 공간만 있다면 해빙이 녹아도 대처할 수 있는 진화적 능력을 타고났다. 여기서 인간은 북극곰의 미래에 중요한 부분이 된다. 북극곰과 그들의 먹잇감이 육지에 돌아갈 수 없는 유일한 이유는 인간이 가득하기 때문이다. 위선 떨지 말자. 바다표범을 인간이 사는 지역으로 돌아오게 해놓고서 그들을 따라온 북극곰을 쏴 죽이는 일은 그만하자. 포식자와 먹잇감들이 인간이 없는 지역에 살도록

하고 그곳에 인간이 정착하지 못하게 하자. 북극곰과 그들의 먹잇감이 지닌 진화적 능력을 이용하도록 조처하면 시간과 비용 면에서 효율적으로 북극곰을 보전할 수 있다.

생물권의 4법칙을 보면 단일 종을 보전하려는 노력은 비용이 많이 들고 성공에 한계가 있다는 사실을 알 수 있다. 많은 연구자가 지지했듯 북극에서 일어나는 보전 노력의 핵심은 북극 생태계를 진화적 공유지로 보고, 그 안에 저장된 엄청난 잠재력을 활용해 북극이 항상 그래왔듯 기후 변화에 대응하게 하는 것이다. 지금의 서식지를 살 만하지 않게 만드는 변화에서 벗어나 기후 변화에 대처하는 북극곰과 그들의 먹잇감이 지닌 능력도 이런 잠재력의 일부다.

언론이 잘못된 정보를 전달하면, 주류 보전 메시지가 특히 오해를 부를 수 있다. 2013년, 알래스카 만에서 이례적으로 따뜻한 수괴water mass(물리화학적 특성이 유사한 해수 덩어리-옮긴이)가 형성되면서 기록상 가장 큰 해양 열파marine heat wave(평년보다 극단적으로 높은 해수 온도가 수일에서 수개월 지속되는 현상으로 바다폭염이라고도 한다-옮긴이)가 일어났다. 그러나 언론은 해수면이 붉거나 푸른 괴물처럼 보이는 모습에 빗대어 이런 현상을 '블롭blob(물방울 모양 괴물-옮긴이)'이라고 부르기 시작했고, 이 과정에서 메시지 전달에 문제가 생겼다. 2014년, 따뜻한 해수가 미국 서부 해안을 따라 남쪽으로 퍼지며 평균 수온이 몇 도나 상승했다. 이런 현상은 2014년부터 2016년까지 이어졌고, 그 기간 많은 종이 따뜻한 물을 피하기 위해 이동하면서 분포와 개체수가 달라졌다. 한 예로 2014년, 알래스카 글래시어만에 서식하던 많은 범고래가 떠나며 1년 전에 163마리였던 지역 개체수가 45마리로 줄었다. 범고래는 2016년에 물이 다시 차가워지기 시작하자 다른 어류와 갑각류 같은 먹잇감과 함께 만으로 돌아오기 시작했다. 그러나 '범고래와 그들의 먹이는 환경이 달라질 때 벗어날 여지가 있다면 기후 변화에 대처할 수 있고, 환경이 예전처럼 돌아오면 다시 돌아온다'라고 설명한 언론 기사는 한 편도 없었다. NPR 방송사의 〈생각해봅시다All Things Considered〉는 2021년 10월 1일자 보도에서 다음과 같이 언급했다. "2014년부터 2016년까지 북태평양 해수 온도가 기록적으로 상승하며 보호 지역을 찾는 범고래 수가 '심각하게' 줄었다(강조는 필자)." 〈웨더채널Weather Channel〉은 〈생각해봅시다〉를 인용하며 〈'블롭'으로 개체수가 줄었던 범고래 알래스카로 돌아오다〉라는 제목의 기사를 웹사이트weather.com에 게시했다. 두 기사 모두 기후 변화와 생물다양성에 관한 중요한 긍정적 사실을 가린 셈이다. 범고래와 그들의 먹잇감은 변화하는 환경에 대응하기 위해 떠났고, 조건이 다시 바뀌자 대다수가 돌아왔다. 2019년, 저명한 학술지 《사이언스Science》에 실린 기사 〈핫 워터In Hot Water〉에서는 미국 해양대기관리청의 어업생태학자 재닛 더피앤더슨Janet Duffy-Anderson의 말을 인용하며 "좀 더 일반적인 조건이 돌아오면 생태계가 어느 정도 다시 안정화될 수 있다"라고 주장했다.

이 '블롭' 이야기는 종이 이동할 여지가 있을 때 생태계가 어떻게 스스로 변화하며 변화에 대처해 나비효과를 피하는지를 보여준다. 항상 그랬듯 생물권이 기후 변화에 진화적으로 어떻게 대처하고, 그 과정에서 인류에게 자신을 구원할 로드맵을 어떻게 제시하는지도 알려준다. 글래시어만에 서식하는 고래 개체수는 심각하게 줄어든 것이 아니라 블롭 때문에 교란된 것이며, 많은 고래가 기존 능력을 발휘해 대처하며 따뜻한 물에서 멀어지는 먹잇감을 따라갔다. 이후 바다가 다시 차가워지자 고래는 돌아왔다. 범고래와 그 먹잇감, 생물다양성 전반을 위협하는 진짜 기후 변화 괴물은 생존할 수 없을 정도로 조건이 달라졌을 때 떠날 능력을 잃는 것이다.

그렇다고 해서 기후 변화의 영향을 받는 모든 생태계에서 종과 이들 사이의 상호작용이 살아남는다는 뜻은 아니다. 북태평양에서 대규모로 일어난 기후 강제력은 블롭보다 전반적으로 더 오래 이어지며 더 거대한 생태계를 재구성한다. 이때 할 수 있는 대응은 여건이 되면 이동하고 안 되면 죽는 것뿐이다. 블롭의 영향을 받은 다른 해양 포유류와 바닷새들은 고래만큼 운이 좋지는 않았다. 먹잇감을 따라가거나 산란지 가까이에 있거나 육지에 둥지를 지을 수 없던 많은 종이 굶주렸고 개체수도 크게 줄었다. 알래스카만에서 먹이를 구하거나 먹이에 접근하기 어려웠기 때문이다. 생태계는 제 기능을 하고 있지만 복잡하게 변화하는 세상에서 예상할 수 있듯 미래는 결코 예전과 같지 않을 것이다. 과거로 돌아갈 수는 없다. 불확실한 결과를 향해 전환할 뿐이다. 중요한 점은 탈출할 기회가 적을수록 전체 시스템이 붕괴할 가능성이 커진다는 것이다.

요약

대규모의 환경 교란 이후 생물권이 회복하고 재다양화할 기회는 한 번뿐이다. 그러나 이 과정은 실패한 적이 없다. 생물권은 붕괴하지 않고 변화할 것이다. 모든 생태계가 사라지지는 않겠지만 전부 달라질 것이다. 모든 종이 사라지지는 않겠지만 살아남는 종은 그대로 멈춰 있지 않을 것이다. 과거와 연결된 새로운 생물다양성은 느리더라도 반드시 나타난다. 따라서 다른 종을 휘어잡던 소수의 종이 처한 단기적 운명에만 주목해서는 안 된다. 진화의 산물과 과정은 우리 주변에 항상 존재한다. 하지만 가까운 미래에 인류가 효과적으로 대처하려면 사건의 무한한 지평을 받아들이고 지구에 사는 생물이 수백만 년 뒤에도 미래로 뻗어나가는 모습을 상상해야 한다.

기존의 생물다양성을 지금 상태 그대로 보전하거나, 이전 상태로 되돌리거나, 인간과 분리하려는 보전 정책이나 목표는 진화에 어긋나고, 달성이 불가능하며, 생물권의 4법칙을 벗어난다. 전 지구적 기후 변화가 일어나는 시기에 생물다양성을 관리하는 데 앞장서려면, 보전생물학은 자연이 정적이고 취약하며 섬세한 균형을 이루고 있다거나 인간은 이를 통제할 수 있다는 오래된 관점에서 벗어나야 한다. 생물권에는 인간이 일으켰든 아니든 수많은 교란을 극복할 회복력이 있으며, 생물권의 구성요소들은 대물림 체계의 '헐렁한 적합도 공간' 안에서 생태적 적합성을 발휘하고 변화하면서 교란에 대응한다. 우리는 이런 생각을 완전히 받아들여야 한다. 중요한 점은 진화가 바로 생물권이 살아남고 지속하는 근본 메커니즘이라는 것이다. 변화는 붕괴가 아니다. 번식률, 개체수, 다양성 감소 같은 변화는 생물권이 붕괴하고 있다는 확실한 증거가 아니다. 오히려 생물권의 대물림 체계가 잠재력을 발휘해 퍼져나가며 적합도 공간에서 새로운 대안을 탐색하고 있다는 신호다. 멸종이나 생태계 붕괴가 임박했다는 지표처럼 몇몇 관찰 결과 역시 실제로는 생물계가 진화적으로 변화에 대응하고 있다는 신호일 수 있다. 지리적 범위는 넓어지는데 지역 개체수가 감소한다는 것은 관련 종이 더 나은 환경을 찾아 달라지는 환경을 떠나고 있다는 의미일 수 있다. 어떤 종이 진화적 충동을 따른다면 특정 지역에서 사라지더라도 다른 지역에서 개체수가 증가할 수도 있다. 일부 종의 개체수가 감소하면 이전에 주변적 존재였던 종을 포함한 다른 종도 개체수가 늘어날 기회를 얻을 수 있다. 특정 지역에서 단순히 개체수가 감소하는 것을 넘어 멸종이 일어날 경우 기존 영양망의 일부는 손실된다. 그러나 남은 종들이 생태적 적합 능력을 활용해 생활조건을 조정하고 새로운 영양망을 발견할 수도 있다. 종이 특정 생태계에서 떠나기 시작하면 그 생태계의 순번식률은 언제나 줄어든다. 하지만 그 종이 다른 종의 서식지에 자리 잡으면 새로운 생태계가 출현하고 새로운 곳에서 번식이 늘어난다.

따라서 '정적 상태'와 '통제'라는 개념은 사실과 맞지 않는다. 생물권은 과거에 대멸종을 포함한 모든 기후 변화 사건을 거치며 방대한 진화적 잠재력을 쌓아왔다. 안타깝게도 현재 부활한 신보호주의는 생물권을 진화적으로 바라보는 보전생물학 관점에서 점차 멀어지는 듯하다.

생물다양성이 지닌 섬세한 균형을 유지하기 위해 인간으로부터 생물다양성을 분리해 지켜야 한다는 주장은 의도는 좋지만 잘못된 생각이다. 생물권은 인간이 속한 견고한 체계이기 때문이다. 이런 사고방식은 기껏해야 보전의 초점이 되어야 할, 생물권에 저장돼 있던 진화적 잠재력을 보호·극대화·활용하는 일을 오히려 방해한다. 최악의 경우 이런 생각은 중요한 자원을 잘못된 장소로 보내고, 종종 털북숭이매머드 같은 특정 종을 구하거나 재도입하거나 심지어 부활시키려는 어리석은 노력으로 이어진다. 생물권과 이를 구성하는 생태계, 생태계를 구성하는 종은 교란에 맞설 회복력이 있어 종의 개체수와 분포를 바꿀 뿐 아니라 새로운 종을 만들거나 다른 종을 멸종시킨다. 보전생물학의 주된 목표는 변화에 대처하는 생물권의 능력을 극대화해 인류에게도 생존할 기회를 최대한 제공하는 것이어야 한다.

대니얼 R. 브룩스와 데버라 매클레넌Deborah McLennan은 2002년에 《다양성의 본질The Nature of Diversity》에서 다양한 장소를 가능한 한 많이 보전하고, 그 장소들을 가능한 한 많이 연결하며, 진화가 일어나도록 놓아두는 데 초점을 맞추는 생물다양성 정책을 옹호했다. 우리가 다음 장에서 설명할 체계를 염두에 둔 생각이다. 이제 이 메시지를 행동으로 옮겨야 할 때다. 우리가 사랑하는 몇몇 종이 사라질 수도 있고, 그로 인해 사람들이 슬퍼할 수도 있다. 하지만 지금은 감정적으로 접근할 때가 아니다. 인간이 의존하는 생태계 일부는 스스로 변화하며 변화에 대처하면서도 대체로 그대로 남아 있겠지만, 다른 생태계는 파괴되고 새로운 생태계로 진화할 것이다. 인류가 미치는 영향이 너무 심각해서 이런 불이익을 피하기는 어렵겠지만, 기존의 진화적 공유지를 최대한 많이 보전할 때 인류는 변화에 대처할 생물권의 잠재력, 넓게 보면 인류 자신의 잠재력을 확보할 수 있을 것이다. 생명이 무한히 지속되려면 커다란 잠재력을 만들어내야 한다. 하지만 자연을 설계하거나 통제하려는 시도는 잠재력을 오히려 줄이고 의도치 않은 결과를 낳을 뿐이다. 보전 운동이 더 효과적이 되려면 이 사실을 완전히 받아들여야 한다.

우리는 종들이 생태적 적합성을 이용해 헐렁한 적합도 공간에서 환경 변화에 대처하기를 기대하지만, 이런 노력이 모든 곳에서 항상 성공하리라는 보장은 없다. 때로 이런 패턴은 진짜 멸종의 전조가 될 수도 있다. 하지만 곧 대재앙이 닥치리라 가정하고 인간이 개입한다면 지구 생물 역사를 통틀어 생물권의 생존을 책임지는 유일한 과정인 다윈의 진화를 방해할 위험이 있다. 보전지역을 진화적 공유지로 바라볼 때, 영양망 상실, 개체수 감소, 다양성 감소, 번식력 감소 같은 현상은 진화가 제대로 작동하고 있다는 신호가 된다. 이때 인간의 개입은 오히려 진화 과정을 방해하고 상황을 악화시킬 수 있다.

진정으로 현명하게 생물권과 상호작용하려면 인간은 자연과 더 분리될 것이 아니라 더 잘 통합되어야 한다.

자연을 울타리 안에 가두지 말자. 생물다양성이 움직일 공간을 허용하자. 역동적이고 복잡한 세계에서 자연이 스스로 변화하며 변화에 대응하는 생물권의 고유한 능력과 진화적 잠재력을 충분히 발휘하도록 하자.

11장

그린 피닉스

자연의 회복력과 공생공략 보전

지속 가능한 미래를 위한 보전은 다윈의 원리에 바탕을 둬야 한다. 이는 생물권이 변화에 대응하는 능력과 진화적 공유지를 보호하는 데 중점을 둬야 한다는 뜻이다. 알도 레오폴드는 1949년에 《샌드 카운티 연감》을 출간하며 다윈의 전통을 따르는 현장생물학자이자 자연주의자의 관점에서 현대 인류와 자연의 상호작용에 관한 통합적 견해를 제시했다. 그는 생물권이 취약하지 않고 견고하며, 생물권 자체의 진화 능력이 제대로 작동하도록 놔둔다면 생물권은 무한히 지속될 수 있다고 주장했다. 그는 엘튼보다 거의 10년 앞서 생물권을 보호할 책임을 정확히 인간에게 돌린 초기 보전생물학자 중 한 명이었다. 레오폴드는 다윈의 원리를 명확하게 인식했고, 인구밀도가 높은 거주지, 곧 고밀도 거주지가 생물권을 제대로 보전하는 데 주요한 위협이 된다고 주장했다. 그는 이러한 고밀도 사회에서 영리 목적의 자연 보전 활동은 생물다양성 보호로 이어질 수 없다고 강하게 비판하면서, 생존 원리를 바탕으로 생물권과 인간이 함께 존속하는 보전을 옹호했다.

뷔셔와 플레처는 《보전 혁명》에서 레오폴드의 비전에 따라 '공생공락 보전convivial conservation'을 주장했다. '더불어 사는 삶'을 의미하는 공생공락conviviality은 인간과 나머지 자연을 분리하지 않고 인간과 생물권을 완전히 통합하는 데 초점을 맞춘다. 언뜻 '신新보전주의'나 주류 보전생물학의 비非신보호주의 입장과 비슷해 보이지만, 뷔셔와 플레처는 이런 생각이 쉽게 오류에 빠질 수 있다고 주장하며 흔히 자연의 일부를 특권층에 한정하는 영리목적의 보전과 거리를 둔다. 이들은 이와 반대로 자연이 지닌 비수익성 내재가치enbedded nonmonetized value에 초점을 맞춘 더욱 평등한 접근법이 필요하다고 말한다.

> 따라서 보전이 미래에 어떻게 (반드시 수익화되는) 더 많은 '가치'로 이어지는지가 아니라, (반드시 수익화되지는 않는) 가치가 어째서 지금 내재하며, 이 가치가 지역 안팎에서 어떤 의미가 있는지를 질문해야 한다. 요컨대 우리는 움직이는 가치인 자본이 아니라 '내재가치'에 다시금 주목해야 한다. 내재가치라는 개념은 자연이 인간에게 '도움이 되어야' 보호할 가치가 있다는 시장의 상품교환 논리에 기대지 않는다. 내재가치는 인간과 비인간이 함께 살아가고, 이를 통해 자연을 이해하고 자연에 감사하면서도 서로를 정치적 존재로서 마주하며, (문화적·예술적·경험적·정서적 및 비상품적·비금전적 형태를 통해) 자연의 가치를 받아들이게끔 한다. 그러려

면 보전 결정을 내릴 때마다 자연이 글로벌 자본(동적 가치, 궁극적으로는 경제 성장, GDP, 화폐화된 웰빙)에 얼마나 이바지하는지가 아니라 일상생활과 비자본주의적 필요, 욕구, 실천에 내재한 자연의 가치가 얼마나 되는지를 기준으로 삼아야 한다.

자연에 내재한 진정한 가치는 진화적 공유지에 저장된 잠재력이다. 보전생물학이 공생공락하려면 무엇보다 진화가 일어나게 내버려둬야 한다. 자연에 인간의 의지를 부여하는 것이 아니라 인간이 '자연의 작동 방식'에 어떻게 속해야 할지를 논해야 한다. 생물권을 '보호'한다는 잘못된 시도로 생물권 일부에 울타리를 칠 것이 아니라 스스로 변화하며 변화에 대처하는 생물권의 역량을 수용해야 한다. 생물권의 4법칙은 인류가 진화적 공유지에서 어떤 위치를 차지해야 하는지 결정하는 데 필수적인 지침이다.

코스타리카 과나카스테주의 과나카스테 보존 지역Área de Conservación Guanacaste, ACG은 공생공락 보전의 원리, 진화적 공유지, 생물권의 4법칙을 가장 잘 통합한 보전 활동이다. 앞서 밝혔듯이 우리는 둘 다 ACG와 오랫동안 친밀한 관계를 맺어왔으며 그곳에서 일하는 사람들과 개인적 친분이 있다. 하지만 그런 이유로 이곳을 이 책에서 논하는 것은 아니다. ACG는 1980년대 유네스코 세계 문화유산 지역으로 시작됐을 때만 해도 기존 보존 접근법을 탈피해 '지역에 울타리를 치고 사람들을 내보내' 현 상태를 유지하자는 접근법과는 완전히 다른 독특한 방법을 실천하는 혁명적 모델로 알려졌다. 이야기를 시작하기에 앞서 핵심을 짚고 넘어가야겠다. ACG는 진화적 공유지를 키우고 보전에 관한 전통적인 신보호주의 접근법을 피하는 데 크게 성공한 실험이다.

오늘날 코스타리카 북서부에 보전된 1,690제곱킬로미터 면적의 열대 야생지대인 ACG에서는 아주 다양한 종이 여러 지형에 모여 산다. 이곳은 동서로 이어지는 열대 생태계로, 서쪽으로는 태평양 해양 및 해안 서식지가 있고 동쪽으로는 저지대 태평양 건조 우림, 고지대 산악 태평양 우림과 운무림을 지나 공원을 가로지르는 과나카스테 코르디예라 화산산맥을 넘어 카리브 우림으로 이어진다. 이 다양한 열대 야생지대에는 65만 종의 다세포 종 외에도 수많은 단세포 유기체가 산다. 곤충류인 나방과 나비가 속한 나비목Lepidoptera은 세계에서 가장 크고 오래 이어진 생물다양성 목록 중 하나로, 현재 ACG에는 약 1만 5,000종이 있다고 추정된다. 미국에서 가장 작은 주인 로드아일랜드의 대략 절반 크기밖에 되지 않는 이곳에 북아메리카 멕시코 북부 전역에 서식하는 약 1만 2,800종보다 훨씬 많은 종이 사는 셈이다.

ACG의 이야기는 약 150만 년 전, 이 지역이 거대한 호수였을 때부터 시작된다. ACG 북쪽에 있는 니카라과호는 그 시기의 잔재다. 이 고대 호수의 남동쪽 가장자리인 오늘날 라이베리아시 바로 북쪽에는 3,000미터 높이의 거대한 화산이 있었다. 약 150만 년 전에 화산이 폭발했고, 분출물이 호수를 메우면서 호수와 주변 숲이 사라졌다. 그 결과 지름 약 25킬로미터에 이르는 분화구가 형성됐다. 이곳에서 분출의 여파를 보았다면 몹시 황량해서 생명의 흔적이라고는 찾아볼 수 없는 달 표면처럼 보였을 것이다. 1980년에 있었던 미국 워싱턴 주 세인트헬렌스 화산 폭발보다 훨씬 큰 여파였다. 어떻게 이 황량한 달 표면 같은 풍경이 오늘날 이 지역을 뒤덮은 다양한 열대 생태계로 바뀌었을까? 짧게 답하자면, 헐렁한 적합도 공간에 지속적으로 생태적 적합성이 부여된 덕이다. 폭발 이후 이 지역에 다시 서식한 종은 모두 분화구 주변이나 그 너머에 살던 기존 종의 집단에서 이주해온 종이었다. 이 엄청난 진화적 잠재력이 ACG를 포함한 코스타리카 북서부(오늘날의 과나카스테주)의 풍경을 만들어냈다. 미국의 저술가 윌리엄 앨런William Allen이 '그린 피닉스green phoenix'라고 부른 바로 그 최초의 재탄생 사건이었다.

빠르게 시간을 돌려 1960년대로 가보자. 한때 태평양 연안을 따라 북쪽으로 멕시코까지 이어진 광대한 중앙아메리카 열대 건조림으로 덮여 있던 저지대 과나카스테주의 풍경은 이미 인간의 지배 아래 놓여 있었다. 이 지역의 숲 대부분은 베어졌고, 농업, 목축, 정착을 위한 개활지로 바뀌었다. 열대 건조림은 비가 거의 내리지 않는 건기가 길다는 점에서 우림과 다르다. 흔지 않은 생태계다. 농지로 쓸 만한 데다 밀어버리기도 간편했기에 개발 압력이 높았고, 그만큼 심각한 파괴를 겪었다. 1960년대만 해도 코스타리카에는 열대 건조림이 아주 일부만 남아 있었다. 이곳에는 성숙한 2차림secondary forest(한 번 파괴된 뒤 자연적으로 재생된 숲-옮긴이)의 작은 구획patch들이 풍경과 그 가장자리를 따라 드문드문 퍼져 있어서, 마치 인간이 만든 거대한 서식지의 바다 속에 작은 숲 섬들이 흩어져 떠 있는 모습이었다. 그 뒤 60년 동안 대니얼 잔젠과 위니 할라흐Winnie Hallwachs라는 두 생물학자가 미래를 내다볼 줄 아는 코스타리카 정부와 헌신적인 이웃들과 함께 건조림을 재생하고 주변의 우림, 운무림, 해양 서식지와 이곳을 다시 잇기 위해 집요하게 노력했다. 그 과정에서 그들은 공생공락하는 '풀뿌리' 보전법을 세상에 알렸다. 그들은 자연이 취약하다는 생각을 거부했다. 자연을 복원하려면 고도의 인간공학과 섬세한 관리가 필요하며, 자연이 영속하려면 인간과 명확한 경계를 둬야 한다는 생각을 받아들이지 않은 것이다. 그들은 자연이 스스로 작동하게끔 내버려뒀고, 한때 거대하고 촘촘하게 연결돼 있던 건조림 생태계의 흩어진 잔해에서 숲이 다시 자라나게 했다. '그린 피닉스'가 두 번째로 다시 부활한 사건이었다.

그들은 공생공락 보전을 위해 최선을 다하며 경계를 개방하고 자연에 사람들을 들여보내 사람이 사는 주변 풍경과 자연을 연결했다. 지역 공동체의 욕구와 필요를 이해하고 성인에게는 일자리를, 아이들에게는 교육 기회를 지원하며 공동체에 다가갔다. 이런 활동은 ACG가 과나카스테에 속한 자연 유산의 일부라는 강한 인식을 심어줬다. 오늘날 이 공원과 그 주변에 사는 사람들의 의식에는 이곳에 분명 금전적 가치도 있지만 더 크고 의미 있는 비금전적 가치가 있다는 사실이 깊이 새겨져 있다. 야생지대를 지역 문화, 경제, 정치 지형에 통합해 영속적으로 보전하는 일은 ACG의 가장 중요한 사명이자 공생공락 보전과 생물권의 4법칙 구현에서 핵심이 된다.

오늘날의 ACG가 본격적으로 시작된 것은 1966년 코스타리카 정부가 아시엔다 산타로사Hacienda Santa Rosa에 국립 사적지를 조성하기로 했을 때부터다. 이곳은 1580년대로 거슬러 올라가는 300제곱킬로미터 넓이의 스페인 식민지 시대 목장이다. 당시 풍경은 잔젠과 할라흐가 2020년에 《바이오트로피카Biotropica》에 발표한 글에 잘 드러난다. 그들에 따르면, 이곳은 인간이 약 400년 동안 집중적으로 이용하며 바꿔놓은 "개척지와 거주지 사이사이에 듬성듬성 껴 있는, 생산성 낮은 거대한 소 목장"이었다. 이곳에서는 "인위적인 화재, 선택적 벌목, 의도적인 삼림 파괴, 야생종 도입, 사냥, 재래식 경작, 소규모 농장, 수로 조작, 소-말-나귀 방목, 광업, 도로 건설" 등이 일어났다. 또한 그전에는 "적어도 세 종류의 토착 문화가 오늘날의 ACG와 맞닿은 4가지 주요 생태계인 건조림, 우림, 운무림, 바다를 정도는 다르지만 모두 활용해왔다". 1960년대에 이르러 건조림 대부분이 사라지고 다양한 형태, 크기, 나이의 조각난 구획이 광활한 목초지라는 바다 전체에 섬처럼 띄엄띄엄 퍼졌다. 이 목초지에서는 유럽에서 수입한 소의 사료로 이용하기 위해 동아프리카에서 수입한 외래종인 자라구아jaraguá(정식 학명은 하이파르헤니아 루파*Hyparrhenia rufa*) 풀을 주로 길렀다. 숲의 재생을 막고 새 풀이 잘 자라도록 정기적으로 불을 놓는 인위적 불놓기가 이어졌고, 자라구아는 자기들끼리 경쟁하며 묘목의 번식을 억제했다. 여기에 소떼가 풀을 뜯고 밟아주는 효과까지 더해지면서, 자라구아는 이 지역을 계속 지배하는 우점종이 됐다.

하지만 오늘날의 ACG는 인간이 지배하는 벌채된 삼림 풍경과는 거리가 멀다. 한때 이곳을 뒤덮었던 생태계는 잔해만 남아 있다. 이렇게 자연을 바꾸려면 땅을 얻기 위해 엄청난 노력을 들여야 했을 뿐 아니라 자금을 확보하고 정치적 의지와 대중의 인식을 높여야 했다. 이런 활동 대부분은 앨런이 2001년 출간한 《그린 피닉스》에 요약돼 있다. 이 책은 건조림을 복원할 때 부딪히는 현실적이고 근본적인 장애물이 무엇인지 살피는 것부터 시작한다. 가장 큰 장애물은 불이었다. 1971년, 옛 아시엔다 산타로사 국립사적지는 새롭게 설립된 산타로사 국립공원Parque Nacional Santa Rosa의 중심이 됐다. 이 공원은 약 100제곱킬로미터의 저지대 과나카스테 목초지에 건조림 구획이 드문드문 흩어져 있는 공간과 230제곱킬로미터에 이르는 해양 서식지로 이루어져 있다. 1977년, 이곳에 남은 소들은 '자연'이 아니라는 이유로 공원에서 쫓겨났다. 그런데 의도치 않은 결과가 발생했다. 소가 풀을 뜯지 않고 목장주가 불놓기를 하지 않자 풀의 생물량이 한꺼번에 축적되었고, 그 결과 공원 전체에서 화재가 빈번하게 일어난 것이다.

당시 잔젠은 공원 바깥에서 몇 년 동안 이 지역 생태를 연구했지만 보전에 대해서는 생각해본 적이 없었다. 1980년대 중반 그는 공원의 요청으로 이곳 관리자로 부임하면서 건조림을 복원하고 보전된 야생지대를 만드는 구상을 처음 구체화했다. 잔젠과 할라흐가 얻은 첫 번째 깨달음은 불을 없애야 한다는 것이었다. 불은 남은 숲 구획을 위협했고 최근에 버려진 목초지가 숲으로 되돌아가는 작용을 방해했다. 그래서 이들은 화재를 막아 건조림을 조성하겠다는 생각을 잘 이해한 코스타리카 정부의 지원을 받아 건조림을 복원하는 계획을 시행했다. 그들은 상주 소방관을 모집해 대부분의 화재를 진압했다. 생태학자 로버트 프링글Robert Pringle은 2017년에 《네이처Nature》에 실은 논문에서 이 공원을 두고 "바람과 동물이 수백 제곱킬로미터의 버려진 목초지와 오래된 들판에 자연스럽게 씨앗을 옮겨 수천 종의 숲나무, 관목, 덩굴식물이 자랄 수 있었다"라고 언급했다. 이렇게 오늘날까지 이어지는 재생 과정이 시작됐다. 목초지에는 점점 더 많은 숲 식물이 자리 잡았고, 한때 우점종이었던 풀들은 힘을 잃고 사라졌다. 오늘날 이 지역은 역사적 증거로서 일부러 남겨둔 몇몇 목초지를 제외하면 대부분 숲으로 완전히 되살아났다.

이런 활동에 시간과 비용이 많이 들기는 했지만 ACG를 진화적 공유지로 성장시키는 데 가장 중요한 역할을 한 것은 공원과 주변의 작은 구획에 남아 있던 종들이었다. 생태적 적합성이라는 용어를 고안한 잔젠은 생물권에는 환경이 바뀔 때 대응할 잠재력이 있고, 오래된 생태적 상호작용을 해체하고 새로운 상호작용을 형성할 능력을 비롯해 기회가 주어졌을 때 스스로 재생할 수 있는 자연의 힘이 있다는 사실을 잘 알았다. 잔젠과 할라흐는 보전에 관한 주류 신념에 맞서 다윈의 원리를 이용해 특정 종이 아니라 보전 과정(생태계 기능)을 중심으로 하는 최소한의 관리 전략을 택했다. 건조한 저지대에는 불놓기를 하지 않고 숲이 스스로 되살아나게 했다. 새로운 종을 들여오지 않았고 실험적 식재도 금지했다. 화재 진압 외에는 어떠한 대규모 조작도 시행하지 않았으며, '예전 풍경을 복원하겠다'라는 목표 자체가 없었다. 울타리도 두지 않았으며 시선은 언제나 미래를 향했다. 이들은 남은 숲 조각을 발판으로 건조림 생태계가 다시 나타나고, 공원이 결국 인간이 만든 주변 경관과 통합되어 영속할 것이라 믿었다.

이야기는 건조림에서 끝나지 않는다. ACG가 진화적 공유지가 되려면 조건이 달라질 때 그 안에 사는 종들이 다른 곳으로 이동할 공간이 있어야 한다. 그리고 조건은 자주 바뀐다. 건조림에도 1년 중 6개월은 우림처럼 비가 퍼붓고, 나머지 6개월 동안은 마치 사막처럼 뜨겁고 건조하다. 마른 바람이 끊임없이 부는 건기에는 물과 양분이 극도로 부족해지기 때문에 많은 나무가 낙엽을 떨구고 생식 활동을 멈춘 채 휴면에 들어간다. 덥고 건조한 기후에 물과 식량까지 부족해지는 건기의 건조림은 많은 종이 살기 어려운 곳이 된다. 어떤 종은 그 자리에 머물면서 쉴 곳을 찾아 생리적·번식적 휴면 상태에 들어가지만, 건조림이 온전히 기능하려면 자신의 맞상대인 우림이 필요하다. 건조림에서 건기를 견디지 못하는 유기체는 근처 고지대 우림으로 이동한다. 잔젠은 건조림에 사는 나방 무리에서 이런 연관성을 가장 명확히 보았다. 그는 1987년에 발표한 논문인 〈나방이 건기를 보내는 방법How Moths Pass the Dry Season〉에서 많은 종이 계절이 바뀔 때마다 건조림과 인접한 우림 사이를 오가며 생존을 이어간다는 중요한 사실을 밝혀냈다. 우림(및 운무림과 바다) 서식지를 공원에 더하고 건조림과 연결하자 ACG는 규모(양)와 기능(질), 모든 측면에서 성장했을 뿐 아니라, 한 종류가 아닌 4가지 주요 생태계가 상호 연결된 자연스러운 변화로 확장됐다. ACG는 진화적 공유지가 됐다.

우림에서는 개간이 가장 큰 문제였다. 다시 말하지만 인간의 개입을 최소화하면서 남아 있는 숲을 다시 성장시키자는 것이 이들의 생각이었다. 문제는 불이 아니라 우림의 나무가 풀과 경쟁해 목초지에서 큰 나무로 자라지 못한다는 점이었다. 이들은 해결책으로 동남아시아에서 수입한 감하르*Gmelina arborea* 나무를 적극적으로 심었다. 감하르는 빠르게 자라고, 무엇보다 수명이 짧다. 이러한 2가지 특성 덕분에 감하르는 무성한 그늘을 드리워 풀은 물론 자기 묘목까지 적당히 눌러줬고, 목초지를 숲으로 바꾸는 데 크게 기여했다. 이렇게 숲의 골격이 생긴 뒤에는 주로 동물들이 씨앗을 퍼트렸다. 건조림과 달리 우림과 운무림의 특성상 바람을 타고 씨앗이 퍼지는 경우는 드물다.

건조림과 마찬가지로 우림 조성 계획은 단순하고 효과적이었다. 생물권이 스스로 변화에 대응할 능력을 발휘할 수 있도록 최소한만 개입하고, 곧바로 물러나는 것이다. 잔젠과 할라흐는 다윈의 진화론을 확신했고 그 확신은 열매를 맺었다.

오늘날 ACG는 충분한 규모를 갖춘 진화적 공유지로서 기능하며, 이곳 종들은 계절 변화는 물론 예측하기 어려운 조건 변화가 일어나더라도 이동을 통해 대응할 수 있다. 전 지구적 기후 변화의 여파로 과나카스테주 역시 점점 더 덥고 건조해지고 있으며, 그 결과 건조림에 사는 일부 종은 과거 더 습했던 지역으로 이동하고 있다. 반대로 멸종 위기에 처한 고지대 우림 서식종인 크라우가스토르개구리*Craugastor ranoides*는 알 수 없는 원인으로 일부 지역에서 멸종됐다고 여겨졌지만, 로버트 퓌센도르프파렌크뤼그Robert Puschendorf-Fahrenkrug와 동료들은 공원의 다른 지역인 건조림의 비교적 습한 지역에서 이 개구리를 다시 발견했다. 여러 종이 공원 전역에 걸쳐 새로 재생된 서식지들이 이룬 혼성 매트릭스에서 이동하며 살아가고 있다. 성숙하고 온전한 숲에 비하면 '주변부'나 '부차적 장소'라고 여겨지는 서식지도 사실 많은 종에게 생존 기회를 제공한다. 예를 들어 살바토레 J. 에이고스타Salvatore J. Agosta와 동료들은 산누에나방*Rothschildia lebeau*의 유충이 매우 불안정하고 어린 건조림에 서식하는 식물을 먹이로 활용한다는 사실을 밝혀냈다. 이 서식지의 기후는 더 뜨겁고 건조하며, 이곳에서 자라는 식물의 영양가는 성숙한 숲에서 자라는 식물의 영양가보다 더 낮은데도 말이다. 이런 조건 때문에 산누에나방 유충은 성장과 발달 속도가 줄어들어 번성하지 못하지만 여전히 이 서식지에서 살면서 ACG에 사는 종들의 전반적인 생존에 기여한다.

마지막으로, 종들은 공원 안에서만이 아니라 공원 바깥으로도 이동하면서 주변 농업지에 수분, 해충 방지, 토양 침식 방지, 깨끗한 물 공급 등의 '생태계 서비스'를 제공한다. 에드 해밀Edd Hammill과 동료들은 다른 식물에 붙어 서식하는 착생식물인 브로멜리아드bromeliad가 어떻게 공원 바깥 오렌지 나무에 서식하며 포식자 개미를 끌어들이고 식충 곤충으로 인한 피해를 줄이는지 보여줬다. 브로멜리아드는 기생식물이기 때문에 전통적으로 농업 환경에서는 영양분을 빼앗는 해로운 존재이자 제거 대상으로 여겨졌다. 하지만 해밀과 동료들은 ACG에서 온 브로멜리아드가 오렌지 나무 재배자들에게 유용하다는 사실을 밝혔다. 브로멜리아드는 "농장 안의 나무에 숲 일부를 들여와 개미나 다른 초식동물 포식자의 서식지 역할을 하므로 숙주가 되는 나무에 유리"하게 작용한다.

잔젠과 할라흐는 코스타리카의 자연과 문화를 깊이 이해하며 다윈의 원리를 바탕으로 그들이 아는 최선의 방식으로 공생공략하면서 실용적 방식으로 ACG를 성장시켰다. 그들은 과학적 지식을 바탕으로 기회가 있으면 자연 스스로 대처할 수 있다고 확신했다. ACG는 처음부터 이웃들과 공생 관계를 형성하기 위해 애썼고, 공원 안팎에서 생명의 가치를 증명하면서 지역에 자리 잡기 위해 노력했다. 신열대 생물다양성의 저장고인 ACG는 진화적 공유지 역할을 하며 서식자가 스스로 변화하며 격동에 대처하게 돕는다. ACG의 사례는 보전 활동에서 인간의 개입을 최소화해야 한다는 점을 보여준다. 자연이 스스로 대응할 기회를 주기 위해 필요한 노력은 그뿐이다. 좁은 지역에 튼튼한 울타리를 치고 공원을 주변 환경과 엄격히 분리해 미화된 동물원으로 바꾸는 일은 효과가 없다. 2010년 이언 크레이기Ian Craigie와 동료들이 발표한 논문에서도 비슷한 이유가 지적됐다. 현재 전 세계 보호지역은 보전 사업의 핵심으로 통하지만, 아프리카 공원 78곳을 보면 이곳에 서식하는 대형 포유류 69종, 583개체군의 개체수가 1970년에서 2005년 사이에 평균 59퍼센트 감소했다.

세계 어느 지역에서든 보호 지역이라면 진화적 공유지 역할을 하도록 충분한 공간과 서식지 다양성을 갖춰야 한다. 과거를 돌아보기만 해도 이런 사실이 보전에 얼마나 중요한지 알 수 있다. 다양한 서식지를 오가며 피난처를 찾을 여지가 있다는 것은 과거에 수많은 환경 교란을 겪으면서도 생물다양성이 지속될 수 있었던 이유다. 매슈 맥

도웰Matthew McDowell과 동료들은 2022년에 발표한 논문 〈멸종 없는 기후 변화Climate Change without Extinction〉에서 지난 2만 년 동안 LGM의 추위에서 충적세의 온난화까지 이어진 기후 변화에도 불구하고 태즈메이니아의 소형 포유동물군이 대체로 그대로 살아남았다는 사실을 들어 이 사실을 강조했다. 이런 현상은 태즈메이니아의 다양한 지형과 서식지가 "환경 변화에 직면했을 때 회복력을 부여하는 여러 피난처"를 제공한 덕분이었을 것이다.

요약

다윈의 관점에서 생존이란 공간을 얼마나 넓게 차지했는가, 또는 자원을 얼마나 많이 모았는가가 아니라 '지속'이다. 지금의 환경에 얼마나 적합한가가 아니라 변화하는 환경에 어떻게 적응할 수 있는지가 중요하다. 지구에서 진화할 수 있는 생물은 이런 방식으로 37억 7,000만 년에서 44억 1,000만 년 동안 살아남았다. 생명은 생물학적 가정 제0법칙, 곧 유기체는 과거(대물림된 능력)와 기회라는 제약 안에서 생존과 번식을 위해 가능한 시기에 가능한 장소에서 가능한 일을 한다는 법칙을 끈질기게 적용함으로써 전 지구적 규모의 교란 속에서도 존속했고 다양화됐다. 진화를 제한하는 모든 정책은 당장은 아니더라도 결국 실패한다. 장기적인 손실을 감수하고 단기적인 이득을 줄 수는 있겠지만 의도치 않은 결과를 초래한다.

생물권 전반의 생존 가능성을 극대화할 가장 좋은 방법은 생물권이 변화하고 진화할 수 있도록 놔두는 것이다. 정적 상태를 강요하는 시도는 이런 진화를 제한할 뿐이다. 인류의 생존은 진화 가능성에 달려 있고, 진화 가능성은 진화적 공유지를 구성하는 생물권 안에서만 발현될 수 있다. 인간이 문제의 일부가 아니라 해결책의 일부가 되려면 자연과 더 잘 어울려야 하고, 진화할 수 있는 생물권 안으로 다시 들어가 자연의 일부로 살아가는 법을 배워야 한다. 이 책의 서두에서 우리는 다윈의 원리가 달성 불가능한 유토피아와 받아들일 수 없는 붕괴 사이의 중간지대, 곧 제3의 길을 알려준다고 주장했다. 생물권은 전 지구적이고, 정적이고, 취약한 가이아 같은 총체가 아니라 복잡하고, 혼란스럽고, 개별적으로 진화하는 종들의 집합이다. 전 지구적 행동을 취하자는 정치적 합의가 점점 더 어려워지는 상황에서, 소규모 풀뿌리 활동이야말로 보전의 목표를 강화하는 희망이 될 수 있다.

호모사피엔스는 나머지 생물권과 어떻게 상호작용할 것인지에 관해 의식적인 결정을 내릴 수 있는 지구상 유일한 종이다. 인류는 계속해서 제대로 결정하지 못할 수도 있고, 반대로 더 현명한 선택을 하기로 결심할 수도 있다. 뭐가 됐든 생물권은 상관하지 않는다. 이 장과 10장에서 인간이 나머지 생물권과 상호작용할 수 있는 진화론적 관점의 토대를 제시했다. 생물권의 4법칙은 우리가 할 수 있는 모든 선택의 범위, 곧 활력의 창을 나타낸다. 이 공간은 무한하지는 않지만 광대하다. 따라서 우리에게는 많은 선택지가 있다. 가장 중요한 것은 감정이 아닌 이성을 바탕으로 선택해야 한다는 점이다. 사실 인간은 자연을 사랑한다. 윌슨은 생물권에 대한 뿌리 깊은 진화적 친밀감을 '생물애호 biophilia'라고 불렀다. 사랑은 동기를 부여하지만 판단력을 흐리기도 한다. '우리가 사랑하는 이 종을 지키자' '아름다운 지금 이곳의 모습을 이대로 유지하자' '예전 모습이 더 좋았으니 과거 모습으로 되돌리자' 같은 생각은 우리가 나아갈 길이 아니다. 우리 자신을 포함한 생물권의 생존을 최대한 확보하기를 바란다면 말이다. 우리는 절제되고 실용적이며, 무엇보다도 다윈에 기초한 결정을 내려야 한다. 다행히도 진화는 우리에게 단순한 교훈을 가르쳐준다. 진화적 공유지의 비극을 허용하지 말라는 교훈이다.

생물권의 4법칙은 기술 인류가 존속하면서도 나머지 생물권과 상호작용할 지침을 알려준다. 이 법칙에 따르면 야생지가 얼마나 지속할 수 있는지는 그 지역이 진화적 공유지로서 얼마나 잘 기능하는가에 비례한다. 제0법칙에 따르면 생물권은 우리가 파괴할 수 없는 진화적 체계지만, 우리가 그 잠재적 능력과 기회 공간을 줄이면 제한된다. 이런 상황을 방지하고 야생지가 진화적 공유지로 충분히 기능하려면 야생지는 광범위하고 연결돼 있어야 하며 이질적이어야 한다. 그래야 종들이 예상치 못한 변화에 대처할 수 있다. 그런 야생지는 어떤 모습일까? 바로 ACG다. 조건이 달라질 때 지리적·생태적 적합도 공간에서 움직일 여지도 없이 유기체가 모인 장소라면 살아 있는 박물관에 지나지 않는다.

진화적 공유지라는 개념이 없다면 '얼마나 보전해야 하는가?'라는 질문에 객관적으로 답할 수 없으며, 끊임없이 더 많이 추구하고 멈추지 못하며 '더 큰 것이 좋다' '성장은 좋다' 같은 함정에 빠지기 쉽다. 우리는 가능한 한 많은 야생지를 보전해야 하지만 그런 실천은 실용적이어야 하며 여기에는 한계도 있다는 사실을 이해해야 한다. 인간도 자연의 일부이므로 필연적으로 자연의 물질적 자원 일부를 사용하고 자연의 물질적 공간을 차지하기 때문이다. 다행히도 우리에게는 진화적 공유지의 가치를 보여주는 ACG라는 실제 본보기가 있다. 진화적 공유지를 구축하려는 행동 계획에 따라 ACG가 어떻게 구현됐는지도 잘 안다. ACG는 거대한 규모와 초연결된 서식지 다양성을 갖췄기 때문에 조건이 달라질 때 종들이 활용할 수 있는 기회 공간이 넓다. ACG가 설립된 이래 그 규모는 점점 더 커졌지만, 최근 몇 년간 확장 속도는 크게 느려졌다. 현재 규모의 ACG도 충분히 큰 진화적 공유지이며, 공원을 더 확장하지 않아도 지금 규모만으로 전 지구적 기후 변화에 맞서 자원을 더 많이 활용하고 진화적으로 기능할 수 있다는 사실이 확인된 것이다.

인간이 나머지 생물권과 어떻게 상호작용할지에 관한 기준을 설정했으니, 이제 같은 진화의 원리를 적용해 인간 서로가 더욱 잘 생존할 수 있는 방식으로 어떻게 상호작용할지 파헤쳐보자.

12장

무한 경쟁을 넘어 살 만한 공동체로

A Darwinian Survival Guide

약 1만 년 동안 도시화한 인간 문명은 전쟁의 위협을 등에 업고 그 혜택이 어떻게 분배되든 상관없이 생산과 성장을 극대화하려고 애썼다. 하지만 지난 반세기 동안 점점 더 많은 사람이 무언가 크게 잘못됐다는 사실을 깨닫기 시작했다. 그러자 지속 가능한 성장, 지속 가능한 개발, 더 일반적으로는 지속 가능성을 바라보는 서로 다른 관점이 등장했다.

희망적이지만 순진한 관점에서 볼 때 지속 가능성은 부유한 국가 사람들이 하고 싶은 일을 계속하고, 비용을 낮춰 그 혜택이 더 많은 사람에게 돌아가게 하는 정책을 모색하는 것이다. 이런 관점을 옹호하는 사람들은 문제를 해결하려면 기술적 돌파구가 필요하므로 기술 발명을 가속해야 한다고 주장한다. 이들은 부유한 국가의 정부가 부유한 기업에 더 많은 돈을 투자하며, 그 기업이 더 많은 사람에게 저렴한 대가로 혜택을 나눠주기를 기대하지만 이런 희망이 실현되지 않은 사례가 넘쳐난다. 또한 이들은 인류가 위기에 직면했을 때 새로운 기술이 등장하고, '평소대로' 작동하는 제도에 자금을 더 쏟아부으면 그에 따라 발명이 마법처럼 짠 나타난다고 생각하는데 이는 한참 잘못됐다. 설령 이런 기대가 사실이더라도 기후 변화가 가속되는 오늘날, 문제에 대처할 수 있는 기술 혁신이 충분히 일어날 가능성은 희박하다. 생태학자이자 시스템과학자인 바네사 바인베르헤르Vanessa Weinberger와 동료들은 2017년 《왕립학회철학회보Philosophical Transactions of the Royal Society》에 발표한 뛰어난 논문에서 바로 이 점을 설득력 있게 설명했다. '필요는 발명의 어머니'라는 말은 신화에 지나지 않는다. 따라서 인류가 위기에 대처할 수 있을지는 기존 기술을 얼마나 잘 활용할 수 있는지에 달려 있다. 인간의 행동이 달라져야 한다는 의미다.

두 번째로 살펴볼 더 비관적인 관점은 하딘이 1960년대 후반에서 1970년대 초에 제시한 아이디어에서 나온다. 하딘은 인류가 직면한 환경 문제를 해결할 방법은 기술이 아니라고 주장했다. 그는 인간의 행동이 지속 가능하지 않은 결과를 초래하므로 그 행동이 어떤 사회경제적 영향을 끼치든 중단해야 한다고 말했다. 예를 들어 '평소대로' 살아가자는 경제학자들은 빠르게 추락하는 전 세계 출생률을 두려워한다. 풍부하고 값싼 노동력과 이익 증대 없이는 지금의 체제를 유지할 수 없기 때문이다. 이와 반대로 진화생물학자들은 이런 뉴스를 환영한다. 인구 증가 속도가 늦춰지면 갈등이 줄어들고, 너무 늦기 전에 생존 가능한 행동으로 전환할 시간을 벌 수 있기 때문이다. 반면 하딘의 관점을 지지하는 사람들은 사실 공동선을 위해 효율적으로 행동해도 자기에게 그다지 이익이 되지 않는다고 믿는 특권층이 진짜 문제라고 말한다. 부유한 사람들이 연구에 투자하는 진짜 목적은 연구 자금을 대는 바로 그 소수의 생활방식을 유지할 발명을 촉진하기 위해서다.

어떤 경우든 '지속 가능성'이라는 그럴듯한 '배'는 발이 묶여 있다. 첨단 기술의 혜택을 보는 사회는 그 기술을 버리고 싶어하지 않고, 기술에 접근하기 어려운 사회는 기술을 빼앗기고 싶어하지 않는다. 대부분의 사람에게 지속 가능성이란 무한한 성장이 좋은 것이고, 적자생존이 중요하며, 기술이 우리를 구원해준다는 신화를 '지속'하는 것을 의미한다. 이런 난관 속에서, 전 지구적 기후 변화로 기술문명이 실존적 위협에 빠졌다는 데 동의하는 사람들조차 우리가 대응 방식을 바꾸고 길을 틀기에는 너무 늦었다고 믿는다. 그러나 이 책은 그런 주장에 반대한다.

앞으로 나아갈 희망적인 길이 있다. 다만 이 길을 따르려면 '글로벌 경제 체계의 지속'에서 '인류의 생존'으로 발상을 전환해야 한다. 그래야 40억 년 동안 조건이 바뀔 때마다 생물권이 성공적으로 대처할 수 있었던 유일한 메커니즘에 맞는 정책을 마련할 수 있다. 다윈의 진화론은 성장은 좋은 것이라는 생각, 적자생존, 기술이 우리를 구원하리라는 주장과 정반대다. 생존 가능성은 얼마나 많은 공간을 차지하고 얼마나 많이 자원을 축적했는지가 아니라 얼마나 오래 지속되는지에 따라 결정된다. 생물계에는 조건이 바뀌기 전부터 이미 엄청난 잠재력이 축적돼 있어 생명은 지속될 수 있다. 그러나 이 주장이 항상 옳은 것은 아니다. 축적된 잠재력을 이용해 어떤 변화에든 항상 성공적으로 대처할 수 있으리라는 보장은 없다. 역사상 일어난 대멸종이 이를 증명한다. 하지만 긍정적인 면도 있다. 진화는 오래된 것이 사라지면 새로운 것이 등장할 무대가 마련된다는 사실을 보여준다. 진화에는 생명을 재생시키고 이어가게 하는 힘이 있으며, 이 방식은 단 한 번도 실패한 적이 없다.

마지막 세 장에서는 생존 기회를 높이기 위해 우리가 할 수 있는 행동을 살펴본다. 이런 행동은 다음과 같은 3가지 지침에서 나온다. 가장 중요한 첫 번째 지침은 생물권의 4법칙이다. 언제나 그랬듯 우리의 운명은 생물권의 운명과 이어져 있다. 따라서 진화적 공유지를 유지하는 것이 중요하다. 두 번째 지침은 웰빙 경제다. 마지막 세 번째 지침은 이제는 익숙한 진화론에 기반한 갈등 해결이다. 이는 규칙이 아니라 우리가 계속 생존하려면 지켜야 하는 경계다. 이 지침은 로드맵이 아니라 기회 공간을 그려준다. 다른 집단은 서로 다른 기회를 활용할 수 있지만, 우리는 아직 그중 많은 기회를 깨닫지 못했다. 진화는 우리에게 다양한 방식으로 무한히 생존할 수 있다는 사실을 보여줬고, 가장 효율적인 해결책 하나보다 충분한 해결책을 다양하게 쥐고 있는 편이 생존에 더 유리하다는 사실도 알려줬다.

웰빙 경제

대전환을 통해 인간이라는 생물학적 존재에 사회경제적 층위라는 중요한 겹이 더해졌다. 그것이 현명한 생각이었든 아니든 말이다. 하지만 이런 생각은 제대로 작동하지 않았다. 경제학자 케네스 볼딩 Kenneth Boulding은 "유한한 세계에서 기하급수적 성장이 무한히 지속될 수 있다고 믿는 사람이 있다면 그는 미치광이 아니면 경제학자다"라고 말한 것으로 유명하다. 우리는 1만 5,000년 전으로 거슬러 올라가 다른 길을 시도할 수는 없다. 하지만 생물권의 4법칙을 지침으로 삼아 생존 가능성을 키우는 식으로 경제철학을 바꿀 수는 있다. 보통 한 국가의 부는 GDP로 측정된다. GDP는 단기간 생산된 모든 재화와 서비스에 화폐 가치를 부여한다. GDP가 꾸준히 증가한다는 것은 경제가 건강하다는 지표이고, 반대로 GDP가 감소한다는 것은 경제에 문제가 생겼다는 신호다. 성장에 기반한 경제 정책은 선형 생산(물질을 생산하고 사용하다 폐기하는 순서로 이어지는 경제 생산-옮긴이)에서 일어나는 갈등과 대체를 다루는 이론이다. 최대한 착취하고 공간을 최대한 점유하며 최대한 많이 소유하는 것이다. 이런 사고방식 때문에 인류는 450세대 전에 시작한 군비경쟁의 궤적을 끝없이 이어가고 있다. 기술이 우리를 구원하리라는 믿음은 극대화된 생산이 발명으로 이어진다는 생각으로 요약된다. 하지만 생산을 극대화한다고 발명이 늘지는 않는다. 발명이 이뤄지려면 다양성이 필요하지만 생산성을 극대화하려면 획일성이 필요하기 때문이다. 단기 이익을 극대화하려는 조직에서 혁신적인 기술이 나올 가능성은 작다. 이익은 늘겠지만 그 혜택을 받는 사람은 줄고 불평등이 는다. 지금의 기술로는 감당할 수 없을 정도로 급변하는 환경에 직면한 인류는 변화를 막으려고 애쓴다. 바로 이 지점에서 현상 유지를 지향하는 경제 정책과 신보호주의 운동이 맞물린다. 사실 진짜 문제는 변화를 막으려는 시도임에도 신보호주의자들은 변화 자체가 적이라는 잘못된 믿음을 바탕으로 모든 변화를 막으려고 한다.

지금의 글로벌 경제 체제는 진화 체계에 따라 구성되지 않았다. 따라서 여기에는 결함이 있다. 이런 결함 때문에 갈등과 고통이 불가피하게 이어지고 인류가 나비효과에 취약해진다. 만약 한쪽의 자원 부족이 다른 쪽이 그 자원을 선점하고 있기 때문에 발생하는 경제 구조라면, 끊임없이 누군가의 희생을 통해 적자를 해결할 수밖에 없다. 저명한 진화생물학자 데이비드 슬론 윌슨David Sloan Wilson은 최근에 주요 경제학자들과 함께 진화론적 경제이론을 다루는 긴밀한 협의를 시작했다. 다윈의 원리를 바탕으로 하면 이런 접근법을 실현할 수 있다는 믿음을 갖게 된다. 다윈은 성장이 생명계의 본질이기는 하지만 무한한 성장은 해결할 희망이 보이지 않는 끊임없는 갈등으로 이어진다는 사실을 잘 알았다. 웰빙 경제에서 허용하는 성장 한계는 "생물권의 4법칙에 따라 타인의 웰빙을 해치지 않는 선에서 최대한 성장하는 것"이다. 진화생물학자인 마이클 해먼드Michael Hammond는 이를 제한적 성장bounded growth이라고 불렀다. 이는 최적화(또는 극대화)보다 만족을 추구하는 인간의 의사결정 과정인 제한적 합리성bounded rationality이라는 개념을 확장한 것이다. 인간은 누구나 타인의 웰빙을 해치지 않는 한 생물권의 4법칙 안에서 개인의 목표를 최대한 추구할 자유가 있다.

미래 지향적인 경제학자들은 GDP나 단기적 이익에 바탕을 둔 비슷한 지표들로는 국가의 생존 능력을 제대로 측정하지 못한다는 사실을 점점 더 많이 깨달았다. 이런 지표로는 사람들이 얼마나 잘살고 있는지를 나타낼 수 없기 때문이다. 우리가 사는 세상에서 누구나 원하는 것을 무제한으로 가질 수는 없다. 아무리 의도가 좋아도 모든 경제가 생산성을 극대화하려면 결국 다른 경제집단이나 국민을 희생해야 한다. 인간의 웰빙보다 인간의 고통에서 훨씬 더 많은 이익을 짜낼 수도 있다. 웰빙 경제는 사회가 얼마나 건강하게 돌아가는지를 측정하는 중심 지표를 물질적 부가 아니라 '건강' '행복' '희망'으로 바꾸려고 한다. 특히 엘리너 오스트롬을 비롯해 이런 관점을 지지하는 사람들은 정신적·육체적으로 건강한 사람들로 구성된 사회가 단기적 이익보다는 생존 가능한 미래를 목표로 삼을 가능성이 더 크다고 생각한다. 이런 사람들은 '전기 회사의 이익은 얼마나 되는가?'가 아니라 '얼마나 많은 사람이 전기를 이용할 수 있는가?'라고 묻고, '저급 음식을 얼마나 많이 생산할 수 있는가?'가 아니라 '어떻게 하면 영양가 있는 음식을 저렴하게 만들 수 있는가?'를 질문하며 경제의 건강을 측정한다.

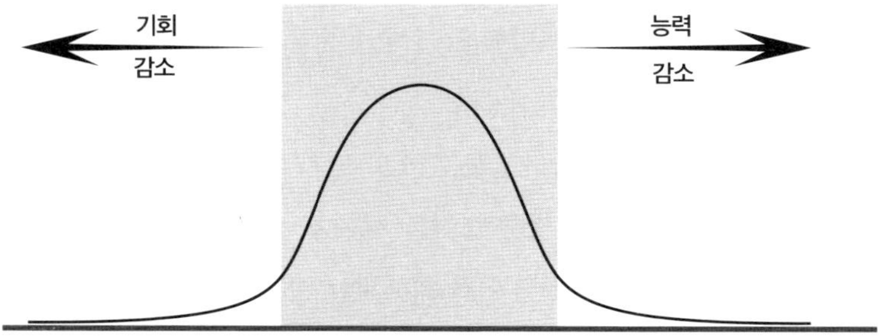

그림 12.1 웰빙 경제의 기대치를 설명하는 그림. 사람들의 능력과 기회는 저마다 다르다. 실행 가능한 선택지 영역(회색)에 있는 사람이라면 누구나 〈유엔인권헌장UN Charter of the Rights of Humanity〉에서 말하는 요건을 충족한다. 더 많이 가진 사람도 있고 더 적게 가진 사람도 있지만 이 영역 안에 있다면 누구나 안전하다. 목표는 영역 바깥에 있는 사람을 최소화하는 것이다.

웰빙 영역

생존 가능한 경제 활동은 '기회를 활용할 능력이 부족한 영역'과 '생존이 불가능한 조건에서 벗어날 기회조차 없는 영역' 사이에 존재하는, 실현 가능한 선택지들의 공간에서 이루어진다**(그림 12.1)**.

실행 가능한 선택지 영역의 규모는 생물권의 4법칙 및 환경 조건에 따라 결정된다. 이 영역에서 경제 활동은 역량 창출과 기회 활용 사이를 오가며 발생한다. 웰빙 경제에서는 사회 구성원 대다수가 이 영역에 있고, 웰빙 경제의 목표는 현재 상황에 대처하거나 새로운 기회를 활용할 수 있는 사람의 수, 곧 그래프에서 실행 가능한 선택지 영역에 있는 사람의 비율을 늘리는 것이다. 그래프의 꼭짓점은 최대 이익이나 최대 부가 아니라 최대 웰빙 잠재력이다. 일반적인 진화와 마찬가지로 모두가 더 높은 물질적 생활수준은 물론 똑같은 수준을 달성하리라는 보장은 없다. 모두가 이 영역에 살게 되리라고 보장할 수도 없다.

그래프의 회색 영역에서 일어나는 경제 활동 가운데 타인을 이 영역 바깥으로 밀어내는 활동은 생물권의 4법칙을 만족하더라도 금지된다. 밀려난 사람의 웰빙이 줄어들기 때문이다. 금지된 활동은 면밀한 관리를 통해 즉시 파악하고 시정해야 한다. 경계 바깥으로 나가 시스템을 속이려는 사람이 있으면 다른 사람의 고통으로 자신의 탐욕을 채우지 못하게 하고 행동에 따른 대가를 물어야 한다.

알 수 없는 미래에서 살아남을 가능성이 가장 큰 종은 가장 많은 잠재력을 물려받은 종이다. 웰빙 경제도 마찬가지다. 시행착오, 개선, 수정은 모두 잠재력을 창출해 인간이 불확실한 미래에 대처하는 데 도움을 주는 혁신과 발명 과정의 일부다. 새로운 아이디어에 투자해 생존 가능한 선택지 영역을 넓힐 수도 있지만, 새로운 아이디어 대부분은 실행 가능성을 키우지 못하며, 실행 가능성이 있더라도 즉각 실행할 수는 없다. 실행할 수 있는 새로운 아이디어는 아슬아슬하게 살아남았다가 조건이 바뀌어야 번성하는 유전적 변이와 비슷하다. 성장에 한계가 있듯, 투자 역시 웰빙 경제 영역을 넘어서서는 안 된다. 다시 말해 '마련돼 있지도 않고 마련할 수도 없는 돈'을 쏟아부어야만 달성할 수 있는 최대치를 넘지 않도록 제한돼야 한다. 이것이 해먼드가 말하는 제한적 성장의 또 다른 측면이다. 웰빙 경제에서는 타인의 웰빙을 희생하는 투자나 무한한 적자 지출이 허용되지 않는다. 무한한 적자 지출은 지금 가진 것보다 더 많은 돈을 무한한 시간 동안 쓰면 무한히 성장할 수 있다는 잘못된 믿음을 은폐할 뿐이다. 다시 말해 그저 돈을 찍어내서 생존과 웰빙에 필요한 물질적 재화를 추가로 창출하는 척하는 것은 허용되지 않는다. 우리는 코로나19 팬데믹에 이어 발생한 세계 경제 붕괴에 맞서 돈을 더 찍어내며 대응했지만, 그런 방법으로는 팬데믹과 경제 붕괴를 초래한 문제들 중 그 어느 것도 해결하지 못했다는 사실을 기억해야 한다.

생존 가능한 전환

생물학적이든 사회경제적이든 진화적 전환은 본질적으로 복잡하다. 갈등과 대체로만 설명할 수 있는 단순한 문제가 아니기 때문이다. 이런 전환은 탐색과 일반화에서 활용과 특화로, 잠재력 소비에서 잠재력 축적으로, 기존 기술을 증폭하는 것에서 다양한 새로운 기술을 개별적으로 발명하는 것으로 옮아가는 일이다. 다윈의 진화론을 알면 이런 복잡성을 모두 포용하면서도 세상에서 일어나는 일을 이해할 수 있다. 특히 기존 기술을 더욱 빨리 증폭시킨 요인 덕에 기술이 탄생했다는 오해를 피할 수 있다.

생존 가능한 경제에서 가장 중요한 것은 조건이 달라질 때 경제가 국민의 웰빙을 얼마나 잘 보호할 수 있는지 평가하는 일이다. 우리는 혼란과 전환의 시대에 살고 있다. 그리고 인간은 40억 년 이상 실패한 적 없이 혼란과 전환에 대처해온 시스템인 진화의 산물이다. 조건이 달라질 때 생존하려면 특정 환경에서의 존재 방식에서 다른 환경에서의 존재 방식으로 전환해야 한다. 덜 적합하지만 충분히 적응한 변이가 많이 살아남으면 안정된 시기에 생태적으로 적합한 선택지가 생기고 이를 축적할 수 있다. 이런 변이들은 이후 조건의 본질이 어떻게 달라지는지에 따라 생존 잠재력이 달라지지만, 어느 정도의 생존 가능성은 지닌다. 제대로 적응하지 못하는 행동이나 기술이라도 진화에서 나온 쓰레기인 것은 아니다. 이들은 지금 상황에서 살아남을 수 있는 능력은 물론 달라지는 상황에서 더욱 잘 살아남을 잠재력을 지녔기 때문이다.

'완벽하지 않은 종'의 잠재력

국민의 웰빙을 보호하는 경제 시스템을 구축하려면, 성장이 곧 해결책이라는 생각을 버려야 한다. 유기체는 좋은 시기(여름이나 우기)에 에너지를 저장하고, 힘든 시기(겨울이나 건기)에는 그 에너지를 사용해 생존한다. 하지만 저장할 수 있는 에너지는 한정되어 있다. 유기체는 가진 것보다 더 많은 에너지를 소비할 수 없고, 감당할 수 있는 것 이상으로 생물량을 생산하지도 않는다. 좋은 시기에는 잠재력을 창출하기 위한 잠재력에 투자한다. 나쁜 시기에는 손에 쥔 것을 활용해 적절히 행동한다. 이와 마찬가지로 조건이 좋을 때는 소비하는 것보다 더 많이 저축하는 것이 중요하다. 그래야 조건이 나쁠 때 저축해둔 잠재력을 활용해 생존할 수 있다.

최초의 광합성 미생물이 등장하면서 산소에 취약한 종들은 전 세계적으로 대거 멸종했다. 하지만 살아남은 종도 있었다. 최근 연구에서는 그 사례 중 하나인 미생물이 산소가 거의 없는 환경에서 진화하고 생존했음에도 산소에 내성이 있음이 밝혀졌다. 광합성 미생물이 진화하기 전까지 이 미생물은 가장 적합한 종이 아니었을 것이다. 하지만 이런 사실은 중요하지 않다. 중요한 점은 이런 미생물이 가장 적합하지는 않았지만 충분히 적합했기 때문에 생존할 수 있었다는 사실이다. '팔다리 달린 물고기'처럼 말이다. 그리고 이 생존자들은 대양과 대기로 엄청난 양의 산소를 방출함으로써 새로운 생물종들이 폭발적으로 진화하는 토대를 마련했다. 이는 궁극적으로 인간의 진화와 생존으로 이어졌다.

환경 교란이 일어날 때 종의 생존에 필요한 플랜 B를 지닌 구성원이 충분하지 않으면 그 종은 멸종한다. 이들은 환경의 궁극적 희생자다. 플랜 B를 지닌 구성원이 많으면 그 종은 변화하는 환경에서도 살아남을 수 있다. 이런 구성원은 환경이 달라졌을 때 그 집단에서 가장 적합한 구성원이 아니었을 것이다. 대량 멸종이 일어날 때마다 대규모 진화적 재설정이 뒤따랐다. 생물권에서 많은 종이 사라졌지만 남아 있는 종은 과도기적인 생물권을 유지하며 더 많은 변화에 대처할 잠재력을 가진 새로운 생물로 진화했다. 진화적 재설정이 일어날 때마다 과도기 생물권은 그 전후의 생물권보다 번식력이 낮아졌다. 번식력이 줄어든다는 것은 생존 가능한 새로운 상태로 성공적으로 전환하고 있다는 신호였다. 진화적 전환이 성공적으로 일어날 때는 일시적으로 개체수 및 번식력 감소가 나타난다. 생물이 스스로 변화에 대처하고 있다는 명백한 신호다. 과도기에 성장을 극대화하면 시스템이 쇠퇴하고 붕괴가 가속된다. 웰빙 경제는 생물권의 4법칙에 따라 인류가 지난 1만 5,000년 동안 자행한 혼란 속에서도 생존할 가능성을 높여줄 수 있다. 경제가 전환될 때마다 생산성은 잠시 줄어들지만, 기존의 잠재력이 충분하다면 상황이 다시 안정될 때 생존 가능성과 생산성을 새롭게 확보할 수 있다.

비공식 경제

스스로 변화하며 변화에 대처하는 경제적 잠재력은 이른바 비공식 경제informal economy에 있다. 실리콘밸리의 스타트업부터 길거리 노점상, 식당에서 팁을 받는 웨이터, 에어비앤비, 우버 기사, 일부 젊은 층이 주도하며 폭발적으로 늘어난 온라인 창조경제까지, 노동자의 60퍼센트가 비공식 경제에 종사한다고 추정된다. 비공식 경제는 공식 경제의 주변부에서 운영되기 때문에 공식 경제에서는 문젯거리로 여겨졌다. 효율적이지 않고, 많은 수익을 창출하거나 세금을 듬뿍 내지 않기 때문이다. 하지만 인류의 생존을 뒷받침하는 창의적인 아이디어는 비공식 경제에서 나온다. 비공식 경제는 단기 이익을 크게 창출하지는 못하지만, 달라지는 상황에서 생존하고 상황이 다시 안정화되면 새로운 공식 경제의 중심이 될 가능성이 크다. 비공식 경제의 강점은 유연성과 잠재력, 창의성과 진화 가능성이다. 생태적으로 적합한 인간의 능력이 발현된 경제다.

소빙하기 동안 유럽 대륙의 토지 소유자들은 중세 공유지 개념을 없앴다. 1833년 로이드도 이 개념을 이해하지 못했다. 하지만 사실 공유지는 제대로 작동하는 비공식 경제였다. 지역 공동체는 농작물을 재배하거나 가축을 먹일 경작지를 따로 마련해 사람들이 힘든 시기를 버틸 안전망이 되어줬다. 공유지는 좋은 시기에 새로운 아이디어를 시험하는 공간이기도 했다. 인간은 공유지에서 잠재력을 창출했으며 갈등이 일어나거나 환경이 열악할 때 이 잠재력을 활용했다. 상위계층은 하위계층에게 잠재력을 주는 일에 가치를 부여했다. 그 덕에 평화와 생산성을 유지할 수 있었기 때문이다. 그러나 소빙하기가 찾아오고 생산이 감소하자, 부유한 지주들은 잠깐의 손실을 참지 못하고 농민들에게서 공유지를 빼앗았다. 그러자 소작농들이 분노하며 시위를 벌였다. 갈등이 폭발하자 실험의 장이자 중요한 사회적 안전망이 사라졌다. 그 뒤 청년층 대부분이 도시로 이동했고, 이들이 농촌에서의 삶을 개선하는 데 발휘했던 통찰력은 모두 소용없어졌다.

이주민과 난민은 흔히 국가의 GDP가 흘러나가는 경제 하수구로 여겨진다. 하지만 사실 1만 년 전에 출현한 다양한 도시형 중심지는 특화된 갖가지 능력을 지닌 이주민의 힘으로 발전했다. 이주민과 난민은 자기들이 정착한 곳의 비공식 경제에 이바지하며 때로 중요한 요소를 창출한다. 이들은 인적 자본으로서 경제적 잠재력이 있으며,

새롭게 정착한 사회의 미래 기반을 강화한다. 이런 측면은 비공식 경제에서 평화를 유지하는 데도 중요하다. 이주민은 생존하기 힘들 정도로 나빠진 환경을 피해 새롭고 낯선 장소로 도망쳐왔다. 이들은 두려움에 떨며 본능적으로 계속 도망치려는 충동을 느낀다. 도망칠 수 없을 때는 공격적이거나 폭력적으로 돌변할 수도 있다. 이주민이 새로운 터전에서 경제적 영역을 확보하면서 더 빨리 안정감을 느낄수록 폭력과 공격이 일어날 가능성뿐 아니라 그들의 두려움도 더 빨리 줄어든다. 개방적이고 유연한 비공식 경제는 이주민이 가장 쉽게 접근할 수 있는 영역이다. 따라서 비공식 경제는 이주 스트레스를 줄이는 데 중요하다. 이주민의 가치를 인정하지 않고 그들을 기존 거주민의 생활을 유지하는 데 필요한 저임금 노동자로만 이용한다면 그들은 자기 공동체 안에서 적극적으로 불만을 표출할 것이다.

비공식 경제는 인류세를 살아가는 인간이 알 수 없는 미래의 변화에 대처하기 위한 잠재적 역량과 발명의 총합이다. 비공식 경제는 단순히 2050년에 예측되는 기후 변화의 병목현상에서 살아남은 뒤 다시 평소 같은 생활방식으로 돌아가기 위한 수단으로 전락해서는 안 된다. 생활조건은 항상 달라진다. 잠재력을 더 많이 키우고 유지할수록 앞으로 다가올 전환에서 살아남을 가능성이 더 커진다. 비공식 경제는 하나의 공식 경제에서 다른 공식 경제로 전환하도록 돕는 일종의 경제적 윤활제다. 새로운 경제는 기존 비공식 경제의 구성원으로 이루어진다. 노점상 주인은 식당 주인이 되고, 전기차 혁명을 일으킨 인물은 기업가가 된다. 이런 일은 비공식 경제를 구성하는 새로운 요소가 나타날 무대를 마련하고 미래의 변화에 변화로 대처할 잠재력을 보장한다. 비공식 경제는 항상 웰빙 경제에서 결정적 요소이며, 시스템에 유입되는 사람과 아이디어는 다양할수록 좋다.

갈등 해결 방법 1: 보상적 변화와 도시 인구밀도 감소

인류는 실존적 위기에 직면했다. 전 지구적 기후 변화는 막을 수도 되돌릴 수도 없으며 크게 늦출 수도 없다. 최근 한 보고서에서는 인류가 지금부터 어떤 조처를 하든 다음 세대에 해수면이 적어도 30센티미터 상승하리라고 예상한다. 100년 전에는 도시 거주민이 14퍼센트밖에 되지 않았지만 지금은 인류의 과반이 도시에 산다. 10년 안에 그 수치는 65퍼센트로 증가할 것으로 예상된다. 전 세계 많은 거대도시형 중심지에 수많은 사람이 밀집되어 살고 있으며, 이런 기후 불안정 지역은 2~3세대 안에 사람이 살 수 없는 곳이 될 것이다. 도시는 많은 혜택을 누리고 있지만 변화하는 환경에는 항상 취약했다. 그 결과 도시는 성장으로 갈등을 해결하려는 군비경쟁의 원천이 되어 끝없는 갈등을 불러왔다. 도시 거주민이 늘어난다는 것은 인간의 행동 때문에 살 만한 영역이 아주 빠르게 쪼그라드는 한편, 이곳에 전에 없던 속도로 사람이 채워지고 있다는 뜻이다.

물리학자 제프리 웨스트Geoffrey West처럼 도시형 중심지의 지속적 성장을 옹호하는 사람도 혼잡한 도시가 스트레스와 불편을 준다는 사실을 잘 안다. 하지만 그들은 필요가 발명의 어머니라는 신화를 믿으며, 스트레스가 많은 환경이 필요를 만들고 그 결과 더 밀집된 도시에서 효율성과 혁신이 생긴다고 생각한다. 하지만 현실에서 사람들은 스트레스와 갈등이 일어나면 당장 손에 쥔 역량을 활용해 갈등을 해결하려고 할 뿐이다. 혁신은 갈등이 없거나 대규모 경제에서 상대적으로 가려진 주변 영역에서 일어난다. 신보호주의자들은 인간이 야생지대에서 최대한 멀어져야 생물권이 제 몫을 한다면서 도시가 점점 커져야 한다고 주장한다. 대다수가 보기에 이런 믿음은 말이 되지 않는다. 종말론이나 디스토피아를 다룬 소설과 영화만 봐도 대도시를 피난처나 안전지대로 묘사하지 않는다. 인간을 생물권의 나머지 영역에서 떼어내려 하면 양쪽 모두를 보전하려는 노력이 수포로 돌아간다. 생물권의 미적·물질적 가치를 올바로 인식하려면 야생지대와 친밀한 관계를 맺어야 한다. 이런 관계는 동물원, 수족관, 식물원, 도심 녹지 공간, 옥상 정원 같은 인위적 환경을 조성하거나 야생동물 동영상을 본다고 맺어지는 것이 아니다. 도시에서 살아온 사람들에게 생물권을 보전하며 얻는 가치란 추상적 개념일 뿐이니 말이다.

다윈 진화론의 본질을 이해하는 사람들은 높은 인구밀도가 인간의 행동에 어떤 영향을 끼치는지 잘 알고 있다. 갈등이 발생하면 아드레날린adrenaline이 급격히 치솟는 투쟁-도피 반응fight-or-flight response이 일어난다. 싸우고 싶지 않지만 도망칠 수도 없는 상황에 몰리면 아드레날린이 치솟고 코르티코스테로이드corticosteroid 호르몬의 분비가

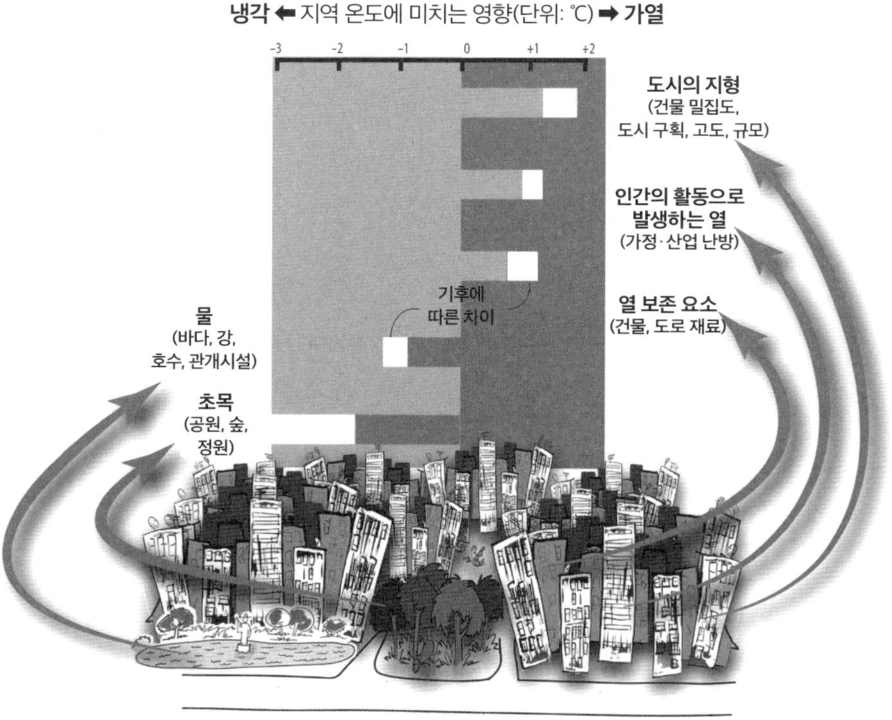

그림 12.2 도시는 지구 온난화의 온상이다. 도시에서 일어나는 일부 활동은 지구 온난화에 순 냉각 효과를 내기도 하지만 대부분의 활동은 지구 온난화에 기여한다.

늘어난다. 코르티코스테로이드가 늘면 스트레스가 높아지고, 한 형태의 공격성이 다른 형태로 대체된다. 인구밀도 증가는 곧장 코르티코스테로이드를 늘린다. 좋지 않은 환경에 놓인 인간은 아드레날린이 치솟으며 그런 환경에서 도망치려는 진화적 반응을 보인다. 그렇게 불쾌한 상황에서 벗어나면 아드레날린 수치가 다시 낮아진다. 인구밀도가 지나치게 높아 지금처럼 불쾌한 환경이 조성되면 그런 상황에서 벗어나야 모든 사람의 코르티코스테로이드 수치가 낮아진다. 고밀도 도시형 중심지는 여러 이점이 있지만 사람이 밀집되면 스트레스와 공격성이 높아지면서 갈등이 생기고 관리 체계에 문제가 생긴다. 도시가 성장한다는 것은 곧 스트레스가 증가한다는 뜻이다.

도시 중심부가 기후 변화의 영향에 특히 취약한 데는 여러 이유가 있다. 첫째, 오늘날의 도시는 보통 주변 지역보다 섭씨 3도 정도 덥다**(그림 12.2)**. 이 때문에 도시는 점점 더 살기 불편해지고 거주민의 스트레스 지수는 높아진다. 더 나아가 도시는 질병과 질병 매개체가 자라기 좋은 환경이기도 하다. 생물학자 가보르 푈드바리Gábor Földvári는 부다페스트의 유명한 관광지인 마거릿섬에 서식하는 고슴도치가 도시 외곽의 야생지대에 서식하는 고슴도치보다 진드기가 10배나 더 많다는 사실을 밝혀냈다. 게다가 이 진드기는 여러 병원균을 옮겨 사람을 감염시킨다.

둘째, 현대 도시는 거의 아무것도, 특히 식량을 생산하지 않는다. 도시에는 에너지, 물, 물질이 끊임없이 들락날락해야 하지만 이런 흐름은 다른 지역에서 온다. 도시는 수많은 실제적·잠재적 병원균과 해충이 사는 여러 적합도 공간과 긴밀하게 연결되어 있다. 셋째, 도시는 인구밀도가 높고 사람 간 접촉이 잦다. 역학 연구에서는 병원체를 쉽게 감염되지만 느리게 전파되는 병원체와, 쉽게 감염되지는 않지만 한번 발병하면 빠르게 전파되는 병원체로 구별한다. 사람들이 서로에게 자주 노출되는 고밀도 도시는 전파 속도가 빠른 병원체에 최적의 환경이다. 병원균에 감염될 확률 자체는 도시보다 농촌에서 더 높지만, 도시에서는 일단 누군가가 감염되는 순간 질병이 빠르게 확산한다. 코로나19가 세계 주요 도시에 처음 유입됐을 때 어떤 일이 일어났는지 잊지 말자.

넷째, 첨단 기술 도시의 주민은 병원균이 도사린 풍경 속을 매일 걸어다닌다. 도시에는 병원균을 옮기는 설치류와 곤충이 많이 산다. 게다가 이들은 대도시의 '녹색지대'인 공원에 서식지를 마련한다. 집에서 기르는 개와 고양이뿐 아니라 설치류, 토끼, 스컹크, 족제비, 코요테, 여우, 너구리, 고슴도치, 새 모두 마찬가지다. 도시 거주민과 그들이 기르는 동식물은 지역 병원균을 크게 늘리고 새로운 변이가 탄생할 원천이 된다. 코로나19 팬데믹, 도시 하수 체계에서 발생하는 소아마비바이러스, 도심 녹지에서 발생하는 황열병, 인구 밀집 지역에서 발생하는 원숭이두창은 도시 환경이 얼마나 취약한지 보여주는 생생한 사례다.

다섯째, 첨단 기술 도시에서는 노동이 극도로 분업화되어 있으면서도 서로 크게 의존한다. 비교적 적은 노동력이 질병으로 상해를 입기만 해도 도시 운영은 혼란에 빠진다. 여섯째, 첨단 기술 도시는 서로 관계없는 사람들로 구성된다. 이런 환경에서는 누구를 믿고 누구와 협력해야 할지 불분명하다. 스트레스가 다시 치솟는다. 협력을 촉진하고 갈등을 해결할 관리 체계가 더욱 필요해진다. 가장 중요한 일곱째 사실이 있다. 첨단 기술 도시는 풍요로운 생활수준에 매료된 사람들을 끌어들이지만, 사실 이곳은 공공 서비스를 거의 받지 못하고 질병에 매우 취약한 저임금·저학력·저영양 인구로 유지된다는 것이다. 남들이 꺼리는 필수 노동을 하는 사람들이 도시형 중심지의 근간이지만 이들은 최저 수준의 임금을 받는다.

대도시의 수많은 이점을 무시하는 것이 아니다. 하지만 도시에는 분명 문제가 있고 사람들은 당연히 이런 문제를 걱정한다. 상대적으로 수가 작은 몇몇 거대도시에 사람이 몰려들면 인구밀도가 높아져 사람들이 갈 곳이 없어진다. 이렇게 스트레스와 공격성이 높아지고 지역 환경이 악화된다. 그럼에도 인간은 도시형 중심지를 인류가 살아갈 유일한 적합도 공간으로 고집하며, 점차 좁아지는 기본 적합도 공간을 특화하면서 실행 가능 영역을 빠르게 채워가고 있다. 그러나 진화론적 관점에서 볼 때, 나쁜 조건에서 벗어나는 일이야말로 '보상적 변화'를 일으켜 갈등을 해결할 수 있는 길이다. 이제 진화를 따라야 할 때다. 인구밀도가 지나치게 높으면 언제나 문제가 발생하기 마련이지만, 고밀도 지역에서 조건이 달라지면 문제는 더욱 악화된다.

갈등 해결 방법 2:
헐렁한 적합도 공간으로 돌아가자

많은 도시는 이미 기후 불안정 지역에 속한다. 진화적 관점에서 볼 때, 이런 지역의 인구밀도를 낮추기 위해 자본을 투입하는 것은 가장 방어적인 전략이다. 하지만 우리가 살아가는 선형적 성장 경제학에서는 성장 감소가 용납되지 않기 때문에 이런 전략이 최선일 수밖에 없다. 반면 웰빙 경제에서는 성공적 전환이 일어나는 동안에 생산성이 줄어든다는 사실을 인지한다. 따라서 기후가 불안정하고 혼잡한 도시에서 일어나는 갈등을 효과적으로 해결하는 과정에서 일시적으로 생산성이 줄어드는 것은 불가피하다. 인구밀도가 낮아지기 때문이다. 그렇다면 사람들이 도시를 떠날 경우, 새로운 생산성의 잠재력을 어디에서 얻을 수 있을까? 기회 공간을 더 확보해서 전반적으로 인구밀도를 낮추면 필요한 시기에 인간의 잠재력을 더욱 충분히 활용할 수 있다. '이제 어디로 갈 것인가'에 대한 가장 현명한 대답은 '우리는 어디에서 왔는가?'에서 온다.

많은 도시 거주민이 그들 또는 부모나 조부모가 살던 농촌으로 돌아간다면 어떻게 될까? 인구가 도시로 몰리며 텅 비었던 농촌은 이제 저밀도 적합도 공간이 됐다. 따라서 이곳은 좋은 출발점이 될 수 있다. 사람이 살 만한 잠재적 적합도 공간을 이렇게 생각해보자. 미국 동부 애팔래치아 지역에 버려진 농촌 마을 1,000곳에서 평균 3만 5,000명을 받아들이면 보스턴에서 워싱턴 DC에 이르는 모든 대도시 인구를 수용할 수 있다.

세계는 코로나19 팬데믹을 거치면서 도시의 취약성과 인류가 지닌 진화적 잠재력을 두 눈으로 목격했다. 중국, 인도 등 많은 국가에서 대규모 전염이 일어났다는 소식이 퍼지자 사람들은 공포에 질렸고 아드레날린 수치가 급격히 높아졌다. 밀집된 도시에는 스트레스가 쌓이면서 코르티코스테로이드가 넘쳐났다. 많은 이가 대도시를 떠났다.

감염률이 높은 나라에서는 일부 이주 노동자가 도시를 떠나 고향으로 돌아갔고 원래 거주민이 그 자리를 대신했다. 사람들은 진화적 본능에 따라 도망쳤다. 좋은 소식이다. 인간은 지금도 높은 인구밀도 때문에 발생한 문제를 인구밀도를 낮추는 방식으로 해결하려는 진화적 본능을 유지하고 있다는 뜻이다.

하지만 언론인 대부분과 대중 지도자들은 남아 있는 도시 거주민의 어려움에 초점을 맞추면서, 값싼 노동력으로 제공되던 서비스를 더 이상 받지 못하는 문제와 음식 같은 서비스 비용이 가파르게 올라가는 문제만 강조했다. 바이러스 전파를 차단하기 위해 봉쇄와 격리 조치를 시행하자 도시형 중심지를 벗어나는 이주가 늦춰지고 물과 음식 이용이 통제됐다. 농촌의 열악한 생활조건과 높은 감염률을 상세하게 보여주는 이야기도 있었다. 그러나 만약 도시를 떠난 사람 중 몇몇이 농촌을 새로운 눈으로 바라보고, 그곳에서 웰빙과 삶의 가능성을 발견한다면 어떨까?

전 지구적 기후 변화가 가속되면서 기후 조건은 극한으로 내몰렸다. 해수면이 상승하고 장기간 폭염이 이어지며 산불 위험이 커지는 가운데, 심각한 폭우나 홍수를 겪은 지역에서는 인구가 대거 이동할 수 있다. 최대 2,500만 명의 미국 해안 거주자가 위험 지역을 떠날 수도 있다. 오늘날 선진국의 기후 취약 지역에서는 방어벽을 세우고 홍수와 화재를 막고 회복력을 강화하는 조치에 주력하고 있다. 이에 따라 기후 변화 및 이와 연관된 연쇄적 위험에 대응하는 일에서 불평등이 발생했다. '계획된 후퇴managed retreat'는 이제 최후의 수단이 아니라 계획의 최전선이 돼야 한다. 인류는 가능한 한 빨리 대규모 후퇴와 재정착 방법을 준비해야 한다. 미국에서는 많은 풀뿌리 활동과 일부 대규모 행동이 진행되고 있다.

인구가 대규모로 이동하면 다른 사회적 문제를 해결할 길도 생긴다. 농촌 사람이 이주해온 도시형 중심지 대부분은 기후 불안정 지역이다. 농촌 인구가 이주하면 한때 제 기능을 다했던 농촌 공동체도 서비스를 제대로 받지 못하는 고령 집단으로 축소된다. 경제적으로 쇠퇴하면 정치적 양극화와 민주주의 제도에 대한 불신이 일어난다. 농촌으로의 인구 유입을 전략적으로 촉진하면 필수 기술과 기업가 정신이 보급되어 사라진 서비스가 회복될 수 있다. 코로나19 팬데믹 기간에 원격 근무가 늘며 기후 불안정 지역을 벗어난 많은 사람이 농촌에 매력을 느꼈고, 농촌에서는 이들을 수용할 가능성이 커졌다. 계획된 후퇴는 사회적 재생을 촉진해 도시와 농촌 사이의 부조화와 불평등을 줄이고 기후 변화라는 위기를 새로운 시작으로 전환할 수 있다.

갈등 해결 방법 3:
상호조정과 농촌 재활성화

도시를 떠나 농촌으로 이주하는 것 자체는 비교적 쉽다. 새로운 농촌에서 생존하고 번영할 방법을 찾기가 어려울 뿐이다. 이때 진화는 다시 한번 청사진을 제공한다. 순환 경제circular economy라는 개념에서

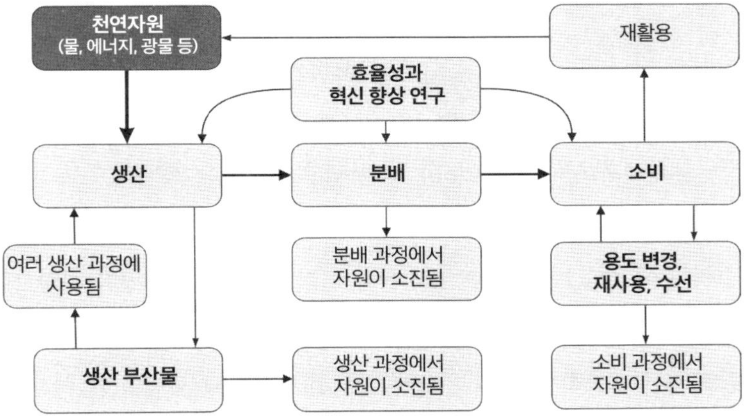

그림 12.3 순환 경제를 일반화한 그림. 그림 3.1에 나타난 생태계와 비슷하다는 점에 주목하자. 에너지와 물질이 외부에서 시스템 내부로 유입되고 시스템 내의 활동을 통해 에너지와 물질이 최대한 활용된다. 외부에서 온 에너지와 물질이 시스템 내 활동에 더 오래 기여할수록 시스템은 더 순환적이고 자급자족적이 된다.

시작해보자. 이 개념은 오늘날 세계 경제 체계가 선형적 생산과 소비를 극대화한다는 주장에서 비롯된다. 이런 생각은 '일단 생산하고 남는 건 버리는' 방식으로 이어져 엄청난 양의 폐기물을 만들고 재활용, 용도 변경, 재사용을 위한 노력을 방해한다. 생존하려면 대안을 찾아야 한다. 순환 경제는 자연을 모방해 자원을 설계하고 생산하는 생물모방biomimicry의 사례다(**그림 3.1**과 **그림 12.3**을 비교해보라).

순환 경제는 선형적인 투입·산출로 얻는 단기적 이익을 극대화하는 게 아니라, 시스템 안에서 자원을 최대한 오래 사용하기 위해 재활용하고 재사용한다. '만든 것을 재사용'하는 방식은 돈이 들고 낭비가 많은 '쓰고 버리는' 방식과 다르다. 이는 진화처럼 비용이 덜 들고 지속 가능한 방식이다. 스스로 나무를 기르고 수확하고 다시 심는 공동체는 항상 나무를 얻을 수 있다.

유기체와 생태계의 대사는 순환되고 에너지는 점진적으로 사용된다. 주변 환경을 효과적으로 이용하지만 그 속도가 느리기 때문에 수확한 에너지를 생물량으로 저장해 여러 번 사용할 수 있다. 순환 경제는 장기적 지속을 가능하게 한다. 손에 쥔 것을 바탕으로 느리게 생활하면서 제한적 성장을 유지한다. 순환 경제를 따르면 기술 인류가 생존하며 '느리게 살아갈' 기회를 얻고, 수확한 자원에서 더 많은 것을 얻어 효과적으로 환경 문제를 해결할 방법을 찾을 시간을 벌 수 있다. 순환 경제는 생물권의 4법칙을 지키면서 웰빙 경제를 유지하고 생산성을 높이기 위해 노력한다.

어떤 사람들은 '사회가 왜 새로운 정착치를 만들지 않고, 죽어가는 농촌에 투자해야 하느냐'라고 질문한다. 답은 이렇다. 농촌에는 과거에 기능했던 기반 시설이 남아 있으므로 처음부터 다시 시작할 필요가 없기 때문이다. 새로운 정착지를 세우는 것보다 버려진 마을을 재활성해 남아 있는 것에 활기를 불어넣는 편이 비용이 더 적게 든다. 재활성된 농촌 정착지는 새로 유입된 기후 난민들에게 안전한 피난처가 돼주고, 이주민이 가져온 비공식 경제 혁신은 이들이 새로운 자급자족 공동체에 통합되도록 도우며, 사회 안전망을 만들어준다. 농촌 정착지는 이미 야생지대에 자리 잡고 진화적 공유지에 둘러싸여 있으므로 최소한의 노력으로 생물권의 4법칙을 충족할 수 있다. 기후 변화와 인간 행동의 결과로 다른 종들이 이용할 공간이 줄며 종의 개체수가 줄거나(지역에서 종이 사라짐) 멸종하는(종 전체가 완전히 사라짐) 일이 늘었다. 경작지와 야생지대가 맞물리면 생물다양성 보전과 식량 안보 사이에 잠재적이고 효과적인 절충안이 마련된다. 재활성화된 농촌은 웰빙 경제로 전환하기 쉽다. 이곳에는 비공식 경제가 모두에게 이익이 되도록 운영될 기회가 더 많기 때문이다. 소수의 부유층이 소규모 지역 경제를 좌지우지하는 젠트리피케이션gentrification을 일으키자는 말이 아니다. 농촌을 재활성화하고, 코로나19 팬데믹을 겪으며 농촌에서 원격으로 일하는 것이 붐비고 스트레스 넘치는 도시 사무실에서 일하는 것보다 더 낫다는 사실을 알게 된 도시 거주민과 원주민이 공존하는 자급자족 장소로 되돌리자는 요구다.

저명한 건축가이자 농촌 재활성 계획가인 힐러리 브라운Hillary Brown은 우리가 논의한 3가지 갈등 해결 요소를 모두 적용하는 효과적인 행동 계획을 제안한 바 있다.

농촌 경제 재활성화를 대비 전략으로 삼자

유럽 위원회European Commission는 2014년에 〈순환 경제 실행 계획Circular Economy Action Plan〉을 채택하고 2019년에는 실행을 촉진할 54가지 조치를 발표했다. 네덜란드는 순환 경제를 위한 컨설팅 기관인 IMSA가 작성한 국가 실행 로드맵에 기반을 두고 자체 순환 경제 체계인 그린 딜Green Deal을 채택했다. 중국은 더욱 청정한 산업 생산 이니셔티브, 생태 산업 공원, 생태 도시와 생태 지역이라는 3단계로 순환 경제 정책을 시행한다. 영국, 유럽, 북아메리카, 오스트레일리아 전역에서는 지역 사회 차원으로 생태 도시 프로그램Eco-town program, 글로벌 생태 마을 네트워크Global Ecovillage Network, 마을 전환 운동을 시작했다. 이런 계획은 지속 가능한 생활이라는 높은 기준 설정, 화석 연료 의존성 제거, 영속농업을 도입한 식량 생산, 폐기물과 재활용 프로그램 등 순환 경제 목표 대부분을 지지하고 자급자족, 지속 가능한 거주, 진화적 공유지 참여 증진을 목표로 삼는다.

전문가들은 기후 불안정 지역에 사는 인구가 8억 명에 이른다고 경고한다. 현재 추정으로는 2050년이 되면 이 지역 주민들은 다른 지역으로 이주해야 하고 그러지 않으면 사망할 것이다. 이제 중요한 문제는 위기가 닥치기 전에 자발적이고 평화롭게 이동할 것인가(계획된 후퇴), 아니면 위기가 닥쳤을 때 혼란스럽고 폭력적으로 이동할 것인가(강제된 후퇴) 하는 점이다. 계획된 후퇴는 인간이 달라지는 조건에 대처하기 위해 물려받은 방법이라는 사실을 기억해야 한다. 대비극이 일어나자 300만 년간 이어진 계획된 후퇴가 강제된 후퇴로 바뀌어 9,000년간 이어졌다고 해도 과언이 아니다. 이주와 유입을 지원하는 지역 관리 체계와 민간·시민 주체가 갖춰진 곳이라면, 사람들의 자발적 이동과 본래 거주민과의 공존을 통해 공동체의 생존 가능성을 높이는 정책을 추진할 수 있다.

브라운의 실행 계획은 이러한 계획된 후퇴를 시작하고 지지할 수 있는 수준 높은 관리 체계를 전제한다. 국가에서 지역으로, 지방 정부에서 공공·민간·시민 주체로 이루어진 포용적이고 협력적인 네트워크를 통해 권력을 점차 재분배한 경험이 있는 지역에서라면 이런 계획을 실현하기가 더욱 쉬울 것이다. 이미 일부 미국 중심지에서는 이런 일이 일어나고 있다. 물론 이를 위해서는 새로운 이주민을 반길 장소부터 확보돼야 하고, 사람들 역시 기후 불안정을 마주했을 때 애착을 가진 기존 거주지를 떠날 줄 알아야 한다.

지역 지도자는 유연성과 학습 능력을 유지하면서도 위험과 실험을 감당해야 한다. 관료들은 대중의 필요와 욕구에 따라 권고 사항을 실행하는 데 최선을 다해야 한다. 각 공동체는 계속해서 끈끈하게 협력하고 거주민과 신규 이주민의 사회적 자본을 최대한 활용해야 한다. 이런 노력은 순환 경제를 발전시키는 데 핵심이며, 그 자체로 전 지구적 기후 변화가 일어나는 동안 무한히 생존할 공동체를 만들 중요한 도구가 될 것이다.

각 지역 사회는 모든 경제적·환경적·기반 시설의 총체적인 필요와 욕구를 파악해야 한다. 지역 및 지역 경제에서 에너지, 물, 자원의 유입과 유출을 설명하고 정량화하는 '도시 대사 정밀검사'가 필요하다. 지역 지도자와 상업 기업을 포함한 거주민 전체가 상호 협력하면서 자신들이 지닌 강점, 약점, 기회, 맞닥뜨린 과제를 파악하고, 그들의 필요와 열망을 가장 잘 보완하려면 어떤 새로운 거주민이 얼마나 더 필요한지 평가해야 한다.

기후 이주민을 받아들인 공동체가 늘어난 인구에 대처하려면 새로운 기반 시설을 구축하거나 기존 기반 시설을 강화해야 한다. 인구가 줄며 기반 시설 유지·개선에 필요한 재원이 부족해진 공동체라면 특히 그렇다. 자연 생태계의 행동을 모방한 새로운 시스템이 필요하다. 순환 시스템은 폐기 에너지, 원료, 빗물을 재활용하고 영양과 내재 에너지, 노동력을 회수해 자원의 가치를 보전한다. 시스템을 평가할 때는 물, 위생, 전기, 난방, 운송 같은 기존 기반 시설이 지닌 회복 잠재력은 물론, 더 많은 인구를 유지하기 위해 이들을 분배하고 재생 가능한 형태로 확장할 능력도 살펴봐야 한다. 마지막으로 각 기반 시설에서 나오는 폐기물은 다른 기반 시설을 위한 원료로도 사용돼야 한다. 예를 들어 폐기물을 에너지로 전환하고, 폐수에서 에너지와 영양소를 회수하고, 하수를 정화해 사용하고, 전기나 재생 가능한 지역 자원을 생산할 때 발생하는 폐열은 유기 폐기물 분해에 사용할 수 있다.

다양한 분야에서 여러 관계를 살피는 '상관적 사고'를 실천하면 폐쇄적 순환 시스템의 경제적·환경적 이점을 넘어, 기후 불안정에서 오는 손해를 역이용해 지역 경제의 재생 메커니즘을 만들 수 있다. 순환 시스템 실천(**그림 12.4**)에는 재사용할 수 있는 천연자원 및 기술 자원 회수와 용도 변경, 공동 사용 기회 확립, 제품 임대 서비스화 등이 포함된다. 계획을 실행하는 데 방해가 되는 장애물을 평가하고 이를 해결할 계획도 세워야 한다. 새로운 직업 훈련을 제공하면 고용을 늘리고 경제적 안정성과 사회적 자본을 구축할 수 있다. 지역 기관에서 상공업에 인센티브를 제공하면 제품 및 서비스의 생산과 소비도 순

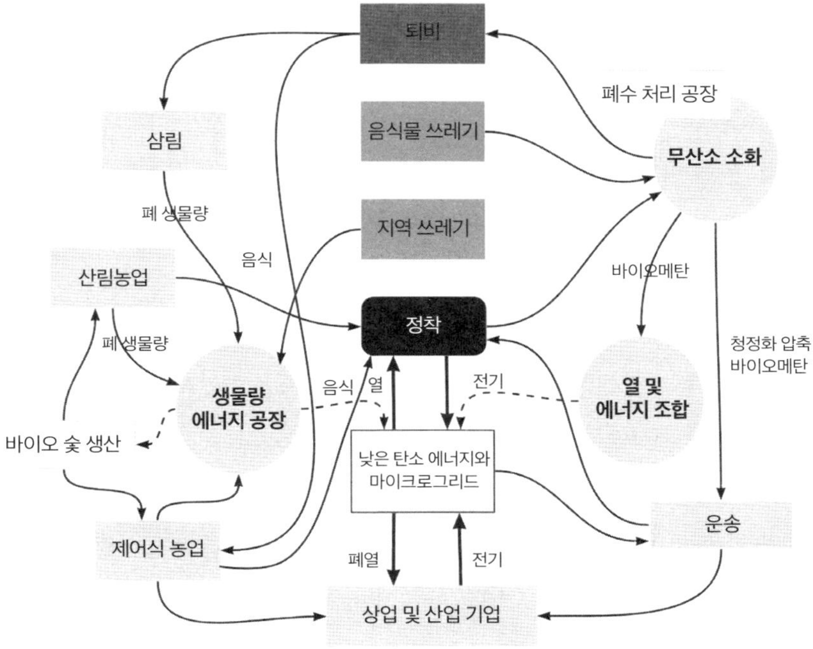

그림 12.4 가상의 현대 정착지에서 이루어지는 순환 경제를 나타낸 그림. 에너지와 재료를 시스템 내에서 사용하거나 재사용할 방법이 늘어날수록 시스템은 더 다양하고 생산적이 되며 회복력도 커진다.

환된다. 공유지에 자리 잡은 기업 공동체인 생태 산업 공원을 개발해 공유 자원에 더 쉽게 접근하게 하는 것도 하나의 방법이다.

새로운 공동체는 100퍼센트 자급자족을 목표로 최대한 지역에서 생산된 재생 에너지를 사용해 돌아가야 한다. 저장고와 '마이크로그리드microgrid'(전력 공급이 어려운 지역에서 태양광이나 풍력 등을 이용해 자율적으로 제어·보호·관리할 수 있는 소규모 독립 전력망-옮긴이)' 등 저렴하고 광범위하게 활용할 수 있는 최근의 재생 에너지 시스템을 이용하면 지역 전력을 유지하면서도 온실가스를 배출하지 않을 수 있다. 태양열, 수력, 풍력 발전, 가능하다면 지열 에너지를 조합하면 가정 냉난방, 식량 생산, 산업 활동에 필요한 에너지를 충족할 수도 있다. 하수 슬러지sludge(하수 처리 과정 등에서 생기는 침전물-옮긴이)를 무산소 바이오 소화 anaerobic biodigestion하거나 농업, 가정, 동물, 식품 가공, 식당에서 배출된 폐기물과 함께 분해해 생성되는 바이오가스를 매립지에서 나오는 메탄처럼 수거할 수도 있다.

새로운 정착지의 비공식 경제는 녹색 기반 시설을 통합해 홍수와 빗물 유출을 줄이고, 지역 대수층을 보충하며, 여름철에는 주변을 식히고 그늘을 제공해야 한다. 옥상이나 공동체 정원은 기존 거주자와 새로운 이주민이 사회적 네트워크를 구축하도록 돕는 한편 식량 공급을 늘릴 수 있다. 지역 노동력을 이용해 지역 식량과 농업 관련 산업을 유지하고 강화하며 수계를 보호할 수도 있다. 다양한 농지 및 야생종을 최대한 통합하는 식량 생산법을 적용하고 농림업을 발전시킬 수도 있다. 이런 자원과 여기에서 나온 폐기물을 식품, 사료, 비료, 바이오 기반 제품, 생물에너지 같은 지역 부가가치 제품으로 전환할 수도 있다.

소규모 정착지가 협력해 네트워크를 이룬 과거의 사례도 있지만, 지난 9,000년 동안 소규모 정착지는 전쟁의 위협에 대응해 중심 도시를 더욱 키우기 위한 식량 공급원이었다. 이제 이 책에서는 9,000년 동안 이어진 전통을 뒤집자고 제안한다. 진화적 관점에서 이런 방법은 생존 가능한 접근법이며, 생물권의 4법칙 안에서 우리 존재를 영원히 이어준다. 인류가 인터넷, 컴퓨터, 대체 에너지, 의료, 예술, 음악, 문학 등 유용한 창의적 발전을 유지하면서도 저밀도 상태로 전환하면서 스스로 자초한 다양한 위기에 대응한다면, 폭력으로 문제를 해결해야 한다는 인식이 줄고 진정한 갈등 해결의 길이 열릴 것이다.

요약

진화적 생존 가능성을 논하려면 다윈의 갈등 해결 방식을 따라야 한다. 첫째, 기후 불안정 지역의 도시형 중심지에서 벗어나야 한다. 둘째, 사람들이 빠져나갔던 농촌으로 다시 이동해 갈등이 크게 줄어든 새로운 생활환경을 찾아야 한다. 마지막으로, 웰빙 경제에 따라 농촌이라는 새로운 환경에 적응해야 한다. 농촌을 재활성화하면 단기적으로 도시의 생산성은 줄어들겠지만 새로운 다양성과 잠재력이 등장하고 축적된다. 이를 위해서는 지역 공동체와 풀뿌리 관점이 필요하다. 생존과 웰빙이라는 공동의 목표를 공유하는 소규모 집단이야말로 가장 쉽게 합의에 도달하고 협력할 수 있기 때문이다. 지역 공동체는 경제가 가장 수월하게 순환하고, 물, 음식, 주거지 같은 웰빙의 필수 요소가 누구에게나 제공되는 곳이어야 한다.

보통 풀뿌리 이니셔티브라고 하면 어떤 지역에 만족하지 못한 몇몇 사람이 자신의 불행을 공개적으로 토로하고, 다른 곳에서 비슷한 생각을 하는 사람을 모으고, 광범위한 합의를 끌어내 집단행동을 하고, 마침내 여러 공동체를 통합해 기존 관리 체계 또는 자신들을 불행하게 만든 부분을 대체하는 대중운동을 떠올린다. 하지만 이것은 이 책에서 그리는 방식이 아니다. 풀뿌리의 가치는 단일한 생각으로 이루어진 합의의 토대를 만드는 것이 아니라 지역의 필요, 욕구, 우선순위에 기반을 둔 참신한 아이디어를 최대한 많이 시도할 수 있는 안정적 환경을 조성하는 것에 있다. 어떤 아이디어는 효과가 없을 수도 있고, 아이디어가 나온 지역에서만 효과가 있는 경우도 많겠지만 몇몇 생각은 널리 적용될 수도 있다.

모든 생물은 대물림된 잠재력의 범위 안에서 환경 변화에 적응할 수 있다. 생물은 물려받은 유산 때문에 닥쳐오는 상황에 능동적으로 대응하기 어렵지만, 인간에게는 또 다른 능력이 있다. 인간은 위기가 닥치기 전에 문제를 예방하거나 완화함으로써 선제적으로 적응할 줄 안다. 전 지구적 기후 변화라는 위협에 직면한 상황에서 인간은 왜 이런 독특한 능력을 이용하지 않을까? 답은 간단하다. 인간은 압박받는 상황에서는 선제적으로 생각하는 능력을 발휘할 수 없기 때문이다. 고밀도 생활방식과 엘튼이 오래전부터 예측했던 갈등 및 이주 증가로 대다수가 아드레날린과 코르티코스테로이드의 지배를 받고 있다. 인간은 두려움을 느끼거나 스트레스를 받으면 도망가거나 숨고 싶어한다. 도망칠 수 없다면 안전하다고 느낄 때까지 폭력을 휘두른다. 오늘날 대다수는 화를 내거나 스트레스를 받거나 둘 다에 시달린다. 우리의 본능은 도망가라고 말하지만 우리는 제자리에 갇혔다고 느낀다. 감정과 생화학이 이성을 흐린다.

인류는 새로운 갈등을 일으키지 않고도 갈등을 해결할 수 있지만 우리는 인류세 동안 그 능력을 충분히 쓰지 않았다. 이 장에서 제안한 행동 방식을 적용하면, 문명의 혜택을 포기하지 않으면서도 미래 인류의 생존을 위협하는 불균형을 바로잡을 수 있다. 그 길은 진화처럼 혼란스럽고 비효율적일 수 있지만 분명 효과가 있을 것이다.

다윈의 관점으로 보면 지역 공동체에서 일어난 갈등은 헐렁한 적합도 공간에 있는 생태적 적합성으로 해결할 수 있다. 그러면 새로운 잠재력으로 문제에 대처하면서도 잠재력이 생길 안정성을 충분히 확보할 수 있다. 하지만 성공한 지역 공동체는 모두 자신이 이룬 성공의 희생양이 될 것이다. 이때 우리는 지난 1만 년 동안의 실패를 바탕으로 공동체를 통합하는 대신 각자의 순환 경제에 따라 작동하는 새로운 작은 마을을 건설할 수 있다. 식민지 시대 이전의 중앙아메리카 사회를 연구한 결과, 통합된 거대도시 환경보다 협력하는 관리 체계에 따라 주민들이 긴밀하게 협력하는 작은 도시 환경이 더 오래 이어진다는 증거가 나왔다. 하지만 아무리 자립적인 소규모 마을이어도 대규모 기술력을 유지할 만큼 자급자족하지는 못한다. 새로운 단위들은 통합되어 더 크고 협력하는 전체를 이루어야 한다. 그래야 새로운 잠재력이 개발되고, 광범위한 합의와 집단적 행동이 나타날 안정적이고 특화된 상황이 조성된다. 풀뿌리와 사회경제적 제도 간의 상호조정으로 더 큰 규모에서 협력과 안정성이 촉진되어 이웃 간의 갈등을 해결할 수도 있다. 다음 장에서는 이런 문제를 다룬다.

13장

글로벌 위기와 제3의 길

A Darwinian Survival Guide

기술 인류는 인간이 개입하거나 하지 않아도 곧 해결될 실존적 위기에 직면했다. 전 지구적 기후 변화가 가속되며 인간 생활의 거의 모든 면에서 큰 혼란이 일어나고 있다. 대부분의 위협은 개별 공동체를 넘어 훨씬 큰 규모에서 발생하며, 이를 해결하려면 많은 사람이 협력해야 한다. 더 높은 수준의 제도가 필요하다는 의미다. 그러지 않으면 교통, 위생, 의료, 전기, 식량, 물, 인터넷 등 기술에 기반한 시설 대부분이 사라질 것이다. 일어날 확률이 낮고 영향력이 큰 재앙도 있지만, 반대로 일어날 확률이 높지만 영향력이 낮아 '숨통을 서서히 옥죄는' 위협도 있다. 우리는 이런 위협에도 신중하게 대비해야 한다. 지구와 지구 생물권은 '복잡한 시스템 중에서도 가장 복잡한 시스템'이다. 점진적으로 일어나는 듯한 변화도 사실 우리가 통제하거나 결과를 예측할 수 없는 역치에 가까워지고 있다. 임계점을 넘기 직전인 것이다. 어떤 일이 특정 시공간에서 발생할 가능성이 작더라도, 그 요소 중 하나만 발현하는 순간 필연적 결과로 이어진다. 질병, 식량 문제, 해수면 상승, '소소한' 갈등이 큰 문제로 이어지며 대규모 사건에 대응하는 데 필요한 기반 시설을 약화한다. 인류는 이제 여러 임계점을 동시에 넘는 최악의 시나리오에 직면했다. 임계점 연쇄concatenation of tipping points가 일어나는 것이다. 다음 세대에는 이 말을 자주 듣게 될 것이다. 빙상이 녹아 해수면이 크게 상승하면 해안가에 있는 도시형 중심지가 위험해진다. 이 때문에 사람들이 내륙으로 대규모로 이동한다. 극심한 가뭄과 산불이 발생하는 지역도 비슷한 영향을 받는다. 관심 밖이었던 지역이 기후 난민으로 북적이고 그 지역에 식량, 물, 에너지를 공급할 압박이 생긴다. 보건·농업 건강 체계에도 과부하가 걸린다. 폭력이 발생할 위험도 커진다.

인류가 적극적으로 자신의 미래를 결정하고 싶다면 그저 바라기만 할 것이 아니라 빠르게 행동으로 옮겨서 점점 급박해지는 변화에 대처할 효과적인 행동 계획을 분명하고 확실하게 실천해야 한다. 이제 문제를 연구하고 과거의 영향을 측정하는 일은 그쯤 해두고 효과적인 행동을 시작할 때다. 앞서 풀뿌리 운동에 초점을 맞췄지만 이것이 '정답'은 아니다. 오히려 정답과 거리가 멀다. 풀뿌리의 가치는 바람직한 행동이 무엇인지에 관해 단일한 합의점이 없음을 인정하는 데 있다. 합의점이 다양해야 지역 상황에 맞는 여러 가지 행동 계획이 나올 수 있기 때문이다. 하지만 대규모 도시형 중심지나 거대 글로벌 기반 시설이 지닌 이점을 자급자족하는 소규모 순환 경제 혼자서 유지할 수는 없다. 풀뿌리 이니셔티브는 많은 사람이 전 지구적 기후 변화 문제에서 살아남는 데 도움이 되겠지만, 21세기 후반 전 세계 인류를 포함한 모든 것을 유지하거나 회복하기에는 부족하다.

인류가 사는 세상에는 사회제도가 필요하다. 인간은 사회를 통제하기 위해 지난 1만 년 동안 세심하게 제도를 조정해왔지만, 전 지구적 기후 변화가 일어나고 사회·경제적 불안이 가속되면서 제도 조정이 변화의 속도를 따라가지 못하고 있다. 제도가 개입해야 할 문제를 두고 검증된 전문가들이 아닌 소수의 권력자가 결정을 내린다. 이들은 사회적 필요에는 관심이 없고 개인의 권력을 키우는 데 제도를 악용한다. 이에 관해 더 논하지는 않겠지만 어쨌든 '평소대로 행동하자'라는 계획은 절대 제대로 작동하지 않는다. 사회통제는 사회안정을 바탕으로 생존하고 영속한다는 다윈의 원리에 부합하지 않는다. 이에 대한 한 가지 대안은 통제를 위해 제도를 최적화하는 대신 사회적 안정이라는 요구에 민감하게 반응하도록 제도를 수정하는 것이다. 물론 말처럼 쉽지는 않다. 친밀함, 신뢰, 협력이라는 사회안정의 3요소가 가장 중요하다. 의사결정 과정에 다양한 의견이 모여야 하고, 변화를 강요하지 않으면서 변화를 촉진해야 한다. 생물권의 4법칙을 바탕으로 살펴보면, 어떻게 해야 제도가 더 효과적으로 작동하고 대중의 신뢰를 회복할 수 있을지 단서를 찾을 수 있다.

제3의 방식을 발전시키자:
더 나은 것이 더 크다

생물계는 생활조건이 안정적일 때는 지역 자원을 활용하고, 인구밀도가 높아지거나 자원이 고갈되면 헐렁한 적합도 공간에서 새로운 기회를 찾는 일을 반복한다. 이런 방식으로 안정기에는 존속하고, 작은 변화에 대처하며, 교란이 일어나면 쉽게 분해되고 재구성된다. 인간의 정착지는 성장과 자원 활용의 중심지이며, 언젠가는 성장이 가용 자원을 넘어서고 만다. 인간은 2가지 방식으로 과도한 이용에 대처해왔다. 하나는 문제에서 벗어나 다른 곳에서 처음부터 다시 같은 과정을 시작하는 진화적 반응이고, 다른 하나는 인류세 초기처럼 더 큰 정착지로 통합되는 새로운 발명을 거쳐 이 정착지를 전쟁의 전초기지로 삼아 타인의 자원을 강탈하는 것이다. 도시에서 노동 분업과 특화가 일어나면서 내부에서는 불평등이 심화되고 외부에서는 공격이 이어졌다. 인류는 끝없는 전쟁에 휩싸였다.

다윈의 원리는 평소대로 사는 방식과 사회 붕괴 사이에서 제3의 길을 제시한다. 기후가 불안정한 지역의 과밀화된 도시에서 사람들이 떠나며 인구밀도가 낮아진 도시에서 이런 방식이 시작된다. 이런 공동체에서 순환 경제가 작동하면 지역 조건을 이용하는 데 필요한 비용이 줄어든다. 하지만 이런 공동체도 스스로 거둔 성공에 희생될 위험이 있다. 효율성 문제로 선형 경제를 따를 때만큼 지역 생산과 교역이 빠르게 이루어지지 못할 수도 있다. 하지만 공동체는 계속 성장한다. 생물권의 4법칙이라는 테두리 안에서 생존 가능한 성장을 할 수 있을까? 대답은 '그렇다'다. 순환 경제 협력망에 새로운 순환 경제를 더하면 생물권의 4법칙 안에서 성장할 수 있다. 고밀도 중심지로 통합되는 대신 다른 단위를 추가하는 것이다. 오래전 로마 제국이 붕괴한 다음 인류는 중부 유럽 판노니아 같은 지역에서 비슷한 방법을 시도했다. 하지만 이들은 전쟁을 삶의 방식으로 삼은 사람들의 공격에 직면해 소규모 정착지 네트워크를 버리고 하나의 큰 정착지로 통합돼버렸다.

어떤 순환 경제가 생물권의 4법칙 안에 머무르는 능력을 넘어 성장하려면 어딘가에 통합되려는 유혹을 떨쳐내야 한다. 과거의 순환 경제와 이어지고 협력하는 새로운 순환 경제를 조성해야 한다. 그러려면 비용이 들고 생산성도 일시적으로 떨어진다. 여러 활동이 중복되면서 일부에서는 비효율도 발생한다. 하지만 장기적으로 이런 비용은 생존으로 상쇄된다. 순환 경제를 협력망에 연결한 다음 고밀도 도시형 중심지로 통합해 성장하는 방식이 아니라, 지역에 단위를 추가하는 새로운 '문명화 전략civilization bet'을 따르면 도시형 중심지가 지닌 약점은 버리고 강점은 보전할 수 있다. 새로 형성된 단위를 통해 새로운 기회를 활용하고, 기존 순환 경제에서 인구밀도가 높아질 때 발생했던 스트레스를 줄일 수 있다.

제3의 길이 지닌 이점

전 지구적 기후 변화가 더욱 심각한 영향을 끼치고 해수면 상승으로 해안 대도시가 침수되거나 가뭄으로 산불 위험이 커지는 등, 여러 나라에서 사회적 불안정과 이주 문제가 이미 발생하고 있다. 기후 불안정 지역에서 서로 협력하는 도시와 마을의 네트워크는 이주민들에게 안전한 피난처가 되어주고, 나아가 사회적 재생의 중추가 될 수 있다. 기후위기 때문에 인구가 유출되기 시작한 대도시도 마찬가지다. 인구가 충분히 줄어들고 다시금 자연과 조화를 이루게 된다면, 예를 들어 뉴욕시도 과거 레나페족Lenape 원주민이 살던 바로 그 땅 위에 공동체들의 협력망을 일굴 수 있을 것이다.

이런 네트워크에서 각 단위가 되는 마을은 다양화되고 특화되며 전체 시스템의 노동 분업에 기여한다. 분업과 협력을 통해 선제적으로 행동하면 늘어나는 복잡성을 수용할 수 있다. 순환 경제가 각기 하나의 작은 생태계라면, 이들 간 협령망이 성장할 때 비로소 '인간 생물권'이 출현한다. 인간 생물권은 고유한 정체성을 잃지 않고 나머지 생물권과 서로 맞물린다. 생물권의 4법칙과 웰빙 경제는 새로운 단위가 언제 필요한지 알려준다. 다만 인간은 그 시점에 도달하기 전에, 그런 단위를 만들지 말지 선택할 수 있다. 시스템을 위협하거나 잠재력을 모두 잃거나 사람들의 웰빙을 희생하지 않으면서도 성장을 극대화하는 선택이 가능하다는 뜻이다. 이때 비공식 경제는 순환 경제 협력망의 '윤활유'로 작용하며, 활용과 탐색을 오갈 수 있게 한다. 친밀함·신뢰·협력은 홍적세 때 그랬던 것처럼 자연스럽게 사회안정을 낳는다.

친족이 아닌 사람들끼리 협력하려면 친밀함과 신뢰를 쌓아야 한다. 인간은 외모나 말투, 종교와 요리 같은 관습이 자신과 비슷한 사람을 신뢰한다. 낯선 사람을 신뢰하려면 시간과 노력이 필요하다. 대부분의 대도시형 중심지가 일터에서는 낯선 사람들이 뒤섞이더라도 거주지에는 비슷한 사람들이 모여 산다. 이런 상황은 신뢰를 형성하는 데 필요한 협력과 친밀함을 쌓을 시간을 벌어준다. 도시 주거 지역이 인구통계학적으로 다양하지 않아도 도시 생태계에서 다양성은 큰 이점이다. 협력망 안에서 서로 연결된 소규모 순환 경제도 마찬가지다. 인구통계학적으로 다양하지 않은 지역 공동체도 다양성 있는 네트워크의 일부가 되면 이득을 얻는다. 미국 농업지대의 여러 소규모 공동체는 네브래스카주 스웨드버그, 데인브로그, 프라그처럼 같은 국적의 이주민을 대표하는 선도 집단의 주도로 설립됐다. 이런 공동체 안에서 경제적으로 협력하는 사람들은 경제적 이익을 공유하고 서로를 보호하며, 각 공동체 구성원은 서로 친밀해지고 신뢰감을 쌓는다. 사회적 안정성으로 이루어진 강한 유대감을 바탕으로 서로 다른 공동체에서 온 사람들이 어울려 친밀함을 쌓기도 한다.

인간은 자신이 직접 경험한 것을 소중하게 여긴다. 생물권의 나머지 부분이 인간 경험의 일부가 되지 않는 한, 인간은 생물권을 가치 있게 여기지 않을 것이다. 인류라는 시스템이 생물권 나머지 부분의 바깥이 아닌 안쪽에 속하는 것도 제3의 길 중 하나다. 사람들이 재생된 농촌으로 이주하면서 만들어지는 새로운 단위, 그리고 대도시 인구 감소로 생겨난 단위 등은 야생지대와 결합하며 자연과의 친밀함을 높일 것이다. 거주자들은 신보호주의가 아닌 공생공락 보전을 선택해 진화적 공유지 일부를 자신의 웰빙에 필수적인 물질적 공유지material commons로 경험할 것이다.

진화적 본성을 따르는 제3의 방법을 이용하면 많은 문제를 해결할 수 있으며 기술 인류도 유지할 수 있다. 그런데 왜 이런 방법을 널리 채택하지 않을까? 변화가 두렵기 때문이다. 불확실한 시기에는 특히 그렇다. 인류는 평소대로 사는 데 익숙해졌고, 지금 살아 있는 사람들은 다른 방식을 경험한 적이 없다. 다윈은 생존이 갈등 해결에 달려 있다는 사실을 알려줬지만 인간은 갈등이 지속되는 상황이 자연스럽다고 믿었다. 그 결과 우리는 다른 선택의 여지가 없다고 생각하거나 '이번만큼은' 갈등이 평화와 안정을 가져오리라고 생각하며 과거의 길을 따른다. 하지만 모든 징후는 인류가 자초한 상호 갈등과 생물권과의 갈등이 어두운 결말로 치달음을 암시한다. 끓는 냄비 속 개구리 이야기가 좋은 비유다. 개구리는 어느 순간까지는 아주 편안하다. 하지만 물이 너무 뜨겁다는 사실을 깨달았을 때는 이미 너무 늦었다.

하지만 희망은 있다. 우리는 평소대로 사는 데 익숙하지만 그렇게 살기로 유전적으로 정해진 것이 아니라면 행동을 바꾸기로 결심할 수 있다. 다만 냄비 속 물이 너무 뜨거워지기 전에 행동을 바꿔야 한다.

후기 인류세의 사회제도

협력을 촉진하는 제도가 없으면 협력적 순환 경제 네트워크는 형성·유지·성장·확산이 불가능하다. 인류에게는 기후 변화에서 파생된 여러 문제에 효과적으로 대처할 기술과 지식이 있다. 능력과 사회적 응집력이 없고, 거주자들이 자신이 사는 환경을 존중하지 않는 공간에서는 어떤 제도도 제대로 기능할 수 없다. 갈등을 해결하지 못한 채 450세대 동안 방치돼온 제도로는 변화를 이룰 수 없다. 이런 제도는 철학자 존 롤스John Rawls가 말한 '질서정연한 사회'라는 목표를 바탕으로 사회통제의 주체로서 설계됐기 때문이다. 이런 제도는 전 지구적 기후 변화, 웰빙 경제, 갈등 해결을 염두에 두고 만들어지지 않았다. 갈등을 해결하지 않은 채 영원히 갈등하는 현재 상태를 유지하기 위해 확립된 제도가 지배하는 사회는 단기적으로 지속될 수 없을 뿐 아니라, 장기적으로 전 지구적 기후 변화처럼 모든 것을 위협하는 위기 상황에서 살아남을 수도 없다.

인류는 협력적 집단을 형성하고, 제도를 활용해 상호조정하고 생존할 수 있다. 12장에서 언급한 최근 연구 결과에 따르면 식민지 이전 중앙아메리카에서 가장 오래 지속된 도시 환경에서 비슷한 공동 관리 체계를 볼 수 있다. 제도를 운영하는 사람과 제도에 의존하는 사람이 스스로 변화하며 변화에 대처하는 일이 얼마나 가치 있는지 이해한다면 제도는 필요한 변화에 도움이 된다. 그러려면 사회경제적 제도를 실현할 능력이 있어야 하고, 사람들이 이런 제도를 지지하고 환경을 존중해야 한다. 고대 아프리카의 철학인 우분투ubuntu에는 '우리가 있기에 내가 있다'라는 생각이 담겨 있다. 제3의 방식이라는 맥락에서 이 개념은 '전 지구적 위기가 닥친 지금, 우리가 살아야 나도 산다'라고도 설명할 수 있다.

앞서 살펴봤듯이 생물권의 4법칙에 따라 행동하면 유연성과 생존에 상당히 도움이 될 다양한 선택지를 가질 수 있다. 풀뿌리 제도와 상위 제도가 상호조정할 여지가 있다는 뜻이다. 제3의 방식은 여러 방법의 조합이다. 방법을 상상하기만 하는 것이 아니라 상호조정에 온 힘을 기울이고 모든 당사자가 이에 따라 행동하려고 노력해야 한다.

제도를 걸림돌로 보는 몇 가지 사례

아프리카 속담에는 '코끼리가 싸우면 풀이 다친다'라는 말이 있다. 오늘날 대다수는 자신이 소수의 코끼리에게 짓밟히는 풀이라고 생각한다. 문제를 해결해야 할 때 명확하지 않은 이유로 합리적 행동을 가로막는 사회경제적 제도 역시 주요 장애물이다. 이런 제도를 적대적으로 보며 '그들'이 '우리'를 돕지 않는다고 생각하는 사람이 전 세계적으로 늘고 있다. 대중은 제도가 그저 개인의 권력을 확대하는 도구에 지나지 않는다고 생각한다. 제도를 공격하려는 충동도 이해할 만하다. 하지만 이런 행동은 상황을 악화하고, 제도 운영자 쪽에서는 그 제도를 통해 도움을 줘야 할 사람들에게 반감을 갖게 된다.

《기후 행동을 위한 시간 벌기Buying Time for Climate Action》에서는 금융, 기득권, 정치적 의지와 지원, 관료주의, 인간의 재능 등 다섯 분야에 초점을 맞춘 워크숍의 결과를 요약한다. 이 책은 물과 식량 안보, 관리 체계, 경제, 계획된 후퇴, 신종 전염병 문제에 관해 제도적 장애물을 바라보는 통찰을 제공한다. 신종 전염병과 코로나19 팬데믹에서 나타났듯이 각 제도가 어떻게 걸림돌이 되는지 간단하게 살펴보자.

금융

현재 세계 금융 체계는 '문제를 해결하기 위해 잠시 성장을 줄이자'라는 제안을 받아들일 준비가 되어 있지 않다. 이는 금융의 본질적 역할이 투자를 통해 성장을 밀어붙이는 것이기 때문이다. 돈이 부족해지면 금융 체계는 정부와 중앙은행을 압박해 돈을 찍어낸다. '현재 돈의 가치가 낮아지더라도 미래의 성장으로 상쇄된다'라는 게 그들의 신념이다. 시스템을 전환하는 과정에서 일시적으로 경제 위축이 일어날 수밖에 없지만, 현재 금융 체계는 이에 대처할 능력이 없다. 대표적인 예가 팬데믹 동안 세계 금융 체계가 붕괴한 사건이다.

식품부터 가구까지 우리가 수많은 방식으로 의존하는 동식물이나 인간에게 질병 관련 비용은 항상 발생한다. 이런 비용은 치료비와 생산 손실로 분류된다. 금융 시스템은 이런 비용을 사업 비용에 반영해 보건·농업 건강 체계를 지원하는 세금을 인상하고, 식품과 생물학적 원자재의 가격을 올려 그 비용을 전가한다. 인류세를 살아온 인류는 전염병의 파괴적 영향을 충분히 경고했다. 하지만 팬데믹은 드물게 일어나며 오래 지속되지 않을 것이라는 가정 때문에 전염병 대처에 비교적 적은 예산만 배정됐다. 인류는 코로나19를 거치며 우리가 사는 세상이 아주 좁고, 빠르고, 초연결되어 있으며 이런 가정이 틀렸다는 사실을 알게 됐다. 진화생물학을 통해 전 지구적 기후 변화가 일어날 때 전염병이 발생할 위험 공간이 아주 넓다는 사실도 알게 됐다. 전 세계 추정치에 따르면 코로나19 팬데믹 이전 신종 전염병에 드는 연간 비용은 약 1조 3,000억 원으로, 15개국을 제외한 모든 나라의 GDP를 넘어선다. 미국만 봐도 지금 같은 방식을 유지할 경우 작물과 가축에 피해를 주는 신종 전염병으로 인한 치료 비용과 생산 손실이 80년 안에 미국 GDP를 초과할 것으로 추정된다. 생존할 수 없는 상황이 다가오는 것이다. 또 다른 팬데믹이 발생할 가능성을 줄이려면 세계 금융 시스템은 민간 및 공공이 효과적인 예방책에 투자해야 한다는 제안에 자금을 지원해야 한다. 이것이 DAMA 계획의 핵심이다. DAMA 계획에 투입되는 투자는 모두 '1온스의 예방은 1파운드의 치료 가치에 맞먹는다'라는 말에 부합한다. 치명적 손실을 예방하기 위해 또 다른 팬데믹이 발생하기 전에 예방 지출을 늘리는 일은 미래를 위한 진정한 투자다.

기득권

우리는 무엇보다도 직업 안정성을 우선시하는 경향이 있다. 인간은 공익을 위해 사회제도를 만들었지만, 일부는 개인의 권력을 확대하고 기득권의 위협에서 자신을 보호하기 위해 제도를 이용한다. 이런 일이 걸림돌이 된다. 기득권의 영향을 최소화한다는 것은 필요한 일을 하기 위해 제도를 바꿔야 할 때 자신의 지위가 위협받는다고 느끼는 사람의 수를 줄인다는 의미다. 기득권 기관들이 '당신의 기득권을 지지해야 내 기득권도 보장된다'라고 인식을 전환하면 엄청난 변화가 일어날 것이다.

신종 전염병 분야에서 경쟁하는 2가지 기득권은 임상 진료와 기초 보건·농업 건강 연구다. 임상 진료는 지난 한 세기 반이 넘도록 질병을 치료하고, 위험 집단에 백신을 접종하고, 질병을 옮기는 생물다양성 일부를 근절한다는 공식을 따랐다. 이런 전통적 3요소에 집중하는 방식은 점점 더 비용이 많이 들고 효과가 떨어진다. 판도를 바꾸려면 제도 내에 새로운 아이디어를 지닌 사람을 추가로 받아들여야 한다. 예를 들어 DAMA 계획에 따라 예방을 통해 임상의의 부담을 덜 수 있지만 그러려면 진화생물학자의 도움이 필요하다. 코로나19 팬데믹으로 우리는 임상의와 기술자들이 쉽게 기득권을 내려놓으려고 하지 않는다는 것을 알게 됐다. 신종 전염병을 다루는 과학 연구는 대학교 분자실험실, 연구소, 제약회사에서 이루어진다. 연구자들은 임상의나 환자와 직접 만날 일이 거의 없다. 이들은 공적 또는 자선 재정 지원을 계속 받아야 하기 때문에 임상 진료는 그저 연구의 부산물인 양 행동한다. 기득권 집단은 예방에 관한 논의도 가로막는다. 백신과 치료제 생산에 들어갈 자금이 분산되지 않게 하기 위해서다. 연구자가 위험을 감수하지 않는 한, 어느 쪽도 공동의 이익에 도움이 되는 자원을 공유할 수 없다. 또한 양측이 서로를 자기 이권을 막는 장애물처럼 적대하는 한 협력은 불가능하다. 인간은 자신의 행동이 원하는 결과를 얻지 못한다고 느낄 때 무력해지고 두려움을 느낀다. 새로운 자원이 제공될 때마다 누가 그 자원을 차지할지를 두고 영역 싸움을 벌인다. 이해는 된다. 9,000년 넘게 벌어진 조직적 갈등은 나약함과 두려움 때문에 벌어졌다. 그럴 때 갈등을 벌이려는 충동을 느끼면 미래를 준비하고 예방할 혁신을 이룰 수 없다.

정치적 의지와 지원

오늘날 정치적 의지는 점점 약해지고 있다. 2022년 말, 3개월 만에 영국 총리가 3번이나 바뀐 일을 생각해보라. 정치인과 그들이 운영하는 정부 시스템은 선제적으로 생각하거나 행동하지 못한다. 사회는 불안정하고, 선거 주기 때문에 장기적 비전을 설정하지 못하기 때문이다. 선출 관료들의 사고 지평은 제한되어 있다. 전체주의자는 눈앞의 생존에만 몰두한다. 전 지구적 기후 변화로 일어난 혼란의 복잡한 원인을 제대로 이해하지 못한 탓에 이들의 사고는 더욱 제한되고, 선제적 계획을 통해 재난에 따르는 사회적 비용을 줄일 생각은 하지도 못한다. 이것이 바로 집단행동의 함정이다. 집단 구성원은 집단의 장기적 이익보다 개인의 이익이나 만족을 더 추구한다. 그 결과 정치인은 문제를 다룰 때 지출되는 비용만 따진다. 문제가 클수록 돈이 더 많이 든다. 이미 발생했거나 발생하고 있는 재난의 결과에 돈을 쏟아부어 대처하는 일은 영웅적으로 보이지만, 이런 방식으로는 정작 그들이 최선의 이익을 염두에 두고 봉사해야 하는 사람들의 장기적 생존 가능성을 향상하지는 못한다.

코로나19 팬데믹이 이를 잘 보여준다. 정치인에게 전염병 같은 사건은 자신의 활약상을 뽐낼 기회다. 반대로 아직 일어나지도 않은 전염병은 잘 예방해봤자 홍보에 아무런 도움이 되지 않는다고 생각한다. 그래서 이들은 전염병 예방 정책에는 투자하지 않으려고 한다. 예를 들어 2014년, DAMA 계획 창시자들은 7년 안에 DAMA 프로그램에 자금을 지원하면 질병 위기에 대응할 직·간접적인 비용을 줄여서 DAMA 프로그램 비용을 절감할 수 있다고 제언했다. 그러나 오늘날 정치권에서는 이런 프로그램이 실현될 가능성이 전혀 없다. 정치인에게 7년은 사고 지평을 넘어서는 긴 기간이며, 입법 계획 주기 때문에 DAMA 프로그램 시행은 10년 넘게 미뤄질 수도 있다. 지난 100년 동안 숱한 팬데믹을 겪었음에도 정치인들은 시급히 예방으로 나아가야 한다는 절박한 위기감을 느끼지 못했다. 어떤 정치인도 새로운 행동이 필요하다는 압박을 느끼지 않는다. 게다가 관심을 돌릴 새로운 위기는 항상 발생한다. 2022년 2월 말에 러시아의 우크라이나 침공으로 많은 우크라이나 국민이 사망하거나 고통을 겪었고 국가가 파괴되면서 뒤이어 경제적 혼란, 에너지 부족, 식량 부족, 강제 이주 등 전 세계에 수많은 재앙이 일어났다. 신종 전염병에 대한 각 정부의 관심은 빠르게 식었고, 그 결과 우리는 코로나19 팬데믹에서 새로운 전염병 발생을 예방하거나 완화할 교훈을 얻지 못했다.

영웅적 모습을 보이려고 위기를 이용하는 정치인들은 극복하기 어려운 재난을 모의하거나 심지어 일으킬 수도 있다. 신종 전염병의 규모가 아주 커야 정치적 의지를 행동으로 옮길 수 있으므로 조치가 늦어질 수도 있다. 진정으로 유능한 정치인이란, 자기가 영웅이 되기 위해 일부러 문제를 방치하고 싶은 충동을 자제할 수 있는 사람이다. 이런 정치인은 자기 경력보다 공익을 우선시하고 공익에 헌신한다. 두려움과 불확실성의 시대에 인류는 어떻게 윤리적인 지도자를 찾을 수 있을까?

관료주의

사회통제는 사회를 '구성 요소'로 나누고 각 요소를 다룰 제도를 만드는 식으로 이루어진다. 기업, 정치 단체, 비정부 조직, 종교 등 모든 조직은 관료화됐다. 관료는 관료제를 만든 주체가 '왜'를 알고 있다고 가정하고 자신은 '무엇을' '어떻게' 실행할지만 고민한다. 관료는 새로운 정책을 시작하지 않기 때문에 변화에 대처하지 못한다. 서로 협력할 수도 없다. 자리를 보전하는 데만 골몰하는 관료주의적 지도자는 책임 회피에 천부적 재능을 보인다. 점점 복잡해지는 세계에서 관료제는 세분화됐고 조직의 복잡성과 유연성도 늘었다. 조직도를 자세히 들여다보느라 정작 관료제가 제공해야 하는 서비스에는 시간을 덜 들인다.

재난은 결코 조직도에 따라 전개되지 않는다. 러시아 사람에게 우크라이나를 침공한 첫 열흘 동안 점령 계획이 무엇이었는지 질문해 보면 알 수 있다. 코로나19 팬데믹 동안 관료들은 문제가 저절로 해결될 때까지 완강한 위기 대응 방식만 밀어붙였다. 또한 그들은 위기가 지나가면 정상으로 돌아간다고 주장하며 경제, 기득권, 정치적 장애물과 공모한다. 전 세계가 목격했듯, 최악의 경우 정책이 너무 빠르게 바뀌면서 관료제에 대한 대중의 신뢰가 떨어진다. 관료제가 과거의 위기에서 배운 교훈을 활용해 앞으로 다가올 위기에 대비한다면 사람들에게 도움이 될 잠재력을 지니게 될 것이다. 하지만 코로나19 팬데믹을 겪은 어떤 기관도 정책을 바꾸지 않았기 때문에 공중보건 제도는 원숭이두창 발발과 소아마비 재창궐로 예상치 못한 타격을 입었다. 미래의 관료주의는 스스로 변화하며 변화에 대처하는 유연성을 잃지 않으면서 가능한 한 효율적으로 일하는 것의 가치를 아는 사람들이 이끌어야 한다.

재능

위기 상황이 닥쳤을 때, 적절한 훈련을 받았거나 꼭 필요한 직무에 기질적으로 적합한 사람이 너무 적으면 인재 부족이라는 걸림돌에 부딪힌다. 이런 상황은 교육 체계와 채용 관행의 약점을 드러낸다. 평소대로 살아갈 때는 호기심이 적은 사람, 제도를 개인의 권력을 확대하는 수단으로 보는 사람이 선호된다. 재난을 예측하고 완화하려면 재난으로 이어지는 복잡한 과정의 본질을 이해해야 한다. 교육도 걸림돌이 될 수 있다. 잠재적 재난에 대처할 계획을 선제적으로 세웠다고 해도, 그 계획이 필요할 때 누가 이를 실행할 수 있을까? 교육 체계는 복잡성을 이해하고 이에 대처하는 능력을 기본 요소로 삼아야 하지만, 다음 세대에게 복잡계에 대해 가르칠 수 있는 교육자는 거의 없다.

코로나19 팬데믹이 닥쳤을 때도 가장 큰 장애물은 인재 부족이었다. 인류는 신종 전염병에 효과적으로 대응할 방법을 찾기 위해 반드시 필요한 혁신가를 제대로 훈련하거나 고용하거나 보상하지 못했다. 엄청난 공공·민간 자금이 예방이 아닌 위기 대응에 투입됐다. 전염병 관련 훈련과 연구에는 예방의학이나 진화론이 거의 반영되지 않았다. 지금은 더 이상 기술적으로 능숙한 현장생물학자를 훈련하거나 고용하거나 이들에게 보상하지 않는다. 임상의나 임상 연구자는 야생지대와 인간 거주지의 경계에 사는 병원체나 병원체 숙주 체계의 자연사와 진화생물학을 잘 아는 이들과 협력해야 한다. 전 지구적 기후변화에서 발생하는 모든 문제에 대응하려면 교육 기관은 학생들에게 복잡계와 그 체계의 작동 방식, 그리고 그 자체로 복잡계인 세상에서 생존할 방법을 충분히 교육해야 한다.

교육 체계에 의존하는 교육 기관은 현재 상황에 의문을 제기하고 협력하며 새로운 접근법을 제시하는 사람을 고용해야 한다. 관리자는 자신의 젊은 시절과 비슷한 사람을 고용하고 싶은 충동을 억제해야 한다. 세상에는 직업을 단순히 경력을 쌓을 기회로 보는 사람이 아니라, 직업을 경력이라는 기회인 동시에 공공서비스로 보는 사람이 더 많이 필요하다. 관리자는 이들을 말썽꾼이 아니라 전통적인 체계의 강점과 새로운 아이디어를 효과적으로 융합할 수 있는 협력자로 보고 육성해야 한다.

코로나19로 얻은 교훈

위기에서 저절로 해결책이 생기는 법은 없다. 필요는 발명의 어머니가 아니다. 필요는 즉흥의 어머니다. 생명체는 위기가 닥쳤을 때 손에 쥔 것으로 대처하며 살아남는다. 코로나19 팬데믹은 이런 사실을 잘 보여줬다.

사회제도는 코로나19 팬데믹에 대처할 때 2가지 경우의 수를 믿었다. 한 가지는 치료제와 백신, 기존 기술을 이용해 '기술이 우리를 구원할 것'이라고 믿는 기존 접근법이었다. 다른 하나는 마스크 착용, 거리 두기, 봉쇄를 실시하고 기존 기술을 창의적으로 사용하며 '행동을 바꾸는 것'이었다. 기술 혁신은 마법처럼 나타나지 않았다. 텍사스의 피터 호테스Peter Hotez 연구팀은 기존 백신 기술을 이용해 전 세계 빈곤국에 배포할 수 있는 저렴하고 효과적인 단회 백신을 생산했다. 하지만 백신을 개발할 때 필요한 자금은 대체 기술에 할당됐다. 보통 행동을 바꾸면 기술이 따라잡을 시간을 벌어 가장 긍정적인 영향을 끼친다. 하지만 우리는 상위 제도를 크게 불신하는 시대에 산다. 그래서 풀뿌리 차원에서는 제도에 대한 불신 때문에 좋지 않은 행동을 했다. 그 결과 행동 변화는 기술 혁신 없이도 팬데믹을 잠재울 만큼 충분히 퍼지거나 오래 지속되지 못했다. 기관들도 제대로 준비하지 못했고 대책도 비효율적이었다. 백신이나 효과적인 치료 계획이 나오기까지 오랜 시간이 걸렸고, 개발된 백신이 모두 효과적이지도 않았다. 4~5번까지 백신 접종을 해야 했다. 마스크 착용, 거리 두기, 봉쇄 규정은 매달 혼란스럽게 바뀌었다. 그 결과 불신과 음모론이 늘었다.

이 조합은 완벽한 재난이었다. 3년 동안 수백만 명이 사망했고 수천만 명이 감염됐다. 감염에서 회복된 사람 중 오랜 후유증을 겪는 사람도 많았다. 세계 경제는 무너졌고 공급망이 붕괴하며 인플레이션이 이어졌다. 의료 종사자의 고통은 말할 것도 없고, 원격 학습과 혼합 근무로 교사, 학생, 부모들이 치러야 했던 감정적·심리적 비용은 이제야 공감을 얻기 시작했다.

코로나19 팬데믹은 3년이 넘도록 맹위를 떨치다가 우연한 진화적 사건을 기점으로 잠잠해지기 시작했다. 좋은 소식이자 나쁜 소식인 오미크론 변이의 출현이다. 변이 바이러스는 보통 전염성과 발병력virulence을 맞교환하는데, 오미크론 변이는 전염성은 강하지만 발병력은 낮았다는 점에서 다행이었다. 오미크론 변이의 전염성이 너무 강했기 때문에 전염성이 적고 발병력이 강한 다른 변이가 적어도 단기간은 확산하지 못했다. 오미크론 변이가 지나가고 지배적인 코로나바이러스 변종이 아니게 될 때쯤이면 많은 사람이 더 치명적인 변종에 대해 효과적인 항체 반응을 나타낼 수 있을 것이다. 비유하자면 오미크론은 코로나19 팬데믹이 수면 아래에서 공격하는 치명타가 아니라 경고사격에 그치게 만들어 팬데믹 대처에 도움을 줬다. 따라서 현재 코로나19의 위협은 줄었지만 완전히 사라진 것은 아니다. 달갑지 않은 소식도 있다. 인간이 전 세계에 바이러스를 퍼뜨려 수많은 비인간 숙주를 감염시켰다는 사실이다. 그중 일부는 오미크론 같은 새로운 변이를 만들어 백신을 접종한 사람도 다시 감염시킬 수 있다. 코로나바이러스와 오미크론 변이는 이제 병원체 오염이라는, 전 세계가 짊어져야 하는 짐이 됐다.

스포츠에는 '경기에서 이기고 있다면 아무것도 바꾸지 말고, 지고 있다면 뭐라도 바꿔라'라는 격언이 있다. 저널리스트 로리 개럿Laurie Garrett은 1994년에 출간한 《전염병이 다가온다The Coming Plague》와 2011년에 출간한 《신뢰의 배신Betrayal of Trust》에서 인류는 신종 전염병 팬데믹에 대처할 준비를 하지 못했다고 경고했다. 진화생물학자 대니얼 R. 브룩스, 에릭 호버그Eric Hoberg, 월터 뵈거Walter Boeger는 2019년에 《스톡홀름 패러다임The Stockholm Paradigm》에서 세계가 신종 전염병 팬데믹을 예방할 준비를 하지 못했다고 경고했다. 그들은 특히 도시에서 황열병과 소아마비 바이러스가 다시 출현하고 원숭이두창이 발생할 수 있다고 말했다.

코로나19 팬데믹은 경기에서 지고 있을 때 아무것도 바꾸지 않으면 어떤 결과가 나오는지 보여주는 좋은 사례다. 지금까지 코로나19 팬데믹이 강조한 공중 보건이나 진화적 예측 가운데 제대로 인식된 것은 아무것도 없고 정책도 달라지지 않았다. 대중의 불신은 줄어들기는커녕 오히려 커졌다. 과학계에서 평소처럼 살아가는 방식에 반대하며 유용한 통찰을 제시하는 연구자들은 자신의 연구가 유명 과학 학술지의 편집자들에게 가로막힌다고 불만을 토로한다. 이 편집자들은 현상 유지를 수호하는 문지기인 셈이다.

상호조정하는 제도라는 제3의 방식

사회제도는 사회통제의 주축이지만, 가속하는 전 지구적 기후 변화에 대처할 준비는 전혀 되어 있지 않다. 하지만 제도들이 변화하고 서로 협력한다면 큰 도움이 될 수 있다. 사회제도는 비교적 변화 속도가 느린데, 이런 특징이 오히려 자산이 되어 풀뿌리 사회를 안정적이고 예측 가능한 방식으로 지원하고 효과적인 행동 계획의 성과를 강화하는 역할을 할 수 있다. 그러면 제도에 대한 사회적 신뢰를 다시 회복할 수 있을 것이다. 풀뿌리에서 신뢰받지 못하는 상위 제도는 제대로 기능할 수 없다. 따라서 상위 제도는 평소대로 관리한다는 관점에서 벗어나 스스로 변화하면서 변화에 대처하는 과정을 촉진하는 데 집중해야 한다. 이들은 풀뿌리를 향해 하향식으로 일관된 의무를 부여할 것이 아니라 지역 차원에서 사람들의 필요와 욕구를 지원해야 한다. 풀뿌리 사람들에게 '그들을 어떻게 분류할지' 또는 '그들의 문제가 무엇인지' 말로 물을 게 아니라, 그들이 스스로를 어떻게 분류하는지, 그들이 느끼는 문제나 욕구, 희망이 무엇인지 먼저 파악하고, 이를 바탕으로 풀뿌리 사회가 스스로 문제를 해결하도록 도와야 한다. 그러면 풀뿌리 이니셔티브는 필요한 제도와 상호조정하려고 할 것이다. 예를 들어 마을에 눈보라가 몰아치는 상황을 상상해보라. 주도로에 쌓인 눈을 치우려면 제설차가 필요하다. 이때 주민들이 제설차가 다른 곳을 먼저 들렀다 온다는 사실을 알고, 또한 함께 힘을 합치면 교통 문제를 해결할 수 있다고 믿는다면 어떨까? 제설차가 오기를 마냥 기다리기보다는 각자 자기 집 진입로와 주택가 도로를 스스로 치울 것이다.

인류는 제도를 무너뜨리려고 하기보다 제도라는 장애물과의 갈등을 최소화해야 한다. 다윈의 갈등 해결 방식은 기존 능력을 활용해 변화하는 조건에 대처하는 데 있기 때문이다. 따라서 전 세계에서 기술 종으로서 살아남으려는 인류는 효과적 갈등 해결에 참여하고 풀뿌리와 상위 제도의 공생, 즉 모두를 위한 공생을 모색해야 한다. 그러지 않으면 모두 패자가 된다. 고통의 원흉처럼 보이는 제도를 해체하고 싶은 충동은 이해한다. 하지만 그런 갈등은 시간과 자원 낭비일 뿐이며 최악의 경우 아무런 변화도 일으키지 못한 채 인류를 더 위태로운 상황에 빠트린다. 목표는 풀뿌리 이니셔티브가 기관과 상호조정할 원동력으로 작용하게 하며 기관을 장애물이 아닌 촉진자로 보게 하는 것이다. 이런 목표를 달성하는 데 몇 가지 중요한 지침을 제시한 힐러리 브라운의 연구를 다시 살펴보자.

기반을 마련하자. 인구밀도가 낮을 때 일어나는 순환 경제 협력망의 가치를 인정하고 계획적 이주의 필요성을 인식하는 진지한 논의를 시작해야 한다. 제도와 법을 개정해 기후가 불안정한 인구 밀집 도시를 벗어나는 이주를 촉진하고 이주민을 받아들이려는 마을의 수요와 욕구를 파악해야 한다. 저밀도 대도시형 중심지도 내적 순환 경제망으로 부상할 수 있게 같은 노력을 기울여야 한다. 그러려면 이주민을 받아주는 지역에 이주민 적응에 필요한 자금을 조달할 메커니즘이 필요하다. 국가 차원에서 높은 헌신과 리더십을 발휘해야 하며, 획일적인 정책을 하향식으로 전달할 것이 아니라 풀뿌리의 요구에 대응하는 데 초점을 맞춘 관료제가 있어야 한다. 교육 기관은 필요한 전문가를 양성하는 훈련에 집중하고, 혁신적이고 유연하며 헌신적으로 봉사하는 사람을 고용해야 한다. 정보 센터는 활력을 되찾으려는 농촌의 요구와, 더 오래 생존할 수 있는 환경에서 살고 싶다는 욕구가 있는 전문가를 연결해야 한다.

이런 토대를 만들 접근법에는 4가지가 있다. 첫째, 젠트리피케이션이다. 소수의 부유한 사람이 농촌으로 이주해 부동산 가치를 높여 지방 정부에 재산세 수입을 만들어주는 것이다. 그들을 방문한 친구 일부가 그 마을로 이주하기로 결심할 수도 있다. 곧 다양한 고급 식품을 취급하는 식료품점과 고급 식당이 생기고, 주택 건설과 리모델링 등 다양한 서비스 수요가 생긴다. 이런 접근법은 마을의 소득을 키우고 고용을 늘리는 것처럼 보였기 때문에 당시에는 좋은 아이디어로 생각됐고 실제로 효과가 있었다. 문제는 다른 부유층이 이곳에 눈독을 들이면서 리조트, 소규모 양조장, 와이너리, 예술가 휴양지, 갤러리 같은 고급 서비스에 투자하기 시작할 때 발생한다. 이 시점에서 부유층은 자신의 낸 세금과 자신이 쓴 돈이 이 마을을 구했으므로 이제 마을이 자신에게 보상해야 한다는 논리를 펼친다. 부유층은 도로를 확충하고, 인터넷과 케이블 TV 서비스를 개선하고, 의료 같은 공공 서비스를 개선하라고 요구한다. 부유층의 생활방식이 확대되려면 많은 노동자의 서비스가 필요하다. 하지만 그 서비스는 마을이 자체적으로 제공할 수 있는 수준을 넘어선다. 노동자를 더 고용하고 그들이 살 주택을 마련해야 한다. 서비스업 종사자의 주거지는 부유층의 거주지와 가까울 수 없다. 노동자와 가족에게는 학교와 의료 시설이 필요하다. 마을은 외부에서 유입된 부유층의 확장판이 된다. 그들이 점점 더 값비싼 요구를 해올 때 경제적으로 이 상황을 관리할 유일한 방법은 더 많은 부유층이 마을 부동산을 사들이게 하는 것뿐이다. 마을 당국은 바깥에서 이주해온 부유층에 전적으로 의존하게 됐기 때문에 그들의 요구를 들어줄 수밖에 없다. 그러지 않으면 부유층이 떠나고 마을은 붕괴할 것이다.

노스캐롤라이나주 애슈빌 마을이 150만 달러를 써서 2022년에 US 오픈 테니스 대회 참가자들에게 마을을 홍보한 것도 이런 동기에서였다. 이주민들에게 반감을 느끼는 기존 거주자가 늘었고, 공립학교에는 실력 있는 교사가 부족해졌으며, 주민들은 젠트리피케이션이 모두에게 도움이 된다는 생각에 의문을 품었다. 지방 정부는 장기적 문제를 재산세 수입 증가라는 단기적 이익과 맞바꾸는 전형적인 실수를 저질렀다. 부는 높은 곳에만 축적되고 아래로 흘러내리는 법이

거의 없다.

두 번째 방법은 회사 일부를 소도시로 옮길 기업을 찾아내는 것이다. 마을 기반 시설을 전부 개선하고, 학교와 의료 시설을 지을 세금을 내게 하고, 상업을 지원할 사람을 많이 데려온다. 마을은 토지를 무상 제공하거나 재산세를 감면해주는 식으로 기업에 인센티브를 제공한다. 마을은 성장하고 번창하겠지만 이런 마을은 기업의 성패에 따라 좌우되는, 경제적으로 단일화된 문화 기업도시다. 기업이 파산하거나 우선순위를 바꾸면 기업은 떠나고 마을은 무너진다.

세 번째 방법은 정부 기관이 마을에 활기를 불어넣을 계획을 갖고 찾아오는 것이다. 마을이 정부 프로그램의 수많은 조건과 참고 사항을 준수한다면 일이 잘 풀릴 것이다. 이때 조건에는 어떤 사람이 들어와야 하는지, 어떤 직업을 가진 사람을 고용해야 하는지 등의 사항이 포함된다. 하지만 정부 프로그램에 지원되는 자금이 줄어들면 정부 주도의 지역 사업은 실패한다. 지방 정부는 정부 지원금이 축소되며 부족해진 세수를 메꿔야 한다. 정부 지원금에 계속 의존해온 마을의 지역 주민과 기업은 줄어든 정부 지원을 상쇄하기 위해 인상된 세금을 감당할 수 없다. 기업은 문을 닫고 사람들은 떠나고 마을은 무너진다.

소도시 주민은 외지인이나 변화를 본능적으로 경계한다. 이런 성향은 농촌 재활성화 사업을 시작하는 데 항상 어려움으로 작용한다. 자기 집에서 다른 사람의 명령을 따르고 싶어하는 사람은 없는 법이다. 현대 사회에서 부유층, 기업, 고위 정부 기관의 동기는 의심과 불신의 대상이 되기 때문에 어려움은 더 커진다. 게다가 대체로 완전한 기능을 갖춘 마을이나 소도시에서는 부유층, 기업, 정부 서비스가 결탁해 있다.

네 번째 방법, 곧 자결권self-determination이 해답이다. 재활성화하려는 농촌 마을이 활성화 방안 계획을 스스로 수립하도록 자금을 지원하고 돕고 장려하는 것이다. 이런 활동에도 젠트리피케이션, 기업 참여, 정부 지원이 일부 포함될 수 있다. 하지만 지역 주민이 그 계획과 결과에 주인의식을 느낀다면 계획을 훨씬 지지할 것이다. 그리고 이 계획이 생물권의 4법칙과 웰빙 경제에 바탕을 두고 생존 가능한 미래를 효율적으로 지향한다면 효과를 본다. 이런 계획이 어디서나 항상 작동하지는 않겠지만 일부 지역에서는 변화를 일으킬 수 있다.

농촌을 재활성화할 때는 그 목적을 결코 잊어서는 안 된다. 첫째, 앞서 설명한 것처럼 인구밀도가 지나치게 높으면 큰 문제가 발생하지만, 최근까지 인류는 그것이 문제라는 사실을 깨닫지 못했다. 둘째, 인구밀도가 지나치게 높은 도시형 중심지의 상당수는 기후가 불안정하다. 오늘날 자신이 사는 지역의 기후가 잠재적으로 불안정해질 위험이 있다는 사실을 깨달은 사람 중에는 도망칠 곳이 없다고 느끼는 경우가 많다. 하지만 농촌에는 사람들이 그곳을 떠나 대도시에 살기 시작하면서 놀게 된 생활공간이 남아 있다. 따라서 농촌이 재활성화되면 기후가 불안정한 도시에 사는 사람들은 떠나고 싶을 때 갈 곳이 있다고 느끼게 된다. 마지막으로 브라운이 주장했듯이 농촌이 재활성화되면 기후 변화로 재난이 일어나 대도시형 중심지에서 살 수 없게 되어 어쩔 수 없이 이주해야 하는 기후 변화 난민에게 안전한 피난처를 미리 마련해줄 수 있다. 살기 위해 도망친 사람들이 그들을 맞이할 준비가 된 마을에 도착한다면 폭력 사태가 발생할 가능성이 매우 줄어든다.

계획된 이주 장소를 마련하기 위한 순환 체계에 역량과 전문성을 구축하자. 현재 어떤 국가도 여러 분야의 신세대 전문가를 육성하고, 다년간의 이주 프로그램을 기획·설계·시행할 역량과 제도적 기반을 갖추지 못했다. 지역 경제 순환에 필요한 근본적 구조조정을 수행할 수 있는 나라는 더더욱 없다. 고등교육기관과 기술 훈련 기관은 교육 프로그램을 신속하게 조정하고 새로운 전문가를 양성해 지역 사회에서 새로운 이주민을 끌어들일 만한 순환 경제가 마련된 환경을 조성해야 한다. 이런 새로운 전문가는 기술을 지원하고 신기술과 방법론을 교육할 수 있다.

기후가 안정적이고 적절한 이주민 수용 지역을 파악하자. 당국에서 다양하고 광범위한 기후 모형화 도구를 이용해 학제 간 계획을 시행하면 기후 취약성이 낮으면서도 수력·기후·기상 조건이 안정적으로 유지될 수 있는 탈도시 지역을 정확히 찾아낼 수 있다. 적당한 지역은 재난에 덜 취약하며 지속 가능한 생활을 유지할 가능성이 크다. 당국은 이런 장점이 있는 지역에 속한 유망한 인구 중심지를 찾아내야 한다. 경제가 활력을 찾아 이주민을 지원할 수 있는 잠재적인 역량과 관심을 지닌 도시와 마을이 후보가 된다. 당국은 이곳에 재정착하는 이주민을 위해 토지 지도화와 금융 업무를 수행해야 한다. 재정착한 이주민은 원주민의 생계, 문화, 정체성에 주의를 기울여야 한다. 이주민을 받아들이는 공동체에는 공평한 보상과 지원을 주어야 한다. 어떤 농촌이 재활성화에 적합한 지역인지 결정하려면 각 공동체를 사례별로 판단해야 한다.

더 이상의 농촌 이탈을 막자. 2050년까지 도시 거주자는 약 25억 명이 늘어날 것이며 이런 현상 중 90퍼센트가 아시아와 아프리카에서 발생할 것으로 예상된다. 이런 증가 추세를 반전시켜야 한다. 코로나19를 거치며 일부 도시에서는 많은 사람이 떠났지만 새로 유입되는 인구는 줄어들면서 이런 반전이 시작됐다. 농촌에서는 사회·경제 자본이 계속 빠져나가는 현상이 확인된다. 이에 대응하려면 혁신적인 조처를 해야 한다. 인구통계학적 추세로 볼 때 도시화 흐름을 완전히 막기란 비현실적이지만, 오늘날 '역도시화counter-urbanization'와 농촌 재개발을 위한 정책을 수립하고 인센티브를 제공하는 데는 전략적 이유가 있다. 심지어 이런 일은 특정 농촌을 미래의 재정착 해결책으로 삼기 전에도 일어날 수 있다. 창의적이고 내부적으로 농촌 경제 자생을 강화하는 '손해 없는' 전략을 강화하면 인구가 도시로 확산하는 일을 늦출 수 있다. 농촌을 재활성화하는 한 가지 이유는 이곳에 이미 상당한 기반 시설이 갖춰져 있기 때문에 그저 개선하기만 하면 되기 때문이다. 아무것도 없는 상태에서 처음부터 시작하지 않아도 되는 것이다.

문서화된 지침을 개발하자. 많은 도시에서는 적응 및 완화 전략을 목록화한 기후 변화 행동 계획을 개발했다. 그런데 이런 지침은 잠재적 기후 불안에 직면했을 때 현 상태를 유지하는 데만 집중하고 재난이 얼마나 심각하고 얼마나 다가왔는지는 제대로 보지 못한다. 재난이 발생하기 전에 대규모 재정착을 시행할 규범적이고 원칙적인 접근법, 절차, 메커니즘인 플랜 B가 없다는 뜻이다. 플랜 B는 공개적인 행동 포럼과 모든 사회경제적 부분을 아우르는 학제간 의견 수렴에서 시작한다. 이를 통해 본질적으로 경관과 지역 면에서 상호 연결된 해결책과 주도적 계획을 수립할 '공유의 장'이 형성된다. 여기에서 대대적으로 인구를 재배치하도록 안내할 상세한 권고, 전략, 모범 사례를 도출하고 이를 온라인에 무상 배포해야 한다. 농촌 재활성화 계획을 모색하는 각 지역에도 필수 계획 문서가 있어야 한다. 각 지역이 독립적으로도, 다른 지역과 협력해서도 기능할 수 있어야 하기 때문이다. 이때 가장 중요한 것은 이런 공동체에 적절한 물리적 기반(물, 전력, 교통, 정보통신 기술)과 사회적 기반(주택, 의료 서비스, 교육과 훈련) 시설을 구축하도록 제안하는 것이다. 특히 농촌 마을의 협력망이 필수 서비스는 무엇인지, 이런 농촌에서 경제적 기회를 얻을 방법은 무엇인지를 강조해서 보여줘야 한다. 무엇보다 이 계획에는 각 공동체에서 어떤 사람들을 끌어들이고 싶은지에 관한 결정도 포함돼야 한다.

정착지 간 네트워크를 구성하자. 인간은 과거의 실수를 반복해서는 안 된다. 공동체는 각 네트워크를 통합하면서가 아니라 네트워크에 단위를 추가하며 성장해야 한다. 여러 지역 경제를 지향하는 마을 간 협약을 장려하면 네트워크를 구축하고 강화할 수 있다. 농업, 임업, 여가에 할당된 열린 공간을 보전하면서도 지역 내 폐쇄된 정착지를 차별화하도록 장려해야 한다. 마을들이 협력해 다양화하면서도 쉽게 연결되도록 교통망을 지원할 수도 있다.

진화적 공유지와 물질적 공유지를 통합하자. 농촌과 도시에서 순환 경제가 협력하는 단위를 형성하는 것은 진화적 공유지의 잠재력을 극대화하기 가장 좋은 방법이다. 인간과 나머지 생물권의 상호작용을 공생공락 보전의 맥락에서 접근하고, 진화적 공유지가 인간의 물질적 공유지 역할도 한다는 사실을 인식한다는 의미다. 지금까지 살펴봤듯, 기후 변화가 가속되는 상황에서 인류의 미래를 논할 때는 진화적 사고가 반드시 필요하며, 유아교육부터 고등교육까지 교육에서도 새로운 전환이 필요하다.

요약

이 장에서는 인류를 위한 기술적 해결책이 아닌 로드맵을 제시했다. 서문에서 언급했듯 인간은 극적인 이야기를 좋아한다. 효과적인 예방보다 위기 대응을 정서적으로 더 만족스러워한다. 우리가 제대로 이해하지도 못하는 기술이 우리를 구원하리라는 마법에 강하게 이끌리며, 개인의 책임과 행동 변화를 촉구하는 나쁜 소식을 혐오한다. 기술이 어떻게든 우리를 우리 자신으로부터 구해주리라 생각하는 사람은 그런 믿음을 고수한다. 이들은 지난 9,000년 동안 인간의 행동이 가능한 최선이었다고 주장한다. 그러면서 인류의 생존에 도움이 될 만한 도구를 계속 만들어낸다. 그런 도구도 웰빙 서비스에 사용된다면 도움이 된다면서 말이다. 이들은 기술만으로 성취할 수 있는 것을 지나치게 낙관적으로 받아들이고 꺾일 줄을 모른다. 우리가 직면한 위기의 심각성을 받아들이는 사람도 있다. 하지만 이들 중 일부 역시 기술적 해결책보다 행동 변화가 더 필요하다는 이 책의 제안이 실현 불가능하다고 생각한다. 이들은 하딘처럼 인간이 행동 방식을 바꾸지는 못한다고 주장한다. 이들은 인간이라는 종이 지닌 능력을 근본적으로 믿지 않으며 운명론에 빠진다. 그리고 인류의 웰빙을 확보하기 위해 기술을 어떻게 활용할지 결정할 때 이성적인 목소리를 내지 못한다.

인간 존재는 위기를 마주했다. 전 세계에서 굵직한 사건들이 너무 빠르게 일어난 탓에 효과적으로 생각하고 문제를 처리하기 힘들어졌다. 기술은 세상을 작고 빠르게 만들었고 사람들은 이에 대처하려고 한다. 하지만 운명론에 빠질 필요는 없다. 희망을 가질 근거가 있기 때문이다. 인간은 홍적세 이래로 언제나 지구상에서 가장 훌륭한 스승이었으며, 이야기는 가장 효과적인 교육 방식이었다. 100만 년 동안 조부모들은 손자들을 가르쳤다. 이제 우리가 손자들에게 무엇을 시작할 수 있고, 무엇을 끝낼 수 있는지 이야기해줄 차례다. 그 이야기는 다음과 같을 것이다.

> 한 무리의 인간이 지구에 도착해 잘 조직된 도시와 농촌 정착지를 발견했지만, 그곳은 불모지였다. 그들은 전문 기술지식을 이용해 지금의 기후 상태를 평가하고, 버려진 이 생활공간에 자리 잡고 일하기 시작하면 공간이 어떻게 달라질지 예측했다. 이런 일은 두 세대를 지나 가능해진다. 한 세대는 앞으로 나아갈 길을 평가하고, 다음 세대는 새로운 생활공간에서 삶과 생활을 확립한다. 1세대는 3세대에게 계획과 그 계획이 중요한 이유를 가르친다. 그리고 3세대는 진화의 원리를 적용해 다시 지구에 사람이 정착할 수 있도록 하고, 지구를 인간이 살아남을 수 있는 진화적·물질적인 공유지로 유지한다.

14장

인류세의 가을

오늘을 위한 희망, 미래를 위한 희망

A Darwinian Survival Guide

위험은 거대하고 시간은 없다.

우리는 준비가 되어 있지 않다. (…)

하지만 우리는 이 상황을 바꿀 수 있다.

-얀 배스빈더Jan Vasbinder, 〈붕괴된 균형Disrupted Balance〉, 2016년 싱가포르 콘퍼런스

15만 세대 전, 최초의 인간은 아프리카 숲과 사바나에서 더 잘 생존할 방법을 모색했다. 7만 5,000세대 전에 인간은 원하기만 하면 어디든 갈 수 있는 최상위 포식자가 되려고 했다. 사냥꾼으로 거듭난 인간은 스스로 자신의 운명을 지배할 수 있다고 믿기 시작했다. 바로 이 시점에 '확장이 명백한 운명'이라는 감각, '통제할 수 있다'라는 환상이 싹텄다. 고작 750세대 전, 지구상에 인간이 200만 명도 되지 않았던 시절부터 인간은 자신이 그냥 주인이 아니라 운명의 창조자라고 믿기 시작했다. 자기 미래를 원하는 대로 만들 수 있으므로 과거는 자신과

상관없다는 착각에 빠졌다. 인간은 미래를 예측할 때 더는 과거 자연을 다뤘던 경험을 돌아보지 않았다. 생물학적 생활방식을 버리고 정착생활과 농업을 바탕으로 하는 사회경제적 생활방식을 채택했다. '대전환'이 일어난 것이다.

500세대 전에는 대확장이 일어났다. 고생산 농업이 등장하며 지역의 수용력이 높아지고 이주민들이 그 수용력을 채우며 농업-도시 중심지가 등장했다. 인간은 주변 환경에 큰 영향을 끼치기 시작했고 전 세계 인구도 크게 늘었다. 인구는 약 400만 명에 이르렀다. 겨우 50세대가 지나자 조상들은 지역 상황이 몹시 힘들어져도 도시를 떠나지 않고 가능한 한 도시를 계속 키워나가기로 했다. 그러면서 인류는 환경 교란에 몹시 취약해졌다. 당시 인간은 고생산 농업, 가축화, 도시화, 교역, 금속 도구와 무기, 효율적 관리 체계 등 다양한 능력을 갖췄다. 일부는 부족한 것을 다른 사람에게서 강탈하는 새로운 방식으로 목표를 이뤘다. 일단 그런 생활방식을 떠올리자 누군지는 모르지만 몇몇 사람이 그 생각을 받아들였고, 타인을 강탈한다는 비전을 갖고 새로운 행동을 하도록 사람들을 설득했다. 전쟁이 시작됐다. 폭력을 써서 다른 사람들을 희생시키며 살아간다는 생각은 급속하게 퍼졌고 대비극을 낳았다.

인간은 인류세의 첫 6,000년 동안 기본적으로 진화적 경로를 따랐다. 하지만 지난 9,000년 동안은 그 유산에서 멀어졌다. 그동안 인류는 항상 전쟁을 대응책으로 삼았지만 전쟁은 결코 해답이 되지는 못했다. 인간은 환경 위기에 직면할 때마다 도시로 달아났다. 도시는 늘어나는 인구를 먹여 살리기 위해 이웃과 쟁탈전을 벌이거나 먼 곳에 식민지를 건설하는 전쟁을 벌였다. 오랫동안 승리를 거머쥔 사람은 아무도 없었다. 인류 역사에서 패자가 악감정을 품고 오랜 시간 기다렸다가 보복하지 않은 적이 있는가? 전쟁은 끊임없이 이어질 수밖에 없다. 전쟁은 극적이고 영웅적인 무언가를 바라는 인간의 감각에 호소하고 실패에 대한 변명거리를 주기 때문이다. 인류 문화에 깊이 뿌리박힌 이런 사고방식에 의문을 품는 사람은 없다. 갈등에서 선의가 나오기를 바라는 것은 합리적 낙관주의가 아니다. 갈등은 치명적인 결함이 있으며 결코 효과가 없다. '파라 벨룸para bellum'(전쟁에 대비하라-옮긴이)은 우리를 평화로 이끄는 것이 아니라, 군대를 유지하고 이용하는 데 핑계를 줄 뿐이다.

인간은 원하는 것이 있으면 타인에게서 빼앗고, 전세가 역전될 때마다 뺏고 뺏기며 군비경쟁의 수렁에 빠졌다. 이러한 경쟁적 메커니즘은 산업혁명을 촉발했고, 불과 15세대 전에 인구가 8억 명으로 폭증하는 대변곡이 일어났다. 6.5세대 전, 인구가 16억 5,000만 명으로 급증했을 때 아레니우스는 산업 배출량이 늘고 2100년까지 대기 온도가 섭씨 3도 오르리라 예측했다. 그는 이것이 좋은 현상이라고 생각했다. 대기가 데워지고 이산화탄소가 늘면 식물의 성장기가 길어져 늘어나는 인구를 먹여 살릴 작물을 재배할 수 있으리라 생각했기 때문이다. 다윈은 통제되지 않는 성장이 병리적이라고 생각했지만 사람들은 혼란 속에서 이를 잊어갔다. 겨우 3.6세대 전, 인구가 25억 명에 이르자 인간의 독창성이 인구 증가와 기후 변화를 따라잡지 못하는 대가속이 찾아왔다. 2.3세대 전 인간 인구가 29억 명에 이르자 엘튼은 기후 변화, 갈등, 이주 문제가 임박했다고 경고했다.

1962년 '허먼 칸 허드슨 연구소'의 전략가 도널드 브레넌Donald Brennan은 사회를 파괴할 수 있는 무기를 보유하는 행동은 비합리적이라고 주장하며 상호확증파괴mutual assured destruction, MAD 원칙을 제안했다. MAD는 둘 이상의 상대가 전면적으로 핵무기를 사용하면 공격자와 방어자 모두 전멸한다는 군사 전략과 국가 안보 정책에 초점을 맞췄다. 전 세계는 핵 전쟁이 일어나면 MAD가 현실이 된다는 사실을 받아들이고 1945년 미국이 일본 히로시마와 나가사키를 공격한 뒤로는 핵무기를 쓰지 않았다. 하지만 전쟁은 여전히 전 세계에서 유일하게 계속되는 정략이다. 전 세계 곳곳에서 전쟁이 이어지고 있으며 모든 국가에 상비군이 있다. 한 나라의 지도자가 군대를 유지할 비용을 얼마나 기꺼이 지출하려는지에 따라 그 규모만 달라질 뿐이다.

인류는 두려움을 지닌 종으로 진화했고, 인간은 지금 이 순간에도 두려워하고 있다. 인간이 두려움을 극복하려고 할수록 오히려 두려움은 깊어졌다. 한 나라의 군대에 할당된 엄청난 인적·물적 자원부터 생태단지eco-estate, 울타리로 에워싸고 출입을 제한하는 공동체, 부자들의 은신처까지 '파라 벨룸'이 인간의 사고를 지배한다. 그 이유는 사람들이 의식적으로 갈등을 해결하지 않고 싶어해서일 수도 있고, 450세대에 걸쳐 실패를 반복하고 있음에도 아직 진실을 깨닫지 못해서일 수도 있다. 어쨌든 분명한 사실은 한 번 외부의 위협을 인지하기 시작하면, 가장 양심적인 공동체 구성원조차 군비경쟁을 그만두지 못한다는 것이다. 이들조차 '전쟁을 멈추기 어려운 이유'를 변명하며 경계 태세를 늦추지 않는다. 일단 총성이 울리는 순간 총을 내려놓으려는 사람은 아무도 없다. 개인의 안전이 최우선이 되는 것이다.

더 복잡한 문제는 인류가 군비경쟁이라는 신화를 나머지 생물권과 만나는 상호작용에까지 확대했다는 점이다. 군사적이든 생물학적이든 군비경쟁은 결국 MAD로 이어진다. 군비경쟁 역학에 기반을 둔 인류세가 지속될 수 없음은 분명하다. 엘튼의 책이 나온 지 겨우 한 세대 뒤에 발간된 《성장의 한계》는 평소대로 살아가는 일이 얼마나 위험한지 강조했고, 인구가 38억 명에 이른 상황에서 인구 증가를 명백히 경고했다. 2022년 11월 중순, 이 책을 마무리하는 사이 인구는 80억 명을 넘어섰다. 인류는 기후 변화와 인간 행동이 초래한 최근의 여러 가지 뒤얽힌 사건에 맞서게 됐다. 코로나19 팬데믹을 겪으면서 우리는 인류가 너무 빠르고, 작고, 복잡하게 얽힌 세상에 살고 있어서 인간, 작물, 가축, 야생지에서 신종 질병이 발생하면 감당하기 어렵다는 사실을 깨달았다. 가뭄과 홍수, 폭염, 해안 폭풍 등을 겪으면서 식량, 물, 주거지 안정성이 점점 더 위태로워지고 있다는 사실도 알았다. 러시아가 우크라이나를 침공해 전 세계 연료, 비료, 식량 공급을 위협하는 상황을 보면서 전쟁을 감당할 수 없다는 사실도 알았다. 오늘날 평가에 따르면 이 같은 위협뿐 아니라 대기 온난화, 해수면 상승 등 다른 위협 요소도 인류를 2050년까지 임계점으로 몰아갈 수 있다. 최악의 시나리오는 하나 이상의 위험 요소가 한꺼번에 임계점에 도달하는 상황이 펼쳐지는 것이다**(그림 14.1)**. 인류는 세월을 거치며 세계를 더 작고 더 빠르게 만들었다. 성장을 극대화하는 것이 바람직하지 않듯이 속도의 극대화 역시 좋지 않다. 역설적이지만 전 지구적 기후 변화가 가속되는 상황을 눈앞에 둔 우리는 속도를 늦추고 인간 존재에 다가오는 위협에 어떻게 대처할지 찬찬히 생각해야 한다.

인간은 지난 9,000년 동안 발생한 모든 기술 발명과 갈등이 사회 진보를 나타내는 증거라고 잘못 생각했다. 군비경쟁 사고방식 때문에 인류가 갈등을 해결할 능력은 크게 줄었다. 인류는 생존 가능한 삶을 살아갈 기술 역량과 기회를 활용할 수 없게 됐고, 권력자들은 이런 실패를 이용해 자기 권력을 키웠다. 그 결과 오늘날 우리는 도박사의 파

그림 14.1 복엽 비행기의 연착륙(1895년, 아레니우스), 단엽 비행기의 경착륙(1972년, 메도즈 외, 《성장의 한계》), 제트기의 불시착(2014년, 터너, 〈전 지구적 붕괴가 임박했는가?Is Global Collapse Imminent?〉), 로켓 추락(2050년, 터너가 2014년 《성장의 한계》를 개정하며 예측한 인류의 LD_{50}). 모두 같은 활주로에 착륙하지만 하강 곡선은 점점 가팔라진다. 군비경쟁 사고방식이 지배하는 세계에서 일어나는 기술 성장에는 혜택과 위험이 양날의 검으로 존재한다는 사실을 나타낸다.

산으로 위태롭게 나아가는 인류세의 가을에 이르렀다. 한 세기가 넘게 전 지구적 기후 변화는 기술로 대처할 수 있는 것보다 더 빠르게 가속됐고, 우리의 시름은 더욱 깊어지고 있다. 인류는 생각만큼 현명하지는 않지만 영리하다. 그리고 독창성과 창의성 덕분에 이처럼 오래 이어진 여러 위기를 극복하며 살아남았다. 하지만 우리는 인구가 발명 속도를 넘어 훨씬 빠르게 늘어난다는 문제를 발견했다. 2017년 바인베르헤르 연구팀은 전 지구적 기후 변화를 해결하기 위해 필요한 기술 혁신의 규모가, 기후 변화를 가속시키는 '위협 증폭 요인'들과 어떻게 복합적으로 상호작용하는지 조사했다. 그들의 연구 결과는 인류의 운명이라는 문제를 기술적으로는 해결할 수 없다는 하딘의 주장을 강력하게 뒷받침한다. 인간의 행동이 혼란을 초래했고, 인류가 이 혼란에서 벗어나려면 행동을 바꿔야 한다.

이와 동시에 혁신은 붕괴로 이어지지 않는다는 사실을 알아야 한다. 혁신은 확장으로 이어진다. 하지만 조건이 바뀌면서 지역의 수용력이 달라지거나, 해당 장소가 전쟁을 생활방식으로 삼은 사람들에게 표적이 된다면 결국 붕괴로 이어진다.

인류의 생활방식이 진화를 따르지 않고 '성장은 좋은 것' '적자생존' '기술이 우리를 구원한다'라는 사회경제적 방식으로 전환된 사건을 인류세로 정의한다면, 우리는 인류세가 저무는 인류세의 가을에 살고 있는 셈이다. 만약 기술 인류가 더는 생존할 수 없을 정도로 인류세가 빠르게 변한다면 다음에는 어떤 일이 일어날까? SF소설에서는 오랫동안 종말 이후의 인류 사회를 디스토피아나 유토피아로 묘사하는 일을 반복하며 양측의 치명적 결함을 지적했다. 디스토피아는 인간이 근근이 생존하는 것 이상을 할 수 없는 사회로 그려진다. 유토피아는 인간이 다양화될 기회가 모두 사라진 사회다. 디스토피아로 가는 길은 비교적 쉬워 보인다. 모든 것이 무너질 때까지 평소대로 행동하기만 하면 된다. 유토피아로 가는 길은 불가능해 보인다. 철학자 카를 포퍼Karl Popper가 《열린 사회와 그 적들The Open Society and Its Enemies》에서 지적했듯, '사람들을 유토피아로 이끌려는' 사회공학적 계획은 결국 폭력에 의존하게 되기 때문이다.

문제는 폭력을 휘두르면 놀라운 결과를 얻을 수 있다는 믿음 때문에 생긴다. 이렇게나 똑똑한 인간이 동시에 왜 이토록 어리석을까? 잘못된 선택을 했다는 사실을 나중에야 알 수 있기 때문이다. 오늘날 우리가 직면한 여러 문제는 오래전에 내린 결정과 행동에서 나온다. 인류세의 다양한 단계는 모두 당시에는 좋은 아이디어로 보였고 한동안 효과가 있었다. 그런 아이디어가 더는 작동하지 않게 되자 인간은 삶의 방식을 돌아보는 대신 평소대로 행동하면서 소소한 수정을 더하는 일에 몰두한 탓에 처음부터 다시 시작한다는 선택지를 고려하지 못했다. 우리는 과거의 실수에서 배워야 한다. 실수를 탓하기 위해서가 아니라 실수를 극복하고 앞으로 나아가기 위해서다. 인류는 군비경쟁 역학을 떠올렸다. 그리고 마침내 그것이 얼마나 큰 실수였는지 깨달았다. 그렇다면 우리는 그 길에서 벗어날 방법을 생각해내야 한다. 인간은 현명하기 때문에 자신의 실수를 깨달았다면 그 실수에서 배울 수 있다. 전쟁은 진화의 필연이 아니라 인간의 선택이다. 인간은 9,000년 동안 전쟁을 선택해왔지만 전쟁은 우리 유전자에 새겨져 있지 않다. 만약 전쟁이 유전자에 새겨져 있다면 지금 러시아 청년들이 다른 사람을 죽이거나 자신이 죽는 일을 피하려고 조국을 떠나는 일도, 전 세계 군대가 전쟁에 대비하기 위해 청년들에게 극도의 정서적·심리적 조건화를 강제하는 일도 찾아볼 수 없을 것이다. 전쟁은 우리의 진화적 본성에 내재한 자연적 악이 아니다. 전쟁은 우리가 통제할 수 있는 도덕적 악이다. 전쟁은 힘의 표현이 아니라 나약함과 두려움의 표현이자, 수백만 년이 흐른 지금도 여전히 바깥을 살피는 먹잇감인 인간이 가진 진화적 유산이다. 전쟁을 멈추자는 요구와 욕망이 충분히 강하다면 인류는 언제든 전쟁을 멈추기로 선택할 수 있다.

인간은 '자각 능력'이 있기 때문에 다가오는 위협을 느끼고 이에 대비할 필요성을 느낀다. 그러나 역설적으로 바로 이 능력이 있기 때문에 진화적으로 '심리적 부정'이라는 독특한 능력 역시 진화했다. 자의식을 극복하고 진화적 잠재력을 제대로 활용할 유일한 방법은 두려움에 사로잡히지 않는 것이다. 세상이 나를 위협하는 적들로 가득하다는 생각에 압도되지 않아야 한다. 인간은 심리적 부정을 통해 당장의 두려움을 외면하며 생존해왔지만, 바로 그 부정 때문에 지금 인류 역사상 가장 결정적인 시기에 아무런 행동도 하지 못하고 있다. 먹잇감은 항상 두려움에 떨지만 포식자는 항상 낙관한다. 인간은 자신을 먹잇감이 아닌 포식자로 여기기 시작하며 중간지대에 멈춰 섰다. 신중하고 합리적인 낙관주의자가 된 것이다. 인류가 전 지구적 기후 변화에 제대로 대처하려면 이런 역량을 최대한 발휘해야 한다. 인터넷에 한참 떠돌았던 밈처럼 말이다.

자존심: "불가능해"

경험: "위험해"

머리: "무의미해"

가슴: "한번 해봐"

인류는 가까운 미래로 가는 갈림길 앞에 섰다. 인류세를 연장해 오랫동안 생존할 행동 계획을 달성하거나, 인류세 다음에 무언가 좋은 상황이 나타나기를 기대하며 인류세가 붕괴할 때까지 평소대로 행동하는 것이다. 지금 시간을 벌면 2050년에 다가올 영향을 줄이거나 앞으로 닥칠 일에 대비할 계획을 세울 수 있다. '붕괴'가 다가오기 전에 더욱 전향적으로 행동할수록 앞으로 인류를 유지하고 확장하기가 수월해질 것이다. 기술을 이용해 효율성을 극대화하면서 세상은 가까워지고, 빨라지고, 상호의존적으로 변했다. 낭비가 많아지고 잠재력이 나타나 축적될 시간이 부족하다. '성장은 좋은 것'이라는 생각에서 벗어나야 하듯이 효율성과 편리함이 곧 효과적인 것과 동의어는 아니라는 사실도 알아야 한다. '효과적'이라는 것은 생존을 향상할 때만 생물학적으로 의미가 있다. 효율적이고 편리하다는 것은 그런 맥락에서 이해돼야 한다. 사람은 생존을 위협하지 않는 한 최대한 효율적이고 편리해도 된다. 인류는 새로운 갈등을 일으키지 않을 능력이 있을 뿐 아니라, 그때그때의 갈등에 대처하는 것을 넘어 더욱 전향적으로 행동할 능력 역시 있다. 하지만 인류세 동안 인류는 그 능력을 제대로 활용하지 않았다.

《해리 포터와 비밀의 방Harry Potter and the Chamber of Secrets》에서 알버스 덤블도어는 "우리가 진정 누구인지 보여주는 것은 우리의 능력이 아니라 우리의 선택이다"라고 말한다. 걱정하고 두려워하는 것은 잘못이 아니다. 특히 미래세대에 관해서는 말이다. 인간은 개인의 힘을 확장해줄 관리 체계를 택해왔지만 이런 체계는 UN부터 지역 시의회까지 모든 수준에서 거의 무용지물이 됐다. 8장에서 지적했듯이 사회적 안정을 위해 만든 사회제도는 반사회적 개인이 인류의 전반적 웰빙을 희생하면서까지 개인의 힘을 확장해주는 부품으로 전락했고, 그들이 다른 집단에 맞서 전쟁을 벌이게 도왔다. 하지만 두려움에 굴복해 아무런 문제가 없다거나 문제를 해결할 수 없다고 말하는 사람, 목표를 달성할 행동 계획을 전혀 내놓지 않은 채 그저 우리와 우리가 선호하는 종을 보호해주겠다고 공언하는 사람을 따르는 것은 잘못이다. 그들이 정치인이든, 공공정책 전문가든, 환경운동가든, 소셜미디어 인플루언서든, 증거와 계획이 무엇인지 물어보라. 비용을 추산하고 행동 계획을 제시하지 못한다면 그들에게 투표하거나 돈을 주지 말고, 그들이 아무리 당신을 걱정하며 보호해주겠다고 떠들어도 관심을 주지 마라. 그런 말을 떠벌리는 것이 바로 반사회적 개인의 특징이다.

환경운동가는 대중과 정책 입안자의 관심을 끌기 위해 해결책을 모색하기보다 대립하는 태도를 더 많이 보였다. 그 결과 사람들은 겁에 질려 행동하지 못하게 됐다. 두려움에 사로잡혀 꼼짝 못 하게 되면 집중하거나 행동하지 못한다. 우리에게 주어진 선택지가 '완전한 파괴' 아니면 '시간을 되돌려 존재하지도 않았던 과거로 돌아가기'뿐이라면 우리는 파멸할 수밖에 없다. 하지만 지금 일어나는 사건에 적응해 살아남거나, 같은 원리를 이용해 재건하고 생존한다는 선택지가 있다면 희망을 품어도 좋다. 2가지 희망적 대안을 제시하겠다. 지금 막대한 대가를 치르더라도 행동을 바꿔 다가오는 병목현상을 극복하고 반등해 인류세를 연장하거나, 행동을 취하지 못해 완전히 붕괴한 다음 잿더미에서 다시 시작하는 것이다. 기술 인류가 살아남을 미래를 만들려면 점진적 변화가 아닌 근본적 행동 변화가 필요하다. 대체에너지로 전환하거나, 대기 중 이산화탄소를 제거하거나, 계획된 후퇴와 순환 경제를 실행하는 것이 점진적 해결책이라고 생각하기란 쉽지 않다. 하지만 사실이다. 우리는 이런 문제에 어떻게 대처해야 하는지 알지만 제도적 의지가 부족하거나 제도적 장애물에 가로막혀 있다. 근본적 과제는 이런 장애물을 극복하는 것이다. 그럴 수 있다면 기후 변화에 적응하는 데 필요한 기술 조치를 실행하기가 더 쉬워진다. 다른 길을 모색하기에 아직 늦지 않았다.

전 지구적 기후 변화를 예고한 과학적 예측이 한 세기 동안 그랬듯 그대로 들어맞는다면, 살아남으려는 사람들은 서로 협력하고 즉각적 욕구와 기꺼이 타협해야 한다. 이렇게 행동을 바꾸려면 먼저 '당신의 욕구가 충족돼야 내 욕구도 충족될 수 있다'라는 사실을 깨달아야 한다. 새로운 관점을 공생, 계몽된 이기심, 우분투 등 무엇으로 부르든 이름은 중요하지 않다. 인간에게 변화하고 더욱 생존 가능한 길을 택할 역량이 있다는 점을 깨닫는 것이 중요하다. 상위 제도는 풀뿌리의 요구에 부응하지 않으면 자신도 제대로 기능할 수 없다는 사실을 알아야 한다. 풀뿌리는 상위 제도가 꼭 필요하다는 사실을 깨닫고 그들과 공생할 방법을 찾아야 한다.

생존 가능성으로 전환하는 일은 9,000년 동안 인류의 길을 이끌어 온 사회통제라는 신화를 포기하는 것에서 시작된다. 사회통제는 소수가 사회경제적 제도를 무기화하고, 타인에게 끼치는 영향을 고려하지 않고 개인의 권력을 확장할 때 나타난다. 이는 전 지구적 기후 변화가 가속되는 세계에서 인간의 생존을 가로막는다. 반대로 사회안정은 스스로 변화하며 변화에 대처하게 하는 수단이다. 사회안정을 이루려면 인간은 생물권의 4법칙에 따라 신중하고 합리적인 낙관주의자로 행동해야 한다. 기관은 실행 가능한 협력 공동체망을 형성해 상호조정하며 풀뿌리에서 다양성을 극대화하는 행동 계획에 주력해야 한다. 근본적으로 행동 변화를 이끌기 위해 노력하면 기후 변화 때문에 발생하는 기술 위협에 더 쉽게 대처하고 이에 참여할 수 있다.

앞서 살펴보았듯 사회안정은 친밀함, 신뢰, 협력이라는 3가지 요소로 이루어진 공간에서 발생한다**(그림 14.2)**. 사회안정은 풀뿌리와 상위 제도가 상호조정할 때 가장 잘 유지된다. 상호조정을 이루는 가장 좋은 방법은 전 세계에서 많이 시도했고 시행하고 있는 일종의 대의민주주의 형태를 만드는 것이다. 대의민주주의 제도에서는 기관의 활동에 영향을 받는 사람들이 자신을 관리할 관료를 선출하고 정기적

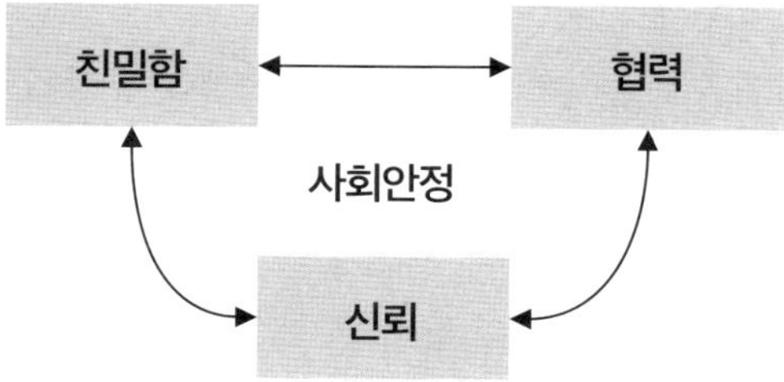

그림 14.2 친밀함, 신뢰, 협력은 사회안정의 필수 요소다. 이 가운데 신뢰는 달성하기 가장 어려우므로 가장 근본적인 요소다.

으로 그들에 대한 신뢰를 재확인하거나 마음을 바꿀 수 있다.

대의민주주의는 몇 가지 조건이 충족돼야 작동한다. 첫째, 극단적인 사회경제적 불평등이 없어야 한다. 그래서 활기찬 여러 민주주의는 신흥 중산층이나 안정적인 중산층이 있는 나라에서 발생했다. 둘째, 통치 대상자들이 평화로워야 하고, 선거에서 패배한 사람이 승리한 사람을 폭력적으로 전복하려고 할 수도 있다는 우려가 없어야 한다. 마지막으로, 정부 형태와 관계없이 이웃 국가가 평화로워야 한다. 선거가 '잘못됐을 때' 이웃이 침략할 거란 우려가 없어야 한다. 대의민주주의에서는 소수가 제도를 이용해 개인의 권력을 확장할 가능성을 줄이고, 그들이 어쩌다 시스템을 속이려 해도 그 영향력을 완화한다. 대의민주주의는 완벽하지는 않지만 포퍼가 《열린 사회와 그 적들》에서 지적했듯이 폭력을 쓰지 않고 변화할 가능성을 품은 유일한 통치 형태다. 이와 마찬가지로 다윈의 진화론에서는 완벽함을 만드는 것이 아니라, 갈등을 해결하며 지속하고 생존하는 것에 초점을 맞춘다.

대의민주주의에서 투표자는 서로 의견이 달라도 친밀해야 한다. 더 중요한 점도 있다. 소수 집단은 다수 집단이 자신들을 학대하지 않으리라 진심으로 믿어야 하고, 다수 집단은 소수 집단이 전복을 시도하지 않으리라 진심으로 믿어야 한다. 한 문화에서 전쟁이 일어나거나 이웃이 그 문화를 전복할 가능성이 있다면 민주주의는 실패한다. 도시화한 중심지 대신 소규모 순환 경제 협력망을 만들려는 노력도 이와 비슷한 이유로 위태로워질 수 있다. 조건이 달라지거나 전쟁이 일어나 거대도시 문화가 붕괴할 때 소규모 중심지 협력망이 발생한 사례가 많다. 하지만 9,000년 동안 이런 노력은 외부 공격의 위협에 직면해 실패하거나 통합됐다.

사회안정의 3요소 중 가장 약한 연결고리는 역시나 신뢰다. 현재 전 세계 정세가 이를 분명히 보여준다. 러시아와 우크라이나는 비슷한 유산을 공유하기 때문에 서로 친밀하고 과거에는 협력했다. 하지만 불신과 배신의 역사도 있다. 한번 깨진 신뢰를 회복하려면 얼마나 걸릴까? 성경(신명기 5장 9~10절, 예레미야서 32장 17~18절)에서는 '조상의 죄악'이 3~4대에 걸쳐 이어지리라 말한다. 신뢰가 또다시 깨지는 일이 없더라도 오늘날 인류에게는 충분히 신뢰를 쌓아 전 세계적인 행동 변화에 참여할 시간이 없다. 대비극 동안 인류의 경험에 비추어볼 때 그럴 가능성은 희박해 보인다.

종은 자신에게 주어진 조건에만 적응하며 영원한 현재에 산다. 종은 물려받은 보존성과 새로운 기회를 얻을 가능성의 한도 내에서 조건이 달라지는 속도와 발맞춘다. 환경 변화에 완벽하게 대응할 수는 없지만, 지구상에 있는 진화 가능한 생물은 40억 년 넘게 충분히 잘 생존하고 다양화해왔다. 인류가 생존을 위해 진화의 지침을 채택한다는 합리적 결정을 내린다면 당황하지 않고 행동할 시간이 있다. 예상되는 2050년의 조건에 적응하고 대처할 계획을 세우기만 하면 된다. 그러면 극심한 혼란과 불확실성이 사라지고, 기후 변화를 늦추거나 멈추고 심지어 되돌리기 위해 더욱 빨리 앞서나갈 수 있다. 인간의 조건이 2050년까지 완벽해질 필요는 없지만 인간이 생존할 수는 있어야 한다. 진화의 지침을 따르기로 하고 어떤 정책을 살필 때는 3가지 질문을 바탕으로 판단해야 한다. 첫째, 생물권의 4법칙 중 어떤 것에라도 어긋나는가? 그렇지 않다면 진행하자. 둘째, 생존과 웰빙을 증진하는가? 그렇다면 진행하자. 셋째, 더 효율적으로 만들 수 있는가? 만약 그렇다면 생물권의 4법칙과 웰빙 경제에 어긋나지 않는 범위에서 진행하자. 이렇게 하면 인간의 창의성으로 효과적인 계획을 만들고 따를 생존 가능한 공간이 크게 늘어난다.

진화론은 '다시 시작하기에 너무 늦은 때는 없다'라는 생각에 바탕을 둔, 지극히 낙관적이고 희망적이며 실용적인 이론이다. 다윈의 원리는 종과 생태계가 오랫동안 유지되도록 하며, 삶의 조건이 달라져 생물권을 압도하고 생물권이 크게 줄어들 때도 새로운 종이나 생태계가 나타나게 한다. 다윈의 진화론을 따르면 생명이 무한히 지속된다. 갈등이 불가피해서가 아니라 오히려 갈등 해소로 이어지기 때문이다. 이 변화의 시기에 생물권을 관리하고 기술 인류가 생존할 최선의 수단은 다윈의 갈등 해결이다. 갈등이 발생할 때마다 갈등을 최소화하고 최대한 상호조정하며 협력하는 것이다.

다윈의 역학은 지역 수준에서 발생하며 중앙의 명령이나 통제를 따르지 않는다. 지역 차원에서 신뢰를 확장하거나 재구축할 시간은 언제나 있다. 우리가 풀뿌리 이니셔티브들의 연결과 상위 제도와의 협력을 지지하는 이유다. 하딘은 인간이 협력할 수 있는 능력에 한계가 있다고 믿었다. 그는 공유지가 오직 물질적 재화와 관련 있고, 생명은 적자생존할 뿐이며, 인간은 행동을 바꿀 수 없다고 생각하면서 회의주의에 빠졌다. 다행히 그의 생각은 모두 틀렸다. 엘리너 오스트롬은 이 사실을 깨닫고 하딘의 비관론에 이의를 제기했다. 오늘날처럼 복잡한 세상에서는 지역 공동체부터 국가 전체까지 어떤 인간 집단도 자급자족할 수 없다. 따라서 장기적으로 사회가 안정되려면 협력이 필수다.

'행동 전환'은 상당히 어렵다. 행동 전환은 개인적 문제인 동시에 사회적 문제다. 우리는 이 사실을 잘 안다. 그래서 어떤 사람들은 뭘 해야 하는지 알려달라고 하지만 그럴 순 없다. 그러나 사람들이 공동의 문제를 해결하려고 함께 노력할 때 협력이 가치 있다는 사실을 이해하고, 지역 활동이든 상위 제도와의 상호조정이든 각 상황에 맞는 협력 방법을 분명히 찾을 수 있으리라 희망한다. 역사를 볼 때 인간이 평소대로 살아간다면 '과거에도 비슷한 상황을 봤고 어떻게 끝나는지 알고 있다'라고 말할 근거가 충분하다.

인류는 지금 엄청난 비용을 들여 필요한 변화를 일으킬 수도 있고, 빠져나갈 수 없는 상황이 일어나기를 기다렸다가 재건할 수도 있다. 다윈의 진화론을 바탕으로 하면 인류가 다음 세대에 경로를 변경하지 않더라도 희망을 품을 수 있다. 결국 진화에 따르면 재난을 겪은 뒤 새로운 다양성이 다시 등장하기 때문이다. 인류는 과거의 실수에서 배울 수 있고, 자신의 오만과 무지를 이해하고 방향을 조정할 수 있다. 사회가 붕괴하는 최악의 시나리오가 정말 실현된다면, 이후 인류가 회복을 위해 노력하는 과정에서 이런 경험은 매우 유용할 것이다.

인간의 대처 능력이 부족하다는 믿음은 부정확할 뿐 아니라 때로 위험하기까지 하다. 대중을 겁먹게 하고 사기를 떨어뜨리며, 기술에 매달려 구원을 바라게 만들기 때문이다. 이런 기류는 권력자와 표를 노리는 정치인들이 내놓는 정책에도 영향을 끼친다. 패배주의가 만연해지고 상황을 부정하게 되면 첨단기술을 갖춘 나라까지 취약해진다. 인류는 인지적 잠재력을 활용하고 생물학적 능력을 더 잘 발휘할 수 있다. 무엇보다 인류는 스스로를 속이기를 멈춰야 한다. 과거 인류가 항상 자연재해를 잘 이겨냈고 항상 좋은 결과를 얻었다는 주장은 사실이 아니다. 인간은 주변 환경을 더 많이 통제하려고 했지만 상황이 나아지지는 않았다. 자신에게 정직해지자. 인류가 스스로 생각할 수 있을 만큼 현명하다면 행동 역시 충분히 가능하다. 이런 믿음을 지녀야 자신의 잘못된 행동 때문에 발생한 결과를 극복해나갈 수 있다.

재러드 다이아몬드나 파울 에를리히가 우려하듯 현재의 위기가 붕괴로 이어질 수 있지만, 인류는 그전에 적응해서 선제적으로 대응할 수도 있다. 2020년에 발표된 《랜싯Lancet》 보고에 따르면 전 세계 출생률이 예상보다 더 빨리, 더 급격하게 감소하고 있다. 여기에는 생화학적 요인도 있다. 산모가 모유 수유할 때 분비되는 옥시토신이 아기에게 전달되면 엄마와 아기 사이에 빠르고 강력하며 평생 이어지는 유대감이 생긴다. 수유하지 않는 여성에게도 옥시토신이 많다. 많은 과학자는 이를 여성이 협력과 멀티태스킹에 뛰어난 점과 관계있다고 생각한다. 여성은 특히 생식에 관련된 의사결정에 긴밀히 참여해야 하며, 사회에서는 사회적 유대와 협력이 더 많이 이루어져야 한다. 출생률이 지속 가능한 수준에서 낮아진 국가들을 살펴보면 모두 여성에게 상당한 교육적·경제적 기회를 제공하고 있다.

ACG는 진화적 공유지를 만들어 전 지구적 기후 변화가 끼칠 미래의 영향을 완화한 전향적 적응 사례다. 지금까지 이런 보전 방식은 모잠비크의 고롱고자 국립공원Parque Nacional da Gorongosa에서만 재현됐다. DAMA 계획은 신종 전염병 발생을 예방하고 완화하는 선행적이고 적응적인 공공정책 행동 계획이다. 코로나19 팬데믹이 발생했지만 이 계획은 지금까지 어디에서도 시행되지 않았다. 농촌 재활성화, 순환 경제, 선행적·적응적 공공정책 체계를 형성하는 소도시 협력망 같은 아이디어는 해마다 더 폭넓게 논의된다. 예를 들어 미국의 학자 A. R. 시더스A. R. Siders와 캐서린 마흐Katherine Mach가 옹호하는 도시 회복력 향상이라는 대안적 아이디어도 이런 관점에서 나왔다. 사소한 발걸음처럼 보이지만 희망적인 조치다. 희망은 가장 근본적인 형태의 심리적 부정이며, 두려움보다 강력한 인간의 유일한 감정이다. 인류세 문제에 대처하려면 희망을 품는 인류의 능력을 효과적으로 활용해야 한다.

인간은 호기심, 두려움, 이성 때문에 행동한다. 모두 갈등 해결에 이바지하는 요소다. 호기심은 초기 인류가 이주하도록 이끈 원동력이었다. '사막 너머에는 뭐가 있을까?' '저 산 너머에는 뭐가 있지?' 같은 호기심이다. 하지만 더욱 일반화해보면 호기심은 발명을 넘어 창의적 충동을 촉진한다. 발명은 생존 가능성을 만들지만 안전하다고 느낄 때만 일어난다. 불확실한 위기상황에서는 두려움에 휩싸이기 때문이다. 이때는 손에 쥔 것을 그때그때 활용하며 안전했던 과거에 저장한 잠재력을 소비할 뿐이다. 두려움은 공황으로 이어지고, 공황은 비이성적 반응으로 이어진다. 이성에 기반해 효과적·능동적으로 대처할 수 있다면 좋겠지만 그러지 못하는 순간이 너무 많다. 왜냐하면 인간의 본성은 마법 같은 해결책을 좋아하는 반면, 이성은 문제 상황에서 자신이 책임지고 할 일이 무엇인지 생각하게 만들기 때문이다.

인류는 450세대에 걸쳐 자신과 전쟁을 벌였고 어떻게든 살아남았다. 인간은 선제적으로 적응할 수 있지만, 이런 노력이 생물권의 4법칙에 부합하지 않으면 적응하려는 노력은 40억 년의 진화에 맞서는 체계를 설계하려는 노력이 돼버린다. 잘못된 행동이 초래한 결과를 미루기 위해 기술을 사용하는 인간의 능력이 한계에 이르렀다는 점은 걱정스럽다. 전 지구적 기후 변화에서 예측된 위협이 점점 빠르게 나타나고, 남은 시간이 별로 없다는 나쁜 소식도 들려온다. 하지만 반가운 소식도 있다. 우리가 효과적으로 행동하고 행동을 수정하기로 선택할 수 있다는 점이다. 빨리 행동할수록 비극을 완화할 가능성이 커진다. 인류는 이런 행동을 최대한 미뤄왔지만, 지금은 영웅이 나타나기만 바라거나 포기할 때가 아니다. 현실적이고 창의적이며 주도적이고 끈기 있게 현재에 대처하되 미래로 나아갈 잠재력을 발휘해야 하는 시기다. 단순히 도발적인 태도가 아니라 선제적인 태도가 필요하다.

지구상에 널리 퍼진 영장류 종이 기능장애에 빠진 지금의 상태를 방치하고 바꾸지 않는다면 이 상태는 지구에 의해 자체 교정될 것이다. 인간이 자신에게 도움이 되는 방향으로 행동하지 않는다면 진화는 인류세 다음의 생물권에서 호모사피엔스를 소외시킬 수 있다. 극단적 비관주의자는 인류가 잘못된 길로 들어섰고 스스로를 파괴할 것이라고 생각한다.

신중하고 합리적인 낙관주의자들은 붕괴가 일어나더라도 인류는 살아남을 수 있으며, 잔해를 모아 어떻게든 사회를 재건하고, 대비극을 반복하지 않으리라고 믿는다. 인류가 손 놓고 있다가 최악의 시나리오가 실현되더라도, 생물권의 4법칙을 지침으로 삼는다면 두 번째 기회를 얻을 수 있을 것이다. 이 책에서 제시한 생존 방침을 따를 때 인간은 문명을 재건할 수 있으며, 다시 한번 무대 주변부에서 중심으로 나아갈 수 있을 것이다. 어쩌면 인류가 무한한 존재가 되어 우주의 나머지 부분을 탐험하는 순간이 올지도 모른다. 어쩌면 진짜 이성의 시대가 찾아와 인류는 스스로 부여한 호모사피엔스라는 칭호를 얻게 될 수도 있다.

진화는 아무것도 보장하지 않지만 수많은 잠재력을 우리에게 안긴다. 지금 여기 있는 것이 먼저 무너질 수 있지만 그렇다고 완전히 파괴되지는 않는다. 신화 속 불사조처럼, 우리는 무너졌다가도 다시 일어설 수 있다.

Ce que vous avez perdu dans le feu, vous le retrouverez dans la cendre.
불타 사라진 것은 잿더미 속에서 발견되리라.

분명히 말하지만 진화는 30억 년 넘도록 생명이 기후 변화에 대처하는 데 항상 성공적인 도구였다. 하지만 지난 1만 5,000년 동안 인류가 저질러온 모든 일 때문에 인류라는 존재는 점점 더 깊이 수렁에 빠졌다. 대략 3만 년 전, 홍적세의 정점에 도착한 호모사피엔스는 축적된 지식의 보고를 활용해 2만 7,000년 전에서 1만 9,000년 전 사이 LGM의 폭풍을 이겨내고 다시 일어섰다. 인류세는 20세기 후반에서 21세기 초반에 정점에 이르렀다. 인류는 다시 한번 실존적 환경 위기에 직면했지만, 이번 위기는 우리의 행동 때문에 악화됐다. 인류가 이런 상황에 처할 운명이라면 재난에 좀 더 빠르게 대처하고, 다윈의 원리를 적용해 더욱 생존 가능성 큰 기반을 바탕으로 다시 일어설 수 있게 노력해야 한다.

인류가 행동에 나서 '거대 병목 다음의 반등Great Bottleneck and Rebound'을 선택하든 어떤 행동도 하지 않아 '대붕괴 다음의 재건Great

Collapse and Rebuild'을 선택하든, 똑같은 진화의 원리를 적용할 수 있다. 인간에게 단 하나의 본능이 있다면 그것은 바로 생존 본능일 것이다. 다윈의 진화론이 지닌 보편성을 떠올리면 인류가 지난 1만 2,000년 동안 얻은 여러 이점을 보전하고 되살려 인류세를 통과할 수 있다는 든든한 희망을 얻을 수 있다. 우리가 생존할 길은 전쟁이 아니라 행동을 바꿔 변화에 대비하는 것임을 명심한 채 나아간다면 말이다.

참고문헌

1장

Barnosky, Anthony D., Elizabeth A. Hadly, Jordi Bascompte, Eric L. Berlow, James H. Brown, Mikael Fortelius, Wayne M. Getz, et al. "Approaching a State Shift in Earth's Biosphere." *Nature* 486, no. 7401 (June 2012): 52-58.

Benton, Tim G., and Helen Harwatt. *Sustainable Agriculture and Food Systems*. London: Chatham House, 2022.

Bortolini, Eugenio, Luca Pagani, Enrico R. Crema, Stefania Sarno, Chiara Barbieri, Alessio Boattini, Marco Sazzini, et al. "Inferring Patterns of Folktale Diffusion Using Genomic Data." *Proceedings of the National Academy of Sciences* 114, no. 34 (August 2017): 9140-9145.

Capotondi, Lucilla, Adele Bertini, Emanuela Falcucci, Stefano Furlani, Giovanni Monegato, Marco Peresani, Maria Rita Palombo, et al. "Using the Past to Envisage a Better Future: The Approach of a Quaternary Scientist." *Alpine and Mediterranean Quaternary* 34, no. 2 (November 2021): 257-275.

Cleary, Seán. "Cognitive Constraints and Behavioral Biases." In *Learning from Catastrophes*, edited by Howard Kunreuther and Michael Useem, 64-82. Upper Saddle River, NJ: Prentice Hall, 2009.

Criado-Boado, Felipe, Diego Alonso-Pablos, Manuel J. Blanco, Yolanda Porto, Anxo Rodríguez-Paz, Elena Cabrejas, Elena del Barrio-Álvarez, and Luis M. Martínez. "Coevolution of Visual Behaviour, the Material World and Social Complexity, Depicted by the Eye-Tracking of Archaeological Objects in Humans." *Scientific Reports* 9 (March 2019): 3985. https://doi.org/10.1038/s41598-019-39661-w.

Crutzen, Paul J., and Eugene F. Stoermer. "The 'Anthropocene.'" In *Paul J. Crutzen and the Anthropocene*, edited by Susanne Benner, Gregor Lax, Paul J. Crutzen, Ulrich Poschl,

Jos Lelieveld, and Hans Gunter Brauch, 19-21. Cham, Switz.: Springer, 2021.

Darwin, Charles. *On the Origin of Species*. 6th ed. London: John Murray, 1872.

Dirzo, Rodolfo, Gerardo Ceballos, and Paul R. Ehrlich. "Circling the Drain: The Extinction Crisis and the Future of Humanity." *Philosophical Transactions of the Royal Society B: Biological Sciences* 377, no. 1857 (August 2022): 20210378. https://doi.org/10.1098/rstb.2021.0378.

Franco, Emilio Granados. *The Global Risks Report 2020*. 15th ed. Davos-Klosters, Switz.: World Economic Forum, 2020.

Halpern, Benjamin S., Melanie Frazier, Jamie Afflerbach, Julia S. Lowndes, Fiorenza Micheli, Casey O'Hara, Courtney Scarborough, and Kimberly A. Selkoe. "Recent Pace of Change in Human Impact on the World's Ocean." *Scientific Reports* 9, no. 1 (December 2019): 11609. https://doi.org/10.1038/s41598-019-47201-9.

Hardin, Garrett. "Commentary: Living on a Lifeboat." *BioScience* 24, no. 10 (October 1974): 561-568.

Hardin, Garrett. "The Tragedy of the Commons." *Science* 162, no. 3859 (December 1968): 1243-1248.

Head, Martin J., Will Steffen, David Fagerlind, Colin N. Waters, Clement Poirier, Jaia Syvitski, Jan A. Zalasiewicz, et al. "The Great Acceleration Is Real and Provides a Quantitative Basis for the Proposed Anthropocene Series/Epoch." *Episodes* 45, no. 4 (November 2021): 359-376.

Head, Martin J., Jan A. Zalasiewicz, Colin N. Waters, Simon D. Turner, Mark Williams, Anthony D. Barnosky, Will Steffen, et al. "The Anthropocene Is a Prospective Epoch/Series, Not a Geological Event." *Episodes* (August 2022). https://doi.org/10.18814/epiiugs/2022/022025.

Hudson, Mark J. "Towards a Prehistory of the Great Divergence: The Bronze Age Roots of Japan's Premodern Economy." *Documenta Praehistorica* 46 (December 2019): 30-43.

Johnson, Arthur T. "Innovation Is Tied to Optimism." *IEEE Pulse* 12, no. 3 (May 2021): 27-29.

Jones, Matthew D., Nizar Abu-Jaber, Ahmad AlShdaifat, Douglas Baird, Benjamin I. Cook, Mark O. Cuthbert, Jonathan R. Dean, et al. "20,000 Years of Societal Vulnerability and Adaptation to Climate Change in Southwest Asia." *WIREs Water* 6, no. 2 (March 2019). https://doi.org/10.1002/wat2.1330.

Kolbert, Elizabeth. "Why Facts Don't Change Our Minds." *New Yorker*, February 19, 2017. https://www.newyorker.com/magazine/2017/02/27/why-facts-dont-change-our-minds.

Leinfelder, Reinhold. "The Anthropocene—the Earth in Our Hands." *Refubium*, Freie Universität Berlin (February 2020). https://doi.org/10.17169/refubium-26459.

Neiman, Susan. *Evil in Modern Thought: An Alternative History of Philosophy*. Princeton, NJ: Princeton University Press, 2015.

Ostrom, Elinor, Joanna Burger, Christopher B. Field, Richard B. Norgaard, and David Policansky. "Revisiting the Commons: Local Lessons, Global Challenges." *Science* 284, no. 5412 (May 1999): 278-282.

Palumbi, Stephen R. "Humans as the World's Greatest Evolutionary Force." *Science* 293, no. 5536 (October 2001): 1786-1790.

Pereda, María, Débora Zurro, José I. Santos, Ivan Briz i Godino, Myrian Álvarez, Jorge Caro, and José M. Galán. "Emergence and Evolution of Cooperation under Resource Pressure." *Scientific Reports* 7 (April 2017): 45574. https://doi.org/10.1038/srep45574.

Prothero, Donald R. *The Story of the Earth in 25 Rocks*. New York: Columbia University Press, 2018.

Rees, William E. "Yes, the Climate Crisis May Wipe Out Six Billion People." *Tyee*, September 18, 2019. https://thetyee.ca/Analysis/2019/09/18/Climate-Crisis-Wipe-Out/.

Riede, Felix, Christina Vestergaard, and Kristoffer H. Fredensborg. "A Field Archaeologica Perspective on the Anthropocene." *Antiquity* 90, no. 354 (December 2016): e7. https://doi.org/10.15184/aqy.2016.183.

Ríos-Saldaña, C. Antonio, Miguel Delibes-Mateos, and Catarina C. Ferreira. "Are Fieldwork Studies Being Relegated to Second Place in Conservation Science?" *Global Ecology and Conservation* 14 (2018): e00389. https://doi.org/10.1016/j.gecco.2018.e00389.

Robbins Schug, Gwen, Emily K. Parnell, and Ryan P. Harrod. "Changing the Climate: Bioarchaeology Responds to Deterministic Thinking about Human-Environmental Interactions in the Past." In *Bioarchaeologists Speak Out*, edited by Jane E. Buikstra, 133-159. Cham, Switz.: Springer, 2019.

Ruddiman, William F. "The Early Anthropogenic Hypothesis: Challenges and Responses." *Reviews of Geophysics* 45, RG4001 (December 2007): 2006RG000207. https://doi.org/10.1029/2006RG000207.

Ruddiman, William F., et al. "The Early Anthropogenic Hypothesis: A Review." (2020)

Schneider, Stephen H. "Abrupt Non-Linear Climate Change, Irreversibility and Surprise." *Global Environmental Change* 14, no. 3 (October 2004): 245-258.

Shennan, Stephen. "Demography and Cultural Evolution." In *Emerging Trends in the Social and Behavioral Sciences*, edited by Robert Scott and Stephan Kosslyn, 1-14. Hoboken, NJ: John Wiley and Sons, 2015.

Soga, Masashi, and Kevin J. Gaston. "Extinction of Experience: The Loss of Human-Nature Interactions." *Frontiers in Ecology and the Environment* 14, no. 2 (March 2016):

94-101.

Steffen, Will, Wendy Broadgate, Lisa Deutsch, Owen Gaffney, and Cornelia Ludwig. "The Trajectory of the Anthropocene: The Great Acceleration." *Anthropocene Review* 2, no. 1 (April 2015): 81-98.

Stiner, Mary C., and Natalie D. Munro. "Approaches to Prehistoric Diet Breadth, Demography, and Prey Ranking Systems in Time and Space." *Journal of Archaeological Method and Theory* 9, no. 2 (2002): 181-214.

Sugiyama, Michelle Scalise. "Food, Foragers, and Folklore: The Role of Narrative in Human Subsistence." *Evolution and Human Behavior* 22, no. 4 (July 2001): 221-240.

Sussman, Robert W. "The Myth of Man the Hunter, Man the Killer and the Evolution of Human Morality." *Zygon* 34, no. 3 (September 1999): 453-471.

Totten, Michael P. "Flourishing Sustainably in the Anthropocene? Known Possibilities and Unknown Probabilities." In *Reference Module in Earth Systems and Environmental Sciences*, edited by Damien Chanal, Nadia Yousfi Steiner, Raffaele Petrone, Didier Chamagne, and Marie-Cécile Péra, 1-79. Amsterdam: Elsevier, 2018.

Trautmann, Nancy M., and Michael P. Gilmore. "Educating as If Survival Matters." *BioScience* 68, no. 5 (May 2018): 324-326.

Turner, Graham. *Is Global Collapse Imminent?* Victoria: Melbourne Sustainable Society Institute, 2014.

Vestergaard, Christina, and Felix Riede. "Modern Climate Change and Contemporary Environmental Archaeology." *Archaeological Review from Cambridge* 32, no. 2 (2017): 10-24.

von Humboldt, Alexander. *Kosmos*. London: H. Baillière, 1845.

Waring, Timothy M. "New Evolutionary Foundations: Theoretical Requirements for a Science of Sustainability." *Ecological Economics* 69, no. 4 (February 2010): 718-730.

Waters, Colin N., Ian J. Fairchild, Francine M. G. McCarthy, Chris S. M. Turney, Jan Zalasiewicz, and Mark Williams. "How to Date Natural Archives of the Anthropocene." *Geology Today* 34, no. 5 (September 2018): 182-187.

Waters, Colin N., Jan Zalasiewicz, Colin Summerhayes, Anthony D. Barnosky, Clément Poirier, Agnieszka Gałuszka, Alejandro Cearreta, et al. "The Anthropocene Is Functionally and Stratigraphically Distinct from the Holocene." *Science* 351, no. 6269 (January 2016): aad2622. https://doi.org/10.1126/science.aad2622.

Weinberger, Vanessa P., C. Quiñinao, and Pablo A. Marquet. "Innovation and the Growth of Human Population." *Philosophical Transactions of the Royal Society B: Biological Sciences* 372, no. 1735 (December 2017): 20160415. https://doi.org/10.1098/rstb.2016.0415.

Woetzel, Jonathan, Dickon Pinner, Hamid Samandari, Hauke Engel, Mekala Krishnan,

Brodie Boland, and Carter Powis. *Climate Risk and Response*. Washington, DC: McKinsey Global Institute, 2020.

Zalasiewicz, Jan, Colin N. Waters, Erle C. Ellis, Martin J. Head, Davor Vidas, Will Steffen, Julia Adeney Thomas, et al. "The Anthropocene: Comparing Its Meaning in Geology (Chronostratigraphy) with Conceptual Approaches Arising in Other Disciplines." *Earth's Future* 9, no. 3 (March 2021): e2020EF001896. https://doi.org/10.1029/2020EF001896.

2장

Agosta, Salvatore J. "On Ecological Fitting, Plant-Insect Associations, Herbivore Host Shifts, and Host Plant Selection." *Oikos* 114, no. 3 (September 2006): 556-565.

Agosta, Salvatore J. "The Stockholm Paradigm Explains the Dynamics of Darwin's Entangled Bank, Including Emerging Infectious Disease." *MANTER: Journal of Parasite Biodiversity* 27 (December 23, 2022). doi: 10.32873/unl.dc.manter27.

Agosta, Salvatore J., and Daniel R. Brooks. *The Major Metaphors of Evolution*. Cham, Switz.: Springer, 2020.

Agosta, Salvatore J., Niklas Janz, and Daniel R. Brooks. "How Specialists Can Be Generalists: Resolving the 'Parasite Paradox' and Implications for Emerging Infectious Disease." *Zoologia (Curitiba)* 27, no. 2 (April 2010): 151-162.

Agosta, Salvatore J., and Jeffrey A. Klemens. "Ecological Fitting by Phenotypically Flexible Genotypes: Implications for Species Associations, Community Assembly and Evolution." *Ecology Letters* 11, no. 11 (November 2008): 1123-1134.

Brooks, Daniel R. "Testing the Context and Extent of Host-Parasite Coevolution." *Systematic Biology* 28, no. 3 (September 1979): 299-307.

Brooks, Daniel R., and Eric P. Hoberg. "Darwin's Necessary Misfit and the Sloshing Bucket: The Evolutionary Biology of Emerging Infectious Diseases." *Evolution: Education and Outreach* 1, no. 1 (January 2008): 2-9.

Brooks, Daniel R., Virginia León-Règagnon, Deborah A. McLennan, and Derek Zelmer. "Ecological Fitting as a Determinant of the Community Structure of Platyhelminth Parasites of Anurans." *Ecology* 87, no. S7 (July 2006): S76-S85.

Brooks, Daniel R., and Deborah A. McLennan. *The Nature of Diversity*. Chicago: University of Chicago Press, 2002.

Darwin, Charles. *On the Origin of Species*. 6th ed. 1872. 다음 쪽에서 인용: 32, 32, 89.

Harholt, Jesper, Øjvind Moestrup, and Peter Ulvskov. "Why Plants Were Terrestrial from the Beginning." *Trends in Plant Science* 21, no. 2 (February 2016): 96-101.

Jacob, François. "Evolution and Tinkering." *Science* 196, no. 4295 (June 1977): 1161-1166.

Janiak, Agnieszka, Miroslaw Kwasniewski, Marta Sowa, Katarzyna Gajek, Katarzyna

Żmuda, Janusz Kościelniak, and Iwona Szarejko. "No Time to Waste: Transcriptome Study Reveals That Drought Tolerance in Barley May Be Attributed to Stressed-Like Expression Patterns That Exist before the Occurrence of Stress." *Frontiers in Plant Science* 8 (January 2018): 2212. https://doi.org/10.3389/fpls.2017.02212.

Janzen, Daniel H. "On Ecological Fitting..." (1985): 308-310.

Janzen, Daniel H., and Paul S. Martin. "Neotropical Anachronisms: The Fruits the Gomphotheres Ate." *Science* 215, no. 4528 (January 1982): 19-27.

Larsen, Jesper, Claire L. Raisen, Xiaoliang Ba, Nicholas J. Sadgrove, Guillermo F. Padilla-González, Monique S. J. Simmonds, Igor Loncaric, et al. "Emergence of Methicillin Resistance Predates the Clinical Use of Antibiotics." *Nature* 602, no. 7895 (February 2022): 135-141.

Maynard Smith, John, and Eörs Szathmáry. *The Major Transitions in Evolution*. Oxford: W. H. Freeman, 1995.

McLennan, Deborah A. "The Concept of Co-option: Why Evolution Often Looks Miraculous." *Evolution: Education and Outreach* 1, no. 3 (June 2008): 247-258.

Rabett, Ryan J. "The Success of Failed Homo sapiens Dispersals out of Africa and into Asia." *Nature Ecology and Evolution* 2, no. 2 (January 2018): 212-219.

Scerri, Eleanor M. L., Mark G. Thomas, Andrea Manica, Philipp Gunz, Jay T. Stock, Chris Stringer, Matt Grove, et al. "Did Our Species Evolve in Subdivided Populations across Africa, and Why Does It Matter?" *Trends in Ecology and Evolution* 33, no. 8 (August 2018): 582-594.

Skulan, Joseph. "Has the Importance of the Amniote Egg Been Overstated?" *Zoological Journal of the Linnean Society* 130, no. 2 (May 2000): 235-261.

Smith, Jonathan D. H. "A Class of Mathematical Models for Evolution and Hierarchical Information Theory." *Institute for Mathematics and Its Applications Preprints Series*, 396 (March 1988): 1-13.

Sonne, Jesper, Bo Dalsgaard, Michael K. Borregaard, Jonathan Kennedy, Jon Fjeldså, and Carsten Rahbek. "Biodiversity Cradles and Museums Segregating within Hotspots of Endemism." *Proceedings of the Royal Society B: Biological Sciences* 289, no. 1981 (August 2022): 20221102. https://doi.org/10.1098/rspb.2022.1102.

Ulanowicz, Robert E. *Ecology, the Ascendent Perspective*. New York: Columbia University Press, 1997.

van der Made, Jan. "Migrations and Climate." *Courier Forschungsinstitut Senckenberg* 153 (November 1992): 27-37.

Wallace, Alfred Russel. "On the Law Which Has Regulated the Introduction of New Species." *Annals and Magazine of Natural History* 16, no. 93 (1855): 184-196.

Wanntorp, Hans-Erik. "Historical Constraints in Adaptation Theory: Traits and Non-

Traits." *Oikos* 41, no. 1 (August 1983): 157-160.

West-Eberhard, Mary Jane. *Developmental Plasticity and Evolution*. New York: Oxford University Press, 2003.

Yeh, Pamela J., and Trevor D. Price. "Adaptive Phenotypic Plasticity and the Successful Colonization of a Novel Environment." *American Naturalist* 164, no. 4 (October 2004): 531-542.

Yoder, Jeremy B., Erin Clancey, Simone Des Roches, Jonathan M. Eastman, L. Gentry, W. Godsoe, Travis J. Hagey, et al. "Ecological Opportunity and the Origin of Adaptive Radiations." *Journal of Evolutionary Biology* 23, no. 8 (August 2010): 1581-1596.

Zettler, Erik R., Tracy J. Mincer, and Linda A. Amaral-Zettler. "Life in the 'Plastisphere': Microbial Communities on Plastic Marine Debris." *Environmental Science and Technology* 47, no. 13 (June 2013): 7137-7146.

3장

Agosta, Salvatore J. "The Stockholm Paradigm Explains..." (2022)

Agosta, Salvatore J., and Daniel R. Brooks. *The Major Metaphors of Evolution*. 2020.

Agosta, Salvatore J., et al. "How Specialists Can Be Generalists..." (2010)

Arrhenius, Olof. "Species and Area." *Journal of Ecology* 9, no. 1 (September 1921): 95-99.

Boeger, Walter A., Daniel R. Brooks, Valeria Trivellone, Salvatore J. Agosta, and Eric P. Hoberg. "Ecological Super-Spreaders Drive Host-Range Oscillations: Omicron and Risk Space for Emerging Infectious Disease." *Transboundary and Emerging Diseases* 69, no. 5 (September 2022): e1280-e1288.

Brooks, Daniel R., and Amanda L. Ferrao. "The Historical Biogeography of Co-Evolution: Emerging Infectious Diseases Are Evolutionary Accidents Waiting to Happen." *Journal of Biogeography* 32, no. 8 (August 2005): 1291-1299.

Brooks, Daniel R., Eric P. Hoberg, and Walter A. Boeger. *The Stockholm Paradigm*. Chicago: University of Chicago Press, 2019.

Brooks, Daniel R., Eric P. Hoberg, Walter A. Boeger, Scott L. Gardner, Kurt E. Galbreath, Dávid Herczeg, Hugo H. Mejía-Madrid, S. Elizabeth Rácz, and Altangerel Tsogtsaikhan Dursahinhan. "Finding Them Before They Find Us: Informatics, Parasites, nd Environments in Accelerating Climate Change." *Comparative Parasitology* 81, no. 2 (July 2014): 155-164.

Clements, Frederic Edward. *Plant Succession*. Washington, DC: Carnegie Institute of Washington, 1916.

Colwell, Robert K., and Thiago F. Rangel. "Hutchinson's Duality: The Once and Future Niche." *Proceedings of the National Academy of Sciences* 106, no. S2 (November 2009): 19651-19658.

Cruz-Laufer, Armando J., Tom Artois, Stephan Koblmüller, Antoine Pariselle, Karen Smeets, Maarten Van Steenberge, and Maarten P. M. Vanhove. "Explosive Networking: The Role of Adaptive Host Radiations and Ecological Opportunity in a Species-Rich Host-Parasite Assembly." *Ecology Letters* 25, no. 8 (August 2022): 1795-1812.

Darwin, Charles. *On the Origin of Species*. 6th ed. 1872. 다음 쪽에서 인용: 459.

Davidson, Christopher B., Kurt W. Gottschalk, and James E. Johnson. "Tree Mortality Following Defoliation by the European Gypsy Moth (Lymantria dispar L.) in the United States: A Review." *Forest Science* 45, no. 1 (February 1999): 74-84.

Erwin, Terry L. "The Taxon Pulse: A General Pattern of Lineage Radiation and Extinction among Carabid Beetles." In *Taxonomy, Phylogeny, and Zoogeography of Beetles and Ants*, edited by George E. Ball, 437-472. Dordrecht: W. Junk, 1985.

Erwin, Terry L. "Taxon Pulses, Vicariance, and Dispersal: An Evolutionary Synthesis Illustrated by Carabid Beetles." In *Vicariance Biogeography*, edited by Gareth Nelson and Donn E. Rosen, 159-196. New York: Columbia University Press, 1981.

Erwin, Terry L. "Thoughts on the Evolutionary History of Ground Beetles: Hypotheses Generated from Comparative Faunal Analyses of Lowland Forest Sites in Temperate and Tropical Regions." In *Carabid Beetles*, edited by Terry L. Erwin, George E. Ball, Donald R. Whitehead, and Anne L. Halpern, 539-592. Dordrecht: Springer, 1979.

Folinsbee, Kaila E., and Daniel R. Brooks. "Miocene Hominoid Biogeography: Pulses of Dispersal and Differentiation." *Journal of Biogeography* 34, no. 3 (March 2007): 383-397.

Gleason, Henry Allan. "On the Relation between Species and Area." *Ecology* 3, no. 2 (April 1922): 158-162. 다음 쪽에서 인용: 158.

Grayson, Kristine L., and Derek M. Johnson. "Novel Insights on Population and Range Edge Dynamics Using an Unparalleled Spatiotemporal Record of Species Invasion." *Journal of Animal Ecology* 87, no. 3 (May 2018): 581-593.

Halas, Dominik, David Zamparo, and Daniel R. Brooks. "A Historical Biogeographical Protocol for Studying Biotic Diversification by Taxon Pulses." *Journal of Biogeography* 32, no. 2 (February 2005): 249-260.

Hardy, Alistair. *Great Waters*. London: Collins, 1967. 다음 쪽에서 인용: 121.

Hoberg, Eric P., et al. "Stepping-Stones and Mediators of Pandemic Expansion..." (2022)

Hutchinson, G. Evelyn. "Concluding Remarks. Population Studies: Animal Ecology and Demography." *Cold Spring Harbor Symposia on Quantitative Biology* 22 (1957): 415-427.

Janz, Niklas, and Sören Nylin. "The Oscillation Hypothesis of Host-Plant Range and Speciation." In *Specialization, Speciation, and Radiation*, edited by Kelley Jean

Tilmon, 203-215. Berkeley: University of California Press, 2008.

MacArthur, Robert H., and Edward O. Wilson. *The Theory of Island Biogeography*. Princeton, NJ: Princeton University Press, 1967.

Marko, Peter B., Jessica M. Hoffman, Sandra A. Emme, Tamara M. Mcgovern, Carson C. Keever, and L. Nicole Cox. "The 'Expansion-Contraction' Model of Pleistocene Biogeography: Rocky Shores Suffer a Sea Change?" *Molecular Ecology* 19, no. 1 (January 2010): 146-169.

Nilsson, Christer, and Gunnell Grelsson. "The Fragility of Ecosystems: A Review." *Journal of Applied Ecology* 32, no. 4 (November 1995): 677-692.

Seersholm, Frederik V., Daniel J. Werndly, Alicia Grealy, Taryn Johnson, Erin M. Keenan Early, Ernest L. Lundelius, Barbara Winsborough, et al. "Rapid Range Shifts and Megafaunal Extinctions Associated with Late Pleistocene Climate Change." *Nature Communications* 11, no. 1 (December 2020): 2770. https://www.nature.com/articles/s41467-020-16502-3.

Shishkin, M. A. "Disturbance of Organizational Equilibrium during the Change of Ancient Tetrapod Communities: Its Manifestations at the Middle-Late Permian Transition." *Paleontological Journal* 56, no. 3 (June 2022): 237-246.

Si, Xingfeng, Marc W. Cadotte, T. Jonathan Davies, Alexandre Antonelli, Ping Ding, Jens-Christian Svenning, and Søren Faurby. "Phylogenetic and Functional Clustering Illustrate the Roles of Adaptive Radiation and Dispersal Filtering in Jointly Shaping Late-Quaternary Mammal Assemblages on Oceanic Islands." *Ecology Letters* 25, no. 5 (May 2022): 1250-1262.

Sonne, Jesper, et al. "Biodiversity Cradles and Museums..." (2022)

Stigall, Alycia L. "The Invasion Hierarchy: Ecological and Evolutionary Consequences of Invasions in the Fossil Record." *Annual Review of Ecology, Evolution, and Systematics* 50 (November 2019): 355-380.

Stigall, Alycia L., Jennifer E. Bauer, Adriane R. Lam, and David F. Wright. "Biotic Immigration Events, Speciation, and the Accumulation of Biodiversity in the Fossil Record." *Global and Planetary Change* 148 (January 2017): 242-257.

Stigall, Alycia L., Cole T. Edwards, Rebecca L. Freeman, and Christian M. Ø. Rasmussen. "Coordinated Biotic and Abiotic Change during the Great Ordovician Biodiversification Event: Darriwilian Assembly of Early Paleozoic Building Blocks." *Palaeogeography, Palaeoclimatology, Palaeoecology* 530 (September 2019): 249-270.

Tansley, Arthur G. "The Use and Abuse of Vegetational Concepts and Terms." *Ecology* 16, no. 3 (July 1935): 284-307.

Wallace, Alfred Russel. "On the Law Which Has Regulated the Introduction of New Species." (1855)

Wilkinson, David M. "The Parable of Green Mountain: Ascension Island, Ecosystem Construction and Ecological Fitting." *Journal of Biogeography* 31, no. 1 (January 2004): 1-4.

Wilson, Edward O. "Adaptive Shift and Dispersal in a Tropical Ant Fauna." *Evolution* 13, no. 1 (March 1959): 122-144.

Wilson, Edward O. "The Nature of the Taxon Cycle in the Melanesian Ant Fauna." *American Naturalist* 95, no. 882 (May-June 1961): 169-193.

4장

Akhilesh, Kumar, Shanti Pappu, Haresh M. Rajapara, Yanni Gunnell, Anil D. Shukla, and Ashok K. Singhvi. "Early Middle Palaeolithic Culture in India around 385-172 Ka Reframes Out of Africa Models." *Nature* 554, no. 7690 (February 2018): 97-101.

Andrieu-Ponel, Valérie, Pierre Rochette, François Demory, Hülya Alçiçek, Nicolas Boulbes, Didier Bourlès, Cahit Helvacı, et al. "Continuous Presence of Proto-Cereals in Anatolia since 2.3 Ma, and Their Possible Co-Evolution with Large Herbivores and Hominins." *Scientific Reports* 11 (April 2021): 8914. https://doi.org/10.1038/s41598-021-86423-8.

Arzarello, Marta, Federica Marcolini, Giulio Pavia, Marco Pavia, Carmelo Petronio, Mauro Petrucci, Lorenzo Rook, and Raffaele Sardella. "Evidence of Earliest Human Occurrence in Europe: The Site of Pirro Nord (Southern Italy)." *Naturwissenschaften* 94, no. 2 (January 2007): 107-112.

Barham, Lawrence, and Daniel Everett. "Semiotics and the Origin of Language in the Lower Palaeolithic." *Journal of Archaeological Method and Theory* 28, no. 2 (June 2021): 535-579.

Barkai, Ran, and Avi Gopher. "Cultural and Biological Transformations in the Middle Pleistocene Levant: A View from Qesem Cave, Israel." In *Dynamics of Learning in Neanderthals and Modern Humans*, Vol. 1, edited by Takeru Akazawa, Yoshihiro Nishiaki, and Kenichi Aoki, 115-137. Tokyo: Springer, 2013.

Begun, David R. "Miocene Hominids and the Origins of the African Apes and Humans." *Annual Review of Anthropology* 39, no. 1 (October 2010): 67-84.

Bergström, Anders, and Chris Tyler-Smith. "Paleolithic Networking." *Science* 358, no. 6363 (November 2017): 586-587.

Beyer, Robert M., Mario Krapp, Anders Eriksson, and Andrea Manica. "Windows out of Africa: A 300,000-Year Chronology of Climatically Plausible Human Contact with Eurasia." 프리프린트preprint. 다음에 게시됨: bioRxiv January 14, 2020. https://doi.org/10.1101/2020.01.12.901694.

Bickerton, Derek, and Eörs Szathmáry. "Confrontational Scavenging as a Possible Source for Language and Cooperation." *BMC Evolutionary Biology* 11, no. 1 (December 2011): 261. https://doi.org/10.1186/1471-2148-11-261.

Blinkhorn, James, and Matt Grove. "The Structure of the Middle Stone Age of Eastern Africa." *Quaternary Science Reviews* 195 (September 2018): 1-20.

Boivin, Nicole, Rémy Crassard, and Michael Petraglia, eds. *Human Dispersal and Species Movemen*. Cambridge: Cambridge University Press, 2017.

Breeze, Paul S., Huw S. Groucutt, Nick A. Drake, Tom S. White, Richard P. Jennings, and Michael D. Petraglia. "Palaeohydrological Corridors for Hominin Dispersals in the Middle East ~250-70,000 Years Ago." *Quaternary Science Reviews* 144 (July 2016): 155-185.

Chevrier, Benoît, Éric Huysecom, Sylvain Soriano, M. Rasse, Laurent Lespez, Brice Lebrun, and Chantal Tribolo. "Between Continuity and Discontinuity: An Overview of the West African Paleolithic over the Last 200,000 Years." *Quaternary International* 466 (February 2018): 3-22.

Committee on the Earth System Context for Hominin Evolution. *Understanding Climate's Influence on Human Evolution*. Washington, DC: National Academies Press, 2010.

de la Torre, Ignacio. "Searching for the Emergence of Stone Tool Making in Eastern Africa." *Proceedings of the National Academy of Sciences* 116, no. 24 (June 2019): 11567-11569.

Di Vincenzo, Fabio. "Toward a Neuro-Archaeology of the Faculty of Language." In *Evoluzione, Mente e Linguaggio* (2010), edited by Erica Cosentino and Maria Grazia Rossi, 255-266. Rome, 2011.

Domínguez-Rodrigo, Manuel, Lloyd A. Courtenay, Lucía Cobo-Sánchez, Enrique Baquedano, and Audax Mabulla. "A Case of Hominin Scavenging 1.84 Million Years Ago from Olduvai Gorge (Tanzania)." *Annals of the New York Academy of Sciences* 1510, no. 1 (April 2022): 121-131.

Erlandson, Jon M. "The Archaeology of Aquatic Adaptations: Paradigms for a New Millennium." *Journal of Archaeological Research* 9, no. 4 (December 2001): 287-350.

Fazenda, Bruno, Chris Scarre, Rupert Till, Raquel Jiménez Pasalodos, Manuel Rojo Guerra, Cristina Tejedor, Roberto Ontañón Peredo, et al. "Cave Acoustics in Prehistory: Exploring the Association of Palaeolithic Visual Motifs and Acoustic Response." *Journal of the Acoustical Society of America* 142, no. 3 (September 2017): 1332-1349.

Folinsbee, Kaila E., and Daniel R. Brooks. "Miocene Hominoid Biogeography..." (2007)

Fortes-Lima, Cesar, Ezekia Mtetwa, and Carina Schlebusch. *Africa, the Cradle of Human Diversity*. Leiden: Brill, 2022.

Frayer, David W., Jakov Radovčić, and Davorka Radovčić. "Krapina and the Case for

Neandertal Symbolic Behavior." *Current Anthropology* 61, no. 6 (December 2020): 713-731.

Gaffney, Dylan. "Pleistocene Water Crossings and Adaptive Flexibility within the Homo Genus." *Journal of Archaeological Research* 29, no. 2 (June 2021): 255-326.

Goren-Inbar, Naama, and John D. Speth, eds. *Human Paleoecology in the Levantine Corridor.* Oxford: Oxbow Books, 2004.

Haidle, Miriam Noël, Michael Bolus, Mark Collard, Nicholas J. Conard, Duilio Garofoli, Marlize Lombard, April Nowell, et al. "The Nature of Culture: An Eight-Grade Model for the Evolution and Expansion of Cultural Capacities in Hominins and Other Animals." *Journal of Anthropological Sciences* 93 (January 2015): 43-70.

Hoh, Boon-Peng, Lian Deng, and Shuhua Xu. "The Peopling and Migration History of the Natives in Peninsular Malaysia and Borneo: A Glimpse on the Studies over the Past 100 Years." *Frontiers in Genetics* 13 (January 2022): 767018. https://doi.org/10.3389/fgene.2022.767018.

Humphrey, Louise. "Burial of a Child during the Middle Stone Age in Africa." *Nature* 593, no. 7857 (May 2021): 30-40.

Key, Alastair J. M., Ivan Jarić, and David L. Roberts. "Modelling the End of the Acheulean at Global and Continental Levels Suggests Widespread Persistence into the Middle Palaeolithic." *Humanities and Social Sciences Communications* 8, no. 1 (December 2021): 55. https://doi.org/10.1057/s41599-021-00735-8.

Klein, Richard G. "Environment and Subsistence of Prehistoric Man in the Southern Cape Province, South Africa." *World Archaeology* 5, no. 3 (February 1974): 249-284.

Klein, Richard G. "Out of Africa and the Evolution of Human Behavior." *Evolutionary Anthropology: Issues, News, and Reviews* 17, no. 6 (December 2008): 267-281.

Kuhn, Steven L., and Mary C. Stiner. "The Antiquity of Hunter-Gatherers Revisited." In *Foraging in the Past*, edited by Ashley K. Lemke, 247-268. Louisville: University Press of Colorado, 2019.

Lew-Levy, Sheina, Annemieke Milks, Noa Lavi, Sarah M. Pope, and David E. Friesem. "Where Innovations Flourish: An Ethnographic and Archaeological Overview of Hunter-Gatherer Learning Contexts." *Evolutionary Human Sciences* 2 (June 2020): e31. https://doi.org/10.1017/ehs.2020.35.

Linares Matás, Gonzalo J., and José Yravedra. "'We Hunt to Share': Social Dynamics and Very Large Mammal Butchery during the Oldowan-Acheulean Transition." *World Archaeology* 53, no. 2 (March 2021): 224-254.

Lombao, D., M. Guardiola, and M. Mosquera. "Teaching to Make Stone Tools: New Experimental Evidence Supporting a Technological Hypothesis for the Origins of Language." *Scientific Reports* 7, no. 1 (December 2017): 14394. https://doi.org/10.1038/

s41598-017-14322-y.

Lombard, Marlize, and Peter Gärdenfors. "Causal Cognition and Theory of Mind in Evolutionary Cognitive Archaeology." *Biological Theory* (February 2021). https://doi.org/10.1007/s13752-020-00372-5.

Lombard, Marlize, and Anders Högberg. "Four-Field Co-Evolutionary Model for Human Cognition: Variation in the Middle Stone Age / Middle Palaeolithic." *Journal of Archaeological Method and Theory* 28, no. 1 (March 2021): 142-177.

Lombard, Marlize, Matt G. Lotter, and Matthew V. Caruana. "Wonderboompoort, South Africa: A Natural Game Funnel for Meat Harvesting during the Later Acheulean." *Journal of Archaeological Science: Reports* 39 (October 2021): 103193. https://doi.org/10.1016/j.jasrep.2021.103193.

Martínez-Navarro, Bienvenido. "Early Pleistocene Faunas of Eurasia and Hominin Dispersals." In *Out of Africa I*, edited by John G. Fleagle, John J. Shea, Frederick E. Grine, Andrea L. Baden, and Richard E. Leakey, 207-224. Dordrecht: Springer, 2010.

Mercader, Julio, Pam Akuku, Nicole Boivin, Revocatus Bugumba, Pastory Bushozi, Alfredo Camacho, Tristan Carter, et al. "Earliest Olduvai Hominins Exploited Unstable Environments ~2 Million Years Ago." *Nature Communications* 12, no. 1 (December 2021): 3. https://doi.org/10.1038/s41467-020-20176-2.

Milks, Annemieke, Sheina Lew-Levy, Noa Lavi, David E. Friesem, and Rachel Reckin. "Hunter-Gatherer Children in the Past: An Archaeological Review." *Journal of Anthropological Archaeology* 64 (December 2021): 101369. https://doi.org/10.1016/j.jaa.2021.101369.

Moncel, Marie-Hélène, Amaëlle Landais, Vincent Lebreton, Nathalie Combourieu-Nebout, Sébastien Nomade, and Lucie Bazin. "Linking Environmental Changes with Human Occupations between 900 and 400 Ka in Western Europe." *Quaternary International* 480 (June 2018): 78-94.

Patterson, David B., David R. Braun, Anna K. Behrensmeyer, Stephen Merritt, Indre Zliobaite, Jonathan S. Reeves, B. A. Wood, et al. "Ecosystem Evolution and Hominin Paleobiology at East Turkana, Northern Kenya between 2.0 and 1.4 Ma." *Palaeogeography, Palaeoclimatology, Palaeoecology* 481 (September 2017): 1-13.

Plummer, Thomas W., and Emma M. Finestone. "Archeological Sites from 2.6-2.0 Ma: Toward a Deeper Understanding of the Early Oldowan." In *Rethinking Human Evolution*, edited by Jeffrey H. Schwartz, 267-296. Cambridge, MA: MIT Press, 2018.

Power, Robert C. "Neanderthals and Their Diet." In *eLS*, 1-9. Chichester, UK: John Wiley and Sons, 2019. https://doi.org/10.1002/9780470015902.a0028497.

Roebroeks, Wil, and Marie Soressi. "Neandertals Revised." *Proceedings of the National Academy of Sciences* 113, no. 23 (June 2016): 6372-6379.

Rosenberg, T. M., Frank Preusser, Dominik Fleitmann, Antje Schwalb, Kirsty Penkman, T. W. Schmid, M. A. Al-Shanti, et al. "Humid Periods in Southern Arabia: Windows of Opportunity for Modern Human Dispersal." *Geology* 39, no. 12 (December 2011): 1115-1118.

Scerri, Eleanor M. L., Lounès Chikhi, and Mark G. Thomas. "Beyond Multiregional and Simple Out-of-Africa Models of Human Evolution." *Nature Ecology and Evolution* 3, no. 10 (October 2019): 1370-1372.

Scerri, Eleanor M. L., Patrick Roberts, S. Yoshi Maezumi, and Yadvinder Malhi. "Tropical Forests in the Deep Human Past." *Philosophical Transactions of the Royal Society B: Biological Sciences* 377, no. 1849 (April 2022): 20200500. https://doi.org/10.1098/rstb.2020.0500.

Schrenk, Friedemann, and Timothy G. Bromage. "Origins of Hominin Biocultural Diversity." In *Winds of Change*, edited by Nicole Rupp, Christina Beck, Gabriele Franke, and Karl Peter Wendt, 409-419. Bonn: Verlag Dr. Rudolf Habelt GmbH, 2017.

Stout, Dietrich, Michael J. Rogers, Adrian V. Jaeggi, and Sileshi Semaw. "Archaeology and the Origins of Human Cumulative Culture: A Case Study from the Earliest Oldowan at Gona, Ethiopia." *Current Anthropology* 60, no. 3 (June 2019): 309-340.

Sugiyama, Michelle Scalise. "Food, Foragers, and Folklore..." (2001)

van der Made, Jan, and Ana Mateos. "Longstanding Biogeographic Patterns and the Dispersal of Early Homo out of Africa and into Europe." *Quaternary International* 223-224 (September 2010): 195-200.

Verhaegen, Marc, Stephen Munro, Pierre-François Puech, and Mario Vaneechoutte. "Early Hominoids: Orthograde Aquarboreals in Flooded Forests?" In *Was Man More Aquatic in the Past?*, edited by Mario Vaneechoutte, Algis Kuliukas, and Marc Verhaegen, 67-81. Ash Shariqah, UAE: Bentham Science Publishers, 2011.

Vislobokova, Innessa A., Alexander K. Agadzhanyan, and Alexey V. Lopatin. "The Case of Trlica TRL11-10 (Montenegro): Implications for Possible Early Hominin Dispersals into the Balkans in the Middle of the Early Pleistocene." *Quaternary International* 554 (July 2020): 15-35.

Werdelin, Lars. "King of Beasts." *Scientific American* 309, no. 5 (November 2013): 35-39.

Wilkins, Jayne. "Learner-Driven Innovation in the Stone Tool Technology of Early Homo sapiens." *Evolutionary Human Sciences* 2 (July 2020): e40. https://doi.org/10.1017/ehs.2020.40.

Will, Manuel, Andrew W. Kandel, and Nicholas J. Conard. "Midden or Molehill: The Role of Coastal Adaptations in Human Evolution and Dispersal." *Journal of World Prehistory* 32, no. 1 (March 2019): 33-72.

Zilhão, João. "Lower and Middle Palaeolithic Mortuary Behaviours and the Origins of

Ritual Burial." In *Death Rituals, Social Order and the Archaeology of Immortality in the Ancient World*, edited by Colin Renfrew, Michael J. Boyd, and Iain Morley, 27-44. Cambridge: Cambridge University Press, 2015.

Zilhão, João. "The Middle Paleolithic Revolution, the Origins of Art, and the Epistemology of Paleoanthropology." In *The Matter of Prehistory*, edited by Pedro Diaz-del-Rio, Katina Lillios, and Ines Sastre, 85-104. Madrid: Consejo Superior de Investigaciones Cientificas, 2020.

5장

Andrieu-Ponel, Valérie, et al. "Continuous Presence of Proto-Cereals in Anatolia..." (2021)

Arenas, Miguel, Amaya Gorostiza, Juan Miguel Baquero, Elena Campoy, Catarina Branco, Héctor Rangel-Villalobos, and Antonio González-Martín. "The Early Peopling of the Philippines Based on MtDNA." *Scientific Reports* 10 (December 2020): 4901. https://doi.org/10.1038/s41598-020-61793-7.

Asmerom, Yemane, Victor J. Polyak, Jennifer D. M. Wagner, and P. Jonathan Patchett. "Hominin Expansion into Central Asia during the Last Interglacial." *Earth and Planetary Science Letters* 494 (July 2018): 148-152.

Bae, Christopher J., Katerina Douka, and Michael D. Petraglia. "On the Origin of Modern Humans: Asian Perspectives." *Science* 358, no. 6368 (December 2017): eaai9067. https://doi.org/10.1126/science.aai9067.

Banks, William E., Marie-Hélène Moncel, Jean-Paul Raynal, Marlon E. Cobos, Daniel Romero-Alvarez, Marie-Noëlle Woillez, Jean-Philippe Faivre, et al. "An Ecological Niche Shift for Neanderthal Populations in Western Europe 70,000 Years Ago." *Scientific Reports* 11 (March 2021): 5346. https://doi.org/10.1038/s41598-021-84805-6.

Barton, Huw, Giuseppina Mutri, Evan Hill, Lucy Farr, and Graeme Barker. "Use of0 Grass Seed Resources c.31 Ka by Modern Humans at the Haua Fteah Cave, Northeast Libya." *Journal of Archaeological Science* 99 (November 2018): 99-111.

Bednarik, Robert G. "Children as Pleistocene Artists." *Rock Art Research: The Journal of the Australian Rock Art Research Association (AURA)* 25, no. 2 (November 2008): 173-182.

Benazzi, Stefano, Katerina Douka, Cinzia Fornai, Catherine C. Bauer, Ottmar Kullmer, Jiří Svoboda, Ildikó Pap, et al. "Early Dispersal of Modern Humans in Europe and Implications for Neanderthal Behaviour." *Nature* 479, no. 7374 (November 2011): 525-528.

Bergström, Anders, and Chris Tyler-Smith. "Paleolithic Networking." (2017)

Biagi, Paolo, and Elisabetta Starnini. "Neanderthals and Modern Humans in the Indus Valley? The Middle and Late (Upper) Palaeolithic Settlement of Sindh, a Forgotten

Region of the Indian Subcontinent." In *The Middle and Upper Paleolithic Archeology of the Levant and Beyond*, edited by Yoshihiro Nishiaki and Takeru Akazawa, 175-197. Singapore: Springer, 2018.

Brown, Kimberly, Darren A. Fa, Geraldine Finlayson, and Clive Finlayson. "Small Game and Marine Resource Exploitation by Neanderthals: The Evidence from Gibraltar." In *Trekking the Shore*, edited by Nuno F. Bicho, Jonathan A. Haws, and Loren G. Davis, 247-272. New York: Springer, 2011.

Brown, Samantha, Diyendo Massilani, Maxim B. Kozlikin, Michael V. Shunkov, Anatoly P. Derevianko, Alexander Stoessel, Blair Jope-Street, et al. "The Earliest Denisovans and Their Cultural Adaptation." *Nature Ecology and Evolution* 6, no. 1 (January 2022): 28-35.

Carrión, José S., Carles Lalueza-Fox, and John Stewart. "Neanderthals: Ecology and Evolution." *Quaternary Science Reviews* 217 (August 2019): 1-6.

Conard, Nicholas J., Keiko Kitagawa, Petra Krönneck, Madelaine Böhme, and Susanne C. Münzel. "The Importance of Fish, Fowl and Small Mammals in the Paleolithic Diet of the Swabian Jura, Southwestern Germany." In *Zooarchaeology and Modern Human Origins*, edited by Jamie L. Clark and John D. Speth, 173-190. Dordrecht: Springer, 2013.

Douka, Katerina, Viviane Slon, Zenobia Jacobs, Christopher Bronk Ramsey, Michael V. Shunkov, Anatoly P. Derevianko, Fabrizio Mafessoni, et al. "Age Estimates for Hominin Fossils and the Onset of the Upper Palaeolithic at Denisova Cave." *Nature* 565, no. 7741 (January 2019): 640-644.

Erlandson, Jon M. "The Archaeology of Aquatic Adaptations..." (2001)

Fazenda, Bruno, et al. "Cave Acoustics in Prehistory..." (2017)

Gaffney, Dylan. "Pleistocene Water Crossings and Adaptive Flexibility within the Homo Genus." (2021)

Greenbaum, Gili, David E. Friesem, Erella Hovers, Marcus W. Feldman, and Oren Kolodny. "Was Inter-Population Connectivity of Neanderthals and Modern Humans the Driver of the Upper Paleolithic Transition rather than Its Product?" *Quaternary Science Reviews* 217 (August 2019): 316-329.

Greenbaum, Gili, Wayne M. Getz, Noah A. Rosenberg, Marcus W. Feldman, Erella Hovers, and Oren Kolodny. "Disease Transmission and Introgression Can Explain the Long-Lasting Contact Zone of Modern Humans and Neanderthals." *Nature Communications* 10, no. 1 (December 2019): 5003. https://doi.org/10.1038/s41467-019-12862-7.

Groman-Yaroslavski, Iris, Ehud Weiss, and Dani Nadel. "Composite Sickles and Cereal Harvesting Methods at 23,000-Years-Old Ohalo II, Israel." *PLoS ONE* 11, no. 11

(November 2016): e0167151. https://doi.org/10.1371/journal.pone.0167151.

Groucutt, Huw S., Rainer Grün, Iyad A. S. Zalmout, Nick A. Drake, Simon J. Armitage, Ian Candy, Richard Clark-Wilson, et al. "Homo sapiens in Arabia by 85,000 Years Ago." *Nature Ecology and Evolution* 2, no. 5 (May 2018): 800-809.

Hardy, Bruce L., M.-H. Moncel, Céline Kerfant, Matthieu Lebon, Ludovic Bellot-Gurlet, and Nicolas Mélard. "Direct Evidence of Neanderthal Fibre Technology and Its Cognitive and Behavioral Implications." *Scientific Reports* 10 (April 2020): 4889. https://doi.org/10.1038/s41598-020-61839-w.

Haws, Jonathan A., Michael M. Benedetti, Sahra Talamo, Nuno Bicho, João Cascalheira, M. Grace Ellis, Milena M. Carvalho, et al. "The Early Aurignacian Dispersal of Modern Humans into Westernmost Eurasia." *Proceedings of the National Academy of Sciences* 117, no. 41 (October 2020): 25414-25422.

Henn, Brenna M., L. L. Cavalli-Sforza, and Marcus W. Feldman. "The Great Human Expansion." *Proceedings of the National Academy of Sciences* 109, no. 44 (October 2012): 17758-17764.

Hershkovitz, Israel, Gerhard W. Weber, Rolf Quam, Mathieu Duval, Rainer Grün, Leslie Kinsley, Avner Ayalon, et al. "The Earliest Modern Humans outside Africa." *Science* 359, no. 6374 (January 2018): 456-459.

Högberg, Anders, and Marlize Lombard. "Still Bay Point-Production Strategies at Hollow Rock Shelter and Umhlatuzana Rock Shelter and Knowledge-Transfer Systems in Southern Africa at about 80-70 Thousand Years Ago." *PLoS ONE* 11, no. 12 (December 2016): e0168012. https://doi.org/10.1371/journal.pone.0168012.

Hublin, Jean-Jacques. "How Old Are the Oldest Homo sapiens in Far East Asia?" *Proceedings of the National Academy of Sciences* 118, no. 10 (February 2021): e2101173118. https://doi.org/10.1073/pnas.2101173118.

Janik, Liliana, and Jessica Cooney Williams. "Community Art: Communities of Practice, Situated Learning, Adults and Children as Creators of Cave Art in Upper Palaeolithic France and Northern Spain." *Open Archaeology* 4, no. 1 (May 2018): 217-238.

Klein, Richard G. "Environment and Subsistence of Prehistoric Man..." (1974)

Lalueza-Fox, Carles. "Neanderthal Assimilation?" *Nature Ecology and Evolution* 5, no. 6 (June 2021): 711-712.

Lamb, Henry F., C. Richard Bates, Charlotte L. Bryant, Sarah J. Davies, Dei G. Huws, Michael H. Marshall, Helen M. Roberts, and Harry Toland. "150,000-Year Palaeoclimate Record from Northern Ethiopia Supports Early, Multiple Dispersals of Modern Humans from Africa." *Scientific Reports* 8 (January 2018): 1077. https://doi.org/10.1038/s41598-018-19601-w.

Larena, Maximilian, James McKenna, Federico Sanchez-Quinto, Carolina Bernhardsson,

Carlo Ebeo, Rebecca Reyes, Ophelia Casel, et al. "Philippine Ayta Possess the Highest Level of Denisovan Ancestry in the World." *Current Biology* 31, no. 19 (October 2021): 4219-4230.

Liu, Xinyi, Penelope J. Jones, Giedre Motuzaite Matuzeviciute, Harriet V. Hunt, Diane L. Lister, Ting An, Natalia Przelomska, et al. "From Ecological Opportunism to Multi-Cropping: Mapping Food Globalisation in Prehistory." *Quaternary Science Reviews* 206 (February 2019): 21-28.

Lombard, Marlize, and Peter Gärdenfors. "Causal Cognition and Theory of Mind in Evolutionary Cognitive Archaeology." (2021)

Lombard, Marlize, and Anders Högberg. "Four-Field Co-Evolutionary Model for Human Cognition..." (2021)

Lo Presti, Valeria, Fabrizio Antonioli, Maria Rita Palombo, V. Agnesi, Sara Biolchi, L. Calcagnile, C. Di Patti, et al. "Palaeogeographical Evolution of the Egadi Islands (Western Sicily, Italy): Implications for Late Pleistocene and Early Holocene Sea Crossings by Humans and Other Mammals in the Western Mediterranean." *Earth-Science Reviews* 194 (July 2019): 160-181.

Martinón-Torres, María, Francesco d'Errico, Elena Santos, Ana Álvaro Gallo, Noel Amano, William Archer, Simon J. Armitage, et al. "Earliest Known Human Burial in Africa." *Nature* 593, no. 7857 (May 2021): 95-100.

Milks, Annemieke, et al. "Hunter-Gatherer Children in the Past..." (2021)

Milks, Annemieke, David Parker, and Matt Pope. "External Ballistics of Pleistocene Hand-Thrown Spears: Experimental Performance Data and Implications for Human Evolution." *Scientific Reports* 9 (December 2019): 820. https://doi.org/10.1038/s41598-018-37904-w.

Morley, Mike W., Paul Goldberg, Vladimir A. Uliyanov, Maxim B. Kozlikin, Michael V. Shunkov, Anatoly P. Derevianko, Zenobia Jacobs, and Richard G. Roberts. "Hominin and Animal Activities in the Microstratigraphic Record from Denisova Cave (Altai Mountains, Russia)." *Scientific Reports* 9 (December 2019): 13785. https://doi.org/10.1038/s41598-019-49930-3.

Nylin, Sören, and Niklas Janz. "Butterfly Host Plant Range: An Example of Plasticity as a Promoter of Speciation?" *Evolutionary Ecology* 23, no. 1 (January 2009): 137-146.

O'Connor, Sue, Rintaro Ono, and Chris Clarkson. "Pelagic Fishing at 42,000 Years before the Present and the Maritime Skills of Modern Humans." *Science* 334, no. 6059 (November 2011): 1117-1121.

Oxilia, Gregorio, Eugenio Bortolini, Giulia Marciani, Jessica Cristina Menghi Sartorio, Antonino Vazzana, Matteo Bettuzzi, Daniele Panetta, et al. "Direct Evidence That Late Neanderthal Occupation Precedes a Technological Shift in Southwestern Italy."

American Journal of Biological Anthropology 179, no. 1 (September 2022): 18–30.

Petr, Martin, Mateja Hajdinjak, Qiaomei Fu, Elena Essel, Hélène Rougier, Isabelle Crevecoeur, Patrick Semal, et al. "The Evolutionary History of Neanderthal and Denisovan Y Chromosomes." *Science* 369, no. 6511 (September 2020): 1653–1656.

Reich, David, Richard E. Green, Martin Kircher, Johannes Krause, Nick Patterson, Eric Y. Durand, Bence Viola, et al. "Genetic History of an Archaic Hominin Group from Denisova Cave in Siberia." *Nature* 468, no. 7327 (December 2010): 1053–1060.

Reich, David, Nick Patterson, Martin Kircher, Frederick Delfin, Madhusudan R. Nandineni, Irina Pugach, Albert Min-Shan Ko, et al. "Denisova Admixture and the First Modern Human Dispersals into Southeast Asia and Oceania." *American Journal of Human Genetics* 89, no. 4 (October 2011): 516–528.

Reynolds, Natasha, Rob Dinnis, Alexander A. Bessudnov, Thibaut Devièse, and Thomas Higham. "The Kostënki 18 Child Burial and the Cultural and Funerary Landscape of Mid Upper Palaeolithic European Russia." *Antiquity* 91, no. 360 (December 2017): 1435–1450.

Rogers, Alan R., Nathan S. Harris, and Alan A. Achenbach. "Neanderthal-Denisovan Ancestors Interbred with a Distantly Related Hominin." *Science Advances* 6, no. 8 (2020): eaay5483. https://doi.org/10.1126/sciadv.aay5483.

Romandini, Matteo, Ursula Thun Hohenstein, Ivana Fiore, Antonio Tagliacozzo, Andrea Perez, Valentina Lubrano, Gabriele Terlato, and Marco Peresani. "Late Neandertals and the Exploitation of Small Mammals in Northern Italy: Fortuity, Necessity or Hunting Variability?" *Quaternaire* 29, no. 1 (March 2018): 61–67.

Rosenberg, T. M., et al. "Humid Periods in Southern Arabia..." (2011)

Sano, Katsuhiro, Simona Arrighi, Chiaramaria Stani, Daniele Aureli, Francesco Boschin, Ivana Fiore, Vincenzo Spagnolo, et al. "The Earliest Evidence for Mechanically Delivered Projectile Weapons in Europe." *Nature Ecology and Evolution* 3, no. 10 (October 2019): 1409–1414.

Sikora, Martin, Andaine Seguin-Orlando, Vitor C. Sousa, Anders Albrechtsen, Thorfinn Korneliussen, Amy Ko, Simon Rasmussen, et al. "Ancient Genomes Show Social and Reproductive Behavior of Early Upper Paleolithic Foragers." *Science* 358, no. 6363 (November 2017): 659–662.

Slon, Viviane, Fabrizio Mafessoni, Benjamin Vernot, Cesare de Filippo, Steffi Grote, Bence Viola, Mateja Hajdinjak, et al. "The Genome of the Offspring of a Neanderthal Mother and a Denisovan Father." *Nature* 561, no. 7721 (September 2018): 113–116.

Stewart, John R., Adrian M. Lister, Ian Barnes, and Love Dalén. "Refugia Revisited: Individualistic Responses of Species in Space and Time." *Proceedings of the Royal Society B: Biological Sciences* 277, no. 1682 (March 2010): 661–671.

Stringer, Chris, and Julia Galway-Witham. "When Did Modern Humans Leave Africa?" *Science* 359, no. 6374 (January 2018): 389-390.

Stuart, Anthony J., and Adrian M. Lister. "Patterns of Late Quaternary Megafaunal Extinctions in Europe and Northern Asia." *Courier Forschungsinstitut Senckenberg* 259 (December 2007): 287-297. 다음 쪽에서 인용: 287.

Teixeira, João C., and Alan Cooper. "Using Hominin Introgression to Trace Modern Human Dispersals." *Proceedings of the National Academy of Sciences* 116, no. 31 (July 2019): 15327-15332.

Zavala, Elena I., Zenobia Jacobs, Benjamin Vernot, Michael V. Shunkov, Maxim B. Kozlikin, Anatoly P. Derevianko, Elena Essel, et al. "Pleistocene Sediment DNA Reveals Hominin and Faunal Turnovers at Denisova Cave." *Nature* 595, no. 7867 (July 2021): 399-403.

Zilhão, João. "The Late Persistence of the Middle Palaeolithic and Neandertals in Iberia: A Review of the Evidence for and against the 'Ebro Frontier' Model." *Quaternary Science Reviews* 270 (October 2021): 107098. https://doi.org/10.1016/j.quascirev.2021.107098.

6장

Abbo, Shahal, Simcha Lev-Yadun, and Avi Gopher. "Plant Domestication in the Near East." In *Encyclopaedia of the History of Science, Technology, and Medicine in Non-Western Cultures*, edited by Helaine Selin, 1-9. Dordrecht: Springer, 2014.

Allentoft, Morten E., Martin Sikora, Alba Refoyo-Martínez, Evan K. Irving-Pease, Anders Fischer, William Barrie, Andrés Ingason, et al. "Population Genomics of Stone Age Eurasia." 프리프린트. 다음에 게시됨: bioRxiv October 7, 2022. https://doi.org/10.1101/2022.05.04.490594.

Andrieu-Ponel, Valérie, et al. "Continuous Presence of Proto-Cereals in Anatolia..." (2021)

Arranz-Otaegui, Amaia, Lara Gonzalez Carretero, Monica N. Ramsey, Dorian Q. Fuller, and Tobias Richter. "Archaeobotanical Evidence Reveals the Origins of Bread 14,400 Years Ago in Northeastern Jordan." *Proceedings of the National Academy of Sciences* 115, no. 31 (July 2018): 7925-7930.

Asouti, Eleni, and Dorian Q. Fuller. "From Foraging to Farming in the Southern Levant: The Development of Epipalaeolithic and Pre-Pottery Neolithic Plant Management Strategies." *Vegetation History and Archaeobotany* 21, no. 2 (March 2012): 149-162.

Asouti, Eleni, and Ceren Kabukcu. "Holocene Semi-Arid Oak Woodlands in the Irano-Anatolian Region of Southwest Asia: Natural or Anthropogenic?" *Quaternary Science Reviews* 90 (April 2014): 158-182.

Baird, Douglas, Andrew Fairbairn, Emma Jenkins, Louise Martin, Caroline Middleton, Jessica Pearson, Eleni Asouti, et al. "Agricultural Origins on the Anatolian

Plateau." *Proceedings of the National Academy of Sciences* 115, no. 14 (March 2018): E3077-E3086.

Belfer-Cohen, Anna, and Ofer Bar-Yosef. "Early Sedentism in the Near East." In *Life in Neolithic Farming Communities*, edited by Ian Kuijt, 19-38. Boston: Kluwer Academic Publishers, 2002.

Belfer-Cohen, Anna, and Nigel Goring-Morris. "From the Epipalaeolithic into the Earliest Neolithic (PPNA) in the South Levant." *Documenta Praehistorica* 47 (December 2020): 36-52.

Belfer-Cohen, Anna, and Nigel Goring-Morris. "The Role of Networks in the Connectivity of the Levantine Epipaleolithic." *Journal of the Israel Prehistoric Society* 51 (2021): 65-81.

Bevan, Andrew, Sue Colledge, Dorian Fuller, Ralph Fyfe, Stephen Shennan, and Chris Stevens. "Holocene Fluctuations in Human Population Demonstrate Repeated Links to Food Production and Climate." *Proceedings of the National Academy of Sciences* 114, no. 49 (December 2017): E10524-E10531.

Borić, Dušan, Thomas Higham, Emanuela Cristiani, Vesna Dimitrijević, Olaf Nehlich, Seren Griffiths, Craig Alexander, et al. "High-Resolution AMS Dating of Architecture, Boulder Artworks and the Transition to Farming at Lepenski Vir." *Scientific Reports* 8 (December 2018): 14221. https://doi.org/10.1038/s41598-018-31884-7.

Brooks, Daniel R., et al. *The Stockholm Paradigm*. 2019.

Caracuta, Valentina, Mina Weinstein-Evron, Reuven Yeshurun, Daniel Kaufman, Alexander Tsatskin, and Elisabetta Boaretto. "Charred Wood Remains in the Natufian Sequence of El-Wad Terrace (Israel): New Insights into the Climatic, Environmental and Cultural Changes at the End of the Pleistocene." *Quaternary Science Reviews* 131 (January 2016): 20-32.

Cascalheira, João, Manuel Alcaraz-Castaño, Javier Alcolea-González, Maria de Andrés-Herrero, Alvaro Arrizabalaga, J. Emili Aura Tortosa, Naroa Garcia-Ibaibarriaga, and Maria-Jose Iriarte-Chiapusso. "Paleoenvironments and Human Adaptations during the Last Glacial Maximum in the Iberian Peninsula: A Review." *Quaternary International* 581-582 (April 2021): 28-51.

Colledge, Sue, James Conolly, Bill Finlayson, and Ian Kuijt. "New Insights on Plant Domestication, Production Intensification, and Food Storage: The Archaeobotanical Evidence from PPNA Dhra'." *Levant* 50, no. 1 (January 2018): 14-31.

Conolly, James, Sue Colledge, Keith Dobney, Jean-Denis Vigne, Joris Peters, Barbara Stopp, Katie Manning, and Stephen Shennan. "Meta-Analysis of Zooarchaeological Data from SW Asia and SE Europe Provides Insight into the Origins and Spread of Animal Husbandry." *Journal of Archaeological Science* 38, no. 3 (March 2011): 538-

545.

Cristiani, Emanuela, Anita Radini, Andrea Zupancich, Angelo Gismondi, Alessia D'Agostino, Claudio Ottoni, Marialetizia Carra, et al. "Wild Cereal Grain Consumption among Early Holocene Foragers of the Balkans Predates the Arrival of Agriculture." *ELife* 10 (December 2021): e72976. https://doi.org/10.7554/eLife.72976.

Czekaj-Zastawny, Agnieszka, Jacek Kabaciński, Thomas Terberger, and Jolanta Ilkiewicz. "Relations of Mesolithic Hunter-Gatherers of Pomerania (Poland) with Neolithic Cultures of Central Europe." *Journal of Field Archaeology* 38, no. 3 (July 2013): 195-209.

de Becdelièvre, Camille, Tamara Blagojević, Jelena Jovanović, Sofia Stefanović, Zuzana Hofmanová, and Marko Porčić. "Palaeodemography of the Foraging to Farming Transition: Insights from the Danube Gorges Mesolithic-Neolithic Transformations." In *Journey of a Committed Paleodemographer*, edited by Anna Degioanni, Estelle Herrscher, and Stephan Naji, 113-131. Aix-en-Provence: Presses Universitaires de Provence, 2021.

Eitam, David, and James Schoenwetter. "Feeding the Living, Feeding the Dead: The Natufian as a Low-Level Food Production Society in the Southern Levant (15,000-11,500 Cal BP)." *Journal of the Israel Prehistoric Society* 50 (2020): 44-77.

Feldman, Michal, Eva Fernández-Domínguez, Luke Reynolds, Douglas Baird, Jessica Pearson, Israel Hershkovitz, Hila May, et al. "Late Pleistocene Human Genome Suggests a Local Origin for the First Farmers of Central Anatolia." *Nature Communications* 10 (March 2019): 1218. https://doi.org/10.1038/s41467-019-09209-7.

Fuller, Dorian Q., George Willcox, and Robin G. Allaby. "Early Agricultural Pathways: Moving Outside the 'Core Area' Hypothesis in Southwest Asia." *Journal of Experimental Botany* 63, no. 2 (January 2012): 617-633.

Gepts, P. "Domestication of Plants." In *Encyclopedia of Agriculture and Food Systems*, edited by Neal K. Van Alfen, 474-486. Amsterdam: Elsevier, 2014.

González-Fortes, Gloria, Eppie R. Jones, Emma Lightfoot, Clive Bonsall, Catalin Lazar, Aurora Grandal-d'Anglade, María Dolores Garralda, et al. "Paleogenomic Evidence for Multi-Generational Mixing between Neolithic Farmers and Mesolithic Hunter-Gatherers in the Lower Danube Basin." *Current Biology* 27, no. 12 (June 2017): 1801-1810.

Groß, Daniel, Henny Piezonka, Erica Corradini, Ulrich Schmölcke, Marco Zanon, Walter Dörfler, Stefan Dreibrodt, et al. "Adaptations and Transformations of Hunter-Gatherers in Forest Environments: New Archaeological and Anthropological Insights." *Holocene* 29, no. 10 (October 2019): 1531-1544.

Hardin, Garrett. "Commentary: Living on a Lifeboat." (1974)

Harris, Eugene E. "Demic and Cultural Diffusion in Prehistoric Europe in the Age of Ancient Genomes." *Evolutionary Anthropology: Issues, News, and Reviews* 26, no. 5 (September 2017): 228-241.

Irving-Pease, Evan K., Hannah Ryan, Alexandra Jamieson, Evangelos A. Dimopoulos, Greger Larson, and Laurent A. F. Frantz. "Paleogenomics of Animal Domestication." In *Paleogenomics*, edited by Charlotte Lindqvist and Om P. Rajora, 225-272. Cham, Switz.: Springer, 2018.

Kabukcu, Ceren. "Woodland Vegetation History and Human Impacts in South-Central Anatolia 16,000-6500 Cal BP: Anthracological Results from Five Prehistoric Sites in the Konya Plain." *Quaternary Science Reviews* 176 (November 2017): 85-100.

Langlie, BrieAnna S., Natalie G. Mueller, Robert N. Spengler, and Gayle J. Fritz. "Agricultural Origins from the Ground Up: Archaeological Approaches to Plant Domestication." *American Journal of Botany* 101, no. 10 (October 2014): 1601-1617.

Lazaridis, Iosif, Dani Nadel, Gary Rollefson, Deborah C. Merrett, Nadin Rohland, Swapan Mallick, Daniel Fernandes, et al. "Genomic Insights into the Origin of Farming in the Ancient Near East." *Nature* 536, no. 7617 (August 2016): 419-424.

Li, Hu, Chengbang An, Wenjie Fan, Weimiao Dong, Yongtao Zhao, and Haipeng Wang. "Population History and Its Relationship with Climate Change on the Chinese Loess Plateau during the Past 10,000 Years." *Holocene* 25, no. 7 (July 2015): 1144-1152.

López-Montalvo, Esther. "Hunting Scenes in Spanish Levantine Rock Art: An Unequivocal Chrono-Cultural Marker of Epipalaeolithic and Mesolithic Iberian Societies?" *Quaternary International* 472 (April 2018): 205-220.

Marchi, Nina, Laura Winkelbach, Ilektra Schulz, Maxime Brami, Zuzana Hofmanová, Jens Blöcher, Carlos S. Reyna-Blanco, et al. "The Genomic Origins of the World's First Farmers." *Cell* 185, no. 11 (May 2022): 1842-1859.

Milner, Nicola, Chantal Conneller, B. Taylor, Michael Graham Bamforth, J. Carty, S. Croft, B. Elliot, et al. "Life on the Lake Edge: Mesolithic Habitation at Star Carr." In *Foraging Assemblages*, Vol. 1, edited by Dušan Borić, Dragana Antonović, and Bojana Mihailović, 210-215. Belgrade: Serbian Archaeological Society, 2021.

Morgan, Christopher, Shannon Tushingham, Raven Garvey, Loukas Barton, and Robert L. Bettinger. "Hunter-Gatherer Economies in the Old World and New World." *Oxford Research Encyclopedia of Environmental Science* (March 2017). https://doi.org/10.1093/acrefore/9780199389414.013.164.

Munro, Natalie D., Guy Bar-Oz, Jacqueline S. Meier, Lidar Sapir-Hen, Mary C. Stiner, and Reuven Yeshurun. "The Emergence of Animal Management in the Southern Levant." *Scientific Reports* 8, no. 1 (December 2018): 9279. https://doi.org/10.1038/s41598-018-27647-z.

Murchie, Tyler J., Alistair J. Monteath, Matthew E. Mahony, George S. Long, Scott Cocker, Tara Sadoway, Emil Karpinski, et al. "Collapse of the Mammoth-Steppe in Central Yukon as Revealed by Ancient Environmental DNA." *Nature Communications* 12, no. 1 (December 2021): 7120. https://doi.org/10.1038/s41467-021-27439-6.

Pasqualone, Antonella. "Traditional Flat Breads Spread from the Fertile Crescent: Production Process and History of Baking Systems." *Journal of Ethnic Foods* 5, no. 1 (March 2018): 10-19.

Pereira, Filipe, and António Amorim. "Origin and Spread of Goat Pastoralism." In *eLS*. Chichester, UK: John Wiley and Sons, 2010. https://doi.org/10.1002/9780470015902.a0022864.

Peresani, Marco, Giovanni Monegato, Cesare Ravazzi, Stefano Bertola, Davide Margaritora, Marzia Breda, Alessandro Fontana, et al. "Hunter-Gatherers across the Great Adriatic-Po Region during the Last Glacial Maximum: Environmental and Cultural Dynamics." *Quaternary International* 581-582 (April 2021): 128-163.

Petraglia, Michael D., Huw S. Groucutt, Maria Guagnin, Paul S. Breeze, and Nicole Boivin. "Human Responses to Climate and Ecosystem Change in Ancient Arabia." *Proceedings of the National Academy of Sciences* 117, no. 15 (April 2020): 8263-8270.

Ramírez, Primitiva Bueno, and Rodrigo de Balbín Behrmann. "The End of the Ice Age in Southern Europe: Iberian Images in the Palaeolithic to Post-Palaeolithic Transition." *Comptes Rendus Palevol* 20, no. 44 (December 2021): 897-929. 다음 쪽에서 인용: 897.

Rasmussen, Sune O., Matthias Bigler, Simon P. Blockley, Thomas Blunier, Susanne L. Buchardt, Henrik B. Clausen, Ivana Cvijanovic, et al. "A Stratigraphic Framework for Abrupt Climatic Changes during the Last Glacial Period Based on Three Synchronized Greenland Ice-Core Records: Refining and Extending the INTIMATE Event Stratigraphy." *Quaternary Science Reviews* 106 (December 2014): 14-28.

Rivollat, Maïté, Choongwon Jeong, Stephan Schiffels, İşil Küçükkalıpçı, Marie-Hélène Pemonge, Adam Benjamin Rohrlach, Kurt W. Alt, et al. "Ancient Genome-Wide DNA from France Highlights the Complexity of Interactions between Mesolithic Hunter-Gatherers and Neolithic Farmers." *Science Advances* 6, no. 22 (May 2020): eaaz5344. https://doi.org/10.1126/sciadv.aaz5344.

Rosenstock, Eva. "Economic Prehistory." In *An Economist's Guide to Economic History*, edited by Matthias Blum and Christopher L. Colvin, 251-258. Cham, Switz.: Springer, 2018.

Ruddiman, William F., Feng He, S. J. Vavrus, and John E. Kutzbach. "The Early Anthropogenic Hypothesis: A Review." *Quaternary Science Reviews* 240 (July 2020): 106386. https://doi.org/10.1016/j.quascirev.2020.106386.

Santana, Jonathan, Andrew Millard, Juan J. Ibáñez-Estevez, Fanny Bocquentin,

Geoffrey Nowell, Joanne Peterkin, Colin Macpherson, et al. "Multi-Isotope Evidence of Population Aggregation in the Natufian and Scant Migration during the Early Neolithic of the Southern Levant." *Scientific Reports* 11 (June 2021): 11857. https://doi.org/10.1038/s41598-021-90795-2.

Schmitt, Lou. "The Hensbacka: A Maritime Adaptation or a Seasonal Expression of Continental Hunter and Gatherers." In *Tanged Points in Europe*, edited by Stefan K. Kozlowski, Jan Gurba, and Leonid L. Zalinznyak, 16-27. Lublin, Poland: Maria Curie-Sklodowska University Press, 1999.

Schmölcke, Ulrich, Elisabeth Endtmann, Stefanie Klooss, Michael Meyer, Dierk Michaelis, Björn-Henning Rickert, and Doreen Rößler. "Changes of Sea Level, Landscape and Culture: A Review of the South-Western Baltic Area between 8800 and 4000BC." *Palaeogeography, Palaeoclimatology, Palaeoecology* 240, no. 3-4 (October 2006): 423-438.

Shakun, Jeremy D., and Anders E. Carlson. "A Global Perspective on Last Glacial Maximum to Holocene Climate Change." *Quaternary Science Reviews* 29, no. 15-16 (July 2010): 1801-1816.

Snir, Ainit, Dani Nadel, Iris Groman-Yaroslavski, Yoel Melamed, Marcelo Sternberg, Ofer Bar-Yosef, and Ehud Weiss. "The Origin of Cultivation and Proto-Weeds, Long before Neolithic Farming." *PLoS ONE* 10, no. 7 (July 2015): e0131422. https://doi.org/10.1371/journal.pone.0131422.

Stuart, Anthony John. "Late Quaternary Megafaunal Extinctions on the Continents: A Short Review." *Geological Journal* 50, no. 3 (2015): 338-363.

Terrell, John Edward, John P. Hart, Sibel Barut, Nicoletta Cellinese, Antonio Curet, Tim Denham, Chapurukha M. Kusimba, et al. "Domesticated Landscapes: The Subsistence Ecology of Plant and Animal Domestication." *Journal of Archaeological Method and Theory* 10, no. 4 (December 2003): 323-368.

Whitlam, Jade, Amy Bogaard, Roger Matthews, Wendy Matthews, Yaghoub Mohammadifar, Hengameh Ilkhani, and Michael Charles. "Pre-Agricultural Plant Management in the Uplands of the Central Zagros: The Archaeobotanical Evidence from Sheikh-e Abad." *Vegetation History and Archaeobotany* 27, no. 6 (November 2018): 817-831.

Widga, Chris, Greg Hodgins, Kayla Kolis, Stacey Lengyel, Jeff Saunders, J. Douglas Walker, and Alan D. Wanamaker. "Life Histories and Niche Dynamics in Late Quaternary Proboscideans from Midwestern North America." *Quaternary Research* 100 (March 2021): 224-239.

Wygal, Brian T., and Stephan M. Heidenreich. "Deglaciation and Human Colonization of Northern Europe." *Journal of World Prehistory* 27, no. 2 (August 2014): 111-144.

Zeder, Melinda A., and Megan D. Spitzer. "New Insights into Broad Spectrum Communities of the Early Holocene Near East: The Birds of Hallan Çemi." *Quaternary Science Reviews* 151 (November 2016): 140-159.

7장

Allentoft, Morten E., et al. "Population Genomics of Stone Age Eurasia." 프리프린트. (2022)

Alves, Isabel, Miguel Arenas, Mathias Currat, Anna Sramkova Hanulova, Vitor C. Sousa, Nicolas Ray, and Laurent Excoffier. "Long-Distance Dispersal Shaped Patterns of Human Genetic Diversity in Eurasia." *Molecular Biology and Evolution* 33, no. 4 (April 2016): 946-958.

Andrieu-Ponel, Valérie, et al. "Continuous Presence of Proto-Cereals in Anatolia..." (2021)

Arbuckle, Benjamin S., Sarah Whitcher Kansa, Eric Kansa, David Orton, Canan Çakırlar, Lionel Gourichon, Levent Atici, et al. "Data Sharing Reveals Complexity in the Westward Spread of Domestic Animals across Neolithic Turkey." *PLoS ONE* 9, no. 6 (June 2014): e99845. https://doi.org/10.1371/journal.pone.0099845.

Banning, Edward E. "Settlement and Economy in Wadi Ziqliab during the Late Neolithic." In *Studies in the History and Archaeology of Jordan 7*, 149-155. Amman: Department of Antiquities of Jordan, 2001.

Benz, Marion, Hans Georg Gebel, and Trevor Watkins, eds. *Neolithic Corporate Identities*. Berlin: Ex Oriente, 2017.

Biehl, Peter F., and Eva Rosenstock. "6000 BC: Transforming and Changing the Neolithic World in Southwest Asia and Europe." In *6000 BC*, edited by Peter F. Biehl and Eva Rosenstock, 1-14. Cambridge: Cambridge University Press, 2022.

Brandt, Guido, Anna Szécsényi-Nagy, Christina Roth, Kurt Werner Alt, and Wolfgang Haak. "Human Paleogenetics of Europe—the Known Knowns and the Known Unknowns." *Journal of Human Evolution* 79 (February 2015): 73-92.

Brierley, Chris, Katie Manning, and Mark Maslin. "Pastoralism May Have Delayed the End of the Green Sahara." *Nature Communications* 9, no. 1 (December 2018): 4018. https://doi.org/10.1038/s41467-018-06321-y.

Budja, Mihael. "Neolithic Pots and Potters in Europe: The End of 'Demic Diffusion' Migratory Model." *Documenta Praehistorica* 40 (December 2013): 38-56.

Contreras, Daniel A., Alberte Bondeau, Joël Guiot, Alan Kirman, Eneko Hiriart, Loup Bernard, Romain Suarez, and Marianela Fader. "From Paleoclimate Variables to Prehistoric Agriculture: Using a Process-Based Agro-Ecosystem Model to Simulate the Impacts of Holocene Climate Change on Potential Agricultural Productivity in Provence, France." *Quaternary International* 501 (January 2019): 303-316.

Coppa, Alfredo, Luca Bondioli, Andrea Cucina, David W. Frayer, Catherine Jarrige, J.-F.

Jarrige, Gonzague Quivron, et al. "Early Neolithic Tradition of Dentistry." *Nature* 440, no. 7085 (April 2006): 755-756.

Downey, Sean S., W. Randall Haas, and Stephen J. Shennan. "European Neolithic Societies Showed Early Warning Signals of Population Collapse." *Proceedings of the National Academy of Sciences* 113, no. 35 (August 2016): 9751-9756. https://doi.org/10.1073/pnas.1602504113.

Fuller, Dorian Q., and Chris J. Stevens. "Between Domestication and Civilization: The Role of Agriculture and Arboriculture in the Emergence of the First Urban Societies." *Vegetation History and Archaeobotany* 28, no. 3 (May 2019): 263-282.

Fuller, Dorian Q., et al. "Early Agricultural Pathways..." (2012)

Furholt, Martin, Nils Müller-Scheeßel, Maria Wunderlich, Ivan Cheben, and Johannes Müller. "Communality and Discord in an Early Neolithic Settlement Agglomeration: The LBK Site of Vráble, Southwest Slovakia." *Cambridge Archaeological Journal* 30, no. 3 (August 2020): 469-489.

García-Escárzaga, Asier, Igor Gutiérrez-Zugasti, Ana B. Marín-Arroyo, Ricardo Fernandes, Sara Núñez de la Fuente, David Cuenca-Solana, Eneko Iriarte, et al. "Human Forager Response to Abrupt Climate Change at 8.2 Ka on the Atlantic Coast of Europe." *Scientific Reports* 12 (December 2022): 6481. https://doi.org/10.1038/s41598-022-10135-w.

González-Fortes, Gloria, et al. "Paleogenomic Evidence for Multi-Generational Mixing..." (2017)

Gron, Kurt J., and Lasse Sørensen. "Cultural and Economic Negotiation: A New Perspective on the Neolithic Transition of Southern Scandinavia." *Antiquity* 92, no. 364 (August 2018): 958-974.

Hardin, Garrett. "The Tragedy of the Commons." (1968)

He, Keyang, Houyuan Lu, Jianping Zhang, Can Wang, and Xiujia Huan. "Prehistoric Evolution of the Dualistic Structure Mixed Rice and Millet Farming in China." *Holocene* 27, no. 12 (December 2017): 1885-1898.

Holl, Augustin F. C. "Coping with Uncertainty: Neolithic Life in the Dhar Tichitt-Walata, Mauritania (ca. 4000-2300 BP)." *Comptes Rendus Geoscience* 341, no. 8-9 (August 2009): 703-712.

Jakucs, János, Krisztián Oross, Eszter Bánffy, Vanda Voicsek, Elaine Dunbar, Paula Reimer, Alex Bayliss, et al. "Rows with the Neighbours: The Short Lives of Longhouses at the Neolithic Site of Versend-Gilencsa." *Antiquity* 92, no. 361 (February 2018): 91-117.

Jiang, Shiwei, Wuhong Luo, Luyao Tu, Yanyan Yu, Fang Fang, Xiaoyan Liu, Tao Zhan, et al. "The Holocene Optimum (HO) and the Response of Human Activity: A Case Study of the Huai River Basin in Eastern China." *Quaternary International* 493 (November 2018): 31-38.

Jones, Eppie R., Gunita Zarina, Vyacheslav Moiseyev, Emma Lightfoot, Philip R. Nigst, Andrea Manica, Ron Pinhasi, and Daniel G. Bradley. "The Neolithic Transition in the Baltic Was Not Driven by Admixture with Early European Farmers." *Current Biology* 27, no. 4 (February 2017): 576-582.

Jones, Martin, Harriet Hunt, Catherine Kneale, Emma Lightfoot, Diane Lister, Xinyi Liu, and Giedre Motuzaite-Matuzeviciute. "Food Globalisation in Prehistory: The Agrarian Foundations of an Interconnected Continent." *Journal of the British Academy* 4 (August 2016): 73-87.

Kaniewski, David, Elise Van Campo, Christophe Morhange, Joël Guiot, Dov Zviely, Idan Shaked, Thierry Otto, and Michal Artzy. "Early Urban Impact on Mediterranean Coastal Environments." *Scientific Reports* 3 (December 2013): 3540. https://doi.org/10.1038/srep03540.

Kavanagh, Patrick H., Bruno Vilela, Hannah J. Haynie, Ty Tuff, Matheus Lima-Ribeiro, Russell D. Gray, Carlos A. Botero, and Michael C. Gavin. "Hindcasting Global Population Densities Reveals Forces Enabling the Origin of Agriculture." *Nature Human Behaviour* 2, no. 7 (July 2018): 478-484.

Kienlin, Tobias L., Pawel Valde-Nowak, Marta Korczyñska, Klaus Cappenberg, and Jakob Ociepka, eds. Settlement, *Communication and Exchange around the Western Carpathians*. Oxford: Archaeopress Publishing, 2014.

Knapp, A. Bernard. "Maritime Narratives of Prehistoric Cyprus: Seafaring as Everyday Practice." *Journal of Maritime Archaeology* 15, no. 4 (December 2020): 415-450.

Kulkova, Marianna Alexeevna, Andrey N. Mazurkevich, Ekaterina V. Dolbunova, and Vladimir M. Lozovsky. "The 8200 CalBP Climate Event and the Spread of the Neolithic in Eastern Europe." *Documenta Praehistorica* 42 (December 2015): 77-92.

Larsen, Clark Spencer, Christopher J. Knüsel, Scott D. Haddow, Marin A. Pilloud, Marco Milella, Joshua W. Sadvari, Jessica Pearson, et al. "Bioarchaeology of Neolithic Çatalhöyük Reveals Fundamental Transitions in Health, Mobility, and Lifestyle in Early Farmers." *Proceedings of the National Academy of Sciences* 116, no. 26 (June 2019): 12615-12623.

Lazaridis, Iosif, et al. "Genomic Insights into the Origin of Farming in the Ancient Near East." (2016)

Librado, Pablo, Naveed Khan, Antoine Fages, Mariya A. Kusliy, Tomasz Suchan, Laure Tonasso-Calvière, Stéphanie Schiavinato, et al. "The Origins and Spread of Domestic Horses from the Western Eurasian Steppes." *Nature* 598, no. 7882 (October 2021): 634-640.

Linstädter, Jörg, and Stefan Kröpelin. "Wadi Bakht Revisited: Holocene Climate Change and Prehistoric Occupation in the Gilf Kebir Region of the Eastern Sahara, SW Egypt." *Geoarchaeology* 19, no. 8 (December 2004): 753-778.

Long, Tengwen. "Contrasting Developments of the Cultural Complexes South and North of Hangzhou Bay, Eastern China, Controlled by Coastal Environmental Changes." *Quaternary International* 623 (June 2022): 94-100.

Marquet, Pablo A., Calogero M. Santoro, Claudio Latorre, Vivien G. Standen, Sebastián R. Abades, Marcelo M. Rivadeneira, Bernardo Arriaza, and Michael E. Hochberg. "Emergence of Social Complexity among Coastal Hunter-Gatherers in the Atacama Desert of Northern Chile." *Proceedings of the National Academy of Sciences* 109, no. 37 September 2012): 14754-14760.

Masclans, Alba, Caroline Hamon, Christian Jeunesse, and Penny Bickle. "A Sexual Division of Labour at the Start of Agriculture? A Multi-Proxy Comparison through Grave Good Stone Tool Technological and Use-Wear Analysis." *PLoS ONE* 16, no. 4 (April 2021): e0249130. https://doi.org/10.1371/journal.pone.0249130.

Meyer, Christian, Corina Knipper, Nicole Nicklisch, Angelina Münster, Olaf Kürbis, Veit Dresely, Harald Meller, and Kurt W. Alt. "Early Neolithic Executions Indicated by Clustered Cranial Trauma in the Mass Grave of Halberstadt." *Nature Communications* 9, no. 1 (December 2018): 2472. https://doi.org/10.1038/s41467-018-04773-w.

Miller, Holly, Douglas Baird, Jessica Pearson, Angela L. Lamb, Matt Grove, Louise Martin, and Andrew Garrard. "The Origins of Nomadic Pastoralism in the Eastern Jordanian Steppe: A Combined Stable Isotope and Chipped Stone Assessment." *Levant* 50, no. 3 (September 2018): 281-304.

Münster, Angelina, Corina Knipper, Vicky M. Oelze, Nicole Nicklisch, Marcus Stecher, Björn Schlenker, Robert Ganslmeier, et al. "4000 Years of Human Dietary Evolution in Central Germany, from the First Farmers to the First Elites." *PLoS ONE* 13, no. 3 (March 2018): e0194862. https://doi.org/10.1371/journal.pone.0194862.

Nielsen, Svein Vatsvåg, Per Persson, and Steinar Solheim. "De-Neolithisation in Southern Norway Inferred from Statistical Modelling of Radiocarbon Dates." *Journal of Anthropological Archaeology* 53 (March 2019): 82-91.

Ostrom, Elinor, et al. "Revisiting the Commons: Local Lessons, Global Challenges." (1999)

Perşoiu, Aurel, Monica Ionita, and Harvey Weiss. "Atmospheric Blocking Induced by the Strengthened Siberian High Led to Drying in West Asia during the 4.2 Ka BP Event—a Hypothesis." *Climate of the Past* 15, no. 2 (April 2019): 781-793.

Porčić, Marko, Tamara Blagojević, Jugoslav Pendić, and Sofija Stefanović. "The Neolithic Demographic Transition in the Central Balkans: Population Dynamics Reconstruction Based on New Radiocarbon Evidence." *Philosophical Transactions of the Royal Society B: Biological Sciences* 376, no. 1816 (January 2021): 20190712. https://doi.org/10.1098/rstb.2019.0712.

Prendergast, Mary E., Mark Lipson, Elizabeth A. Sawchuk, Iñigo Olalde, Christine A. Ogola, Nadin Rohland, Kendra A. Sirak, et al. "Ancient DNA Reveals a Multistep Spread of the First Herders into Sub-Saharan Africa." *Science* 365, no. 6448 (July 2019): eaaw6275. https://doi.org/10.1126/science.aaw6275.

Qin, Ling, and Dorian Q. Fuller. "Why Rice Farmers Don't Sail: Coastal Subsistence Traditions and Maritime Trends in Early China." In *Prehistoric Maritime Cultures and Seafaring in East Asia*, edited by Chunming Wu and Barry Vladimir Rolett, 159-191. Singapore: Springer, 2019.

Riehl, Simone, Konstantin E. Pustovoytov, Heike Weippert, Stefan Klett, and Frank Hole. "Drought Stress Variability in Ancient Near Eastern Agricultural Systems Evidenced by δ 13 C in Barley Grain." *Proceedings of the National Academy of Sciences* 111, no. 34 (August 2014): 12348-12353.

Ruddiman, William F., Feng He, S. J. Vavrus, and John E. Kutzbach. "The Early Anthropogenic Hypothesis: A Review." *Quaternary Science Reviews* 240 (July 2020): 106386. https://doi.org/10.1016/j.quascirev.2020.106386.

Schulting, Rick J., Kristiina Mannermaa, Pavel E. Tarasov, Thomas Higham, Christopher Bronk Ramsey, Valeri Khartanovich, Vyacheslav Moiseyev, et al. "Radiocarbon Dating from Yuzhniy Oleniy Ostrov Cemetery Reveals Complex Human Responses to Socio-Ecological Stress during the 8.2 Ka Cooling Event." *Nature Ecology and Evolution* 6, no. 2 (January 2022): 155-162.

Shelach-Lavi, Gideon, Mingyu Teng, Yonaton Goldsmith, Ido Wachtel, Chris J. Stevens, Ofer Marder, Xiongfei Wan, et al. "Sedentism and Plant Cultivation in Northeast China Emerged during Affluent Conditions." *PLoS ONE* 14, no. 7 (July 2019): e0218751. https://doi.org/10.1371/journal.pone.0218751.

Shennan, Stephen, Sean S. Downey, Adrian Timpson, Kevan Edinborough, Sue Colledge, Tim Kerig, Katie Manning, and Mark G. Thomas. "Regional Population Collapse Followed Initial Agriculture Booms in Mid-Holocene Europe." *Nature Communications* 4 (December 2013): 2486. https://doi.org/10.1038/ncomms3486.

Silva, Fabio, and Marc Vander Linden. "Amplitude of Travelling Front as Inferred from 14C Predicts Levels of Genetic Admixture among European Early Farmers." *Scientific Reports* 7, no. 1 (December 2017): 11985. https://doi.org/10.1038/s41598-017-12318-2.

Watts, Joseph, Elise M. Hamerslag, Cassie Sprules, John H. Shaver, and Robin I. M. Dunbar. "Food Storage Facilitates Professional Religious Specialization in Hunter-Gatherer Societies." *Evolutionary Human Sciences* 4 (2022): e17. https://doi.org/10.1017/ehs.2022.17.

Weninger, Bernhard, Lee Clare, Fokke Gerritsen, Barbara Horejs, Raiko Krauß, Jörg Linstädter, Rana Özbal, and Eelco J. Rohling. "Neolithisation of the Aegean and Southeast Europe during the 6600-6000 CalBC Period of Rapid Climate Change." *Documenta Praehistorica* 41 (December 2014): 1-31.

Whittle, Alasdair, Alexandra Anders, R. Alexander Bentley, Penny Bickle, Lucy Cramp, László Domboróczki, Linda Fibiger, et al. "Hungary." In *The First Farmers of Central Europe: Diversity in LBK Lifeways*, edited by Penny Bickle and Alasdair Whittle, 49-100. Oxford: Oxbow Books, 2013.

Wright, Katherine I. "Domestication and Inequality? Households, Corporate Groups and Food Processing Tools at Neolithic Çatalhöyük." *Journal of Anthropological Archaeology* 33 (March 2014): 1-33.

Zarins, Juris. "Hailat Araka and the South Arabian Neolithic." *Arabian Archaeology and Epigraphy* 24, no. 1 (May 2013): 109-117.

Zhao, Xiaoshuang, Ian Thomas, Alaa Salem, Said E. Alassal, Yan Liu, Qianli Sun, Jing Chen, et al. "Holocene Climate Change and Its Influence on Early Agriculture in the Nile Delta, Egypt." *Palaeogeography, Palaeoclimatology, Palaeoecology* 547 (June 2020): 109702. https://doi.org/10.1016/j.palaeo.2020.109702.

Zhou, Xinying, Jianjun Yu, Robert Nicholas Spengler, Hui Shen, Keliang Zhao, Junyi Ge, Yige Bao, et al. "5,200-Year-Old Cereal Grains from the Eastern Altai Mountains Redate the Trans-Eurasian Crop Exchange." *Nature Plants* 6, no. 2 (February 2020): 78-87.

8장

Algaze, Guillermo. "Initial Social Complexity in Southwestern Asia: The Mesopotamian Advantage." *Current Anthropology* 42, no. 2 (April 2001): 199-233.

Alt, Kurt W., Cristina Tejedor Rodríguez, Nicole Nicklisch, David Roth, Anna Szécsényi Nagy, Corina Knipper, Susanne Lindauer, et al. "A Massacre of Early Neolithic Farmers in the High Pyrenees at Els Trocs, Spain." *Scientific Reports* 10 (February 2020): 2131. https://doi.org/10.1038/s41598-020-58483-9.

An, Jingping, Wiebke Kirleis, and Guiyun Jin. "Understanding the Collapse of the Longshan Culture (4400-3800 BP) and the 4.2 Ka Event in the Haidai Region of China—from an Agricultural Perspective." *Environmental Archaeology* (November 2021). https://doi.org/10.1080/14614103.2021.2003583.

Anthony, David W., and Dorcas R. Brown. "The Secondary Products Revolution, Horse-Riding, and Mounted Warfare." *Journal of World Prehistory* 24, no. 2-3 (September 2011): 131-160.

Badalyan, Ruben, Adam T. Smith, Ian Lindsay, Lori Khatchadourian, and Pavel

Avetisyan. "Village, Fortress, and Town in Bronze and Iron Age Southern Caucasia: A Preliminary Report on the 2003-2006 Investigations of Project ArAGATS on the Tsaghkahovit Plain, Republic of Armenia." *Archäologische Mitteilungen aus Iran und Turan* 40 (January 2008): 45-104.

Benati, Giacomo, Carmine Guerriero, and Federico Zaina. "The Economic and Institutional Determinants of Trade Expansion in Bronze Age Greater Mesopotamia." *Journal of Archaeological Science* 131 (July 2021): 105398. https://doi.org/10.1016/j.jas.2021.105398.

Bogaard, Amy, Dragana Filipović, Andrew Fairbairn, Laura Green, Elizabeth Stroud, Dorian Fuller, and Michael Charles. "Agricultural Innovation and Resilience in a Long-Lived Early Farming Community: The 1,500-Year Sequence at Neolithic to Early Chalcolithic Çatalhöyük, Central Anatolia." *Anatolian Studies* 67 (July 2017): 1-28.

Cheung, Christina, Hua Zhang, Joseph C. Hepburn, Dongya Y. Yang, and Michael P. Richards. "Stable Isotope and Dental Caries Data Reveal Abrupt Changes in Subsistence Economy in Ancient China in Response to Global Climate Change." *PLoS ONE* 14, no. 7 (July 2019): e0218943. https://doi.org/10.1371/journal.pone.0218943.

Crevecoeur, Isabelle, Marie-Hélène Dias-Meirinho, Antoine Zazzo, Daniel Antoine, and François Bon. "New Insights on Interpersonal Violence in the Late Pleistocene Based on the Nile Valley Cemetery of Jebel Sahaba." *Scientific Reports* 11 (May 2021): 9991. https://doi.org/10.1038/s41598-021-89386-y.

Currás, Brais X., and Inés Sastre, eds. *Alternative Iron Ages: Social Theory from Archaeological Analysis.* Abingdon, UK: Routledge, 2019.

Diamond, Jared. *Collapse*. New York: Pantheon Books, 2005.

Drake, B. Lee. "Changes in North Atlantic Oscillation Drove Population Migrations and the Collapse of the Western Roman Empire." *Scientific Reports* 7 (December 2017): 1227. https://doi.org/10.1038/s41598-017-01289-z.

Dumitru, Ioana A., and Michael J. Harrower. "From Rural Collectables to Global Commodities: Copper from Oman and Obsidian from Ethiopia." In *Globalization in Prehistory*, edited by Nicole Boivin and Michael D. Frachetti, 232-262. Cambridge: Cambridge University Press, 2018.

Finkelstein, Israel, Dafna Langgut, Meirav Meiri, and Lidar Sapir-Hen. "Egyptian Imperial Economy in Canaan: Reaction to the Climate Crisis at the End of the Late Bronze Age." *Ägypten Und Levante* 27 (January 2017): 249-260.

Frangipane, Marcella. "Different Trajectories in State Formation in Greater Mesopotamia: A View from Arslantepe (Turkey)." *Journal of Archaeological Research* 26, no. 1 (March 2018): 3-63.

Furholt, Martin, et al. "Communality and Discord in an Early Neolithic Settlement Agglomeration..." (2020)

Gaastra, Jane S., Tina L. Greenfield, and Haskel J. Greenfield. "Constraint, Complexity and Consumption: Zooarchaeological Meta-Analysis Shows Regional Patterns of Resilience across the Metal Ages in the Near East." *Quaternary International* 545 (April 2020): 45-62.

Gleba, Margarita, Beatriz Marín-Aguilera, and Bela Dimova. *Making Cities*. Cambridge: McDonald Institute for Archaeological Research, 2021.

Glowacki, Luke, Michael L. Wilson, and Richard W. Wrangham. "The Evolutionary Anthropology of War." *Journal of Economic Behavior and Organization* 178 (October 2020): 963-982.

Guedes, Jade d'Alpoim, and R. Kyle Bocinsky. "Climate Change Stimulated Agricultural Innovation and Exchange across Asia." *Science Advances* 4, no. 10 (October 2018): eaar4491. https://doi.org/10.1126/sciadv.aar4491.

Hansen, Svend, and Johannes Müller. *Rebellion and Inequality in Archaeology*. Bonn: Rudolf Habelt, 2017.

Hardin, Garrett. "The Tragedy of the Commons." (1968)

Heeb, Bernhard S., Alexandru Szentmiklosi, Alexandru Szentmiklosi, Rudiger Krause, and Matthias Wemhoff, eds. *Fortifications*, 2015. Berlin: Staatliche Museen zu Berlin—Preußischer Kulturbesitz, 2017.

Hudson, Mark J. "Towards a Prehistory of the Great Divergence..." (2019)

Jaang, Li. "Erlitou: The Making of a Secondary State and a New Sociopolitical Order in Early Bronze Age China." *Journal of Archaeological Research* (June 2022). https://doi.org/10.1007/s10814-022-09173-9.

Jaeger, Mateusz. "Bronze Age Defensive Settlement in the Context of Long-Range Relationships: How Far Is It from Fortified Villiages to Citadels?" In *Rebellion and Inequality in Archaeology*, edited by Svend Hansen and Johannes Müller, 185-204. Bonn: Rudolf Habelt, 2017.

Jia, Xin, Shuangwen Yi, Yonggang Sun, Shuangye Wu, Harry F. Lee, Lin Wang, and Huayu Lu. "Spatial and Temporal Variations in Prehistoric Human Settlement and Their Influencing Factors on the South Bank of the Xar Moron River, Northeastern China." *Frontiers of Earth Science* 11, no. 1 (March 2017): 137-147.

Kaniewski, David, Joël Guiot, and Elise Van Campo. "Drought and Societal Collapse 3200 Years Ago in the Eastern Mediterranean: A Review." *Wiley Interdisciplinary Reviews: Climate Change* 6, no. 4 (July 2015): 369-382.

Kawakubo, Shusuke, Fangluan Gao, Shifang Li, Zhongyang Tan, Ying-Kun Huang, Charith Raj Adkar-Purushothama, Chennappa Gurikar, et al. "Genomic Analysis of the Brassica Pathogen Turnip Mosaic Potyvirus Reveals Its Spread along the Former Trade Routes of the Silk Road." *Proceedings of the National Academy of Sciences* 118, no. 12 (March 2021): e2021221118. https://doi.org/10.1073/pnas.2021221118.

Knüsel, Christopher J., and Martin J. Smith. "Introduction: The Bioarchaeology of Conflict." In *The Routledge Handbook of the Bioarchaeology of Human Conflict*, edited by Christopher J. Knüsel and Martin J. Smith, 3-24. Abingdon, UK: Routledge, 2013.

Kohler, Timothy A., Michael E. Smith, Amy Bogaard, Gary M. Feinman, Christian E. Peterson, Alleen Betzenhauser, Matthew Pailes, et al. "Greater Post-Neolithic Wealth Disparities in Eurasia than in North America and Mesoamerica." *Nature* 551, no. 7682 (November 2017): 619-622.

Kolář, Jan. "Migrations or Local Interactions? Spheres of Interaction in Third-Millennium BC Central Europe." *Antiquity* 94, no. 377 (October 2020): 1168-1185.

Kuhn, Steven L., and Mary C. Stiner. "What's a Mother to Do? The Division of Labor among Neandertals and Modern Humans in Eurasia." *Current Anthropology* 47, no. 6 (December 2006): 953-981.

Larsen, Clark Spencer, et al. "Bioarchaeology of Neolithic Çatalhöyük..." (2019)

Li, Xin, Shanjia Zhang, Minxia Lu, Menghan Qiu, Shaoqing Wen, and Minmin Ma. "Dietary Shift and Social Hierarchy from the Proto-Shang to Zhou Dynasty in the Central Plains of China." *Environmental Research Letters* 15, no. 3 (March 2020): 035002. https://doi.org/10.1088/1748-9326/ab6783.

Liu, Xinyi, et al. "From Ecological Opportunism to Multi-Cropping..." (2019)

Løvschal, Mette, and Mads Kähler Holst. "Governing Martial Traditions: Post-Conflict Ritual Sites in Iron Age Northern Europe (200 BC-AD 200)." *Journal of Anthropological Archaeology* 50 (June 2018): 27-39.

Łukasik, Sylwia, Jakub Bijak, Marta Krenz-Niedbała, Grażyna Liczbińska, Vitaly Sinika, and Janusz Piontek. "Warriors Die Young: Increased Mortality in Early Adulthood of Scythians from Glinoe, Moldova, Fourth through Second Centuries BC." *Journal of Anthropological Research* 73, no. 4 (December 2017): 584-616.

Lull, Vicente, Rafael Micó, Cristina Rihuete-Herrada, and Roberto Risch. "The La Bastida Fortification: New Light and New Questions on Early Bronze Age Societies in the Western Mediterranean." *Antiquity* 88, no. 340 (June 2014): 395-410.

Madden, Gwyn D., Jordan K. Karsten, Sarah H. Ledogar, Ryan Schmidt, and Mykhailo P. Sokhatsky. "Violence at Verteba Cave, Ukraine: New Insights into the Late Neolithic Intergroup Conflict." *International Journal of Osteoarchaeology* 28, no. 1 (January 2018): 44-53.

Manclossi, Francesca, Steven A. Rosen, and Gunnar Lehmann. "The Decline and Disappearance of Chipped-Stone Tools: New Insights from Qubur El-Walaydah, a

Late Bronze/Iron Age Site in Israel." *Lithic Technology* 43, no. 2 (April 2018): 93–124.

Manning, Joseph G., Francis Ludlow, Alexander R. Stine, William R. Boos, Michael Sigl, and Jennifer R. Marlon. "Volcanic Suppression of Nile Summer Flooding Triggers Revolt and Constrains Interstate Conflict in Ancient Egypt." *Nature Communications* 8 (December 2017): 900. https://doi.org/10.1038/s41467-017-00957-y.

Meyer, Christian, et al. "Early Neolithic Executions Indicated by Clustered Cranial Trauma..." (2018)

Meyer, Christian, Christian Lohr, Detlef Gronenborn, and Kurt W. Alt. "The Massacre Mass Grave of Schöneck-Kilianstädten Reveals New Insights into Collective Violence in Early Neolithic Central Europe." *Proceedings of the National Academy of Sciences* 112, no. 36 (September 2015): 11217–11222.

Molloy, Barry. "Was There a 3.2 Ka Crisis in Europe? A Critical Comparison of Climatic, Environmental, and Archaeological Evidence for Radical Change during the Bronze Age-Iron Age Transition." *Journal of Archaeological Research* (August 2022). https://doi.org/10.1007/s10814-022-09176-6.

Parkinson, William A., and Paul R. Duffy. "Fortifications and Enclosures in European Prehistory: A Cross-Cultural Perspective." *Journal of Archaeological Research* 15, no. 2 (June 2007): 97–141.

Preda-Balanica, Bianca, Alin Frînculeasa, and Volker Heyd. "The Yamnaya Impact North of the Lower Danube: A Tale of Newcomers and Locals." *Bulletin de la Société Préhistorique Française* 117, no. 1 (October 2020): 85–101.

Riehl, Simone, et al. "Drought Stress Variability in Ancient Near Eastern Agricultural Systems..." (2014)

Ross, Jennifer C., Sharon R. Steadman, Gregory McMahon, Sarah E. Adcock, and Joshua W. Cannon. "When the Giant Falls: Endurance and Adaptation at Çadır Höyük in the Context of the Hittite Empire and Its Collapse." *Journal of Field Archaeology* 44, no. 1 (January 2019): 19–39.

Rousset, Marie-Odile, Bernard Geyer, Nazir Awad, and Shadi Shabo. "The Defensive System of the Arid Margins of the Northern Levant during the Middle Bronze Age." In *Proceedings of the 11th International Congress on the Archaeology of the Ancient Near East*, Vol. 2, edited by Adelheid Otto, Michael Herles, Kai Kaniuth, Lorenz Korn, and Anja Heidenreich, 349–362. Wiesbaden: Harrasowitz Verlag, 2020.

Ryan-Despraz, Jessica. *Practice and Prestige: An Exploration of Neolithic Warfare, Bell Beaker Archery, and Social Stratification from an Anthropological Perspective*. Oxford: Archaeopress Archaeology, 2022.

Schulting, Rick J. "War without Warriors: The Nature of Interpersonal Conflict before the Emergence of Formalized Warrior Elites." In *The Archaeology of Violence*, edited by

Sarah Ralph, 19-36. Albany: SUNY Press, 2012.

Scorrano, Gabriele, Fulya Eylem Yediay, Thomaz Pinotti, Motahareh Feizabadifarahani, and Kristian Kristiansen. "The Genetic and Cultural Impact of the Steppe Migration into Europe." *Annals of Human Biology* 48, no. 3 (April 2021): 223-233.

Sheng, Pengfei, Xue Shang, Zhouyong Sun, Liping Yang, Xiaoning Guo, and Martin K. Jones. "North-South Patterning of Millet Agriculture on the Loess Plateau: Late Neolithic Adaptations to Water Stress, NW China." *Holocene* 28, no. 10 (October 2018): 1554-1563.

Shev, Gene T. "The Introduction of the Domesticated Horse in Southwest Asia." *Archaeology, Ethnology and Anthropology of Eurasia* 44, no. 1 (March 2016): 123-136.

Silva, Marina, Marisa Oliveira, Daniel Vieira, Andreia Brandão, Teresa Rito, Joana B. Pereira, Ross M. Fraser, et al. "A Genetic Chronology for the Indian Subcontinent Points to Heavily Sex-Biased Dispersals." *BMC Evolutionary Biology* 17, no. 1 (December 2017): 88. https://doi.org/10.1186/s12862-017-0936-9.

Stephens, Lucas, Dorian Fuller, Nicole Boivin, Torben Rick, Nicolas Gauthier, Andrea Kay, Ben Marwick, et al. "Archaeological Assessment Reveals Earth's Early Transformation through Land Use." *Science* 365, no. 6456 (August 2019): 897-902.

Turchin, Peter, Daniel Hoyer, Andrey Korotayev, Nikolay Kradin, Sergey Nefedov, Gary Feinman, Jill Levine, et al. "Rise of the War Machines: Charting the Evolution of Military Technologies from the Neolithic to the Industrial Revolution." *PLoS ONE* 16, no. 10 (October 2021): e0258161. https://doi.org/10.1371/journal.pone.0258161.

Weinelt, Mara, Jutta Kneisel, Julien Schirrmacher, Martin Hinz, and Artur Ribeiro. "Potential Responses and Resilience of Late Chalcolithic and Early Bronze Age Societies to Mid-to Late Holocene Climate Change on the Southern Iberian Peninsula." *Environmental Research Letters* 16, no. 5 (May 2021): 055007. https://doi.org/10.1088/1748-9326/abd8a8.

Yang, Liang Emlyn, Hans-Rudolf Bork, Xiuqi Fang, Steffen Mischke, Mara Weinelt, and Josef Wiesehöfer. "On the Paleo-Climatic/Environmental Impacts and Socio-Cultural System Resilience along the Historical Silk Road." In *Socio-Environmental Dynamics along the Historical Silk Road*, edited by Liang Emlyn Yang, Hans-Rudolf Bork, Xiuqi Fang, and Steffen Mischke, 3-22. Cham, Switz.: Springer, 2019.

Zhang, Haiwei, Hai Cheng, Ashish Sinha, Christoph Spötl, Yanjun Cai, Bin Liu, Gayatri Kathayat, et al. "Collapse of the Liangzhu and Other Neolithic Cultures in the Lower Yangtze Region in Response to Climate Change." *Science Advances* 7, no. 48 (November 2021): eabi9275. https://doi.org/10.1126/sciadv.abi9275.

9장

Agosta, Salvatore J., and Daniel R. Brooks. *The Major Metaphors of Evolution*. 2020.

Audouy, Michel, and Andy Chapman. *Raunds*. Oxford: Oxbow Books Limited, 2009.

Bedal, Leigh-Ann. "From Urban Oasis to Desert Hinterland: The Decline of Petra's Water System. The Case of the Petra Garden and Pool Complex." In *Water and Power in Past Societies*, Vol. 7, edited by Emily Holt, 131-158. Albany: SUNY Press, 2018.

Blom, Philipp. *Nature's Mutiny*. New York: W. W. Norton and Company, 2019.

Buckley, Brendan M., Kevin J. Anchukaitis, Daniel Penny, Roland Fletcher, Edward R. Cook, Masaki Sano, Le Canh Nam, et al. "Climate as a Contributing Factor in the Demise of Angkor, Cambodia." *Proceedings of the National Academy of Sciences* 107, no. 15 (April 2010): 6748-6752.

Buckley, Brendan M., Roland Fletcher, Shi-Yu Simon Wang, Brian Zottoli, and Christophe Pottier. "Monsoon Extremes and Society over the Past Millennium on Mainland Southeast Asia." *Quaternary Science Reviews* 95 (July 2014): 1-19.

Büntgen, Ulf, Vladimir S. Myglan, Fredrik Charpentier Ljungqvist, Michael McCormick, Nicola Di Cosmo, Michael Sigl, Johann Jungclaus, et al. "Cooling and Societal Change during the Late Antique Little Ice Age from 536 to around 660 AD." *Nature Geoscience* 9, no. 3 (March 2016): 231-236.

Butzer, Karl W., and Georgina H. Endfield. "Critical Perspectives on Historical Collapse." *Proceedings of the National Academy of Sciences* 109, no. 10 (March 2012): 3628-3631.

Camenisch, Chantal, Kathrin M. Keller, Melanie Salvisberg, Benjamin Amann, Martin Bauch, Sandro Blumer, Rudolf Brázdil, et al. "The 1430s: A Cold Period of Extraordinary Internal Climate Variability during the Early Spörer Minimum with Social and Economic Impacts in North-Western and Central Europe." *Climate of the Past* 12, no. 11 (December 2016): 2107-2126.

Carson, Rachel. *Silent Spring*. Boston: Houghton Mifflin, 1962.

Craig-Atkins, Elizabeth, Ben Jervis, Lucy Cramp, Simon Hammann, Alexandra J. Nederbragt, Elizabeth Nicholson, Allie Rae Taylor, et al. "The Dietary Impact of the Norman Conquest: A Multiproxy Archaeological Investigation of Oxford, UK." *PLoS ONE* 15, no. 7 (July 2020): e0235005. https://doi.org/10.1371/journal.pone.0235005.

Darwin, Charles. *On the Origin of Species*, 1st ed. London: John Murray, 1859. 다음 쪽에서 인용: 89.

Darwin, Charles. *Voyages of the Adventure and Beagle*. Vol. 3, *Journal and Remarks (The Voyage of the Beagle), 1832-1836*. London: Henry Colburn, 1839.

Deforce, Koen. "Wood Use in a Growing Medieval City: The Overexploitation of Woody Resources in Ghent (Belgium) between the 10th and 12th Century AD." *Quaternary International* 458 (November 2017): 123-133.

Ehrlich, Paul R. *The Population Bomb*. New York: Ballantine Books, 1968.

Elton, Charles S. *The Ecology of Invasions by Animals and Plants*. London: Methuen, 1958.

Fischer, Svante, Hans Lejdegård, and Helen Victor. "The Fall and Decline of the Roman Urban Mind." In *The Urban Mind*, edited by Paul J. J. Sinclair, Gullög Nordquist, Frands Herschend, and Christian Isendahl, 277-294. Uppsala: African and Comparative Archaeology, Department of Archaeology and Ancient History, Uppsala University, 2010.

Giljohann, Ricarda, Angelika Hunold, and Stefan Wenzel. "Rural Life and Industry between the Eifel and the Rhine." In *Gallia Rustica*, edited by Michel Reddé, 125-152. Pessac, Fr.: Ausonius Éditions, 2017.

Gleba, Margarita, et al. *Making Cities*. 2021.

Hoag, Colin, and Jens-Christian Svenning. "African Environmental Change from the Pleistocene to the Anthropocene." *Annual Review of Environment and Resources* 42, no. 1 (October 2017): 27-54.

Izdebski, Adam, Grzegorz Koloch, Tymon Słoczyński, and Marta Tycner. "On the Use of Palynological Data in Economic History: New Methods and an Application to Agricultural Output in Central Europe, 0-2000AD." *Explorations in Economic History* 59 (January 2016): 17-39.

Knipper, Corina, István Koncz, János Gábor Ódor, Balázs Gusztáv Mende, Zsófia Rácz, Sandra Kraus, Robin van Gyseghem, et al. "Coalescing Traditions—Coalescing People: Community Formation in Pannonia after the Decline of the Roman Empire." *PLoS ONE* 15, no. 4 (April 2020): e0231760. https://doi.org/10.1371/journal.pone.0231760.

Lamentowicz, Mariusz, Katarzyna Marcisz, Piotr Guzowski, Mariusz Gałka, Andrei-Cosmin Diaconu, and Piotr Kołaczek. "How Joannites' Economy Eradicated Primeval Forest and Created Anthroecosystems in Medieval Central Europe." *Scientific Reports* 10 (December 2020): 18775. https://doi.org/10.1038/s41598-020-75692-4.

Laszlovszky, József, Stephen Pow, Beatrix F. Romhányi, László Ferenczi, and Zsolt Pinke. "Contextualizing the Mongol Invasion of Hungary in 1241-42: Short-and Long-Term Perspectives." *Hungarian Historical Review* 7, no. 3 (December 2018): 419-450.

Ling, Johan, Timothy Earle, and Kristian Kristiansen. "Maritime Mode of Production: Raiding and Trading in Seafaring Chiefdoms." *Current Anthropology* 59, no. 5 (October 2018): 488-524.

Lucero, Lisa J., Roland Fletcher, and Robin Coningham. "From 'Collapse' to Urban Diaspora: The Transformation of Low-Density, Dispersed Agrarian Urbanism." *Antiquity* 89, no. 347 (October 2015): 1139-1154.

Luelmo-Lautenschlaeger, Reyes, Sebastián Pérez-Díaz, Francisca Alba-Sánchez, Daniel Abel-Schaad, and José López-Sáez. "Vegetation History in the Toledo Mountains

(Central Iberia): Human Impact during the Last 1300 Years." *Sustainability* 10, no. 7 (July 2018): 2575. https://doi.org/10.3390/su10072575.

Malthus, Thomas Robert. *An Essay on the Principle of Population*. London: J. Johnson, 1798.

Marakovi, Nikolina. "Signatures in the Stones—the Legacy of Early Medieval Elites on the Territory of Modern Croatia." *Hortus Artium Medievalium* 13, no. 2 (May 2007): 359-374.

Marom, Nimrod, Meirav Meiri, Yotam Tepper, Tali Erickson-Gini, Hagar Reshef, Lior Weissbrod, and Guy Bar-Oz. "Zooarchaeology of the Social and Economic Upheavals in the Late Antique-Early Islamic Sequence of the Negev Desert." *Scientific Reports* 9 (December 2019): 6702. https://doi.org/10.1038/s41598-019-43169-8.

Maróti, Zoltán, Endre Neparáczki, Oszkár Schütz, Kitti Maár, Gergely I. B. Varga, Bence Kovács, Tibor Kalmár, et al. "The Genetic Origin of Huns, Avars, and Conquering Hungarians." *Current Biology* 32, no. 13 (July 2022): 2858-2870.

McConnell, Joseph R., Nathan J. Chellman, Robert Mulvaney, Sabine Eckhardt, Andreas Stohl, Gill Plunkett, Sepp Kipfstuhl, et al. "Hemispheric Black Carbon Increase after the 13th-Century Māori Arrival in New Zealand." *Nature* 598, no. 7879 (October 2021): 82-85.

Meadows, Donella H., Dennis L. Meadows, Jørgen Randers, and William W. Behrens III. *The Limits to Growth*. New York: Universe Books, 1972.

Mensing, Scott, Irene Tunno, Gabriele Cifani, Susanna Passigli, Paula Noble, Claire Archer, and Gianluca Piovesan. "Human and Climatically Induced Environmental Change in the Mediterranean during the Medieval Climate Anomaly and Little Ice Age: A Case from Central Italy." *Anthropocene* 15 (September 2016): 49-59.

Morhange, Christophe, Amos Salamon, Guénaelle Bony, Clément Flaux, Ehud Galili, Jean-Philippe Goiran, and Dov Zviely. "Geoarchaeology of Tsunamis and the Revival of Neo-Catastrophism in the Eastern Mediterranean." In *Overcoming Catastrophes*, edited by Lorenzo Nigro, 31-51. Rome: La Sapienza Studies on the Archaeology of Palestine and Transjordan, 2014.

Neiman, Susan. *Evil in Modern Thought*. 2015.

Nicklisch, Nicole, Frank Ramsthaler, Harald Meller, Susanne Friederich, and Kurt W. Alt. "The Face of War: Trauma Analysis of a Mass Grave from the Battle of Lützen (1632)." *PLoS ONE* 12, no. 5 (May 2017): e0178252. https://doi.org/10.1371/journal.pone.0178252.

Pinke, Zsolt, László Ferenczi, Beatrix F. Romhányi, Ferenc Gyulai, József Laszlovszky, Zoltán Mravcsik, Patricia Pósa, and Gyula Gábris. "Zonal Assessment of Environmental Driven Settlement Abandonment in the Trans-Tisza Region (Central

Europe) during the Early Phase of the Little Ice Age." *Quaternary Science Reviews* 157 (February 2017): 98-113.

Pluskowski, Aleksander, Heiki Valk, and Seweryn Szczepański. "Theocratic Rule, Native Agency and Transformation: Post-Crusade Sacred Landscapes in the Eastern Baltic." *Landscapes* 19, no. 1 (January 2018): 4-24.

Pokharia, Anil K., Jeewan Singh Kharakwal, Shalini Sharma, Michael Spate, Deepika Tripathi, Ashok Priyadarshan Dimri, Xinyi Liu, et al. "Variable Monsoons and Human Adaptations: Archaeological and Palaeoenvironmental Records during the Last 1400 Years in North-Western India." *Holocene* 30, no. 9 (September 2020): 1332-1344.

Preiser-Kapeller, Johannes. "Symploke and Complexio: Entangling and Dis-Entangling the Networks of the Roman Empire of the East in the Early Medieval World, Fourth-Ninth Century CE." In *The 24th International Congress of Byzantine Studies*, edited by Emiliano Fiori and Michele Trizio, 393-422. Venice: Fondazione Università Ca' Foscari, 2022.

Quijano, Aníbal. "Coloniality of Power and Eurocentrism in Latin America." *International Sociology* 15, no. 2 (June 2000): 215-232.

Ratcliffe, Derek A. "Criteria for the Selection of Nature Reserves." *Advancement of Science* 27 (January 1971): 294-296.

Richardson, Lewis F. *Arms and Insecurity*. Chicago: Quadrangle Books, 1960.

Rodhe, Henning, Robert Charlson, and Elisabeth Crawford. "Svante Arrhenius and the Greenhouse Effect." *Ambio* 26, no. 1 (February 1997): 2-5.

Rösch, Manfred. "Land Use and Food Production in Central Europe from the Neolithic to the Medieval Period: Change of Landscape, Soils and Agricultural Systems According to Archaeobotanical Data." In *Economic Archaeology*, edited by Tim Kerig and Andreas Zimmerman, 109-128. Bonn: Habelt, 2013.

Rusu, Ioana, Alessandra Modi, Claudia Radu, Cristina Mircea, Adriana Vulpoi, Cătălin Dobrinescu, Vitalie Bodolică, et al. "Mitochondrial Ancestry of Medieval Individuals Carelessly Interred in a Multiple Burial from Southeastern Romania." *Scientific Reports* 9 (December 2019): 961. https://doi.org/10.1038/s41598-018-37760-8.

Smith, Adam. *An Inquiry into the Nature and Causes of the Wealth of Nations*. London: W. Strahan and T. Cadell, 1776.

Spencer, Herbert. *Principles of Biology*. Vol 1. New York: D. Appleton and Company, 1864. 다음 쪽에서 인용: 444.

Spengler, Robert N., Farhod Maksudov, Elissa Bullion, Ann Merkle, Taylor Hermes, and Michael Frachetti. "Arboreal Crops on the Medieval Silk Road: Archaeobotanical Studies at Tashbulak." *PLoS ONE* 13, no. 8 (August 2018): e0201409. https://doi.

org/10.1371/journal.pone.0201409.

Steffen, Will, et al. "The Trajectory of the Anthropocene..." (2015)

Turner, Graham. *Is Global Collapse Imminent?* 2014.

Vigil-Escalera Guirado, Alfonso, Marta Moreno-García, Leonor Peña-Chocarro, Arturo Morales-Muñiz, Laura Llorente-Rodríguez, Diego Sabato, and Mariano Ucchesu. "Productive Strategies and Consumption Patterns in the Early Medieval Village of Gózquez (Madrid, Spain)." *Quaternary International* 346 (September 2014): 7-19.

Vigil-Escalera Guirado, Alfonso, and Juan Antonio Quirós Castillo. "Early Medieval Rural Societies in North-Western Spain: Archaeological Reflections of Fragmentation and Convergence." In *Scale and Scale Change in the Early Middle Ages*, edited by Julio Escalona and Andrew Reynolds, 33-60. Turnhout, Belg..: Brepols Publishers, 2011.

von Humboldt, Alexander. *Personal Narrative of Travels to the Equinoctial Regions of the New Continent*. 7 vols. 1st ed. by the author, Paris; English translation, London, 1815-1826.

Vyazov, Leonid A., and Yulia A. Salova. "On the Origins of Tilling Tools of the Migration Period in the Middle Volga Region." *Archaeologica Bulgarica* 26, no. 1 (February 2022): 93-108.

Wallace, Alfred Russel. "On the Law Which Has Regulated the Introduction of New Species." (1855)

Xoplaki, Elena, Dominik Fleitmann, Juerg Luterbacher, Sebastian Wagner, John F. Haldon, Eduardo Zorita, Ioannis Telelis, et al. "The Medieval Climate Anomaly and Byzantium: A Review of the Evidence on Climatic Fluctuations, Economic Performance and Societal Change." *Quaternary Science Reviews* 136 (March 2016): 229-252.

10장

Advani, N. K. *WWF Wildlife and Climate Change Series: Polar Bear*. Washington, DC: World Wildlife Fund, 2016. 다음 쪽에서 인용: 3.

Agosta, Salvatore J., and Daniel R. Brooks. *The Major Metaphors of Evolution*. 2020.

Antão, Laura H., Benjamin Weigel, Giovanni Strona, Maria Hällfors, Elina Kaarlejärvi, Tad Dallas, Øystein H. Opedal, et al. "Climate Change Reshuffles Northern Species within Their Niches." *Nature Climate Change* 12, no. 6 (June 2022): 587-592.

Barnosky, Anthony D., et al. "Approaching a State Shift in Earth's Biosphere." (2012)

Bovo, Alex Augusto de Abreu, Marcelo Magioli, Alexandre Reis Percequillo, Cecilia Kruszynski, Vinicius Alberici, Marco A. R. Mello, Lidiani Silva Correa, et al. "Human-Modified Landscape Acts as Refuge for Mammals in Atlantic Forest." *Biota Neotropica* 18, no. 2 (April 2018): e20170395. https://doi.org/10.1590/1676-0611-

bn-2017-0395.

Brennan, Angela, Robin Naidoo, Laura Greenstreet, Zia Mehrabi, Navin Ramankutty, and Claire Kremen. "Functional Connectivity of the World's Protected Areas." *Science* 376, no. 6597 (June 2022): 1101-1104.

Brooks, Daniel R., et al. *The Stockholm Paradigm*. 2019.

Brooks, Daniel R., and Deborah A. McLennan. *The Nature of Diversity*. 2002.

Büscher, Bram, and Robert Fletcher. *The Conservation Revolution*. London: Verso Books, 2020. 다음 쪽에서 인용: 2.

Cannata, Massimiliano, and Roberto Marzocchi. "Two-Dimensional Dam Break Flooding Simulation: A GIS-Embedded Approach." *Natural Hazards* 61, no. 3 (April 2012): 1143-1159.

Carson, Rachel. *Silent Spring*. 1962.

Clements, Christopher F., Michael A. McCarthy, and Julia L. Blanchard. "Early Warning Signals of Recovery in Complex Systems." *Nature Communications* 10 (December 2019): 1681. https://doi.org/10.1038/s41467-019-09684-y.

Cornwall, Warren. "In Hot Water." *Science* 363, no. 6426 (February 2019): 442-445. 다음 쪽에서 인용: 444.

Dakos, Vasilis, Blake Matthews, Andrew P. Hendry, Jonathan Levine, Nicolas Loeuille, Jon Norberg, Patrik Nosil, et al. "Ecosystem Tipping Points in an Evolving World." *Nature Ecology and Evolution* 3, no. 3 (March 2019): 355-362.

Elton, Charles S. *The Ecology of Invasions by Animals and Plants*. 1958.

Evans, Maldwyn J., Philip Barton, Shigeru Niwa, Masashi Soga, Sebastian Seibold, Kazuaki Tsuchiya, and Masumi Hisano. "Climate-Driven Divergent Long-Term Trends of Forest Beetles in Japan." *Ecology Letters* 25, no. 9 (September 2022): 2009-2021.

Hardin, Garrett. "The Tragedy of the Commons." (1968)

Hong, Pubin, Bernhard Schmid, Frederik De Laender, Nico Eisenhauer, Xingwen Zhang, Haozhen Chen, Dylan Craven, et al. "Biodiversity Promotes Ecosystem Functioning despite Environmental Change." *Ecology Letters* 25, no. 2 (February 2022): 555-569.

Jactel, Hervé, Jean-Luc Imler, Louis Lambrechts, Anna-Bella Failloux, Jean Dominique Lebreton, Yvon Le Maho, Jean-Claude Duplessy, et al. "Insect Decline: Immediate Action Is Needed." *Comptes Rendus Biologies* 343, no. 3 (February 2021): 267-293. 다음 쪽에서 인용: 268.

Klinga, Peter, Martin Mikoláš, Peter Smolko, Martin Tejkal, Jacob Höglund, and Ladislav Paule. "Considering Landscape Connectivity and Gene Flow in the Anthropocene Using Complementary Landscape Genetics and Habitat Modelling Approaches." *Landscape Ecology* 34, no. 3 (March 2019): 521-536.

Lamarre, Greg P. A., Nicholas A. Pardikes, Simon Segar, Charles N. Hackforth, Michel Laguerre, Benoît Vincent, Yacksecari Lopez, et al. "More Winners than Losers over 12 Years of Monitoring Tiger Moths (Erebidae: Arctiinae) on Barro Colorado Island, Panama." *Biology Letters* 18, no. 4 (April 2022): 20210519. https://doi.org/10.1098/rsbl.2021.0519.

Leopold, Aldo. *A Sand County Almanac*. Oxford: Oxford University Press, 1949.

Lloyd, William Foster. *Two Lectures on the Checks to Population*. Oxford: Oxford University Press, 1833.

Lorenz, Edward N. "Predictability: Does the Flap of a Butterfly's Wings in Brazil Set Off a Tornado in Texas?" Presentation at the 139th meeting of the American Association for the Advancement of Science, Washington, DC, 1972.

Louys, Julien, Todd J. Braje, Chun-Hsiang Chang, Richard Cosgrove, Scott M. Fitzpatrick, Masaki Fujita, Stuart Hawkins, et al. "No Evidence for Widespread Island Extinctions after Pleistocene Hominin Arrival." *Proceedings of the National Academy of Sciences* 118, no. 20 (May 2021): e2023005118. https://doi.org/10.1073/pnas.2023005118.

Maia, Kate P., Flavia M. D. Marquitti, Ian P. Vaughan, Jane Memmott, and Rafael L. G. Raimundo. "Interaction Generalisation and Demographic Feedbacks Drive the Resilience of Plant-Insect Networks to Extinctions." *Journal of Animal Ecology* 90, no. 9 (September 2021): 2109-2121.

Marko, Peter B., et al. "The 'Expansion-Contraction' Model of Pleistocene Biogeography..." (2010)

McDowell, Matthew C., Rolan Eberhard, Tessa R. Smith, Rachel Wood, Barry W. Brook, and Christopher N. Johnson. "Climate Change without Extinction: Tasmania's Small-Mammal Communities Persisted through the Last Glacial Maximum-Holocene Transition." *Quaternary Science Reviews* 291 (September 2022): 107659. https://doi.org/10.1016/j.quascirev.2022.107659.

Middleton, Irene, J. David Aguirre, Thomas Trnski, Malcolm Francis, Clinton Duffy, and Libby Liggins. "Introduced Alien, Range Extension or Just Visiting? Combining Citizen Science Observations and Expert Knowledge to Classify Range Dynamics of Marine Fishes." *Diversity and Distributions* 27, no. 7 (July 2021): 1278-1293.

Morueta-Holme, Naia, Kristine Engemann, Pablo Sandoval-Acuña, Jeremy D. Jonas, R. Max Segnitz, and Jens-Christian Svenning. "Strong Upslope Shifts in Chimborazo's Vegetation over Two Centuries since Humboldt." *Proceedings of the National Academy of Sciences* 112, no. 41 (October 2015): 12741-12745.

Ostrom, Elinor, et al. "Revisiting the Commons: Local Lessons, Global Challenges." (1999)

Outhwaite, Charlotte L., Peter McCann, and Tim Newbold. "Agriculture and Climate Change Are Reshaping Insect Biodiversity Worldwide." *Nature* 605, no. 7908 (May

2022): 97-102.

Page, Scott E. *Diversity and Complexity*. Princeton, NJ: Princeton University Press, 2011.

Pringle, Robert M. "Upgrading Protected Areas to Conserve Wild Biodiversity." *Nature* 546, no. 7656 (June 2017): 91-99.

Pyron, Mark, Meryl C. Mims, Mario M. Minder, Robert C. Shields, Nicole Chodkowski, and Caleb C. Artz. "Long-Term Fish Assemblages of the Ohio River: Altered Trophic and Life History Strategies with Hydrologic Alterations and Land Use Modifications." *PLoS ONE* 14, no. 4 (April 2019): e0211848. https://doi.org/10.1371/journal.pone.0211848.

Ratcliffe, Derek A. "Criteria for the Selection of Nature Reserves." (1971)

Riva, Federico, and Lenore Fahrig. "Small Patches Are Disproportionately Important for Biodiversity Conservation, despite Ecosystem Decay." 프리프린트. 다음에 게시됨: Research Square on June 29, 2022. https://doi.org/10.21203/rs.3.rs-1797451/v1.

Seibold, Sebastian, Martin M. Gossner, Nadja K. Simons, Nico Blüthgen, Jörg Müller, Didem Ambarli, Christian Ammer, et al. "Arthropod Decline in Grasslands and Forests Is Associated with Landscape-Level Drivers." *Nature* 574, no. 7780 (October 2019): 671-674.

Stremple, Claire. "Humpback Whales Are Bouncing Back in Alaska after a Deadly Blob Heat Wave." *All Things Considered*, NPR, October 1, 2021. https://www.npr.org/2021/10/01/1042477423/humpback-whales-are-bouncing-back-in-alaska-after-a-deadly-blob-heatwave.

Sudta, Chanchanok, Danielle M. Salcido, Matthew L. Forister, Thomas R. Walla, Santiago Villamarín-Cortez, and Lee A. Dyer. "Jack-of-All-Trades Paradigm Meets Long-Term Data: Generalist Herbivores Are More Widespread and Locally Less Abundant." *Ecology Letters* 25, no. 4 (April 2022): 948-957.

Thomsen, Matthias S., Clement Garcia, Stefan G. Bolam, Ruth Parker, Jasmin A. Godbold, and Martin Solan. "Consequences of Biodiversity Loss Diverge from Expectation Due to Post-Extinction Compensatory Responses." *Scientific Reports* 7 (May 2017): 43695. https://doi.org/10.1038/srep43695.

Tilman, David, Johannes Knops, David Wedin, Peter Reich, Mark Ritchie, and Evan Siemann. "The Influence of Functional Diversity and Composition on Ecosystem Processes." *Science* 277, no. 5330 (August 1997): 1300-1302.

Trivellone, Valeria, Eric P. Hoberg, Walter A. Boeger, and Daniel R. Brooks. "Food Security and Emerging Infectious Disease: Risk Assessment and Risk Management." *Royal Society Open Science* 9, no. 2 (February 2022): 211687. https://doi.org/10.1098/rsos.211687.

Viljur, Mari-Liis, Scott R. Abella, Martin Adámek, Janderson Batista Rodrigues Alencar,

Nicholas A. Barber, Burkhard Beudert, Laura A. Burkle, et al. "The Effect of Natural Disturbances on Forest Biodiversity: An Ecological Synthesis." *Biological Reviews* 97, no. 5 (October 2022): 1930-1947.

Wagner, David L. "Insect Declines in the Anthropocene." *Annual Review of Entomology* 65, no. 1 (January 2020): 457-480.

Wan, Xinru, Guangshun Jiang, Chuan Yan, Fangliang He, Rongsheng Wen, Jiayin Gu, Xinhai Li, et al. "Historical Records Reveal the Distinctive Associations of Human Disturbance and Extreme Climate Change with Local Extinction of Mammals." *Proceedings of the National Academy of Sciences* 116, no. 38 (September 2019): 19001-19008.

Worthington, Thomas A., Arnout van Soesbergen, Arjan Berkhuysen, Kerry Brink, Joshua Royte, Michele Thieme, Herman Wanningen, and William Darwall. "Global Swimways for the Conservation of Migratory Freshwater Fishes." *Frontiers in Ecology and the Environment* 20, no. 10 (August 2022): 573-580.

11장

Agosta, Salvatore J., and Daniel R. Brooks. *The Major Metaphors of Evolution*. 2020.

Agosta, Salvatore J., Catherine M. Hulshof, and Ethan G. Staats. "Organismal Responses to Habitat Change: Herbivore Performance, Climate and Leaf Traits in Regenerating Tropical Dry Forests." *Journal of Animal Ecology* 86, no. 3 (May 2017): 590-604.

Agosta, Salvatore J., and Daniel H. Janzen. "Body Size Distributions of Large Costa Rican Dry Forest Moths and the Underlying Relationship between Plant and Pollinator Morphology." *Oikos* 108, no. 1 (January 2005): 183-193.

Allan, James R., Hugh P. Possingham, Scott C. Atkinson, Anthony Waldron, Moreno Di Marco, Stuart H. M. Butchart, Vanessa M. Adams, et al. "The Minimum Land Area Requiring Conservation Attention to Safeguard Biodiversity." *Science* 376, no. 6597 (June 2022): 1094-1101.

Allen, William. *Green Phoenix*. New York: Oxford University Press, 2001.

Barnes, Megan D., Ian D. Craigie, Luke B. Harrison, Jonas Geldmann, Ben Collen, Sarah Whitmee, Andrew Balmford, et al. "Wildlife Population Trends in Protected Areas Predicted by National Socio-Economic Metrics and Body Size." *Nature Communications* 7 (November 2016): 12747. https://doi.org/10.1038/ncomms12747.

Bauduin, Sarah, Steven G. Cumming, Martin-Hugues St-Laurent, and Eliot J. B. McIntire. "Integrating Functional Connectivity in Designing Networks of Protected Areas under Climate Change: A Caribou Case-Study." *PLoS ONE* 15, no. 9 (September 2020): e0238821. https://doi.org/10.1371/journal.pone.0238821.

Baumbach, Lukas, Dan L. Warren, Rasoul Yousefpour, and Marc Hanewinkel. "Climate

Change May Induce Connectivity Loss and Mountaintop Extinction in Central American Forests." *Communications Biology* 4 (December 2021): 869. https://doi.org/10.1038/s42003-021-02359-9.

Bovo, Alex Augusto de Abreu, et al. "Human-Modified Landscape Acts as Refuge for Mammals in Atlantic Forest." (2018)

Büscher, Bram, and Robert Fletcher. *The Conservation Revolution*. 2020. 다음 쪽에서 인용: 173.

Craigie, Ian D., Jonathan E. M. Baillie, Andrew Balmford, Chris Carbone, Ben Collen, Rhys E. Green, and Jon M. Hutton. "Large Mammal Population Declines in Africa's Protected Areas." *Biological Conservation* 143, no. 9 (September 2010): 2221-2228. 다음 쪽에서 인용: 2221.

Hammill, Edd, Paloma Corvalan, and Diane S. Srivastava. "Bromeliad-Associated Reductions in Host Herbivory: Do Epiphytic Bromeliads Act as Commensalists or Mutualists?" *Biotropica* 46, no. 1 (January 2014): 78-82. 다음 쪽에서 인용: 80.

Janzen, Daniel H. "On Ecological Fitting." (1985): 308.

Janzen, Daniel H. "How Moths Pass the Dry Season in a Costa Rican Dry Forest." *International Journal of Tropical Insect Science* 8, no. 4-6 (December 1987): 489-500.

Janzen, Daniel H. "Management of Habitat Fragments in a Tropical Dry Forest: Growth." *Annals of the Missouri Botanical Garden* 75, no. 1 (January 1988): 105-116.

Janzen, Daniel H., and Winnie Hallwachs. "Área de Conservación Guanacaste, Northwestern Costa Rica: Converting a Tropical National Park to Conservation via Biodevelopment." *Biotropica* 52, no. 6 (November 2020): 1017-1029. 다음 쪽에서 인용: 1018.

Janzen, Daniel H., and Winnie Hallwachs. "Joining Inventory by Parataxonomists with DNA Barcoding of a Large Complex Tropical Conserved Wildland in Northwestern Costa Rica." *PLoS ONE* 6, no. 8 (August 2011): e18123. https://doi.org/10.1371/journal.pone.0018123.

Janzen, Daniel H., and Winnie Hallwachs. "To Us Insectometers, It Is Clear That Insect Decline in Our Costa Rican Tropics Is Real, so Let's Be Kind to the Survivors." *Proceedings of the National Academy of Sciences* 118, no. 2 (January 2021): e2002546117. https://doi.org/10.1073/pnas.2002546117.

Klemens, Jeffrey A., Nicholas J. Deacon, and Jeannine Cavender-Bares. "Pasture Recolonization by a Tropical Oak and the Regeneration Ecology of Seasonally Dry Tropical Forests." In *Seasonally Dry Tropical Forests*, edited by Rodolfo Dirzo, Hillary S. Young, Harold A. Mooney, and Gerardo Ceballos, 221-237. Washington, DC: Island Press, 2011.

Krug, Cornelia, David Obura, Andrew Gnazales, Lynne Shannon, Maria Cecilia

Londono-Murcia, Adriana E. Radulovici, Katie Millette, et al. "Expert Input to the Post-2020 Global Biodiversity Framework: Transformative Actions on All Drivers of Biodiversity Loss Are Urgently Required to Achieve the Global Goals by 2050." Report no. CBD/WG2020/3/INF/11, 2022. Convention on Biological Diversity, Geneva, Switzerland, March 13-29, 2022.

Leopold, Aldo. *A Sand County Almanac*. 1949.

Massarella, Kate, Judith E. Krauss, Wilhelm Kiwango, and Robert Fletcher. "Exploring Convivial Conservation in Theory and Practice: Possibilities and Challenges for a Transformative Approach to Biodiversity Conservation." *Conservation and Society* 20, no. 2 (April-June 2022): 59-68.

McDowell, Matthew C., et al. "Climate Change without Extinction..." (2022) 다음 쪽에서 인용: 1.

Murphy, Peter G., and Ariel E. Lugo. "Ecology of Tropical Dry Forest." *Annual Review of Ecology and Systematics* 17 (1986): 67-88.

Pimm, Stuart L., Clinton N. Jenkins, and Binbin V. Li. "How to Protect Half of Earth to Ensure It Protects Sufficient Biodiversity." *Science Advances* 4, no. 8 (August 2018): eaat2616. https://doi.org/10.1126/sciadv.aat2616.

Pringle, Robert M. "Upgrading Protected Areas to Conserve Wild Biodiversity." (2017) 다음 쪽에서 인용: 93.

Puschendorf-Fahrenkrug, Robert, Gerardo A. Chaves-Cordero, Andrew J. Crawford, and Daniel R. Brooks. "Eleutherodactylus ranoides (NCN). Dry Forest Population, Refuge from Decline?" *Herpetological Review* 36, no. 1 (2005): 53.

Riva, Federico, and Lenore Fahrig. "Small Patches Are Disproportionately Important for Biodiversity Conservation, despite Ecosystem Decay." 프리프린트. 2022.

Shockington, Kartel, Kartik Shanker, Daniel Brockington, and Amit Kaikini. "The World Re-Afforestation Project." *Current Conservation* 15, no. 3 (September 2021): 37-40.

Soga, Masashi, and Kevin J. Gaston. "Extinction of Experience..." (2016)

Vijay, Varsha, and Paul R. Armsworth. "Pervasive Cropland in Protected Areas Highlight Trade-Offs between Conservation and Food Security." *Proceedings of the National Academy of Sciences* 118, no. 4 (January 2021): e2010121118. https://doi.org/10.1073/pnas.2010121118.

Viteri, Maria C., and Elizabeth A. Hadly. "Spatiotemporal Impacts of the Anthropocene on Small Mammal Communities, and the Role of Small Biological Preserves in Maintaining Biodiversity." *Frontiers in Ecology and Evolution* 10 (August 2022): 916239. https://doi.org/10.3389/fevo.2022.916239.

Wilson, Edward O. *Biophilia*. Cambridge, MA: Harvard University Press, 1984.

Worthington, Thomas A., et al. "Global Swimways for the Conservation of Migratory

Freshwater Fishes." (2022)

Zapata-Ríos, Galo, Cecilia S. Andreazzi, Ana Carolina Carnaval, Carolina Rodrigues da Costa Doria, Fabrice Duponchelle, Alexander Flecker, Juan Manuel Guayasamin, et al. "Biological Diversity and Ecological Networks in the Amazon." In *Amazon Assessment Report 2021*, edited by Carlos Nobre, Andrea Encalada, Elizabeth Anderson, Fernando Hector Roca Alcazar, Mercedes Bustamante, Carlos Mena, Marielos Peña-Claros, et al., 3.3-3.48. Science Panel for the Amazon, 2021.

12장

Afteni, Cezarina, Viorel Păunoiu, and Mitică Afteni. "Study on the Transition from the Linear Economy to the Circular Economy." *Annals of "Dunarea de Jos" University of Galati* 39, no. 1 (January 2022): 49-55.

Agosta, Salvatore J., and Daniel R. Brooks. *The Major Metaphors of Evolution*. 2020.

Ahmad, F., L. Goparaju, and M. H. Siddique. "The Climate-Smart Village (CSV) of India, an Approach to Bring Geoponics Sustainability in Climate Change Scenario: A Geospatial Evaluation." *Technogenic and Ecological Safety* 5 (January 2019): 13-21.

Angelo, Hillary, and David Wachsmuth. "Why Does Everyone Think Cities Can Save the Planet?" *Urban Studies* 57, no. 11 (August 2020): 2201-2221.

Baron, Henriette, Anna Elena Reuter, and Nemanja Marković. "Rethinking Ruralization in Terms of Resilience: Subsistence Strategies in Sixth-Century Caričin Grad in the Light of Plant and Animal Bone Finds." *Quaternary International* 499 (January 2019): 112-128.

Barrie, Jack, Latifahaida Abdul Latif, Manuel Albaladejo, Ieva Baršauskaitė, Alexey Kravchenko, Amelia Kuch, Nanno Mulder, et al. *Trade for an Inclusive Circular Economy*. London: Chatham House, 2022.

Bettencourt, Luis, and Geoffrey West. "A Unified Theory of Urban Living." *Nature* 467, no. 7318 (October 2010): 912-913.

Blot, Eline, Antoine Oger, and Emma Watkins. *Trade in Support of Circular Economy*. Brussels: Institute for European Environmental Policy, 2022.

Brooks, Daniel R., et al. *The Stockholm Paradigm*. 2019.

Brown, Hillary. "Resiliency and Regeneration in the Pannonian Region of Hungary: Towards a Circular Economy." *Environmental Science and Sustainable Development* 3, no. 2 (December 2018): 2-13.

Brown, Hillary A., and Daniel R. Brooks. "How 'Managed Retreat' from Climate Change Could Revitalize Rural America: Revisiting the Homestead Act." *Conversation*, October 18, 2021. https://theconversation.com/how-managed-retreat-from-climate-change-could-revitalize-rural-america-revisiting-the-homestead-act-169007.

Brown, Phil, Caspar Von Daniels, Nancy M. P. Bocken, and A. R. Balkenende. "A Process Model for Collaboration in Circular Oriented Innovation." *Journal of Cleaner Production* 286 (March 2021): 125499. https://doi.org/10.1016/j.jclepro.2020.125499.

Brummitt, Charles D., Andrés Gómez-Liévano, Ricardo Hausmann, and Matthew H. Bonds. "Machine-Learned Patterns Suggest That Diversification Drives Economic Development." *Journal of the Royal Society Interface* 17, no. 162 (January 2020): 20190283. https://doi.org/10.1098/rsif.2019.0283.

Burgess, Matthew G., Amanda R. Carrico, Steven D. Gaines, Alessandro Peri, and Steve Vanderheiden. "Prepare Developed Democracies for Long-Run Economic Slowdowns." *Nature Human Behaviour* 5, no. 12 (December 2021): 1608-1621.

CIRAIG. *Circular Economy*. Paris: International Reference Centre for the Life Cycle of Products, Processes and Services, École Polytechnique, 2015.

Dada, James Temitope, Clement Olalekan Olaniyi, Folorunsho Monsur Ajide, Adams Adeiza, and Marina Arnaut. "Informal Economy and Ecological Footprint: The Case of Africa." *Environmental Science and Pollution Research* 29, no. 49 (October 2022): 74756-74771. https://doi.org/10.1007/s11356-022-20919-2.

Desmond, Peter, and Milcah Asamba. "Accelerating the Transition to a Circular Economy in Africa." In *The Circular Economy and the Global South*, edited by Patrick Schröder, Manisha Anantharaman, Kartika Anggraeni, and Timothy J. Foxon, 152-172. London: Routledge, 2019.

Ellen MacArthur Foundation. *Towards the Circular Economy*. Report of the Ellen MacArthur Foundation, 2012.

Feinman, Gary M., David M. Carballo, Linda M. Nicholas, and Stephen A. Kowalewski. "Sustainability and Duration of Early Central Places in Prehispanic Mesoamerica." *Frontiers in Ecology and Evolution* 11 (March 2023): 1076740. https://doi.org/10.3389/fevo.2023.1076740.

Fodor, V. A., T. Heput, and E. Fodor. "Use of Recyclable Materials in the Circular Economy." *Journal of Physics: Conference Series* 2212, no. 1 (February 2022): 012009. https://doi.org/10.1088/1742-6596/2212/1/012009.

Gain, Animesh K., Md. Ashik-Ur-Rahman, and Athanasios Vafeidis. "Exploring Human-Nature Interaction on the Coastal Floodplain in the Ganges-Brahmaputra Delta through the Lens of Ostrom's Social-Ecological Systems Framework." *Environmental Research Communications* 1, no. 5 (June 2019): 051003. https://doi.org/10.1088/2515-7620/ab2407.

Geissdoerfer, Martin, Paulo Savaget, Nancy M. P. Bocken, and Erik Jan Hultink. "The Circular Economy—a New Sustainability Paradigm?" *Journal of Cleaner Production* 143 (February 2017): 757-768.

George, Justin, and Adesoji Adelaja. "Forced Displacement and Agriculture: Implications for Host Communities." *Sustainability* 13, no. 10 (May 2021): 5728. https://doi.org/10.3390/su13105728.

Hammond, Michael. "The Coronavirus Pandemic, Evolutionary Sociology, and Long-Term Economic Growth in the United States." *This View of Life*, August 17, 2020. https://thisviewoflife.com/the-coronavirus-pandemic-evolutionary-sociology-and-long-term-economic-growth-in-the-united-states/.

Hardin, Garrett. "Commentary: Living on a Lifeboat." (1974)

Hardin, Garrett. "The Tragedy of the Commons." (1968)

Helander, Hanna, Anna Petit-Boix, Sina Leipold, and Stefan Bringezu. "How to Monitor Environmental Pressures of a Circular Economy: An Assessment of Indicators." *Journal of Industrial Ecology* 23, no. 5 (October 2019): 1278-1291.

Heslin, Alison, Natalie Delia Deckard, Robert Oakes, and Arianna Montero-Colbert. "Displacement and Resettlement: Understanding the Role of Climate Change in Contemporary Migration." In *Loss and Damage from Climate Change*, edited by Reinhard Mechler, Laurens M. Bouwer, Thomas Schinko, Swenja Surminski, and JoAnne Linnerooth-Bayer, 237-258. Cham, Switz.: Springer, 2019.

Iacovidou, Eleni, John N. Hahladakis, and Phil Purnell. "A Systems Thinking Approach to Understanding the Challenges of Achieving the Circular Economy." *Environmental Science and Pollution Research* 28, no. 19 (May 2021): 24785-24806.

Kraan, Caroline M., Miyuki Hino, Jennifer Niemann, A. R. Siders, and Katharine J. Mach. "Promoting Equity in Retreat through Voluntary Property Buyout Programs." *Journal of Environmental Studies and Sciences* 11, no. 3 (September 2021): 481-492.

Leipold, Sina, Anna Petit-Boix, Anran Luo, Hanna Helander, Machteld Simoens, Weslynne Ashton, Callie Babbitt, et al. "Lessons, Narratives and Research Directions for a Sustainable Circular Economy." 프리프린트. 다음에 게시됨: Research Gate on July 2, 2021. https://doi.org/10.21203/rs.3.rs-429660/v1.

Mach, Katharine J., and A. R. Siders. "Reframing Strategic, Managed Retreat for Transformative Climate Adaptation." *Science* 372, no. 6548 (June 2021): 1294-1299.

Mebratu, Desta. "Transformative Leapfrogging to a Wellbeing Economy in Africa." In *Transformational Infrastructure for Development of a Wellbeing Economy in Africa*, edited by Desta Mebratu and Mark Swilling, 25-52. Stellenbosch: African Sun Media, 2019.

Molotoks, Amy, Elke Stehfest, Jonathan Doelman, Fabrizio Albanito, Nuala Fitton, Terence P. Dawson, and Pete Smith. "Global Projections of Future Cropland Expansion to 2050 and Direct Impacts on Biodiversity and Carbon Storage." *Global Change Biology* 24, no. 12 (December 2018): 5895-5908.

Mulder, Nanno, and Manuel Albaladejo. *International Trade and the Circular Economy in Latin America and the Caribbean*. Inclusive and Sustainable Industrial Development Working Paper Series WP3. Vienna: United Nations Industrial Development Organization, 2021.

Olowo, Similoluwa Felicia, Abiodun Olusola Omotayo, Ibraheem Oduola Lawal, and Adeyemi Oladapo Aremu. "Improving Rural Livelihood through the Cultivation of Indigenous Fruits and Vegetables: Evidence from Ondo State, Nigeria." *Agriculture* 12, no. 3 (March 2022): 372. https://doi.org/10.3390/agriculture12030372.

Ostrom, Elinor, et al. "Revisiting the Commons: Local Lessons, Global Challenges." (1999)

Pesaresi, Martino, Daniele Ehrlich, Stefano Ferri, Aneta Florczyk, Sergio Freire, F. Haag, Matina Halkia, et al. "Global Human Settlement Analysis for Disaster Risk Reduction." *International Archives of the Photogrammetry, Remote Sensing and Spatial Information Sciences* XL-7/W3 (April 2015): 837-843.

Pieroni, Andrea, Roman Hovsepyan, Ajmal K. Manduzai, and Renata Sõukand. "Wild Food Plants Traditionally Gathered in Central Armenia: Archaic Ingredients or Future Sustainable Foods?" *Environment, Development and Sustainability* 23, no. 2 (February 2021): 2358-2381.

Preston, Felix. *A Global Redesign? Shaping the Circular Economy*. Chatham House Briefing Paper, EERG BP 2012/02. London: Chatham House, 2012.

Prokopowicz, Dariusz. "Implementation of the Principles of Sustainable Economy Development as a Key Element of the Pro-Ecological Transformation of the Economy Towards Green Economy and Circular Economy." *International Journal of New Economics and Social Sciences* 11, no. 1 (June 2020): 417-480.

Rai, Rajesh Kumar, Laxmi Dutt Bhatta, Ujjal Acharya, and Arun P. Bhatta. "Assessing Climate-Resilient Agriculture for Smallholders." *Environmental Development* 27 (September 2018): 26-33.

Riede, Felix. "Past-Forwarding Ancient Calamities: Pathways for Making Archaeology Relevant in Disaster Risk Reduction Research." *Humanities* 6, no. 4 (October 2017): 79. https://doi.org/10.3390/h6040079.

Sati, Vishwambhar Prasad, and K. C. Lalmalsawmzauva, eds. *Natural Resources Management for Sustainable Development and Rural Livelihoods*. Vol. 1. New Delhi: Today and Tomorrow's Printers and Publishers, 2017.

Scheffer, Marten, Bas van Bavel, Ingrid A. van de Leemput, and Egbert H. van Nes. "Inequality in Nature and Society." *Proceedings of the National Academy of Sciences* 114, no. 50 (December 2017): 13154-13157.

Sebastian, Irudaya Rajan, and R. B. Bhagat. "Internal Migration and the Covid-19 Pandemic in India." In *Migration and Pandemics*, edited by Anna Triandafyllidou,

227–248. Cham, Switz.: Springer, 2022.

Shelton, Rebecca E., and Hallie Eakin. "Social and Cultural Bonds Left to 'the Mercy of the Winds': An Agricultural Transition." *Agriculture and Human Values* 38, no. 3 (September 2021): 693–708.

Simkin, Rohan D., Karen C. Seto, Robert I. McDonald, and Walter Jetz. "Biodiversity Impacts and Conservation Implications of Urban Land Expansion Projected to 2050." *Proceedings of the National Academy of Sciences* 119, no. 12 (March 2022): e2117297119. https://doi.org/10.1073/pnas.2117297119.

Skawińska, Eulalia, and Romuald I. Zalewski. "Circular Economy as a Management Model in the Paradigm of Sustainable Development." *Management* 22, no. 2 (December 2018): 217–233.

Stahel, Walter R. "The Circular Economy." *Nature* 531, no. 7595 (2016): 435–438.

Stoica, Ilinca-Valentina, Antoni F. Tulla, Daniela Zamfir, and Alexandru-Ionuț Petrişor. "Exploring the Urban Strength of Small Towns in Romania." *Social Indicators Research* 152, no. 3 (December 2020): 843–875.

US Congress. *Energy Reorganization Act of 1973: Hearings, Ninety-Third Congress, First Session, on H.R. 11510*. Washington, DC: US Government Printing Office, 1973. 다음 쪽에서 인용: 248.

Vella-Brodrick, Dianne A., Anneliese Gill, and Kent Patrick. "Seeing Is Believing: Making Wellbeing More Tangible." *Frontiers in Psychology* 13 (March 2022): 809108. https://doi.org/10.3389/fpsyg.2022.809108.

Vollset, Stein Emil, Emily Goren, Chun-Wei Yuan, Jackie Cao, Amanda E. Smith, Thomas Hsiao, Catherine Bisignano, et al. "Fertility, Mortality, Migration, and Population Scenarios for 195 Countries and Territories from 2017 to 2100: A Forecasting Analysis for the Global Burden of Disease Study." *Lancet* 396, no. 10258 (October 2020): 1285–1306.

Weinberger, Vanessa P., et al. "Innovation and the Growth of Human Population." (2017)

Wilson, David Sloan, and John M. Gowdy. "Evolution as a General Theoretical Framework for Economics and Public Policy." *Journal of Economic Behavior and Organization* 90S (June 2013): S3–S10.

13장

Ababakr, Amer. "Modern International Politics towards the Dissipative-Bifurcating Order." *Journal of Management and Economic Studies* 4, no. 2 (June 2022): 157–171.

Aguirre, Luis E., Teresa Chueng, Marco Lorio, and Michael Mueller. "Anchoring Bias, Lyme Disease, and the Diagnosis Conundrum." *Cureus* 11, no. 3 (March 2019): e4300. https://doi.org/10.7759/cureus.4300.

Baldocchi, Dennis, and Josep Penuelas. "Natural Carbon Solutions Are Not Large or Fast Enough." *Global Change Biology* 25, no. 7 (July 2019): e5. https://doi.org/10.1111/gcb.14654.

Banuri, Sheheryar, Stefan Dercon, and Varun Gauri. "Biased Policy Professionals." *World Bank Economic Review* 33, no. 2 (June 2019): 310-327. https://doi.org/10.1093/wber/lhy033.

Bapna, Manish, Carter Brandon, Christina Chan, Anand Patwardhan, and Barney Dickson. *Adapt Now.* Washington, DC: World Resources Institute, 2019.

Bardi, Ugo, Ilaria Perissi, Denes Csala, and Sgouris Sgouridis. "The Sower's Way: A Strategy to Attain the Energy Transition." *Special issue, International Journal of Heat and Technology* 34, no. 2 (October 2016): S263-S265.

Barrie, Jack, et al. *Trade for an Inclusive Circular Economy.* 2022.

Benton, Tim G., and Helen Harwatt. *Sustainable Agriculture and Food Systems.* 2022.

Blot, Eline, et al. *Trade in Support of Circular Economy.* 2022.

Boeger, Walter A., et al. "Ecological Super-Spreaders Drive Host-Range Oscillations..." (2022)

Brelsford, Christa, Taylor Martin, Joe Hand, and Luís M. A. Bettencourt. "Toward Cities without Slums: Topology and the Spatial Evolution of Neighborhoods." *Science Advances* 4, no. 8 (August 2018): eaar4644. https://doi.org/10.1126/sciadv.aar4644.

Brooks, Daniel R., et al. *The Stockholm Paradigm.* 2019.

Brown, Hillary. "Resiliency and Regeneration in the Pannonian Region of Hungary..." (2018)

Brown, Hillary A., and Daniel R. Brooks. "How 'Managed Retreat'..." *Conversation*, October 18, 2021.

Brown, Phil, et al. "A Process Model for Collaboration in Circular Oriented Innovation." (2021)

Burgess, Matthew G., et al. "Prepare Developed Democracies for Long-Run Economic Slowdowns." (2021)

Campos, Inês S., Filipe M. Alves, João Dinis, Monica Truninger, André Vizinho, and Gil Penha-Lopes. "Climate Adaptation, Transitions, and Socially Innovative Action-Research Approaches." *Ecology and Society* 21, no. 1 (January 2016): 13. https://doi.org/10.5751/ES-08059-210113.

Caniglia, Guido, Christopher Luederitz, Timo von Wirth, Ioan Fazey, Berta Martín-López, Kristina Hondrila, Ariane König, et al. "A Pluralistic and Integrated Approach to Action-Oriented Knowledge for Sustainability." *Nature Sustainability* 4, no. 2 (February 2021): 93-100.

Challinor, Andy, W. Neil Adger, Manuela Di Mauro, Matthew Baylis, Tim Benton, Declan

Conway, Duncan Depledge, et al. *UK Climate Change Risk Assessment Evidence Report: Chapter 7, International Dimensions*. Report prepared for the Adaptation Sub-Committee of the Committee on Climate Change, London, 2016.

Cumming, Graeme S., David H. M. Cumming, and Charles L. Redman. "Scale Mismatches in Social-Ecological Systems: Causes, Consequences, and Solutions." *Ecology and Society* 11, no. 1 (April 2006): 14. https://doi.org/10.5751/ES-01569-110114.

Farfan, Javier, and Christian Breyer. "Combining Floating Solar Photovoltaic Power Plants and Hydropower Reservoirs: A Virtual Battery of Great Global Potential." *Energy Procedia* 155 (November 2018): 403-411.

Franco, Emilio Granados. *The Global Risks Report 2020*. 15th ed. 2020.

Garrett, Laurie. *Betrayal of Trust*. New York: Hachette Books, 2001.

Garrett, Laurie. *The Coming Plague*. New York: Farrar, Straus and Giroux, 1994.

Hardin, Garrett. "Commentary: Living on a Lifeboat." (1974)

Hardin, Garrett. "The Tragedy of the Commons." (1968)

Khasanah, Ni'matul, Lisa Tanika, Lalu Deden Yuda Pratama, Beria Leimona, Endro Prasetiyo, Fitri Marulani, Adis Hendriatna, et al. "Groundwater-Extracting Rice Production in the Rejoso Watershed (Indonesia) Reducing Urban Water Availability: Characterisation and Intervention Priorities." *Land* 10, no. 6 (June 2021): 586. https://doi.org/10.3390/land10060586.

Korányi, Dávid, Monika Egerer, Adrien Rusch, Borbála Szabó, and Péter Batáry. "Urbanization Hampers Biological Control of Insect Pests: A Global Meta-Analysis." *Science of the Total Environment* 834 (August 2022): 155396. https://doi.org/10.1016/j.scitotenv.2022.155396.

Krishnappa, Mohan Kumar, Malalu Hanumanthappa, Narayan S. Mavarkar, and S. Marimuthu. "Review on Smart Practices and Technologies for Climate Resilient Agriculture." *International Journal of Current Microbiology and Applied Sciences* 7, no. 6 (June 2018): 3021-3031.

Makengo, Benjamin Mwadi, Joseph Mimbale Molanga, Jean-Marie Mbutamuntu, Patience Kamanda Londo, and Théo-Macaire Kaminar Nsiy. "Water: A Major Stake of Conflicts in the Twenty-First Century." *Open Journal of Social Sciences* 9, no. 11 (November 2021): 125-148.

Marcantonio, Richard, Debra Javeline, Sean Field, and Agustin Fuentes. "Global Distribution and Coincidence of Pollution, Climate Impacts, and Health Risk in the Anthropocene." *PLoS ONE* 16, no. 7 (July 2021): e0254060. https://doi.org/10.1371/journal.pone.0254060.

Mella, Piero. "The Motor Wheels of Social Complexity in Today's World." *Economia Aziendale Online—Business and Management Sciences International Quarterly Review*

9, no. 2 (September 2018): 187-204. http://dx.doi.org/10.13132/2038-5498/9.2.1928.

Mulder, Nanno, and Manuel Albaladejo. *International Trade and the Circular Economy in Latin America and the Caribbean*. 2021.

Okonjo-Iweala, Ngozi, Tharman Shanmugaratnam, and Lawrence H. Summers. "Rethinking Multilateralism for a Pandemic Era." *Finance and Development* 4 (December 2021). https://www.imf.org/en/Publications/fandd/issues/2021/12/Multilateralism-Pandemic-Era-Okonjo-Iweala-Shanmugaratnam-Summers.

Ostrom, Elinor, et al. "Revisiting the Commons: Local Lessons, Global Challenges." (1999)

Özsungur, Fahri. "The Impact of Ethical Leadership on Service Innovation Behavior: The Mediating Role of Psychological Capital." *Asia Pacific Journal of Innovation and Entrepreneurship* 13, no. 1 (April 2019): 73-88.

Pappis, Ioannis, Vignesh Sridharan, Mark Howells, Hrvoje Medarac, Ioannis Kougias, Rocío González Sánchez, Abhishek Shivakumar, and Will Usher. "The Effects of Climate Change Mitigation Strategies on the Energy System of Africa and Its Associated Water Footprint."*Environmental Research* Letters 17, no. 4 (April 2022): 044048. https://doi.org/10.1088/1748-9326/ac5ede.

Patino, Story Marie, Aaron Kessler, Sarah Holder, Jackie Gu, and Mira Rojanasakul. "More Americans Are Leaving Cities, but Don't Call It an Urban Exodus." *Bloomberg*, April 26, 2021. https://www.bloomberg.com/graphics/2021-citylab-how-americans-moved/.

Riede, Felix. "Past-Forwarding Ancient Calamities..." (2017)

Rubiños, Cathy, and John M. Anderies. "Integrating Collapse Theories to Understand Socio-Ecological Systems Resilience." *Environmental Research Letters* 15, no. 7 (July 2020): 075008. https://doi.org/10.1088/1748-9326/ab7b9c.

Sawicka, Barbara. "Resilient Agricultural Practices." In *Handbook of the Historiography of Biology*, edited by Michael Dietrich, Mark Borrello, and Oren Harman, 1-13. Cham, Switz.: Springer, 2019.

Simkin, Rohan D., et al. "Biodiversity Impacts and Conservation Implications..." (2022)

Spratt, David, and Ian Dunlop. *Existential Climate-Related Security Risk*. Melbourne: Breakthrough—National Centre for Climate Restoration, 2019.

Steffen, Will, and Jamie Morgan. "From the Paris Agreement to the Anthropocene and Planetary Boundaries Framework: An Interview with Will Steffen." *Globalizations* 18, no. 7 (October 2021): 1298-1310.

Vasbinder, Jan Wouter, and Jonathan Y. H. Sim, eds. *Buying Time for Climate Action*. Singapore: World Scientific, 2021.

Vollset, Stein Emil, et al. "Fertility, Mortality, Migration, and Population Scenarios..." (2020)

Wilson, David Sloan, and John M. Gowdy. "Evolution as a General Theoretical

Framework..." (2013)

Wynes, Seth, and Kimberly A. Nicholas. "The Climate Mitigation Gap: Education and Government Recommendations Miss the Most Effective Individual Actions." *Environmental Research Letters* 12, no. 7 (July 2017): 074024. https://doi.org/10.1088/1748-9326/aa7541.

Zhang, Weili, Peihui Lin, Naiyu Wang, Charles Nicholson, and Xianwu Xue. "Probabilistic Prediction of Postdisaster Functionality Loss of Community Building Portfolios Considering Utility Disruptions." *Journal of Structural Engineering* 144, no. 4 (April 2018): 04018015. https://doi.org/10.1061/(ASCE)ST.1943-541X.0001984.

14장

Agosta, Salvatore J., and Daniel R. Brooks. *The Major Metaphors of Evolution*. 2020.

Bamber, Jonathan L., Michael Oppenheimer, Robert E. Kopp, Willy P. Aspinall, and Roger M. Cooke. "Ice Sheet Contributions to Future Sea-Level Rise from Structured Expert Judgment." *Proceedings of the National Academy of Sciences* 116, no. 23 (June 2019): 11195-11200.

Bapna, Manish, et al. *Adapt Now*. 2019.

Barnosky, Anthony D., et al. "Approaching a State Shift in Earth's Biosphere." (2012)

Bradshaw, Corey J. A., Paul R. Ehrlich, Andrew Beattie, Gerardo Ceballos, Eileen Crist, Joan Diamond, Rodolfo Dirzo, et al. "Underestimating the Challenges of Avoiding a Ghastly Future." *Frontiers in Conservation Science* 1 (January 2021): 615419. https://doi.org/10.3389/fcosc.2020.615419.

Brovkin, Victor, Edward Brook, John W. Williams, Sebastian Bathiany, Timothy M. Lenton, Michael Barton, Robert M. DeConto, et al. "Past Abrupt Changes, Tipping Points and Cascading Impacts in the Earth System." *Nature Geoscience* 14, no. 8 (August 2021): 550-558.

Burgess, Matthew G., et al. "Prepare Developed Democracies for Long-Run Economic Slowdowns." (2021)

Caniglia, Guido, et al. "A Pluralistic and Integrated Approach..." (2021)

Challinor, et al. *UK Climate Change Risk Assessment Evidence Report: Chapter 7, International Dimensions*. 2016.

Clements, Christopher F., et al. "Early Warning Signals of Recovery in Complex Systems." (2019)

Elton, Charles S. *The Ecology of Invasions by Animals and Plants*. 1958.

Franco, Emilio Granados. *The Global Risks Report 2020*. 15th ed. 2020.

Hardin, Garrett. "Commentary: Living on a Lifeboat." (1974)

Hardin, Garrett. "The Tragedy of the Commons." (1968)

Jervis, Robert. "Mutual Assured Destruction." *Foreign Policy*, 133 (November-December 2002): 40-42.

Johnson, Arthur T. "Innovation Is Tied to Optimism." (2021)

Juarrero, Alicia. "On Philosophy's 'To Rethink' List: Causality, Explanation, and Ethics." *Ecological Psychology* 20, no. 3 (July 2008): 278-282.

Kemp, Luke, Chi Xu, Joanna Depledge, Kristie L. Ebi, Goodwin Gibbins, Timothy A. Kohler, Johan Rockström, et al. "Climate Endgame: Exploring Catastrophic Climate Change Scenarios." *Proceedings of the National Academy of Sciences* 119, no. 34 (August 2022): e2108146119. https://doi.org/10.1073/pnas.2108146119.

Krug, Cornelia, et al. "Expert Input to the Post-2020 Global Biodiversity Framework..." Convention on Biological Diversity, March 13-29, 2022.

Kulp, Scott A., and Benjamin H. Strauss. "New Elevation Data Triple Estimates of Global Vulnerability to Sea-Level Rise and Coastal Flooding." *Nature Communications* 10 (December 2019): 4844. https://doi.org/10.1038/s41467-019-12808-z.

Kyu, Hmwe Hmwe, Degu Abate, Kalkidan Hassen Abate, Solomon M. Abay, Cristiana Abbafati, Nooshin Abbasi, Hedayat Abbastabar, et al. "Global, Regional, and National Disability-Adjusted Life-Years (DALYs) for 359 Diseases and Injuries and Healthy Life Expectancy (HALE) for 195 Countries and Territories, 1990-2017: A Systematic Analysis for the Global Burden of Disease Study 2017." *Lancet* 392, no. 10159 (November 2018): 1859-1922.

Leinfelder, Reinhold. "The Anthropocene—the Earth in Our Hands." (2020)

Mach, Katharine J., and A. R. Siders. "Reframing Strategic, Managed Retreat..." (2021)

Makengo, Benjamin Mwadi, et al. "Water: A Major Stake of Conflicts in the Twenty-First Century." (2021)

Meadows, Donella H., et al. *The Limits to Growth*. 1972.

Mella, Piero. "The Motor Wheels of Social Complexity in Today's World." (2018)

Mercer, John Hainsworth. "West Antarctic Ice Sheet and CO2 Greenhouse Effect: A Threat of Disaster." *Nature* 271, no. 5643 (January 1978): 321-325.

Molotoks, Amy, et al. "Global Projections of Future Cropland Expansion to 2050..." (2018)

Morgan, David L. "Pragmatism as a Basis for Grounded Theory." *Qualitative Report* 25, no. 1 (January 2020): 64-73.

Osborne, Emily, Jackie Richter-Menge, and Martin O. Jeffries, eds. *Arctic Report Card 2018*. https://www.arctic.noaa.gov/Report-Card.

Ostrom, Elinor, et al. "Revisiting the Commons: Local Lessons, Global Challenges." (1999)

Paerl, Hans W., Nathan S. Hall, Alexandria G. Hounshell, Richard A. Luettich, Karen L. Rossignol, Christopher L. Osburn, and Jerad Bales. "Recent Increase in Catastrophic Tropical Cyclone Flooding in Coastal North Carolina, USA: Long-Term Observations

Suggest a Regime Shift." *Scientific Reports* 9 (December 2019): 10620. https://doi.org/10.1038/s41598-019-46928-9.

Popper, Karl. *The Open Society and Its Enemies*. London: Routledge, 1945.

Pringle, Robert M. "Upgrading Protected Areas to Conserve Wild Biodiversity." *Nature* 546, no. 7656 (June 2017): 91-99.

Rodhe, Henning, et al. "Svante Arrhenius and the Greenhouse Effect." (1997)

Rubiños, Cathy, and John M. Anderies. "Integrating Collapse Theories..." (2020)

Schneider, Stephen H. "Abrupt Non-Linear Climate Change,..." (2004)

Soga, Masashi, and Kevin J. Gaston. "Extinction of Experience..." (2016)

Spratt, David, and Ian Dunlop. *Existential Climate-Related Security Risk*. 2019.

Tonn, Bruce, and Dorian Stiefel. "Human Extinction Risk and Uncertainty: Assessing Conditions for Action." *Futures* 63 (November 2014): 134-144.

Trautmann, Nancy M., and Michael P. Gilmore. "Educating as If Survival Matters." (2018)

Trisos, Christopher H., Cory Merow, and Alex L. Pigot. "The Projected Timing of Abrupt Ecological Disruption from Climate Change." *Nature* 580, no. 7804 (April 2020): 496-501.

Turner, Graham. *Is Global Collapse Imminent?* 2014.

TWI2050—the World in 2050.*Transformations to Achieve the Sustainable Development Goals*. Report prepared by the World in 2050 initiative. Laxenburg, Austria: International Institute for Applied Systems Analysis, 2018.

Vasbinder, Jan Wouter, ed. *Disrupted Balance*. Vol. 6. Singapore: World Scientific, 2018.

Vollset, Stein Emil, et al. "Fertility, Mortality, Migration, and Population Scenarios..." (2020)

Weinberger, Vanessa P., et al. "Innovation and the Growth of Human Population." (2017)

Woetzel, Jonathan, et al. *Climate Risk and Response*. 2020.

Wilson, David Sloan, Steven C. Hayes, Anthony Biglan, and Dennis D. Embry. "Evolving the Future: Toward a Science of Intentional Change." *Behavioral and Brain Sciences* 37, no. 4 (August 2014): 395-416.

찾아보기

ㄷ

ㄹ

ㅁ

ㅂ

ㅈ

완벽하지 않은 것이 살아남는다

초판 발행 2026년 1월 28일

지은이 대니얼 R. 브룩스 · 살바토레 J. 에이고스타
옮긴이 장혜인
발행인 이종원
발행처 (주)도서출판 길벗
브랜드 더퀘스트
출판사 등록일 1990년 12월 24일
주소 서울시 마포구 월드컵로 10길 56(서교동)
대표전화 02)332-0931 | **팩스** 02)323-0586
홈페이지 www.gilbut.co.kr | **이메일** gilbut@gilbut.co.kr
대량구매 및 납품 문의 02) 330-9708

기획 및 책임편집 이민주(ellie09@gilbut.co.kr), 박윤조 | **편집** 안아람 | **제작** 이준호, 손일순, 이진혁 | **마케팅** 정경원, 김선영, 정지연, 이지원, 이지현 | **유통혁신팀** 한준희 | **영업관리** 김명자, 심선숙 | **독자지원** 윤정아

디자인 및 전산편집 형태와내용사이 | **교정교열** 허유진 | **인쇄 및 제본** 정민

• 더퀘스트는 (주)도서출판 길벗의 인문교양·비즈니스 단행본 브랜드입니다.
• 잘못 만든 책은 구입한 서점에서 바꿔 드립니다.
• 인공지능(AI) 기술 또는 시스템을 훈련하기 위해 이 책의 전체 내용은 물론 일부 문장도 사용하는 것을 금지합니다.
• 이 책에 실린 모든 내용, 디자인, 이미지, 편집 구성의 저작권은 (주)도서출판 길벗(더퀘스트)과 지은이에게 있습니다. 허락 없이 복제하거나 다른 매체에 실을 수 없습니다.

ISBN 979-11-407-1711-8 03400
(길벗 도서번호 040291)
정가 25,000원

독자의 1초까지 아껴주는 정성 길벗출판사
(주)도서출판 길벗 | IT교육서, IT단행본, 경제경영서, 어학&실용서, 인문교양서, 자녀교육서 **www.gilbut.co.kr**
길벗스쿨 | 국어학습, 수학학습, 어린이교양, 주니어 어학학습, 학습단행본 **www.gilbutschool.co.kr**
인스타그램 **thequest_book** | 페이스북 **thequestzigi** | 네이버포스트 **thequestbook**